HZ BOOKS

华 章 图 书

一本打开的书，一扇开启的门，
通向科学殿堂的阶梯，托起一流人才的基石。

Linux/Unix
技术丛书

Linux集群之美

The Beauty of Linux Cluster

余洪春　著

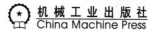

机械工业出版社
China Machine Press

图书在版编目（CIP）数据

Linux 集群之美 / 余洪春著 . —北京：机械工业出版社，2021.1
（Linux/Unix 技术丛书）

ISBN 978-7-111-66981-4

I. L… II. 余… III. Linux 操作系统 IV. TP316.85

中国版本图书馆 CIP 数据核字（2020）第 237213 号

Linux 集群之美

出版发行：机械工业出版社（北京市西城区百万庄大街 22 号　邮政编码：100037）

责任编辑：杨绣国　　　　　　　　　　　　责任校对：李秋荣
印　　刷：三河市宏图印务有限公司　　　　版　　次：2021 年 1 月第 1 版第 1 次印刷
开　　本：186mm×240mm　1/16　　　　　印　　张：24.25
书　　号：ISBN 978-7-111-66981-4　　　　定　　价：99.00 元

客服电话：（010）88361066　88379833　68326294　　　投稿热线：（010）88379604
华章网站：www.hzbook.com　　　　　　　　　　　　　　读者信箱：hzit@hzbook.com

大约在 10 年前，移动互联网处于萌芽阶段，老牌的互联网巨头摩拳擦掌，纷纷布局以手机、Pad 为代表的移动端，期望将传统 PC 端的成功复制下去。而一些互联网新贵则凭着自身敏锐的洞察力、强大的产品力，轻装上阵杀入各个垂直领域。很快，这些产品延伸至老百姓的日常生活，最终形成千万级产品，移动互联网的时代终于到来。与此同时，支撑互联网发展的底座——软件技术及架构，也一直在变化。

对于大多数中小型互联网公司来说，早期的产品属于 MVP 试验阶段，用户量较小，所采用的架构以单体为主，技术选型也相对简单，无须考虑高并发问题。上线部署时，通常是手工打包，然后上传到某 Linux 单机上。在很长一段时间内，开发和运维的工作泾渭分明、互不干涉。一般来说，只有在系统出现故障时，双方才会认真地打个照面，长此以往，摩擦和误会必然存在。此时，有经验的运维工程师会考虑将一部分手动工作脚本化，以减少人为操作失误，从而提高工作效率；而有经验的开发工程师会考虑将自己的系统变得更加友好，以降低事故率和缩短排查时间。随着时间的推移，产品的用户量越来越大，单机单体的架构已经不足以支撑海量请求，工程师们开始考虑用分布式服务集群来缓解单机压力。至此，微服务架构应运而生。围绕着微服务架构有很多技术，比如统一网关、注册中心与服务发现、负载均衡等，相信大家也都有所了解。

此时，优秀的开发和运维工程师们又开始考虑另一个问题：现在的服务越来越多，版本发布越来越频繁，非常容易出现人为故障，系统也总处于不稳定的状态，我们该如何优化整个交付流程呢？

DevOps 正是解决该问题的良方，它打破了开发、测试与运维之间的壁垒，将整个 CI&CD 流水线化、智能化。但这还不够，对于大规模微服务架构，我们可能会更进一步关注资源与效率问题，比如服务（或机器）能否弹性扩容，能否在资源出现异常时有足够的韧性提供持续服务等。随着云计算、容器化、微服务框架等技术的发展，业界提出了云原生架构。它旨在将系统中的非核心业务代码剥离出来，让 IaaS 和 PaaS 接管，而在实现 CI&CD 时，直接通过 Docker 镜像进行交付，配以 Kubernetes 进行容器编排，让整个应用服务处于灵活部署、灵活扩展且资源可检测的状态。

可以看到，在技术架构不断演进的过程中，运维工程师所需的能力栈也在发生变化。从最开始的手工运维到脚本化运维，再到基于云原生架构的自动化运维，运维工程师逐渐将触角延伸到开发领域，最终和开发人员共同承担系统稳定性保障的责任，这其实非常考验工程师的综合能力。老余的这本书，正是在这个背景下创作出来的，本书不仅覆盖了 Python 开发、Linux 集群负载（LVS、HAProxy、Nginx 等）等基础内容，还包含了云原生微服务架构下的 Kubernetes、Service Mesh 服务网格 Istio 等前沿技术。同时，他还用亲身经历的亿级流量系统来讲解高并发系统的架构该如何设计。本书内容基本能涵盖一名优秀工程师应该掌握的所有运维技能（不仅限于运维工程师），这确实是一本不可多得的好书！

老余告诉我，这几年他一直在开发云原生相关产品，在实践中解决过很多问题，也经历过挫折与困扰，但"除了学习之外，好像也没什么其他乐趣"，2020 年十一期间，他基本都是在学习和工作，他也希望能将自己所遇到的问题，以及重要的知识点分享出去，让其他人少走弯路。老余作为一名畅销书作者和运维专家，还能保持在一线战斗，并仍能花费较大精力做高质量的经验输出，这着实让人敬佩！

阿里云 MVP、资深技术顾问
《Akka 实战：构建高可用分布式应用》和
《软件开发实践：项目驱动式的 Java 开发指南》作者
杜云飞

系统架构师之路

自 2006 年接触 Linux 系统以来，我从 Linux 系统工程师一步步晋升为项目实施工程师、高级 Linux 系统工程师、运维架构师，直至今日的高级运维开发工程师、系统架构师，这一路走来，深感开源技术和 Linux 集群的强大。其中印象最为深刻的还是担任项目实施工程师、高级 Linux 系统工程师期间，因为要设计和实施网站（尤其是电子商务网站）架构，负责开发语言和开发框架的选型，感觉能力提升特别快，成长十分迅速。

在担任运维架构师的这段工作时间里，我主要负责维护公司的电子商务网站。有些平台核心网站的并发量并不是太大，但比较重要，所以公司都要求部署 Linux 集群，有时指定要部署 LVS 或 HAProxy 负载均衡器。在实际设计和安装的过程中，我发现 LVS/HAProxy 的负载均衡确实非常强大，可以与硬件级的 F5 负载均衡器相媲美。很快我就被 Linux 集群这门艺术迷住了，工作之余自己也研究了 Nginx/HAProxy+Keepalived（动静分离）这种负载均衡高可用架构，并且在许多项目中成功实施，客户反映效果不错，所以我也在很多开源社区推广 Linux 集群技术。

现阶段我的职务是高级运维开发工程师、系统架构师，主要负责设计、实施及维护公司的电子商务网站以及产品核心功能的代码开发。相对于 CDN 分布式系统而言，网站应用没有节点冗余，所以对 Linux 集群技术的要求更高。前期我将所有网站应用都做了双机高可用，即 LVS/HAProxy+Keepalived 和 Nginx+Keepalived，还有 DRBD+Heartbeat+NFS 文件高可用，MySQL 数据库用的是 MHA 一主多从架构。其间，随着特殊业务的需求越来越多（比如定点抢红包活动），我也在网站的架构设计中引入了 RabbitMQ 消息队列集群。后期基于商业推广，网站流量、UV 及并发日益增大，新机器上线也日益频繁，所以我采用了 Fabric 和 Ansbile 自动化运维来管理线上机器，帮助运维同事避免重复劳动。另外，由于电子商务网站会牵涉支付问题，所以对安全性的要求也非常高，我们平时都会从网络安全（包括硬件防火墙、Linux 系统防火墙和 WAF 应用防火墙）、系统安全、代码安全和数据库安全等方面着手，尽力避免一切影响网站安全的行为。工作虽然辛苦，但看着自己设计的网站顺利运行，心里还是很有成就感的，这也是我目前工作的主要动力。

撰写本书的目的

从事系统集成、运维开发、架构设计方面的工作已经有十余年，我曾经有幸担任过 RHCE 讲师，到武汉各高校推广红帽 Linux 系统。在教学过程中我发现，很多学生在进入企业后都无法胜任自己的工作，更谈不上正确地规划自己的职业道路了。一方面是因为企业的生产环境具有一定的复杂性和危险性，另一方面市场上入门书居多，缺乏能真正指导读者解决实际问题的书籍。例如，很多书都只是给出了比较基础的操作及理论，而相对于线上环境，根本没有涉及安全操作以避免误操作的内容，更没有 PV、UV 和并发以及数据库压力和高并发环境下的消息队列或任务队列的设计等相关话题。

我写这本书，一方面是想对自己这些年的工作经验和心得进行一次系统的梳理和总结；另一方面是想将自己的经验分享给大家，希望帮助大家少走弯路，希望书中的项目实践（包括 Linux 传统集群技术及云原生下的负载均衡技术、MySQL 的高可用方案及 Python 自动化运维工具的使用）和线上环境的 Python 脚本，有助于读者迅速进入工作状态。书中提供的 Python 程序均来自真实项目，可以直接借用。关于 Linux 集群的项目实践和 MySQL 的高可用方案，大家也可以根据实际项目的需求直接用于公司的网站架构。希望大家能通过本书掌握 Linux 集群的精髓，领会 Linux 集群的魅力，通过 Python 程序实现自动化运维和编程，从而轻松愉快地工作。

读者对象

本书的读者对象如下：
❑ 系统工程师或运维工程师
❑ DevOps 工程师
❑ 网络管理员或企业网管
❑ 系统开发工程师
❑ 运维架构师

如何阅读本书

本书是对实际工作经验的总结，涉及大量的知识点和专业术语，建议经验还不是很丰富的读者先了解第 1 ～ 2 章的内容，如果大家在学习过程中根据这两章的讲解进行操作，定会达到事半功倍的效果。

系统工程师和运维工程师可以重点关注第 4 ～ 7 章的内容，这些都是与运维工作息息相关的，建议大家多花些精力和时间，从线上环境去考虑学习。

DevOps 工程师可以重点关注第 2 ～ 8 章的内容，想在企业运维开发工作中开发高效的运维工具并不是一件很容易的事情，建议大家多学习，拓宽自己的知识面。

运维架构师可以重点关注第 4 ～ 5 章和第 7 ～ 8 章的内容，这些都跟系统 / 网站架构技术息息相关，而且基本上都出自真实项目经验，具备一定的参考意义。

对于开发人员来说，由于已具备很强的编程开发能力，可以重点关注第 2 章和第 3 章之外的章节，以提升自己的技术。

致谢

感谢我的家人，她们在生活上对我无微不至地照顾，让我更有精力和动力去工作和创作。

感谢好友刘天斯和老男孩的支持和鼓励，闲暇之余和你们一起交流开源技术和发展趋势，也是一种享受。

感谢朋友胡安伟。他为本书提供了许多精美的插图，并就 Linux 集群技术相关内容提出了许多宝贵的意见。

感谢现公司的领导给予我足够的信任和支持，让我在工作中去了解和熟悉大量关于云原生的开源技术并用于工作实践。

感谢机械工业出版社华章公司的编辑杨绣国女士，在你的信任、支持和帮助下，本书才能如此顺利地完成。

感谢朋友三宝，感谢他这么多年来对我的信任和支持，在我苦闷的时候陪我聊天。

感谢在工作和生活中给予我帮助的所有人，正是因为有了你们，才有了本书的问世。

关于勘误

尽管笔者花了大量的时间和精力去核对文稿和语法，但书中难免还会存在一些错误和纰漏，如果大家发现了问题，可以及时反馈给我，相关信息可发到笔者的邮箱 yuhongchun027@gmail.com。尽管我无法保证能准确地回答每一个问题，但我肯定会努力为大家指出一个正确的方向。

如果大家对本书有任何疑问或想进行 Linux 集群的技术交流，可以访问我的个人博客，地址为 http://yuhongchun.blog.51cto.com。另外，笔者在 51CTO 和 ChinaUnix 社区的用户名均为"抚琴煮酒"，大家也可以直接在社区与我交流。

余洪春（抚琴煮酒）

于武汉

目　　录 *Contents*

第 1 章 *Chapter 1*

Linux 集群基础概念

　　作为一名系统架构师，虽然这几年的工作偏向于维护和开发容器云项目，如 Apache Mesos[⊖]和 Kubernetes，但我们的产品在实施中经常会涉及一些对外项目，比如 DSP 电子竞价广告和 CDN 大型广告系统的架构设计、实施及优化。在实施项目方案时，客户基本上都会提出这样一条要求：保证服务的高可用。基于此，我们所有的服务器，包括负载均衡器、文件服务器、Web 服务器，还有 Redis/MySQL 数据库，基本上都是两台或两台以上。而且根据客户的要求及客户自身机房的硬件配置，我们还会选择不同的负载均衡器方案，比如硬件有 F5 和 Citrix NetScaler（现在基本上都是软件级或 Docker 化的部署方式了），软件方面有 LVS、Nginx 及 HAProxy，云计算服务产品有 AWS 的 ELB 和阿里云的 SLB，容器云平台 Kubernetes 和 Apache Mesos 都有各自的负载均衡方案，可以说相当长的一段时间内，笔者的日常工作之一就是不停地做性能测试，不断地完善和优化整体网站的架构。

　　在与一些系统管理员进行线下交流活动时，笔者发现不少技术优秀的系统管理员和 DevOps 由于公司自身环境等原因对 Linux 集群、负载均衡高可用等相关知识知之甚少，更不用说从事 IT 其他专业的技术人员了。笔者希望通过本书分享自己的 Linux 集群项目经验，向大家说明什么是负载均衡、高可用和 Linux 集群。希望读者在了解这些专业知识后可以走出误区，从真正意义上理解它们。

　　⊖　Apache Mesos 是一个集群管理器，它在官方文档中的定义是一个数据中心操作系统内核，类似于 HadoopYARN，它提供了有效的、跨分布式应用或框架的资源隔离和共享，可以运行 Hadoop、MPI、Hypertable、Spark；也能基于 Marthon 框架实现容器的编排及集群管理，特别适合大数据业务处理场景。众所周知，Twitter 一直是 Apache Mesos 的忠实用户，国内采用 Apache Mesos 的公司也有许多，比如豆瓣、知乎、七牛云、去哪儿、携程，还有中国电信、联通、移动等。

1.1 Linux 集群涉及的核心概念及常用软件

1.1.1 什么是负载均衡高可用

事实上，我们现在一谈到 Linux 集群，就会涉及一个重要概念，即负载均衡高可用，这里面其实包含了两个层面，即负载均衡和高可用。那么，什么是负载均衡，什么又是高可用呢？

在解释这些专业术语之前，我们先弄明白一个小问题：为什么需要负载均衡（Load Balance, LB）？在这里先举一个例子，假如我们有一个金融资讯类的网站，只允许 100 个用户同时在线访问。网站上线初期，由于知名度较小，加上没有宣传，只有几个用户经常上线；后期经过宣传，知名度提升了，百度和谷歌又收录了我们的网站，这时同时在线的用户数量直线上升，甚至达到上千人；于是，网站变得异常繁忙，但网站的用户体验并不好，经常反应不过来，这时用户势必埋怨，为了不影响客户对我们的信心，一定要想办法解决这个问题。试想，如果有几台或几十台相同配置的机器，前端放一个转发器，轮流转发客户对网站的请求，每台机器都将用户数控制在 100 之内，那么网站的反应速度势必会大大提高；即使其中的某台服务器因为硬件故障宕机了，也不会影响用户的访问。而这个神奇的转发器就是负载均衡器。那什么是负载均衡呢？负载均衡建立在现有的网络结构之上，它提供了一种廉价、有效透明的方法来扩展网络设备和服务器的带宽，并通过增加吞吐量，加强网络数据处理能力，来提高网络的灵活性和可用性。通过负载均衡器，我们可以实现 N 台廉价的 PC 服务器并行处理，从而达到小型机或大型机的计算能力，这也是目前负载均衡如此流行的主要原因。

高可用（High Availability，HA）其实有两种不同的含义，在广义上，是指整个系统的高可用性；在狭义方面，一般指主机的冗余接管，如主机 HA。如无特殊说明，本书中的 HA 都是指广义的高可用性。广义的高可用指的是保证整个系统不会因为某一台主机崩溃或故障损坏而发生停止服务的现象；狭义的即前面提到的主机的冗余接管。下面从最前端的负载均衡器说起。

单台负载均衡器位于网站的最前端，它起着对客户请求分流的作用，相当于整个网站或系统的入口，如果它不幸崩溃了，整个网站也会挂掉，所以这个时候就要求有一种方案，能在短时间（一般要求小于 1 秒）内将崩溃的负载均衡器接管过去，这称为高可用。这个时间非常短，客户完全察觉不到其中一台机器已经发生崩溃的情况。至于负载均衡器后端的 Web 集群、数据库集群，因为有负载均衡器的内部机制，即使是其中的某一台或两台发生问题，也不会影响整套系统的使用，这种意义上的高可用就是广义上的。

现在我们俗称的 Linux 集群，指的是大范围内的整套系统架构，相对于负载均衡器后端的 Web 集群、Resin 集群或 MySQL 集群来说，它的涵盖面要广得多，包括了负载均衡高可用，还有各种 LB 的调度算法以及后端应用的健康检查等。这里为了便于区分，在提到集群（Cluster）时一般会带上前缀，比方说 Web 集群，那么这里所指的是后端提供相同服务的

Web 机器群；如果是 Linux 集群，那么指的是大范围的系统集群架构，希望大家不要混淆。

　　另外，对于集群与分布式系统的区别，这里简单跟大家解释一下。

　　分布式是指将不同的业务分布在不同的地方。

　　而 Linux 集群是将 N 台廉价的服务器集中在同一个地方，实现相同的业务；分布式系统中的每一个节点，都可以称为集群；而集群并不一定就是分布式的。

　　比如我们的 Web 应用，后端就是 N 台相同的 Web 服务器，如果其中一台服务器垮掉了，这个时候其实是不影响业务的；而分布式系统中的每一个节点都会完成不同的业务，一个节点垮掉了，那么这个业务就是不可访问的。

　　目前，在线上环境中应用得较多的负载均衡器硬件有 F5 BIG-IP 和 Citrix NetScaler（现在基本上都已被软件级别的 LB 或 Docker 化部署取代，后面不会再涉及），软件有 LVS、Nginx 及 HAProxy，高可用软件有 Heartbeat、Keepalived，成熟的 Linux 集群架构有 DNS 轮询、LVS+Keepalived、Nginx/HAProxy+Keepalived 及 DRBD+Heartbeat。

1.1.2　什么是服务发现

　　什么是服务发现（Service Discovery）？

　　服务发现组件记录了大规模系统中所有服务的信息，人们或其他服务可以据此找到这些服务，DNS 就是一个简单的例子，例如我们经常用的 Kubernetes 中的 CoreDNS。当然，复杂系统的服务发现组件提供更多的功能，如服务元数据存储、健康监控、多种查询和实时更新等。

　　服务发现带来的主要好处是什么？

　　服务发现的主要好处是"零配置"：不用使用硬编码的网络地址，只需服务的名字（有时甚至连名字都不用）就能使用服务。在现代体系架构中，单个服务实例的启动和销毁很常见，所以应该做到无须了解整个架构的拓扑结构，就能找到这个实例。

　　服务发现组件必须提供查询所有服务的部署状态和集中控制所有服务实例的手段。对于那些不仅仅提供 DNS 功能的复杂系统，这一点尤为关键。

　　目前，业界提供了很多种服务发现解决方案。

　　我们已经使用 DNS 很长时间了，DNS 可能是现有的最大服务发现系统。小规模系统可以先使用 DNS 作为服务发现手段。一旦服务节点的启动和销毁变得更加动态，DNS 就有问题了，因为 DNS 记录传播的速度可能跟不上服务节点变化的速度。

　　ZooKeeper 大概是最成熟的配置存储方案了，它提供了包括配置管理、领导人选举和分布式锁在内的完整解决方案。因此，ZooKeeper 是非常有竞争力的通用服务发现解决方案，当然，它也显得过于复杂。etcd 是新近出现的服务发现解决方案，它与 ZooKeeper 具有相似的架构和功能，因此可与 ZooKeeper 互换使用。

　　Consul 是一种更新的服务发现解决方案。除了服务发现，它还提供了配置管理和一种键值存储。Consul 提供了服务节点的健康检查功能，支持使用 DNS SRV 查找服务，这大大增强了它与其他系统的互操作性；Consul 与 ZooKeeper 的主要区别是：Consul 提供了 DNS 和 HTTP 两种 API，而 ZooKeeper 只支持专门客户端的访问。

1.1.3 以 LVS 作为负载均衡器

LVS 英文全称为 Linux Virtual Server，这是章文嵩博士主持的自由项目。

LVS 使用集群技术和 Linux 操作系统实现一个高性能、高可用的服务器，它具有很好的可伸缩性（Scalability）、可靠性（Reliability）和可管理性（Manageability），感谢章文嵩博士为我们提供如此强大实用的开源软件。

LVS 是一个负载均衡 / 高可用性集群，主要针对大业务量的网络应用（如新闻服务、网上银行、电子商务等）。它建立在一个主控服务器（通常为双机）及若干真实服务器（Real-Server）所组成的集群之上。Real-Server 负责实际提供服务，主控服务器根据指定的调度算法对 Real-Server 进行控制。而集群的结构对于用户来说是透明的，客户端只与单个的 IP（集群系统的虚拟 IP）进行通信，也就是说从客户端的视角来看，这里只存在单个服务器。Real-Server 可以提供众多服务，如 FTP、HTTP、DNS、Telnet、SMTP 等，现在比较流行的是将其用于 MySQL 集群中。主控服务器负责对 Real-Server 进行控制。客户端在向 LVS 发出服务请求时，后者会通过特定的调度算法指定由某个 Real-Server 来应答请求，客户端只会与负载均衡器的 IP（即 VIP）进行通信。以上工作流程用 LVS 的工作拓扑图来说明的话，效果可能更好，如图 1-1 所示。

1. LVS 集群的体系结构

通常来讲，Linux 集群在设计时需要考虑系统的透明性、可伸缩性、高可用性和易管理性。一般来说，LVS 集群采用三层结构，这三层结构的主要组成部分如下。

❑ 负载均衡器（load balancer），它是整个集群对外的前端机，负责将客户的请求发送到一组服务器上执行，而客户认为服务是来自一个 IP 地址（我们可称之为虚拟 IP 地址）上的。

❑ 服务器池（server pool），它是一组真正执行客户请求的服务器，执行的服务有 Web、MAIL、FTP 和 DNS 等。

❑ 共享存储（shared storage），它为服务器池提供了一个共享的存储区，这样很容易使得服务器池拥有相同的内容，提供相同的服务。

负载均衡器是服务器集群系统的唯一入口点（Single Entry Point），它可以采用 IP 负载均衡技术、基于内容请求分发技术或者两者相结合。在 IP 负载均衡技术中，需要服务器池拥有相同的内容，提供相同的服务。当客户请求到达时，负载均衡器只需要根据服务器负载情况和设定的调度算法从服务器池中选出一个服务器，将该请求转发到选出的服务器，并记录这个调度即可；当这个请求的其他报文到达时，也会被转发到前面选出的服务器上。对于基于内容请求分发技术，服务器可以提供不同的服务，当客户请求到达时，负载均衡器可根据请求的内容选择服务器来执行请求。因为所有的操作都是在 Linux 操作系统核心空间中将完成的，它的调度开销很小，所以它具有很高的吞吐率。

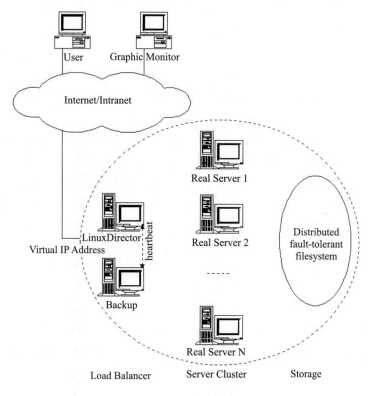

图 1-1　LVS 集群的体系结构

　　服务器池的节点数目是可变的。当整个系统收到的负载超过目前所有节点的处理能力时，可以通过在服务器池中增加服务器来满足不断增长的请求负载。对大多数网络服务来说，各请求之间不存在很强的相关性，请求可以在不同的节点上并行执行，所以整个系统的性能基本上可以随着服务器池节点数目的增加而线性增长。

　　共享存储通常是通过数据库、网络文件系统或者分布式文件系统来实现的。服务器节点上需要动态更新的数据一般存储在数据库系统中，同时数据库会保证并发访问时数据的一致性。静态数据可以存储在网络文件系统（如 NFS/CIFS）中，但网络文件系统的伸缩能力有限，一般来说，NFS/CIFS 服务器只能支持 3 ～ 6 个繁忙的服务器节点。对于规模较大的集群系统，可以考虑用分布式文件系统，如 AFS、GFS、Coda 和 Intermezzo 等。分布式文件系统可为各服务器提供共享存储区，它们访问分布式文件系统就像访问本地文件系统一样，同时分布式文件系统可提供良好的伸缩性和可用性。此外，当不同服务器上的应用程序同时读写访问分布式文件系统上的同一资源时，应用程序的访问冲突需要消解才能使得资源处于一致状态。这需要一个分布式锁管理器（Distributed Lock Manager），它可能是分布式文件系统内部，也可能是外部提供的。开发者在编写应用程序时，可以使用分布式锁管理器来保证应用程序在不同节点上并发访问的一致性。

负载均衡、服务器池和共享存储系统通过高速网络相连接，如100Mbit/s 交换网络、Myrinet 和 Gigabit 网络等。使用高速的网络主要是为避免当系统规模扩大时互联网络成为整个系统的瓶颈。

2. LVS 中的 IP 负载均衡算法

用户通过虚拟 IP 地址（Virtual IP Address）访问服务时，访问请求的报文会到达负载均衡器，由它进行负载均衡调度，从一组真实服务器中选出一个，将报文的目标地址改写成选定服务器的地址，然后将报文的目标端口改写成选定服务器的相应端口，最后将报文发送给选定的服务器。真实服务器的回应报文经过负载均衡器时，会将报文的源地址和源端口改为 Virtual IP Address 和相应的端口，再把报文发给用户。Berkeley 的 MagicRouter、Cisco 的 LocalDirector、Alteon 的 ACEDirector 和 F5 的 Big/IP 等都是使用网络地址转换方法。MagicRouter 是在 Linux 1.3 版本上应用快速报文插入技术，使得进行负载均衡调度的用户进程访问网络设备时接近核心空间的速度，降低了上下文切换的处理开销，但并不彻底，它只是研究的原型系统，没有成为有用的系统存活下来。Cisco 的 LocalDirector、Alteon 的 ACEDirector 和 F5 的 Big/IP 是非常昂贵的商品化系统，它们支持部分 TCP/UDP，有些在 ICMP 处理上存在问题。

IBM 的 TCP Router 使用修改过的网络地址转换方法在 SP/2 系统实现可伸缩的 Web 服务器。TCP Router 修改请求报文的目标地址并把它转发给选出的服务器，服务器能把响应报文的源地址置为 TCP Router 地址而非自己的地址。这种方法的好处是响应报文可以直接返回给客户，坏处是每台服务器的操作系统内核都需要修改。IBM 的 NetDispatcher 是 TCP Router 的后继者，它将报文转发给服务器，而服务器在无 ARP 的设备上配置路由器的地址。这种方法与 LVS 集群中的 VS/DR 类似，它具有很高的可伸缩性，但一套 IBM SP/2 和 NetDispatcher 需要上百万美元。

在贝尔实验室的 ONE-IP 中，每台服务器都有独立的 IP 地址，但都会用 IP Alias 配置上同一 VIP 地址，并采用路由和广播两种方法分发请求，服务器收到请求后按 VIP 地址处理请求，并以 VIP 为源地址返回结果。这种方法也是为了避免回应报文的重写，但是每台服务器用 IP Alias 配置上同一 VIP 地址会导致地址冲突，有些操作系统甚至会出现网络失效。通过广播分发请求，同样需要修改服务器操作系统的源码来过滤报文，使得只有一台服务器来处理广播的请求。

微软的 Windows NT 负载均衡服务（Windows NT Load Balancing Service，WLBS）是 1998 年年底收购 Valence Research 公司获得的，它与 ONE-IP 中基于本地的过滤方法一样。WLBS 作为过滤器运行在网卡驱动程序和 TCP/IP 协议栈之间，获得目标地址为 VIP 的报文，它通过过滤算法检查报文的源 IP 地址和端口号，保证只有一台服务器将报文交给上一层处理。但是，当有新节点加入或有节点失效时，所有服务器需要协商一个新的过滤算法，这会导致所有 Session 的连接中断。同时，WLBS 会要求所有服务器都有相同的配置，如网卡速度和处理能力。

3. 通过 NAT 实现虚拟服务器（VS/NAT）

由于 IPv4 中 IP 地址空间日益紧张，且存在安全方面的问题，因此很多网络会使用保留的 IP 地址（10.0.0.0/255.0.0.0、172.16.0.0/255.128.0.0 和 192.168.0.0/255.255.0.0）。这些地址不会在 Internet 上使用，它是专门为内部网络预留的。当内部网络中的主机要访问 Internet 或被 Internet 访问时，就需要采用网络地址转换（Network Address Translation，NAT），将内部地址转化为 Internet 上可用的外部地址。NAT 的工作原理是报文头（目标地址、源地址和端口等）被正确改写后，客户相信它们连接了一个 IP 地址，而不同 IP 地址的服务器组也认为它们是与客户直接相连的。因此，可以用 NAT 方法将不同 IP 地址的并行网络服务变成在一个 IP 地址上的虚拟服务。

VS/NAT 的体系结构比较简单，在一组服务器前有一个负载均衡器，它们是通过 Switch/HUB 相连接的。这些服务器提供相同的网络服务、相同的内容，即不管请求被发送到哪一台服务器，执行的结果是一样的。服务的内容可以复制到每台服务器的本地硬盘上，可以通过网络文件系统（如 NFS）共享，也可以通过一个分布式文件系统来提供。

客户通过 Virtual IP Address（虚拟服务的 IP 地址）访问网络服务时，请求报文到达负载均衡器，负载均衡器会根据连接调度算法从一组真实服务器中选出一台服务器，并将报文的目标地址 Virtual IP Address 改写成选定服务器的地址，将报文的目标端口改写成选定服务器的相应端口，最后将修改后的报文发送给选出的服务器。同时，负载均衡器会在连接 Hash 表中记录这个连接，当这个连接的下一个报文到达时，从连接 Hash 表中可以得到原选定服务器的地址和端口，在进行同样的改写操作后，将报文传给原选定的服务器。当来自真实服务器的响应报文经过负载均衡器时，负载均衡器会将报文的源地址和源端口改为 Virtual IP Address 和相应的端口，再把报文发送给用户。我们在连接上引入一个状态机时，不同的报文会使得连接处于不同的状态，不同的状态有不同的超时值。在 TCP 连接中，根据标准的 TCP 有限状态机进行状态迁移，这里不一一叙述，请参见 W. Richard Stevens 的 *TCP/IP Illustrated Volume I*。在 UDP 中，我们只设置一个 UDP 状态。不同状态的超时值是可以设置的，在默认情况下，SYN 状态的超时时间为 1 分钟，ESTABLISHED 状态的超时时间为 15 分钟，FIN 状态的超时时间为 1 分钟；UDP 状态的超时时间为 5 分钟。若连接终止或超时，负载均衡器会将这个连接从连接 Hash 表中删除。

这样，客户看到的只是在 Virtual IP Address 上提供的服务，而服务器集群的结构对用户是透明的。对改写后的报文，应用增量调整校验和的算法来调整 TCP 校验和的值，避免了扫描整个报文来计算校验和的开销。

4. 通过 IP 隧道实现虚拟服务器（VS/TUN）

在 VS/NAT 的集群系统中，请求和响应的数据报文都需要通过负载均衡器，当真实服务器的数目在 10 台和 20 台之间时，负载均衡器将成为整个集群系统的新瓶颈。大多数 Internet 服务都有这样的特点：请求报文较短而响应报文往往包含大量的数据。如果能将请求和响应分开处理，即负载均衡器只负责调度请求而响应直接返回给客户，将极大地提高整个集群系统的吞吐量。

IP 隧道（IP tunneling）是将一个 IP 报文封装在另一个 IP 报文中的技术，它使得一个 IP 地址的数据报文可被封装和转发到另一个 IP 地址。IP 隧道技术亦称为 IP 封装技术（IP encapsulation）。IP 隧道主要用于移动主机和虚拟私有网络（Virtual Private Network），其中隧道都是静态建立的，隧道的一端有一个 IP 地址，另一端也有唯一的 IP 地址。

我们利用 IP 隧道技术将请求报文封装转发给后端服务器后，响应报文能从后端服务器直接返回给客户。但在这里，后端服务器有一组而非一个，所以我们不可能静态地建立一一对应的隧道，而是会动态地选择一台服务器，将请求报文封装和转发给选出的服务器。这样，就可以利用 IP 隧道的原理将一组服务器上的网络服务变成在一个 IP 地址上的虚拟网络服务。

5. 通过直接路由实现虚拟服务器（VS/DR）

与 VS/TUN 方法相同，VS/DR 利用大多数 Internet 服务的非对称特点来实现虚拟服务器，负载均衡器只负责调度请求，由服务器直接将响应返回给客户，可以极大地提高整个集群系统的吞吐量。该方法与 IBM 的 NetDispatcher 产品中使用的方法类似（服务器上 IP 地址的配置方法也是相似的），但 IBM 的 NetDispatcher 是非常昂贵的商品化产品，我们也不知道它内部所使用的机制，其中有些是 IBM 的专利。

VS/DR 的体系结构比较简单：负载均衡器和服务器组都必须在物理上有一个网卡，通过不分段的局域网相连，如通过高速的交换机或者 HUB 相连。VIP 地址为负载均衡器和服务器组共享，负载均衡器配置的 VIP 地址是对外可见的，用于接收虚拟服务的请求报文；所有的服务器都会把 VIP 地址配置在各自的 Non-ARP 网络设备上，它对外是不可见的，只是用于处理目标地址为 VIP 的网络请求。

VS/DR 的连接调度和管理与 VS/NAT 和 VS/TUN 一样，它的报文转发方法又有不同，它会将报文直接路由给目标服务器。在 VS/DR 中，负载均衡器根据各个服务器的负载情况，动态地选择一台服务器，不修改也不封装 IP 报文，而是将数据帧的 MAC 地址改为选出的服务器的 MAC 地址，再将修改后的数据帧在服务器组的局域网上发送。因为数据帧的 MAC 地址是选出的服务器，所以服务器肯定可以接收到这个数据帧，从中获得该 IP 报文。当服务器发现报文的目标地址 VIP 是在本地的网络设备上时，服务器会处理这个报文，然后根据路由表将响应报文直接返回给客户。

在 VS/DR 中，会根据默认的 TCP/IP 协议栈进行处理，既然请求报文的目标地址为 VIP，响应报文的源地址肯定也为 VIP，所以响应报文不需要做任何修改，即可直接返回给客户，客户得到正常的服务，但他不会知道是哪一台服务器处理的。VS/DR 负载均衡器与 VS/TUN 一样只处于从客户到服务器的半连接中，它会按照半连接的 TCP 有限状态机进行状态迁移。

6. LVS 新模式 FULLNAT 简介

在大规模的网络下，如在淘宝网的业务中，官方 LVS 满足不了需求，原因有以下 3 点：

1）三种转发模式的部署成本比较高。

2）与商用的负载均衡比，LVS 没有 DDoS 防御攻击功能。

3）它是主备部署模式，性能无法扩展。

针对这些问题，淘宝网技术团队开发了 LVS 的 FullNAT 模式，它既可以跨 VLAN 通信，还有 DDoS 防御攻击能力。最重要的是，它可以采用 Cluster 部署模式，可以基于 FULLNAT 模式做横向扩展。

更详细的文档和资料说明请大家参考：

http://www.infoq.com/cn/news/2014/10/lvs-use-at-large-scala-network

1.1.4　以 Nginx 作为负载均衡器

Nginx 在作为负载均衡器的同时也是反向代理服务器，其配置语法相当简单，可以按轮询、ip_hash、url_hash、权重等多种方法对后端服务器做负载均衡，同时还支持后端服务器的健康检查。另外，它相对于 LVS 来说比较有优势的一点是，由于它是基于第 7 层的负载均衡，是根据报头内的信息来执行负载均衡任务的，所以对网络的依赖性比较小，理论上只要可以正确执行 ping 命令就能够实现负载均衡。在国内，Nginx 不仅可以作为一款性能优异的负载均衡器，也可以作为一款适用于高并发环境的 Web 应用软件，在新浪、金山、迅雷在线等大型网站都有相关应用。其作为负载均衡器的优点如下：

- ❑ 配置文件非常简单，风格跟程序一样通俗易懂。
- ❑ 成本低廉。Nginx 为开源软件，可以免费使用，而购买 F5 Big-IP、NetScaler 等硬件负载均衡交换机则需要十多万甚至几十万元。
- ❑ 支持重写规则，能够根据域名、URL 的不同，将 HTTP 请求分发到不同的后端服务器群组上。
- ❑ 有内置的健康检查功能。如果 Nginx Proxy 后端的某台 Web 服务器宕机了，不会影响前端访问。
- ❑ 节省带宽，支持 GZIP 压缩，可以添加浏览器本地缓存的 Header。
- ❑ 稳定性高，用于反向代理，宕机的概率微乎其微。通过跟踪一些已上线的网站和系统，我们发现在高并发的情况下，Nginx 作为负载均衡器 / 反向代理宕机的次数几乎是零。
- ❑ 目前它更重要的用途就是结合 Lua 用于一些高并发的 Web 应用场景。例如用作 WAF 或企业级 API Gateway 网关（例如 Kong）等，还有就是会进行一些业务逻辑处理，甚至用于比较耗 CPU 的模板渲染的业务场景（例如京东的列表页 / 商品详情页）。

1.1.5 以 HAProxy 作为负载均衡器

HAProxy 是一款提供高可用性、负载均衡，基于 TCP（L4）和 HTTP（L7）应用的代理软件。

HAProxy 是完全免费的，借助 HAProxy 可以快速并且可靠地提供基于 TCP 和 HTTP 应用的代理解决方案。HAProxy 最主要的特点是性能优异（Apache Mesos 也将其作为其分布式系统的重要组件之一，主要用于负载均衡），特别适合那些负载特别大的 Web 站点，这些站点通常需要会话保持或七层处理。HAProxy 完全可以支持数以万计的并发连接，并且 HAProxy 的运行模式可以使它简单安全地整合到我们的网站系统架构中，同时保护 Web 服务器不暴露到网络上（即通过防火墙 80 端口映射的方法）。HAProxy 也是一款优秀的负载均衡软件，其优点如下。

- ❏ 免费开源，稳定性也非常好，笔者维护的不少电子广告平台，单 HAProxy 也运行得不错，其稳定性可以与硬件级的 F5 Big-IP 相媲美。
- ❏ 根据官方文档可知，HAProxy 可以占满 10Gbit/s，这个数值作为软件级负载均衡器是相当惊人的，具体可以参考其官方说明 http://haproxy.1wt.eu/10g.html。
- ❏ HAProxy 支持连接拒绝。因为维护一个连接打开的开销是很低的，有时我们需要限制攻击蠕虫，也就是说通过限制它们的连接打开来防止它们的危害。这个功能已经拯救了很多被 DDoS 攻击的小型站点，这也是其他负载均衡器所不具备的。
- ❏ HAProxy 支持全透明代理（已具备硬件防火墙的典型特点）。可以用客户端 IP 地址或任何其他地址来连接后端服务器。
- ❏ 语法简单，可以轻松地通过写 ACL 来支持动静分离。
- ❏ 自带强大的监控服务器状态的页面。
- ❏ 从 1.5 版本开始，HAProxy 支持原生的配置 SSL 证书了。

1.1.6 高可用软件 Keepalived

Keepalived 是一款优秀的实现高可用的软件，它运行在 LVS 之上，它的主要功能是实现真实机的故障隔离及负载均衡器间的失败切换（Fail Over）。Keepalived 是一个类似于 Layer3、Layer4、Layer5 交换机制的软件，也就是我们平时说的第 3 层、第 4 层和第 5 层交换。Keepalived 的作用是检测 Web 服务器的状态，如果有一台 Web 服务器宕机，或者工作出现故障，Keepalived 将检测到，并将有故障的 Web 服务器从系统中剔除，在 Web 服务器工作正常后 Keepalived 会自动将 Web 服务器加入服务器群中，这些工作全部自动完成，不需要人工干涉，需要人工做的只是修复发生故障的 Web 服务器。Keepalived 的主要特点如下。

- ❏ Keepalived 是 LVS 的扩展项目，因此它们之间具备良好的兼容性。这应该是 Keepalived 比其他类似工具部署更简洁的原因，尤其是相对于 Heartbeat 而言，

Heartbeat 作为 HA 软件，其复杂的配置流程让许多新手望而生畏。

❏ 通过对服务器池对象的健康检查，实现对失效机器 / 服务的故障隔离。

❏ 负载均衡器之间的失败切换是通过 VRRPv2（Virtual Router Redundancy Protocol v2）协议实现的，VRRP 当初被设计出来的目的就是解决静态路由器的单点故障问题。

❏ 通过实际的线上项目，我们可以得知，iptables 的启用是不会影响 Keepalived 的运行的；但为了更好的性能，我们通常会将整套系统内所有主机的 iptables 都停用。

❏ Keepalived 产生的 VIP 就是我们整个系统对外的 IP，如果最外端的防火墙采用的是路由模式，那么我们就映射此内网 IP 为公网 IP。很多公有云平台，比如阿里云或腾讯云平台希望称之为 HAVIP，即高可用虚拟 IP，这里也是可以接受这种叫法的。

Keepalived 是一款优秀的 HA 软件，我们现在多将其应用于生产环境下的 LVS/HAProxy、Nginx 中，一般都是采取的双机方案，以保证网站最前端负载均衡器的高可用性。

1.1.7　高可用软件 Heartbeat

Heartbeat 就是 Linux-HA 项目中的一个组件，Linux-HA 的全称是 High-Availability Linux，它是一个开源项目。这个开源项目的目标是：通过社区开发者的共同努力，提供一个增强 Linux 可靠性、可用性和可服务性（Reliability/Availability/Serviceability，RAS）的集群解决方案。Heartbeat 是目前开源 HA 项目中最成功的一个例子，它提供了所有 HA 软件所需要的基本功能，比如心跳检测和资源接管、监测群集中的系统服务、在群集中的节点间转移共享 IP 地址的所有者等。自 1999 年开始到现在，Heartbeat 在行业内得到了广泛应用，也发行了很多版本，可以从 Linux-HA 的官方网站（http://www.linux-ha.org）上下载 Heartbeat 的最新版本。尽管 Heartbeat 有许多优异的特性，但它配置起来非常麻烦，而且如果双机之间的心跳线出了问题，就很容易形成"脑裂"的问题，这也是目前制约其被大规模部署应用的原因。Heartbeat 也会产生 HAVIP，这种 IP 的特点之一就是它是漂移的，并非总是固定在某一台主机上。

在生产环境下，Heartbeat 可以与 DRBD 一起应用于线上的高可用文件系统，笔者公司的许多相关项目已经稳定运行了好几年，并且 MySQL 官方也推荐将其作为实现 MySQL 高可用的一种手段，所以建议大家掌握它的技术要点，也可将其用于自己的项目或公司。

> 注意　高可用虚拟 IP，即 HAVIP，并非固定在某一台主机，它是可以漂移的；阿里云平台已不支持 HAVIP 了，如果想在阿里云平台做高可用方案，需要自行购买他们的产品或服务；其他平台，如腾讯云和亚马逊云平台，都是支持 HAVIP 的。

1.1.8　高可用块设备 DRBD

DRBD（Distributed Replicated Block Device）是一种块设备，可以用于高可用（HA）之

中。它的功能类似于一个网络 RAID-1。当你将数据写入本地文件系统时，数据还将会被发送到网络中的另一台主机上，并以相同的形式记录在一个文件系统中。本地（主节点）与远程主机（备用节点）的数据可以保证实时同步。当本地系统出现故障时，远程主机上还保留着一份相同的数据，可以继续使用。在高可用（HA）中使用 DRBD 功能，可以代替一个共享盘阵。因为数据同时存储于本地主机和远程主机上，切换时，远程主机只要使用它上面的那份备份数据就可以继续服务了。

DRBD 的工作原理如图 1-2 所示。

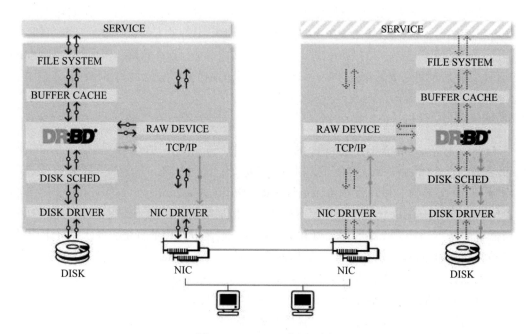

图 1-2　DRBD 工作原理图

DRBD 支持 3 种不同的复制协议，允许使用 3 种程度的复制同步。

协议 A：异步复制协议。只要主节点完成本地写操作就认为写操作完成，并且需要复制的数据包会被存放到本地 TCP 发送缓存中。当发生 fail-over 故障时，在 standby 节点的数据被认为仍是稳固的，然而，在崩溃发生的时间点上很多最新的更新操作会丢失。

协议 B：内存同步（半同步，semi-synchronous）复制协议。如果本地磁盘的写已经完成，并且复制数据包已经到达对应的从节点，此时主节点才会认为磁盘写已经完成。通常情况下，发生 fail-over 不会导致数据丢失（因为后备系统内存中已经获得了数据更新）。然而，如果所有节点同时出现电源故障，则主节点数据存储会发生不可逆的错误结果，主节点上多数最新写入的数据可能会丢失。

协议 C：同步复制协议。只有在本地和远程磁盘都确定写入已完成时，主节点才会认为写入完成。这样可确保发生单点故障时不会导致任何数据丢失。如果发生数据丢失的现象，那也只会在所有节点同时存在存储错误时才会发生。

在 DRBD 设置中，最常用的复制协议是协议 C。选择哪种复制协议受部署的两个因素影响：保护要求和延迟。为了保证数据的一致性和可靠性，建议选择协议 C。

另外，我们在线上环境中主要采用 DRBD+Heartbeat+NFS 组成高可用的文件系统，此项目上线多年没有发生过丢失数据的现象；另外，DRBD 已被 MySQL 官方写入文档手册，作为推荐的高可用方案之一。

1.2 负载均衡关键技术

下面来看看都有哪些负载均衡关键技术。

1.2.1 负载均衡算法

在选定转发方式的情况下，采用哪种调度算法将决定整个负载均衡的性能表现，不同的算法适用于不同的应用场合，有时可能需要针对特殊场合，自行设计调度算法。每个负载均衡器都有自己独有的算法，下面给大家介绍一下 LVS、HAProxy、Nginx 常见的算法。

1. LVS 的常见算法

（1）轮叫调度（Round Robin）

负载均衡器通过"轮叫"调度算法将外部请求按顺序轮流分配到集群中的真实服务器上，它均等地对待每一台服务器，而不管服务器上实际的连接数和系统负载。任何形式的负载均衡器（包括硬件或软件级别的）都带有基本的轮叫（也叫轮询功能）。

（2）加权轮叫（Weighted Round Robin）

负载均衡器通过"加权轮叫"调度算法根据真实服务器的不同处理能力来调度访问请求，这样可以保证处理能力强的服务器能处理更多的访问流量。负载均衡器可以自动问询真实服务器的负载情况，并动态地调整其权值。

（3）最少连接（Least Connections）

负载均衡器通过"最少连接"调度算法动态地将网络请求调度到已建立的连接数最少的服务器上。如果集群系统的真实服务器具有相近的系统性能，采用"最少连接"调度算法可以较好地实现负载均衡。

（4）加权最少连接（Weighted Least Connections）

在集群系统中的服务器性能差异较大的情况下，负载均衡器采用"加权最少连接"调度算法优化负载均衡性能，具有较高权值的服务器将承受较大比例的活动连接负载。负载均衡器可以自动问询真实服务器的负载情况，并动态地调整其权值。

（5）基于局部性的最少连接（Locality-Based Least Connections，LBLC）

"基于局部性的最少连接"调度算法是针对目标 IP 地址的负载均衡，目前主要用于

Cache 集群系统。该算法会根据请求的目标 IP 地址找出该目标 IP 地址最近使用的服务器，若该服务器是可用的且没有超载，则将请求发送到该服务器；若服务器不存在，或者该服务器超载且有服务器处于一半的工作负载状态，则用"最少连接"的原则选出一个可用的服务器，并将请求发送到该服务器。

（6）带复制的基于局部性最少连接（Locality-Based Least Connections with Replication）

"带复制的基于局部性最少连接"调度算法也是针对目标 IP 地址的负载均衡，目前主要用于 Cache 集群系统。它与 LBLC 算法的不同之处是它要维护从一个目标 IP 地址到一组服务器的映射，而 LBLC 算法维护的是从一个目标 IP 地址到一台服务器的映射。该算法会根据请求的目标 IP 地址找出该目标 IP 地址对应的服务器组，并按"最少连接"原则从服务器组中选出一台服务器，若服务器没有超载，将请求发送到该服务器；若服务器超载，则按"最少连接"原则从这个集群中选出一台服务器，将该服务器加入服务器组中，并将请求发送到该服务器。同时，如果该服务器组有一段时间没有被修改，则会将最忙的服务器从服务器组中删除，以降低复制的程度。

（7）目标地址散列（Destination IP Hashing）

"目标地址散列"调度算法会以请求的目标 IP 地址作为散列键（Hash Key）从静态分配的散列表找出对应的服务器，若该服务器是可用的且未超载，那么会将请求发送到该服务器，否则返回空。

（8）源地址散列（Source IP Hashing）

"源地址散列"调度算法会以请求的源 IP 地址作为散列键从静态分配的散列表找出对应的服务器，若该服务器是可用的且未超载，那么会将请求发送到该服务器，否则返回空。

（9）源 IP 和端口的 Hash（Source IP and Source Port Hashing）

通过 Hash 函数将来自同一个源 IP 地址和源端口的请求映射到后端的同一台服务器上，该算法适用于需要保证来自同一用户同一业务的请求被分发到同一台服务器的场景。

（10）随机（Random）

随机地将请求分发到不同的服务器上，从统计学角度来看，调度的结果是为各台服务器平均分担用户的连接请求，该算法适用于集群中各机器性能相当，无明显优劣差异的场景。

2. HAProxy 的常见算法

HAProxy 的算法现在也越来越多了，具体有如下 8 种：

1）roundrobin，表示简单的轮询，这是负载均衡基本都具备的算法。

2）static-rr，每个服务器根据权重轮流使用，类似 roundrobin，但它是静态的，意味着运行时修改权限是无效的。另外，它对服务器的数量没有限制。

3）leastconn，连接数最少的服务器优先接收连接。leastconn 建议用于长会话服务，如 LDAP、SQL、TSE 等，而不适合短会话协议，如 HTTP。该算法是动态的，对于实例启动慢的服务器权重会在运行中调整。

4）source，对请求源 IP 地址进行散列，用可用服务器的权重总数除以散列值，根据结果进行分配。只要服务器正常，同一个客户端 IP 地址总是访问同一个服务器。如果散列的结果随可用服务器的数量变化而变化，那么客户端会定向到不同的服务器。该算法一般用于不能插入 cookie 的 TCP 模式。它还可以在广域网上为拒绝使用会话 cookie 的客户端提供最有效的粘连。该算法默认是静态的，所以运行时修改服务器的权重是无效的，但是算法会根据"hash-type"的变化做调整。

5）URI，表示根据请求的 URI 地址进行散列，用可用服务器的权重总数除以散列值，根据结果进行分配。只要服务器正常，同一个 URI 地址总是会访问同一个服务器。一般用于缓存代理，以最大限度提高缓存的命中率。该算法只能用于 HTTP 后端，默认是静态的，所以运行时修改服务器的权重是无效的，但是算法会根据"hash-type"的变化做调整。

6）url_param，表示请求的 URL 参数。在 HTTP GET 请求的查询串中查找 <param> 中指定的 URL 参数，基本上可以锁定使用特定规则的 URL 到特定负载均衡器节点的要求，该算法一般用于将同一个用户的信息发送到同一个后端服务器上。该算法默认是静态的，所以运行时修改服务器的权重是无效的，但是算法会根据"hash-type"的变化做调整。

7）hdr(<name>)，对于每个 HTTP 请求，此处由 <name> 指定的 HTTP 首部将会被取出做 Hash 计算，并由服务器总权重相除以后将 HTTP 请求发至某个被挑选的服务器，没有有效值的会被轮询调度。此算法的目的是使用同一浏览器，请求被发送到同一后端主机。

8）rdp-cookie(name)，根据 cookie(name) 来锁定并散列每一次 TCP 请求，该机制用于退化的持久模式，可以使同一个用户或者同一个会话 ID 总是发送给同一台服务器。如果没有 cookie，则使用 roundrobin 算法代替。该算法默认是静态的，所以运行时修改服务器的权重是无效的，但是算法会根据"hash-type"的变化做调整。

3. Nginx 的常见算法
（1）roundrobin（默认）

每个请求按时间顺序逐一分配到不同的后端服务器，如果后端服务器宕掉，则会跳过该服务器分配至下一个监控的服务器。并且它无须记录当前所有连接的状态，所以它是一种无状态调度。

（2）weight

指定在轮询的基础上加上权重，权重和访问比率成正比，即用于表明后端服务器的性能好坏，这种情况特别适合后端服务器性能不一致的工作场景。

（3）ip_hash

每个请求按访问 IP 的散列结果分配，当新的请求到达时，先将其客户端 IP 通过散列算法进行散列计算，得出一个值，在随后的请求中，只要客户端 IP 的散列值相同，就会被分配至同一个后端服务器，该调度算法可以解决 Session 的问题，但有时会导致分配不均即无法保证负载均衡。

（4）fair（第三方）

按后端服务器的响应时间来分配请求，响应时间短的优先分配。

（5）url_hash（第三方）

按访问 URL 的散列结果来分配请求，使每个 URL 定向到同一个后端服务器，后端服务器为缓存时比较有效。

在 upstream 中加入 Hash 语句，server 语句中不能写入 weight 等其他的参数，hash_method 使用的是 Hash 算法，示例如下：

```
upstream web_pool {
server squid1:3128;
server squid2:3128;
hash $request_uri;
hash_method crc32;
}
```

（6）一致性 Hash 算法

应该是借鉴了目前最流行的一致性 Hash 算法思路。它的具体做法是：将每个服务器虚拟成 N 个节点，均匀分布到 Hash 环上，每次请求根据配置的参数计算出一个 Hash 值，在 Hash 环上查找离这个 Hash 最近的虚拟节点，对应的服务器作为该次请求的后端机器，这样做的好处是，如果是动态地增加了机器或者某台 Web 机器宕机，对整个集群的影响最小，其工作原理如图 1-3 所示。

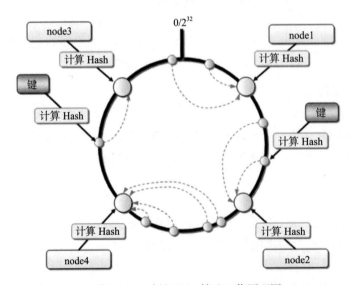

图 1-3 一致性 Hash 算法工作原理图

当后端是缓存服务器时，经常使用一致性 Hash 算法来进行负载均衡。

使用一致性 Hash 的好处在于，增减集群的缓存服务器时，只有少量的缓存会失效，回源量较小。在 CDN 集群架构中，Nginx 或者自研的缓存软件系统所使用的负载均衡推荐算法便是一致性 Hash。

事实上，负载均衡算法也可以分成静态算法和动态算法。那么我们如何分类上述算法呢？

静态调度算法，即负载均衡会根据自身设定的规则进行分配，不需要考虑节点服务器的情况，如 rr、wrr 及 ip_hash 等。

动态调度算法，即负载均衡会根据后端节点的当前状态来决定是否分发请求，如连接数少的优先获取请求、响应时间短的优先获取请求等。

了解了这些负载均衡算法的原理后，我们能够在特定的应用场合选择最合适的调度算法，从而尽可能地保持后端服务器的最佳利用性。当然也可以自行开发算法，不过这已超出本文范围，请参考有关算法原理的资料。

1.2.2　Session 共享和会话保持

首先我们得了解什么是 Session，即会话。

Session 在网络应用中被称为"会话"，借助它可为服务器端与客户端系统之间提供必要的交互。因为 HTTP 本身是无状态的，所以经常需要通过 Session 来解决服务器端和浏览器端的保持状态问题。Session 是由应用服务器维持的一个服务器端的存储空间，用户在连接服务器时，会由服务器生成一个唯一的 SessionID，该 SessionID 被作为标识符来存取服务器端的 Session 存储空间。

SessionID 这一数据是保存到客户端的，用 cookie 保存，用户提交页面时会将这一SessionID 提交到服务器端，以存取 Session 数据。服务器也会通过 URL 重写的方式来传递SessionID 的值，因此它不是完全依赖于 cookie 的。如果客户端 cookie 禁用，则服务器可以自动通过重写 URL 的方式来保存 Session 的值，并且这个过程对程序员透明。

1. 什么是 Session 共享

随着网站业务规模和访问量的逐步增大，原本由单台服务器、单个域名组成的迷你网站架构可能已经无法满足发展需要。此时我们可能会购买更多的服务器，并且以频道化的方式启用多个二级子域名，然后根据业务功能将网站分别部署在独立的服务器上，或者通过负载均衡技术（如 HAProxy、Nginx）让多个频道共享一组服务器。

如果我们把网站程序分别部署到多台服务器上，而且独立为几个二级域名，由于Session 存在实现原理上的局限性（PHP 中 Session 默认以文件的形式保存在本地服务器的硬盘上），这使得网站用户不得不经常在几个频道间来回输入用户名和密码，导致用户体验大打折扣；另外，原本程序可以直接从用户 Session 变量中读取的资料（如昵称、积分、登入时间等），因为无法跨服务器同步更新 Session 变量，迫使开发人员必须实时读写数据库，从而增加了数据库的负担。于是，解决网站跨服务器的 Session 共享问题的需求变得迫切起来，最终催生了多种解决方案，下面列举 4 种较为可行的方案来进行对比和探讨。

（1）Session 复制

熟悉 Tomcat 或 Weblogic 的读者对 Session 复制应该是非常了解的。Session 复制就是将用户的 Session 复制到 Web 集群内的所有服务器上，Tomcat 或 Weblogic 自身都带了这种处理机制。但它的缺点也很明显，Session 复制是基于 IP 组播的，随着机器数量的增加，网络负担呈指数级上升，性能随着服务器数量的增加而急剧下降，而且很容易引起网络风暴。所以目前基本上不会考虑采用此种方案。

（2）基于 cookie 的 Session 共享

这个方案部分读者可能比较陌生，但它在大型网站中是被普遍使用了的。其原理是将全站用户的 Session 信息加密、序列化后以 cookie 的方式统一种植在根域名下（如 .host. com）。当浏览器访问该根域名下的所有二级域名站点时，会将与域名相对应的所有 cookie 内容的特性传递给它，从而实现用户的 cookie 化 Session 在多服务间的共享访问。

这个方案的优点是无须额外的服务器资源，缺点是受 HTTP 协议头信息长度的限制，仅能够存储小部分的用户信息，同时 cookie 化的 Session 内容需要进行安全加解密（如采用 DES、RSA 等进行明文加解密；再由 MD5、SHA-1 等算法进行防伪认证），另外它也会占用一定的带宽资源，因为浏览器会在请求当前域名下的任何资源时将本地 cookie 附加在 HTTP 头中传递到服务器上。

（3）基于数据库的 Session 共享

首选当然是 MySQL 数据库，建议使用内存表 Heap，以提高 Session 操作的读写效率。这个方案的实用性比较强，它的缺点在于 Session 的并发读写能力取决于 MySQL 数据库的性能，同时需要我们自己来实现 Session 淘汰逻辑，以便定时地从数据表中更新、删除 Session 记录，当并发过高时容易出现表锁，虽然我们可以选择行级锁的表引擎，但不得不否认使用数据库存储 Session 还是有些杀鸡用牛刀的架势。

（4）基于 Memcached/Redis 的 Session 共享

Memcached 是一款基于 Libevent 的多路异步 I/O 技术的内存共享系统，简单的 Key + Value 数据存储模式使其代码逻辑小巧高效，因此在并发处理能力上占据了绝对优势。

另外值得一提的是，Memcached 的内存 Hash 表所特有的数据过期淘汰机制，正好与 Session 的过期机制不谋而合，这就降低了删除过期 Session 数据的代码复杂度。但对比"基于数据库的存储方案"，仅逻辑这块就给数据表带来了巨大的查询压力。

Redis 作为 NoSQL 的后起之秀，经常被拿来与 Memcached 作对比。Redis 作为一种缓存，或者干脆称为 NoSQL 数据库，提供了丰富的数据类型（list、set 等），可以将大量数据的排序从单机内存解放到 Redis 集群中处理，并可以用以实现轻量级消息中间件。在 Memcached 和 Redis 的性能比较上，Redis 在小于 100KB 的数据读写上速度优于 Memcached。在笔者的很多线上系统中，Redis 已经取代 Memcached 存放 Session 数据了。

2. 什么是会话保持

会话保持并非 Session 共享。

在大多数电子商务应用系统中，或者在需要进行用户身份认证的在线系统中，一个客户与服务器经常会经过好几次的交互过程才能完成一笔交易或一个请求。由于这几次交互过程是密切相关的，服务器在进行这些交互的过程中，要完成某一个交互步骤往往需要了解上一次交互的处理结果，或者上几步的交互结果，这就要求所有相关的交互过程都由一台服务器完成，而不能被负载均衡器分散到不同的服务器上。

而这一系列相关的交互过程可能是由客户到服务器的一个连接的多次会话完成的，也可能是在客户与服务器之间由多个不同连接里的多次会话完成的。关于不同连接的多次会话，最典型的例子就是基于 HTTP 的访问，一个客户完成一笔交易可能需要多次点击，而一个新的点击产生的请求，可能会重用上一次点击建立起来的连接，也可能是一个新建的连接。

会话保持就是指在负载均衡器上有这样一种机制，可以识别客户与服务器之间交互过程的关联性，在做负载均衡的同时，还能保证一系列相关联的访问请求被分配到同一台服务器上。

1.3　负载均衡器的会话保持机制

会话保持机制的目的是保证在一定时间内某一个用户与系统会话只交给同一台服务器处理，这一点在满足网银、网购等应用场景的需求时格外重要。负载均衡器实现会话保持一般会有如下几种方案。

- ❑ 基于源 IP 地址的持续性保持：主要用于四层负载均衡，这种方案应该是大家最为熟悉的，LVS/HAProxy、Nginx 都有类似的处理机制，Nginx 有 ip_hash 算法，HAProxy 有 source 算法。
- ❑ 基于 cookie 数据的持续性保持：主要用于七层负载均衡，用于确保同一会话的报文能够被分配到同一台服务器中。其中，根据服务器的应答报文中是否携带含有服务器信息的 set_cookie 字段，又可以分为 cookie 插入保持和 cookie 截取保持。
- ❑ 基于 HTTP 报文头的持续性保持：主要用于七层负载均衡，当负载均衡器接收到某一个客户端的首次请求时，会根据 HTTP 报文头关键字建立持续性表项，记录下为该客户端分配的服务器情况，在会话表项的生存期内，后续具有相同 HTTP 报文头信息的连接都将发往该服务器处理。

1.3.1　负载均衡器的会话保持处理机制

会话保持的优点：不需要代码级别的改变，方便单 Web 系统升级成集群模式。

会话保持的缺点：会话保持看似解决了 Session 同步的问题，却带来一些其他方面的问题，比如负载不均衡了（使用了 Session 保持，很显然就无法保证负载绝对的均衡），以及没有彻底解决问题等。如果后端有服务器宕机，它的 Session 丢失，被分配到这台服务器请求的用户则需要重新登录。

会话复制和会话保持都不能彻底解决问题，最终的解决方案定为：Session 共享（这需要做代码级别和系统架构设计上的改动）。

下面按照 LVS、Nginx 和 HAProxy 的顺序，依次讲解各负载均衡器的会话保持处理机制。

1.3.2 LVS 的持久连接机制

LVS 是 L4 层负载均衡器，它自身提供了保持连接机制。

LVS 是利用配置文件里的 persistence（单位为秒）设置来设定会话保持时间的，这个选项对于电子商务网站来说尤其有用：当用户远程用账号登录网站时，有了这个会话保持功能，就能把用户的请求转发给同一个应用服务器了。在这里，我们来做一个假设，假定现在有一个 LVS 环境使用 LVS/DR 转发模式，真实的 Web 服务器有 2 个，LVS 负载均衡器不启用会话保持功能。当用户第一次访问的时候，他的访问请求被负载均衡器转给某个真实服务器，此时他会看到一个登录页面，第一次访问完毕；接着他在登录框里填写用户名和密码，然后提交；这时候问题可能就会出现了——登录不成功。因为没有会话保持，负载均衡器可能会把第 2 次的请求转发到其他的服务器上，这样浏览器又会提醒客户需要再次输入用户名及密码。所以这里需要通过 LVS 启用持久连接机制来实现会话保持功能。

下面做一个简单的实验来验证一下，实验的 IP 分配如表 1-1 所示。

表 1-1 LVS 会话实验的服务器 IP 分配表

服务器名称	IP	用途
LVS-Master	192.168.100.22	提供负载均衡
LVS-DR-VIP	192.168.100.188	集群 VIP 地址
Web1 服务器	192.168.100.23	提供 Web 服务
Web2 服务器	192.168.100.24	提供 Web 服务

系统为 CentOS 7.6 x86_64，内核版本为 3.10.0-957.21.3.el7.x86_64，双网卡，这里准备将 VIP 地址绑定在 eth1 网卡上面。

由于这里是最小化安装，所以先安装编译工具等，另外为了不影响实验结果，建议关闭 iptables 防火墙和 SELinux，它们会直接影响实验结果。在后端的两台 Web 服务器上直接安装了 HTTPD 服务，并分别设定了它们不同的首页地址，以示区分。

要注意的是，IPVS 是 LVS 的关键，因为 LVS 的 IP 负载均衡技术就是通过 IPVS 模块来实现的，IPVS 是 LVS 集群系统的核心软件，而 IPVS 具体是由 ipvsadm 来实现的。我们首先用如下命令查看当前内核是否支持：

```
lsmod | grep ip_vs
```

结果发现是不支持的，其解决方法呢？

这时需要在 LVS-MASTER 机器上安装 ipvsadm 软件，这里采用 yum 安装的方式，命令如下：

```
yum -y install ipvsadm
```

安装成功以后我们可以输入 ipvsadm 命令验证，应该有如下显示：

```
IP Virtual Server version 1.2.1 (size=4096)
Prot LocalAddress:Port Scheduler Flags
    -> RemoteAddress:Port                Forward Weight ActiveConn InActConn
```

查看 ipvsadm 版本，命令如下：

```
ipvsadm —verision
```

结果显示如下：

```
ipvsadm v1.27 2008/5/15 (compiled with popt and IPVS v1.2.1)
```

我们可以看看是否有 ip_vs 模块，输入如下命令验证：

```
lsmod | grep ip_vs
```

显示结果如下：

```
ip_vs_wrr               12697  1
ip_vs                  145497  3 ip_vs_wrr
nf_conntrack           137239  1 ip_vs
libcrc32c               12644  3 xfs,ip_vs,nf_conntrack
```

现在，编写并运行 init.sh 脚本，绑定 VIP 地址到 LVS-MASTER 上，并设定 LVS 工作模式等，脚本内容如下：

```
#!/bin/bash
VIP=192.168.100.188
RIP1=192.168.100.23
RIP2=192.168.100.24
. /etc/rc.d/init.d/functions

logger $0 called with $1
case "$1" in
start)
echo " Start LVS of DirectorServer"
        # 这里将 VIP 地址绑定在 eth1 网卡上
        /sbin/ifconfig eth1:0 $VIP broadcast $VIP netmask 255.255.255.255 up
        /sbin/route add -host $VIP dev eth1:0
        echo "1" >/proc/sys/net/ipv4/ip_forward
        # 清空原先的规则表
        /sbin/ipvsadm -C
        # 重设规则表
        /sbin/ipvsadm -A -t $VIP:80 -s wrr -p 150
```

```
        # 如果没有 -p 参数的话，访问 VIP 地址时会发现在后端的两台 Web 上有轮询切换
        /sbin/ipvsadm -a -t $VIP:80 -r $RIP1:80 -g
        /sbin/ipvsadm -a -t $VIP:80 -r $RIP2:80 -g
        # 开始运行 ipvsadm
        /sbin/ipvsadm
        ;;
stop)
        echo "close LVS Directorserver"
        echo "0" >/proc/sys/net/ipv4/ip_forward
        /sbin/ipvsadm -C
        /sbin/ifconfig eth1:0 down
        ;;
*)
    echo "Usage: $0 {start|stop}"
    exit 1
esac
```

给予脚本 initial.sh 执行权限，并执行它，命令如下：

```
./initial.sh start
```

脚本显示结果如下：

```
IP Virtual Server version 1.2.1 (size=4096)
Prot LocalAddress:Port Scheduler Flags
    -> RemoteAddress:Port           Forward Weight ActiveConn InActConn
TCP  192.168.100.188:80 wrr persistent 150
    -> 192.168.100.23:80            Route    1       0          0
    -> 192.168.100.24:80            Route    1       0          0
```

ActiveConn 表示活动连接数，也就是 TCP 连接状态的 ESTABLISHED；InActConn 表示其他非活动连接数，即所有的其他状态和 TCP 连接数。

最后，在后端的两台 Web 服务器上执行 realserver.sh 脚本，此脚本的作用为绑定 VIP 地址并设定 ARP 抑制，脚本 realserver.sh 的代码如下：

```
#!/bin/bash
VIP=192.168.100.188
. /etc/rc.d/init.d/functions

case "$1" in
start)
    ifconfig lo:0 $VIP netmask 255.255.255.255 broadcast $VIP
    /sbin/route add -host $VIP dev lo:0
    echo "1" >/proc/sys/net/ipv4/conf/lo/arp_ignore
    echo "2" >/proc/sys/net/ipv4/conf/lo/arp_announce
    echo "1" >/proc/sys/net/ipv4/conf/all/arp_ignore
    echo "2" >/proc/sys/net/ipv4/conf/all/arp_announce
    sysctl -p >/dev/null 2>&1
    echo "RealServer Start OK"
    ;;
```

```
stop)
    ifconfig lo:0 down
    route del $LVS_VIP >/dev/null 2>&1
    echo "0" >/proc/sys/net/ipv4/conf/lo/arp_ignore
    echo "0" >/proc/sys/net/ipv4/conf/lo/arp_announce
    echo "0" >/proc/sys/net/ipv4/conf/all/arp_ignore
    echo "0" >/proc/sys/net/ipv4/conf/all/arp_announce
    echo "RealServer Stoped"
    ;;
*)
    echo "Usage: $0 {start|stop}"
    exit 1
esac
exit 0
```

分别在两台 Web 机器上执行脚本，命令如下：

```
./realserver.sh start
```

然后我们就可以通过访问 VIP 地址来访问后端真正提供 HTTP 的服务器了。

LVS 持久性连接的特性如下：把同一个客户的请求信息记录到 LVS 的 Hash 表里，保存时间使用 persistence_timeout（Keepalived 配置文件）控制，单位为秒。persistence_granularity 参数（ipvsadm 里的 -M 参数）是配合 persistence_timeout 的，在某些情况特别有用，它的值是子网掩码，表示持久连接的粒度，默认是 255.255.255.255，也就是单独的客户端 IP，如果改成 255.255.255.0 就表示一个网段的都会被分配到同一台后端 Web 机器上。

一个连接创建后空闲时的超时时间分为如下 3 类：

❏ TCP 的空闲超时时间。

❏ LVS 收到客户端 tcpfin 的超时时间。

❏ UDP 的超时时间。

可以用如下命令查看这些值：

```
ipvsadm -L --timeout
```

命令显示结果如下所示：

```
Timeout (tcp tcpfin udp)：900 120 300
```

我们用 ipvsadm 验证下，命令如下：

```
ipvsadm  -Lcn
```

结果如下：

```
IPVS connection entries
pro expire state       source            virtual          destination
TCP 01:51  FIN_WAIT    10.0.0.7:54914    10.0.0.18:80     10.0.0.14:80
TCP 00:35  FIN_WAIT    10.0.0.7:54866    10.0.0.18:80     10.0.0.14:80
```

```
TCP 01:51  NONE        10.0.0.7:0       10.0.0.18:80      10.0.0.14:80
TCP 01:52  FIN_WAIT    10.0.0.7:54915   10.0.0.18:80      10.0.0.14:80
```

如果用户配置了持久化时间 persistence_timeout，在客户端的请求到达 LB 后，IPVS 会在记录表里添加一条 state 为 NONE 的连接记录。该连接记录的源 IP 为客户端 IP，端口为 0，超时时间为上面所说的持久化时间 persistence_timeout，会逐步减小。当 NONE 的超时时间减到 0 时，如果 IPVS 记录中还存在 ESTABLISHED 或 FIN_WAIT 状态的连接，则 persistence_timeout 的值会刷新为初始值。

在该 NONE 状态的连接记录存在的期间，同一客户端 IP 的消息都会被调度到同一个 RS 节点。（NONE 状态的连接不是表示一个具体的连接，而是代表一个客户端 IP 的连接模板，源端口用 0 表示。在 IPVS 上会记录具体的连接状态，并显示具体的源端口）。

ESTABLISHED 前面的超时时间就是 tcp|tcpfin|udp 中 TCP 的值。该值表示一条 TCP 连接记录的空闲释放时间。如果客户端和服务端建立了连接，则 IPVS 中会出现一条 ESTABLISHED 的记录。每当客户端和服务端的连接中有信息交互时，该超时时间都会刷新为初始值。如果连接处于空闲状态，即一直没有信息交互，则等到该值超时后，ESTABLISHED 的记录会直接消失（在这种情况下 IPVS 记录不会进入 FIN_WAIT），实际上 TCP 连接还是存在的，并没有中断，但是由于持久化时间到了，后续同一客户端（IP+Port）过来的请求会重新调度。所以长连接业务场景需要注意根据业务需要设置好这个 TCP 空闲连接的超时时间。

FIN_WAIT 前面的超时时间就是 tcp|tcpfin|udp 中 tcpfin 的值。在 IPVS 记录的每一条连接中，如果客户端发起了 FIN 断连，则 IPVS 中记录的连接状态会从 ESTABLISHED 变为 FIN_WAIT。该值超时后，FIN_WAIT 状态的记录直接消失。

还有一个细节要注意，如果用户没有配置持久化时间 persistence_timeout，那么在 ipvsadm 查询的记录里是不会生成 NONE 记录模板的，因为此时不需要持久化。但是 ipvsadm 记录中还是会生成 ESTABLISHED 记录的，后续同一客户端（IP+PORT）的请求都会调度给同一个服务器，直到该连接达到了 TCP 空闲连接超时时间后，ESTABLISHED 记录消失，IPVS 才会重新调度该客户端的请求。这个机制是必需的，不能算作持久化（持久化针对的是同一客户端 IP，可以是不同端口）。因为 TCP 在传输的过程中可能会出现报文分片，如果 IPVS 把来自同一客户端（IP+PORT）的不同分片调度给了不同的服务器，那么服务器收到报文分片后无法重新组合报文。

参考文档如下：

http://www.linuxvirtualserver.org/docs/persistence.html

https://blog.csdn.net/yujin2010good/article/details/88732377

1.3.3 Nginx 负载均衡器的 ip_hash 算法

Nginx 作为负载均衡机器时，其提供的 upstream 模块的 ip_hash 机制能够将某个 IP 的请求定向到同一台后端服务器上，这样一来这个 IP 下的某个客户端和某个后端服务器就能建立起稳固的连接了。ip_hash 算法可以看成是 roundrobin 算法的升级版，如果后端有某台 Web 机器出现故障的话，ip_hash 算法会自动降成 roundrobin，有兴趣的读者可以自行测试。

ip_hash 是在 upstream 配置中定义的：

```
upstream backend {
ip_hash;
server 192.168.1.106:80;
server 192.168.1.107:80;
}
```

我们在线上采用了 Nginx 这种 ip_hash 算法机制，采用这种机制的网站一直运行稳定，即使是在并发量大的情况下也没有发生过 Session 丢失的现象，这就证明了这种技术的可靠性，特推荐给大家。

在没有采用 Session 共享的 Memcached/Redis 机器的工作场景里，我们可以通过采用此 ip_hash 算法，让客户始终只访问固定的后端 Web 机器，从而解决 Session 共享的问题。

1.3.4 HAProxy 负载均衡器的 source 算法

HAProxy 负载均衡器也有与 Nginx 负载均衡器的 ip_hash 算法类似的算法机制，即 source 算法，它也可以实现会话保持功能。我们可以通过配置前端是一个 HAProxy，后端是两台 Web 服务器的简单 Web 架构来验证一下。

❏ 系统版本：CentOS 7.6 x86_64

❏ HAProxy 版本：1.7.9

❏ HAProxy 机器 IP：192.168.100.22

1）安装 HAProxy，提前配置好 epel 外部 yum 源（这步略过）。

查看当前 yum 源是否提供了 HAProxy 的 rpm 包，命令如下：

```
yum list | grep haproxy
```

结果如下：

```
haproxy.x86_64                          1.5.18-1.el6_7.1              updates
```

系统自带的版本低，所以这里采用源码编译的方式进行安装：

```
cd /usr/local/src
wget http://www.haproxy.org/download/1.7/src/haproxy-1.7.9.tar.gz
tar xvf haproxy-1.7.9.tar.gz
cd haproxy-1.7.9
make TARGET=linux2628 PREFIX=/usr/local/haproxy
# TARGET 指定编译 OS 对应的内核版本，这里写 Linux2628 即可
make install PREFIX=/usr/local/haproxy
```

2）修改 HAProxy 默认的配置文件，不要用它默认的轮询方式，请采用 source。配置文

件 /etc/haproxy/haproxy.cfg 的内容如下：

```
global
    log 127.0.0.1 local3
    daemon      # 以 daemon 方式在后台运行，推荐
    nbproc 1    #HAProxy 启动时作为守护运行可创建的进程数，配合 daemon 参数使用，默认只启动一
                  个进程，该值应小于 CPU 核数
    maxconn 102400   # 最大同时连接
    pidfile /usr/local/haproxy/conf/haproxy.pid   # 指定保存 HAProxy 进程号的文件
    stats socket /usr/local/haproxy/stats   # 定义统计信息保存位置

defaults
    mode                    http
    log                     global
    option                  httplog
    option                  dontlognull
    option http-server-close
    option forwardfor       except 127.0.0.0/8
    option                  redispatch
    retries                 3
    timeout http-request    10s
    timeout queue           1m
    timeout connect         10s
    timeout client          1m
    timeout server          1m
    timeout http-keep-alive 10s
    timeout check           10s
    maxconn                 3000

listen stats                # 这里定义的是 HAProxy 监控
    mode http               # 模式 http
    bind 0.0.0.0:1080       # 绑定的监控 IP 与端口
    stats enable            # 启用监控
    stats hide-version      # 隐藏 HAProxy 版本
    stats uri     /web_status # 定义的 URI
    stats realm   Haproxy\ Statistics # 定义显示文字
    stats auth    admin:admin # 认证

frontend http
    bind *:80
    mode http
    log global
    option logasap
    option dontlognull
    capture request header Host len 20
    capture request header Referer len 20
    default_backend web

backend web
    balance source
```

```
server web1 192.168.100.23:80 check maxconn 2000
server web2 192.168.100.24:80 check maxconn 2000
```

3）新版 HAProxy 支持 reload 命令，启动之前我们先检查配置文件有无语法方面的问题，命令如下：

```
/usr/local/haproxy/sbin/haproxy -f /usr/local/haproxy/conf/haproxy.cfg -c
```

结果显示如下：

```
Configuration file is valid
```

然后重载 HAProxy，命令如下：

```
/usr/local/haproxy/bin/haproxy -f /usr/local/haproxy/conf/haproxy.cfg -st 'cat /
    usr/local/haproxy/logs/haproxy.pid'
```

HAProxy 自带有强大的监控功能，我们输入以下网址可以看到：

http://192.168.100.22:1080/web_status/

输入相对应的账号和密码就可以看到监控页面，如图 1-4 所示。

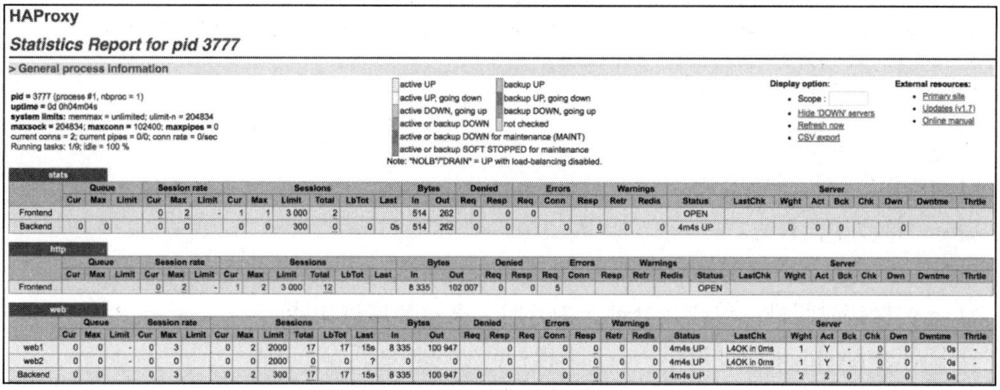

图 1-4　HAProxy 的监控页面

4）在默认情况下，为了节省读写 I/O 所消耗的性能，HAProxy 没有自动配置日志输出功能，但线上的生产环境有时为了维护和调试方便，是需要有日志输出的，所以我们可以根据需求来配置 HAProxy 的日志配置策略。

下面设置 HAProxy 的默认配置文件与日志相关的选项：

```
global
    log    127.0.0.1 local3 #local3 相当于 info 级别的日志
```

然后编辑系统日志配置 /etc/rsyslog.conf，此文件默认会读取 /etc/rsyslog.d/*.conf 目录下的配置文件，所以我们可以将 HAProxy 的相关配置放在其下，这里取名为 haproxy.conf，文件内容如下：

```
$ModLoad imudp
$UDPServerRun 514
local3.* /var/log/haproxy.log
```

对于上面的配置内容文件，这里也说明一下：

```
$ModLoad imudp
```

其中的 imudp 是模块名，支持 UDP。

```
$UDPServerRun 514
```

表示允许 514 端口接收使用 UDP 和 TCP 转发过来的日志，而 rsyslog 在默认情况下，正是在 514 端口监听 UDP。

```
local3.* /var/log/haproxy.log
```

local3 相当于 info 级别的日志，/var/log/haproxy.log 后面跟的是详细路径名。

现在修改 /etc/sysconfig/rsyslog 文件：

```
# Options for rsyslogd
# Syslogd options are deprecated since rsyslog v3.
# If you want to use them, switch to compatibility mode 2 by "-c 2"
# See rsyslogd(8) for more details
SYSLOGD_OPTIONS="-c 2 -r -m 0"
```

各参数的作用如下。

❑ -c：指定运行兼容模式。

❑ -r：接收远程日志。

❑ -x：在接收客户端消息时，禁用 DNS 查找。须与 -r 参数配合使用。

❑ -m：标记时间戳。单位是分钟，为 0 时，表示禁用该功能。

重新启动 rsyslog 服务和 HAProxy 进程：

```
systemctl restart rsyslog
/usr/local/haproxy/sbin/haproxy -f /usr/local/haproxy/conf/haproxy.cfg -st 'cat
    /usr/local/haproxy/conf/haproxy.pid'
```

HAProxy 的日志内容如下：

```
Jul 29 03:16:59 server haproxy[4316]: Proxy http started.
Jul 29 03:16:59 server haproxy[4316]: Proxy web started.
Jul 29 03:18:10 server haproxy[4317]: 192.168.100.187:59736 [29/
    Jul/2019:03:18:10.271] http web/web1 0/0/0/4/+4 200 +345 - - --NI 2/2/1/0/0
    0/0 {192.168.100.22|} "GET /test.php HTTP/1.1"
Jul 29 03:18:10 server haproxy[4317]: 192.168.100.187:59736 [29/
    Jul/2019:03:18:10.271] http web/web1 0/0/0/4/+4 200 +345 - - --NI 2/2/1/0/0
    0/0 {192.168.100.22|} "GET /test.php HTTP/1.1"
Jul 29 13:16:10 server haproxy[3727]: Proxy stats started.
Jul 29 13:16:10 server haproxy[3727]: Proxy http started.
```

```
Jul 29 13:16:10 server haproxy[3727]: Proxy http started.
Jul 29 13:16:10 server haproxy[3727]: Proxy web started.
Jul 29 13:16:36 server haproxy[3728]: 192.168.100.80:51387 [29/
    Jul/2019:13:16:36.004] http web/web1 0/0/0/4/+4 404 +152 - - ---- 2/2/1/0/0
    0/0 {192.168.100.22|http://192.168.100.2} "GET /favicon.ico HTTP/1.1"
Jul 29 13:16:36 server haproxy[3728]: 192.168.100.80:51387 [29/
    Jul/2019:13:16:36.004] http web/web1 0/0/0/4/+4 404 +152 - - ---- 2/2/1/0/0
    0/0 {192.168.100.22|http://192.168.100.2} "GET /favicon.ico HTTP/1.1"
```

HAProxy 采用了 source 算法以后，我们发现无论怎么刷新，通过前面的 HAProxy LB 机器，始终只能访问到后端提前定义好的 Web1 机器。在没有用 Session 共享的工作场景中（也不允许代码大量改动），我们可以通过采用此 source 算法，让客户始终只访问固定的后端 Web 机器，以解决 Session 共享的问题。

在项目实际实施中，笔者会根据客户的需求，将 HAProxy 用于一些时效性强的小中型网站（比如金融证券类的新闻资讯网站），比如，做成基于单机 HAProxy（后面接 2～3 台 Web 机器）的网站，因为这些网站只是在早上 9:00 以后到下午 6:00 之间会有用户访问，鉴于 HAProxy 的稳定性、接近硬件设备的网络吞吐量，以及其所拥有的强大监控功能，完全可以胜任这项工作。

1.3.5　基于 cookie 的会话保持处理机制

这里用 HAProxy 来举例说明。

任何一个 L7 的 HTTP 负载均衡器都应该具备一个功能：会话保持。会话保持是保证客户端对动态应用程序正确请求的基本要求。

还是用那个最有说服力的例子：客户端 A 向服务端 B 请求将 C 商品加入它的账户购物车，加入成功后，服务端 B 会在某个缓存区域中记录下客户端 A 和它的商品 C，这个缓存的内容就是 Session 上下文环境。而识别客户端的方式一般是设置 Session ID（如 PHPSESSID、JSESSIONID），并将其作为 cookie 的内容交给客户端。客户端 A 再次请求的时候（比如为购物车中的商品下订单），只要携带这个 cookie，服务端 B 就可以从中获取 Session ID 并找到属于客户端 A 的缓存内容（商品 C），也就可以继续执行下订单部分的代码。

假如这时使用负载均衡软件对客户端的请求进行负载均衡，就必须要保证能将客户端 A 的请求再次引导到服务端 B，而不能引导到服务端 X、服务端 Y，因为 X、Y 上并没有缓存与客户端 A 对应的 Session 内容，也就无法为客户端 A 下订单。

因此，反向代理软件必须具备将客户端和服务端"绑定"的功能，也就是所谓的提供会话保持，让客户端 A 后续的请求一定转发到服务端 B 上。

在 LB 上配置好 HAProxy 后，HAProxy 将接受用户的所有请求。如果一个用户请求不包含任何 cookie，那么这个请求将被 HAProxy 转发到一台可用的 Web 服务器上，可能是 WebA、WebB、WebC 或 WebD。然后 HAProxy 将把处理这个请求的 Web 服务器的 cookie 值插入请求响应中，如 SERVERID=A，若这个客户端再次访问并在 HTTP 请求头中带有

SERVERID=A，HAProxy 将会把它的请求直接转发给 WebA 处理。下面介绍实验的系统及开源软件的版本。

系统及开源软件版本：

❑ CentOS 7.6 x86_64

❑ HAProxy 1.7.9

❑ Nginx 1.12.2

❑ PHP 5.6.40

机器 IP 地址分配情况如下。

❑ HAProxy：192.168.100.22

❑ Nginx+PHP-1:192.168.100.23

❑ Nginx+PHP-2:1921.68.100.24

HAProxy 代理两台 Nginx 机器，物理拓扑较简单，如图 1-5 所示。

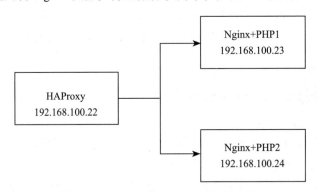

图 1-5　HAProxy 代理 Nginx 物理拓扑图

首先，源码安装 HAProxy 1.7.9，由于 CentOS 7.6 系统自带的 HAProxy 版本过低，这里想采用较高的开源版本，所以以源码方式进行安装：

```
cd /usr/local/src
wget http://www.haproxy.org/download/1.7/src/haproxy-1.7.9.tar.gz
tar xvf haproxy-1.7.9.tar.gz
cd haproxy-1.7.9
make TARGET=linux2628 PREFIX=/usr/local/haproxy
# TARGET 指定编译 OS 对应的内核版本，这里写 Linux2628 即可
make install PREFIX=/usr/local/haproxy
```

为了实现基于 cookie 的会话保持，HAProxy 配置文件中必须增加 cookie 的配置，如下所示：

```
# 需要转发的 IP 及端口
balance roundrobin
cookie SERVERID insert  indirect nocache
server web1 192.168.100.23:80 cookie server1
```

```
server web2 192.168.100.24:80 cookie server2
```

在这个示例配置中，cookie 指令中指定的是 insert 命令，表示在将响应报文交给客户端之前，先插入一个属性名为 SERVERID 的 cookie，这个 cookie 在响应报文的头部独占一个 Set-Cookie 字段（因为是插入新 cookie），而 SERVERID 只是 cookie 名称，它的值是由 server 指令中的 cookie 选项指定的，这里是 server1 或 server2。

除了 insert 命令，cookie 指令中还支持 rewrite 和 prefix 这两种设置 cookie 的方式，不过，对于这三种 cookie 的操作方式，只能三选一。

❑ insert：表示如果客户端没有 cookie 信息且有权限访问服务器时，持久性 cookie 必须通过 HAProxy 穿插在服务器的响应报文中。当服务器收到相同名称的 cookie 并且没有"preserve（保存）"选项时，将会移除之前已存的 cookie 信息。因此，insert 可视作 rewrite 的升级版。cookie 信息仅仅作为会话 cookie 且不会存到客户端的磁盘上。默认除非加了"indirect（间接）"选项，否则服务器端会看到客户端发送的 cookie 信息。由于缓存的影响，最好加上 nocache 或 postonly 选项。

❑ rewrite：表示 cookie 由服务器生成并且 HAProxy 会在其值中注入该服务器的标识符；此关键字不能在 HTTP 隧道模式下工作。

❑ prefix：表示不依赖专用的 cookie 做持久性，而是依赖现成的；用在某些特殊的场景中，如客户端不支持一个以上的 cookie 和应用程序对它有需求时。每当服务器建立一个名为 <name> 的 cookie 时，它将以服务器的标识符和分隔符作为前缀。来自客户端的请求报文中的前缀将会被删除以便服务器端能识别出它所发出的 cookie，由于请求和响应报文都被修改过，所以此模式不能工作在隧道模式中，且不能与 indirect 共用，否则服务器端更新的 cookie 将不会被发到客户端。

这里参考一下 HAProxy 官方文档，它提供了 cookie 相关的配置说明，如下所示。

HAProxy 将在客户端没有 cookie 时（比如第一次请求），在响应报文中插入一个 cookie。

当没有使用关键词 preserve 选项时，如果后端服务器设置了一个与此处名称相同的 cookie，则首先删除服务端设置的 cookie。

该 cookie 只能作为会话保持使用，无法持久化到客户端的磁盘上（因为 HAProxy 设置的 cookie 没有 maxAge 属性，无法持久保存，只能保存在浏览器缓存中）。

默认情况下，除非使用了 indirect 选项，否则服务端可以看到客户端请求时的所有 cookie 信息。

由于缓存的影响，建议加上 nocache 或 postonly 选项。如果使用 nocache 选项，当客户端和 HAProxy 间存在缓存时，使用此选项和 insert 搭配最好，以便确保如果一个 cookie 需要被插入时，可被缓存的响应会被标记成不可缓存。这很重要，举个例子：如果所有的持久 cookie 被添加到一个可缓存的主页上，之后所有的客户将从外部高速缓存读取页面并将共享相同的持久性 cookie，这会造成服务器阻塞。

最后，我们利用后端 test.php 文件来区分客户端连接的实际机器，test.php 文件内容如下：

```
<h1>response from webapp 192.168.100.23</h1>
<?php
    session_start();
    echo "Server IP: "."<font color=red>".$_SERVER['SERVER_ADDR']."</font>"."<br>";
    echo "Server Name: "."<font color=red>".$_SERVER['SERVER_NAME']."</font>"."<br
        data-tomark-pass>";
    echo "SESSIONNAME: "."<font color=red>".session_name()."</font>"."<br data-
        tomark-pass>";
    echo "SESSIONID: "."<font color=red>".session_id()."</font>"."<br data-
        tomark-pass>";
?>
```

另一台机器相对应的内容改为：

```
<h1>response from webapp 192.168.100.24</h1>
```

接下来用如下地址访问 HAProxy：

```
http://192.168.100.22/test.php
```

我们可以看一下访问 http://192.168.100.22/test.php 的结果显示，如图 1-6 所示。

图 1-6 test.php 访问结果图示

第一次访问时我们用 Chrome 浏览器的 F12 抓下 HTTP 的包，如图 1-7 所示。

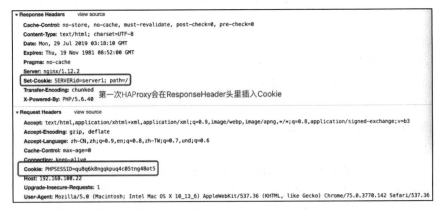

图 1-7 Chrome 截图结果图示

再次访问时，对比一下，Response Headers 已经没有 Set_Cookie 了，这是什么原因呢？

具体原因为：客户端在第一次收到响应后就会把 cookie 缓存下来，以后每次 http://192.168.100.22/test.php（根据域名进行判断）都会从缓存中取出该 cookie 放进请求首部。这样 HAProxy 一定会将其分配给 Web1，除非 Web1 下线了。

这样就实现了会话保持，保证被处理过的客户端能被分配到同一个后端应用服务器上。

参考文档：

http://www.haproxy.org/#docs

https://www.cnblogs.com/f-ck-need-u/p/8553190.html

1.4　服务器健康检测

负载均衡器现在都使用了非常多的服务器健康检测技术，主要是通过发送不同类型的协议包并通过检查能否接收到正确的应答来判断后端服务器是否存活，如果后端服务器出现故障就会自动剔除。涉及的主要技术有以下 3 种。

❏ ICMP：负载均衡器向后端的服务器发送 ICMP ECHO 包（就是我们俗称的"ping"），如果能正确收到 ICMP REPLY，则证明服务器 ICMP 处理正常，即服务器是活着的。

❏ TCP：负载均衡器向后端的某个端口发起 TCP 连接请求，如果成功完成三次握手，则证明服务器 TCP 处理正常。

❏ HTTP：负载均衡器向后端的服务器发送 HTTP 请求，如果收到的 HTTP 应答内容是正确的，则证明服务器 HTTP 处理正常。

这里以 Nginx LB 举例来简单说明健康检查机制。

upstream 模块是 Nginx 负载均衡的主要模块，它提供了简单的办法来实现在轮询和客户端 IP 之间的后端服务器负载均衡，并可以对服务器进行健康检查。upstream 并不处理请求，而是通过请求后端服务器得到用户的请求内容。在转发给后端时，默认是轮询，upstream 模块包含的文件内容如下：

```
upstream php_pool {
    server 192.168.1.7:80 max_fails=2 fail_timeout=5s;
    server 192.168.1.8:80 max_fails=2 fail_timeout=5s;
    server 192.168.1.9:80 max_fails=2 fail_timeout=5s;
    }
```

以下是 upstream 模块相关指令的说明。

❏ max_fails：定义可以发生错误的最大次数。

❏ fail_timeout：Nginx 在 fail_timeout 设定的时间内与后端服务器通信失败的次数超过 max_fails 设定的次数，则认为这个服务器不再起作用；在接下来的 fail_timeout 时间内，Nginx 不再将请求分发给失效的机器。

❏ down：把后端标记为离线，仅限于 ip_hash。

❑ backup：标记后端为备份服务器，若后端服务器全部无效则启用。

Nginx 的健康检查主要体现在后端服务上，且功能被集成在 upstream 模块中。

以下是 Nginx 健康检查机制的说明。

Nginx 在检测到后端服务器故障后，它依然会把请求转向该服务器，当 Nginx 发现 timeout 或者 refused 时，就会把该请求分发到 upstream 的其他节点上，直到获得正常数据后，Nginx 才会把数据返回给用户，这也体现了 Nginx 的异步传输。这跟 LVS/HAProxy 的区别很大，在 LVS/HAProxy 里，每个请求都只有一次机会，假如用户发起一个请求，结果该请求分到的后端服务器刚好挂掉了，那么这个请求就失败了。

1.5 L4 和 L7 负载均衡器对比

按照七层网络协议栈的层的划分，负载均衡设备可以划分为四层（L4）负载均衡和七层（L7）负载均衡。其中，L4 负载均衡是基于"IP+ 端口"的负载均衡，它能够对报文进行按 IP 分发，L7 负载均衡是基于 URL 地址的服务器负载均衡，它能够针对七层报文内容进行解析，并根据其中的 URL 关键字进行逐包转发，比较常见的功能就是我们说的"动静分离"（即静态内容，如 JPG、HTML、CSS 和 JS 文件分到 Nginx 服务器处理，PHP 或 JSP 动态文件分发到 Apache 服务器或 Tomcat 服务器处理）。大家从这里应该会发现，由于 L4 负载均衡设备受到限制，它是不支持动静分离功能的。

L4 负载均衡的典型代表是 LVS，L7 负载均衡的典型代表是 Nginx。要说明的是，HAProxy 比较特殊，它既可以做 L4 负载均衡设备，又可以做 L7 负载均衡设备。

我们对比 L4 和 L7 负载均衡可以发现，L4 负载均衡设备（如 LVS/DR）的优势在于面对大流量的冲击时，报文只是单方面经过四层负载均衡设备，负载均衡设备的负担很小，不易成为网站或系统的瓶颈；而 L7 负载均衡在分流过程中能够对应用层协议进行深度识别，带来了更精细化均衡的可能，再加上 HTTP 应用广泛并且相对简单，所以 L7 负载均衡对 HTTP 请求进行负载均衡的商用能力最强。当然，在复杂的 Web 应用场景中，接入层都是两级负载均衡架构，即"L4+L7"负载均衡。

1.6 集群内（外）负载均衡

集群内（外）负载均衡其实跟集群的东西流量和南北流量关系很大。

在微服务架构中，我们常常会听到东西流量和南北流量这两个术语。下面先弄清楚这两个专业术语。

南北流量（NORTH-SOUTH traffic）和东西流量（EAST-WEST traffic）是数据中心环境中的网络流量模式。

假设我们尝试通过浏览器访问某些 Web 应用。Web 应用部署在位于某个数据中心的应用服务器中。在多层体系结构中，典型的数据中心不仅包含应用服务器，还包含其他服务器（如负载均衡器、数据库等），以及路由器和交换机等网络组件。假设应用服务器是负载均衡器的前端。

当我们访问 Web 应用时，会发生以下类型的网络流量。

客户端（位于数据中心一侧的浏览器）与负载均衡器（位于数据中心）之间的网络流量。这种客户端和服务器之间的流量被称为南北流量。简而言之，南北流量是 server-client 流量。

负载均衡器、应用服务器、数据库等之间的网络流量，它们都位于数据中心。这种不同服务器之间的流量与数据中心或不同数据中心之间的网络流被称为东西流量。简而言之，东西流量是 server-server 流量。

弄清楚什么叫南北流量和东西流量以后，那么就好理解什么是集群内负载均衡和集群外负载均衡了。像南北流量这种，有外置的负载均衡器，我们一般称之为集群外负载均衡；东西流量这类则称为集群内负载均衡。

1.7　软件级负载均衡器的特点介绍与对比

现在网络负载均衡的使用状态是，根据网站规模的变化来使用不同的技术。

LVS、HAProxy、Nginx 这些负载均衡器都是基于 Linux 的开源免费的负载均衡器，都是通过软件来实现的，所以费用非常低廉，但功能异常强大，所以推荐大家采用这种方案来实施自己网站的负载均衡需求。

可能有读者会担心软件级别的负载均衡在高并发流量冲击下的稳定情况，事实是我们通过成功上线高流量网站和系统案例发现，软件级别负载均衡的稳定性也是非常好的，宕机的可能性微乎其微，下面就它们的特点和适用场合分别说明。

LVS 的特点是：

❑ 抗负载能力强，工作在网络 4 层之上，仅作为分发之用，DR 模式没有流量的产生，这个特点也决定了它在负载均衡软件里的性能最强。

❑ 配置性比较低，这是一个缺点也是一个优点，因为没有可太多配置的东西，所以并不需要太多接触，大大减少了人为出错的概率。

❑ 工作稳定，自身有完整的双机热备方案，如 LVS+Keepalived 和 LVS+Heartbeat，不过我们在项目实施中用得最多的还是 LVS/DR+Keepalived。

❑ 无流量，保证了均衡器 I/O 的性能不会受到大流量的影响。

❑ 应用范围比较广，可以对所有应用做负载均衡。

❑ 软件本身工作在 L4，所以是不支持正则处理的，当然也不能做动静分离了。

❑ 现在多用于容器集群系统中的负载均衡，比如 Kubernetes 和 Apache Mesos，也可用于集群内流量的负载均衡。

Nginx 的特点是：

❑ 工作在网络的 7 层之上,可以针对 HTTP 应用做一些分流的策略,比如针对域名、目录结构,它的正则规则比 HAProxy 更为强大和灵活,这也是大家喜欢它的原因之一。

❑ Nginx 对网络的依赖非常小,理论上能正确执行 ping 命令就能进行负载功能,这也是它的优势所在。

❑ Nginx 安装和配置比较简单,测试起来比较方便。

❑ 可以承担高的负载压力且稳定,一般能支撑超过几万次的并发量。

❑ Nginx 可以通过端口检测到服务器内部的故障,比如根据服务器处理网页返回的状态码、超时等进行检测,并且会把返回错误的请求重新提交到另一个节点,不过其中的缺点就是不支持 URL 来检测。

❑ Nginx 不仅仅是一款优秀的负载均衡器 / 反向代理软件,它同时也是功能强大的 Web 应用服务器。LNMP 现在也是非常流行的 Web 架构,大有和以前最流行的 LAMP 架构分庭抗争之势,在高流量的环境中也有很好的效果。

❑ Nginx 现在作为 Web 反向加速缓存越来越成熟了,不少读者已将其投入生产环境中,而且反映效果不错,速度比传统的 Squid 服务器更快,有兴趣的读者可以考虑用其作为反向代理加速器。

❑ 目前 Nginx 更重要的用途就是结合 Lua 用于高并发的 Web 应用场景。

HAProxy 的特点是:

❑ 抗负载能力强,兼备 4 层和 7 层负载均衡的作用,可以代替 LVS,4 层负载均衡用于分发流量。

❑ HAProxy 是支持虚拟主机的。

❑ 能够弥补 Nginx 的一些缺点,比如 Session 的保持、cookie 的引导等。

❑ 支持 URL 检测后端出问题的服务器。

❑ 它跟 LVS 一样,仅仅是一款负载均衡软件。单纯从效率上来讲 HAProxy 比 Nginx 有更出色的负载均衡速度,在并发处理上也是优于 Nginx 的。

❑ HAProxy 现在是 Apache Mesos 的重要组件,主要用于负载均衡(L4 和 L7 代理均支持)。

1.8　小结

这一章主要介绍了 Linux 集群所采用的开源软件技术,如 LVS、HAProxy 及 Nginx,还有 DRBD+Heartbeat 等,并介绍了负载均衡中用到的常见技术,比如 Session 共享、会话保持及服务发现、通用负载均衡算法等,并用实验一一验证了各 LB 的会话保持技术手段。最后也重点对比 L4 和 L7 负载均衡的各自不同点,以及每个 LB 的特点等,相信通过阅读本章内容,大家会对生产环境下的 Linux 集群概念有所了解,这对于理解后面章节的内容是有帮助的。

第 2 章 *Chapter 2*

Python 的基础概念及进阶知识

Python 是一种动态解释型的编程语言，功能强大，支持面向对象、函数式编程，同时也可以在 Windows、Linux 和 Unix 等多个操作系统上使用，因此被称为"胶水语言"。Python 的简洁性、易用性使得开发过程变得简练，特别适合快速开发应用。Python 代码在笔者所在公司的核心系统中无处不在，在 GitLab 版本管理库中，Python 代码的比重长期占据第一或第二的位置（Java 的比重也较大），分析原因主要是我们在利用 Python 开发后端核心 Core 功能，也在为自己的产品做各种 SDK 开发，并用它开发提升 DevOps 效率的工具，另外 Python 还可以轻松实现 Linux 集群的自动化配置管理。事实上，Python 语言在其他领域也非常流行。为什么 Python 应用会这么火呢？接下来看看 Python 的应用领域及其流行原因。

2.1 Python 语言的应用领域

1. 云计算基础设施

云计算平台分为私有云和公有云。私有云平台如大名鼎鼎的 OpenStack（很多企业用其部署自己的私有云），是 Python 编程语言编写的。公有云，不论是 AWS、Azure、GCE（Google Compute Engine），还是阿里云和青云，都提供了 Python SDK，其中 GCE 只提供 Python 和 JavaScript 的 SDK，而青云只提供 Python SDK，可见各家云平台对 Python 的重视。

说明 软件开发工具包（Software Development Kit，SDK）指的是软件工程师为特定的软件包、软件框架、硬件平台、操作系统等创建应用软件时使用的开发工具的集合。

2. DevOps

互联网时代，只有快速试验新想法，并在第一时间安全、可靠地交付业务价值，才能保持竞争力。DevOps 推崇的自动化构建、测试、部署，以及系统度量等技术实践，是互联网时代必不可少的。

自动化构建（持续集成）是为应用定制的。如果是 Python 应用，因为有 setuptools、pip、virtualenv 及 tox 等工具的存在，实现自动化构建非常简单。而且，因为几乎所有的 Linux 版本都内置了 Python 解释器，所以在用 Python 做自动化时，不需要预安装其他软件。

自动化测试则是基于 Python 的 Robot Framework 企业级应用最喜欢的自动化测试框架实现的，而且和语言无关。自动化测试工具 Cucumber 有很多支持者，事实上，Python 对应的 Lettuce 一样好用。此外，Locust（一款基于 Python 开发的开源负载测试工具）在自动化性能测试方面也开始受到越来越多的关注。后起之秀 Selenium，一款 Web 自动化测试的轻量级框架，现在也已经被越来越多的公司应用。Selenium 的主要特点是具有开源性、跨平台性，且有众多的编程语言支持，除了可以用 Python 编写测试用例以外，也可以用 Java、PHP 甚至 Shell 来编写测试用例。

自动化运维（自动化配置管理）工具，新生代 Ansible、SaltStack，以及轻量级的自动化运维工具 Fabric，均是基于 Python 开发的。由于较前两者而言，Fabric 的设计更为轻量化和模块化，而且很容易实现二次开发，因此受到越来越多开发者的欢迎，很多公司同时用它们来完成自动化运维工作。

3. 网络爬虫

大数据的数据从哪里来？除了部分企业有能力自己产生大量的数据以外，大部分情况下，是需要靠爬虫抓取互联网数据来做分析的。

网络爬虫是 Python 的传统强势领域，流行的爬虫框架 Scrapy、HTTP 工具包 urllib+urllib2、HTML 解析工具 Beautiful Soup 4、XML 解析器 lxml 等，都是能够独当一面的类库。笔者公司的分布式网络爬虫系统也是基于 Scrapy 开发的。不过，网络爬虫并不仅仅是打开网页，解析 HTML 这么简单。高效的爬虫要能够支持大量灵活的并发操作，常常要针对几千甚至上万个网页同时抓取，传统的线程池方式资源浪费比较大，线程数上千之后系统资源基本上就全浪费在线程调度上了。Python 能够很好地支持协程（Coroutine）操作，故而基于此发展了很多并发库，如 Gevent、Eventlet，还有 Celery 之类的分布式任务框架等。被认为比 AMQP 更高效的 ZeroMQ 也是最早提供 Python 版本的。有了对高并发的支持，网络爬虫才真正可以达到大数据规模。

4. 数据处理

从统计理论，到数据挖掘、机器学习，再到最近几年提出来的深度学习理论，数据科学正处于百花齐放的时代。数据科学家们都用什么语言编程呢？Python 是数据科学家最喜欢的语言之一。和 R 语言不同，Python 本身就是一种工程性语言，数据科学家用 Python 实现的算法，可以直接用在产品中，这对大数据初创公司节省成本是非常有帮助的。正是基于数据科学家对 Python 和 R 的热爱，Spark 对这两种语言提供了非常好的支持。

Python 的数据处理相关类库非常多。高性能的科学计算类库 NumPy 和 SciPy，给其他高级算法打了非常好的基础，Matploglib 让 Python 画图变得像 Matlab 一样简单。Scikit-learn 和 Milk 实现了很多机器学习算法，基于这两个库实现的 Pylearn2，是深度学习领域的重要成员。Theano 利用 GPU 加速，实现了高性能数学符号计算和多维矩阵计算。当然，还有 Pandas，一个在工程领域已经广泛使用的大数据处理类库，其 DataFrame 的设计借鉴自 R 语言，后来又启发 Spark 项目实现了类似机制。

除了这些领域以外，Python 还可以被广泛应用于 Web 开发、游戏开发、手机开发、数据库开发等众多领域。

2.2　选择 Python 的原因

对于研发工程师而言，Python 的优雅和简洁无疑是最大的吸引力，在 Python 交互式环境中，执行 import this，读一读 Python 之禅，你就会明白 Python 为什么如此吸引人。Python 社区一直非常有活力，和 Node.js 社区软件包爆炸式增长不同，Python 软件包的增长速度一直比较稳定，同时软件包的质量也相对较高。有很多人诟病 Python 对于空格的要求过于苛刻，但正是基于这个要求，才使得 Python 在做大型项目时比其他语言更有优势。OpenStack 项目总共超过 200 万行的代码，也证明了这一点。

对于运维工程师而言，Python 的最大优势在于，几乎所有 Linux 发行版都内置了Python 解释器。Shell 虽然功能强大，但缺点很多，比如语法不够优雅，不支持面向对象，没有丰富的第三方库支持，写复杂的系统任务（尤其是涉及网络 HTTP 和并发任务时）会很痛苦。用 Python 替代 Shell，做一些 Shell 实现不了的复杂任务，对于运维工程师、运维开发来说，是一次解放。

对于运维开发人员而言，Python 的优势在于它是一门强大的胶水语言，特别适合 Web 后端、服务器开发，其优点如下：

❏ Python 的代码风格简洁易懂易于维护，比如不用写大括号，代码注释风格统一，强调做一件事情只有一种方法。

❏ 有着丰富的 Web 开源框架，主流的包括 Web2py、web.py、Zope2、Pyramid、Django、CherryPy，还有轻量级框架 Flask 等。

❏ 具有跨平台能力，支持 Mac、Linux、Windows 等。

❏ Python 可用的第三方库和模块比较多，适合各种工作场景需求，使用起来非常方便。

❏ Python 社区非常活跃，在其社区里面基本上能够找到一切你所需要的答案。

基于以上原因，我们还有什么理由不选择 Python 呢？

2.3　Python 的版本说明

Python 的版本也要重点说明下，Python 的 2.x 版本和 Python 3 版本差异是很大的，语法也有很多是完全不一样的。在线上环境我们暂时还是只用 Python 2.7.10 版本，而且开发环境和线上环境多数是 Python 2.7.10，少数项目采用 Python 3.4 版本。

Python 3 主要包含如下特点。

（1）性能

Python 3.4 比 Python 2.7.10 慢，不过 Python 3.4 全部重写了 GIL（Python 全局锁），性能方面有所提升。

（2）编码

Python 3 源码文件默认使用 UTF-8 编码，而 Python 2.x 默认则是 Unicode 编码。

（3）语法

❏ 去除了 <>，全部改用 !=。

❏ 去除 ``，全部改用 repr() 。

❏ 关键词加入 as 和 with，还有 True、False、None。

❏ 整型除法返回浮点数，要得到整型结果，请使用 //。

❏ 加入 nonlocal 语句，使用 nonlocal x 可以直接指派外围（非全局）变量。

❏ 去除 print 语句，加入 print() 函数实现相同的功能。此外，exec 语句已经改为 exec() 函数。

另外，我们现在的 Python 项目中有基于 Python 2 的，也有 Python 3 的。虽然可以利用 Docker 实现版本隔离，但是项目在 Python 2 和 Python 3 之间切换仍然是件较麻烦的事情，所以我们会采取 PyCharm 在项目里进行版本切换，它可以方便我们 Code View 各个项目的 Python 代码，后面的章节会对此进行详细讲述。

2.4　如何高效地进行 Python 开发工作

现在很多时候系统运维工作都会偏向于 DevOps，也就是说，必须进行后台开发和自动化运维开发，有时候很可能会在几个项目里面穿插，所以如何在几个 Git repo/branch 里面快速切换，如何进行高效的开发工作，这是系统运维人员 /DevOps 必须掌握的技能，这里向大家介绍相关的工具，希望大家能熟练掌握。

2.4.1　IPython 的功能介绍

IPython 提供了改进的交互式 Python Shell，我们可以利用 IPython 来执行 Python 语句，并能够立刻看到结果，这一点跟 Python 自带的 Shell 工具没有什么不同，但是 IPython 额外提供的很多实用功能是 Python 自带的 Shell 所没有的，正是这些功能，使得 IPython 成为众多 Python 用户首选的 Shell。

　　要说明的是，下面的演示是以 Mac 系统下的 IPython 为例进行的（Mac 下安装 IPython 较简单，这里略过）。

❑ 系统版本：Darwin 17.7.0
❑ Python 版本：2.7.10
❑ IPython 版本：5.8.0

1. IPython 命令的使用方法

Mac 系统下启动 IPython 的命令为：

```
Python -m IPython
```

命令显示结果如下：

```
Python 2.7.10 (default, Oct  6 2017, 22:29:07)
Type "copyright", "credits" or "license" for more information.

IPython 5.8.0 -- An enhanced Interactive Python.
?         -> Introduction and overview of IPython's features.
%quickref -> Quick reference.
help      -> Python's own help system.
object?   -> Details about 'object', use 'object??' for extra details.

In [1]:
```

　　魔术函数（也可以称为命令）是 IPython 提供的一整套命令，用这些命令可以操作 IPython 本身，以及提供一些系统功能。魔术命令包括两种方法：一是行魔术命令（line magics），以 % 为前缀，在单个输入行上运行；二是单元格魔术命令（cell magics），以 %% 为前缀，在多个输入行上运行。

　　IPython 提供了很多类似的魔术命令，如果你想看都有哪些魔术命令，可以通过 %lsmagic 来查询，如果想查询某个命令的详细信息，可以通过 %cmd? 来获取，例如：%run?。

　　另外，默认情况下 automagic 是 ON 状态，也就是说对于 line-oriented 命令我们不需要使用前面的 % 符号，直接输入命令即可（例如：cd /root/python），但是对于 cell-oriented 命令我们必须输入 %% 符号。

🔊注意　可以通过 %automagic 来打开 / 关闭 automagic 功能，automagic 功能打开的时候，我们输入命令可以带上 % 符号，也可以不带。

---

2. IPython 功能明细介绍

下面来看看 IPython 强大而实用的功能。

1）通过 run 可直接运行程序，比如运行 /root/python/tt.py 文件的命令如下：

```
In [31]: run /root/python/tt.py
```

2）拥有 TAB 自动补全功能。使用过 Linux 命令行的读者都应该知道 TAB 键自动补全有多实用吧！ IPython 可以针对之前输入过的变量、对象的方法等进行自动补全。我们只需要输入一部分，就可以看到命名空间中所有相匹配的变量、函数等，下面通过图 2-1 了解相关功能。

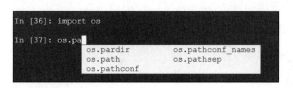

图 2-1　IPython TAB 自动补全图示

TAB 键还可以针对文件路径进行补全，比如针对我们输入的路径补全可选路径。

3）内省。在变量的前面或后面加问号（?）就可以查询某对象相关的信息，当对象的描述信息较多时，需要通过两个问号（??）来显示全部信息，这在看文件的源码时特别适用，比如，我们要查看 os 模块的源码信息，可通过如下命令实现：

```
In [57]: import os
In [58]: os??
```

结果显示如下：

```
Type:        module
String form: <module 'os' from '/System/Library/Frameworks/Python.framework/
    Versions/2.7/lib/python2.7/os.pyc'>
File:        /System/Library/Frameworks/Python.framework/Versions/2.7/lib/
    python2.7/os.py
Source:
r"""OS routines for NT or Posix depending on what system we're on.

This exports:
    - all functions from posix, nt, os2, or ce, e.g. unlink, stat, etc.
    - os.path is one of the modules posixpath, or ntpath
    - os.name is 'posix', 'nt', 'os2', 'ce' or 'riscos'
    - os.curdir is a string representing the current directory ('.' or ':')
    - os.pardir is a string representing the parent directory ('..' or '::')
    - os.sep is the (or a most common) pathname separator ('/' or ':' or '\\')
    - os.extsep is the extension separator ('.' or '/')
    - os.altsep is the alternate pathname separator (None or '/')
    - os.pathsep is the component separator used in $PATH etc
    - os.linesep is the line separator in text files ('\r' or '\n' or '\r\n')
    - os.defpath is the default search path for executables
    - os.devnull is the file path of the null device ('/dev/null', etc.)

Programs that import and use 'os' stand a better chance of being
```

```
portable between different platforms.  Of course, they must then
only use functions that are defined by all platforms (e.g., unlink
and opendir), and leave all pathname manipulation to os.path
(e.g., split and join).
"""

#'
```

如果我们想查看 os.path 函数的使用说明，可通过如下命令实现：

```
In [60]: os.path?
```

结果显示如下：

```
Type:        module
String form: <module 'posixpath' from '/System/Library/Frameworks/Python.
    framework/Versions/2.7/lib/python2.7/posixpath.pyc'>
File:        /System/Library/Frameworks/Python.framework/Versions/2.7/lib/
    python2.7/posixpath.py
Docstring:
Common operations on Posix pathnames.

Instead of importing this module directly, import os and refer to
this module as os.path.  The "os.path" name is an alias for this
module on Posix systems; on other systems (e.g. Mac, Windows),
os.path provides the same operations in a manner specific to that
platform, and is an alias to another module (e.g. macpath, ntpath).

Some of this can actually be useful on non-Posix systems too, e.g.
for manipulation of the pathname component of URLs.
```

4）执行外部系统命令和运行外部文件。在 IPython 中，可以很容易地执行外部系统命令和运行文件。

使用！符号可执行外部系统命令，比如要用系统命令 ls 来查看当前目录中所有以 py 结尾的文件，则可以使用如下命令：

```
In [70]: !ls *.py
```

显示结果如下：

```
test.py
```

运行外部文件，例如要执行 /tmp/test.py 文件，可以用以下命令来实现：

```
!python /tmp/test.py
```

5）直接编辑代码。我们可以在 IPython 命令行下输入 edit 命令，edit 命令用于启动一个编辑器。在 Linux/Mac 系统中会启动 vim 编辑器，在 Windows 系统中则会启动 notepad 编辑器。我们可以在编辑器上编辑代码，保存退出后就会执行相应的代码。

比如我们在 vim 编辑器中输入了如下内容：

```
print 'hello,yhc!'
```

保存以后关掉编辑器，IPython 将会立即执行这一段代码，执行结果如下：

```
IPython will make a temporary file named: /var/folders/qr/8w719nd531j0l4nvdvqlyc
    d80000gn/T/ipython_edit_29b_nF/ipython_edit_XV_OG_.py
Editing... done. Executing edited code...
hello,yhc!
Out[8]: "print 'hello,yhc!'\n"
```

如果我们只想编辑或修改而不执行代码呢？可以用如下命令实现：

```
edit -x
```

6）开启或关闭 pdb 功能。当我们打开这个功能的时候（通过 %pdb on 或者 %pdb 1），程序一旦遇到 Exception 就会自动调用 pdb，进入 pdb 交互界面；如果要关闭该功能可以通过 %pdb off 或者 %pdb 0 实现。

7）收集对象信息。IPython 不仅可以用来管理系统，它还提供了多种方法对 Python 对象的信息进行查看和收集。

首先，查看系统环境变量信息。我们可以用 env 命令来查看当前的系统环境配置，命令显示结果如下：

```
Out[7]:
{'Apple_PubSub_Socket_Render': '/private/tmp/com.apple.launchd.tWIX3I6rQu/Render',
    'BDOS_SDK_HOME': '/Users/yuhongchun/data/myproject/bdos_sdk',
    'HOME': '/Users/yuhongchun',
    'HOST_IP': 'docker.for.mac.localhost',
    'LANG': 'zh_CN.UTF-8',
    'LOGNAME': 'yuhongchun',
    'OLDPWD': '/Users/yuhongchun/data/myproject',
    'PATH': '/Library/Frameworks/Python.framework/Versions/3.7/bin:/usr/local/
        bin:/usr/bin:/bin:/usr/sbin:/sbin:/Applications/Wireshark.app/Contents/
        MacOS:/Users/yuhongchun/bin/:/Users/yuhongchun/data/myproject/bdos_sdk/
        bin:/Users/yuhongchun/.ssh/usm',
    'PWD': '/tmp',
    'SECURITYSESSIONID': '186a8',
    'SHELL': '/bin/bash',
    'SHLVL': '1',
    'SSH_AUTH_SOCK': '/private/tmp/com.apple.launchd.5m7rR1eAnL/Listeners',
    'TERM': 'xterm-256color',
    'TERM_PROGRAM': 'Apple_Terminal',
    'TERM_PROGRAM_VERSION': '404',
    'TERM_SESSION_ID': '5A5776D6-41BD-4679-8AAE-2F5E7532D92D',
    'TMPDIR': '/var/folders/qr/8w719nd531j0l4nvdvqlycd80000gn/T/',
    'USER': 'yuhongchun',
    'VERSIONER_PYTHON_PREFER_32_BIT': 'no',
```

```
'VERSIONER_PYTHON_VERSION': '2.7',
'XPC_FLAGS': '0x0',
'XPC_SERVICE_NAME': '0',
'_': '/usr/bin/python',
'__CF_USER_TEXT_ENCODING': '0x1F5:0x19:0x34'}
```

执行完 Python 程序以后，可以用 who 或 whos 打印所有的 Python 变量，示例如下：

```
#!/usr/bin/python
import json
jsonData = '{"a":1,"b":2,"c":3,"d":4,"e":5}';

text = json.loads(jsonData)
print text
```

我们用 run 执行此程序以后，就可以用 who 或 whos 打印所有的 Python 变量了，以下是执行下 who 命令后的显示结果：

```
json    jsonData    text
```

最后，使用 psearch 查找当前命名空间（namespace）已有的 Python 对象。例如我们要查找以 json 开头的 Python 对象，可以通过如下命令实现：

```
In [90]: psearch json*
```

命令显示结果如下：

```
json
jsonData
```

8）IPython 中常用的其他 magic 函数如表 2-1 所示。

表 2-1　IPython 中常用的 magic 函数说明

magic 函数	函数作用
lsmagic	显示所有的 magic 函数
magic	显示当前的 magic 系统帮助
pycat	使用语法高亮显示一个 Python 文件
debug	从最新的异常跟踪的底部进入交互式调试器
time	计算一段代码的执行时间
pdoc	显示对象文档字符串
bookmark	定义书签目录，用于存储常用路径
history	显示历史记录
reset	清空命名空间（namespace）

9）IPython 的快捷键操作方式易上手。它的常用的快捷键操作方式跟 Linux 下的 Bash 类似，熟悉 Bash 操作的读者应该很容易上手，如表 2-2 所示。

表 2-2 IPython 快捷键组合说明

快捷键组合	快捷键作用
Ctrl+A	光标移动到行首
Ctrl+E	光标移动到行尾
Ctrl+K	删除从光标开始到行尾的字符
Ctrl+U	删除从光标开始到行首的字符
Ctrl+R	搜索匹配的历史命令
Ctrl + P 或上箭头	搜索之前的历史命令
Ctrl + N 或下箭头	搜索之后的历史命令
Ctrl+L	清屏

2.4.2 利用 virtualenv 隔离项目

Python 的第三方包成千上万，在一个 Python 环境下开发时间越久、安装的依赖越多，就越容易出现依赖包冲突的问题。为了解决这个问题，开发者们开发出了 virtualenv，来搭建虚拟且独立的 Python 环境。这样就可以使每个项目环境与其他项目独立开来，保持环境的干净，解决包冲突问题。virtualenv 的作用简单总结就是：为某个应用提供了隔离的 Python 运行环境，解决不同应用间多版本的冲突问题。

Mac 系统下安装 pip 的方法较为简单，直接使用 sudo pip install virtualenv 安装即可。

笔者的工作目录在 /Users/yuhongchun/data 下，首先建立一个名为 myenvpy 的目录，然后创建一个独立的 Python 虚拟环境，命名为 sandbox，命令如下：

```
virtualenv --no-site-packages venv
```

命令执行结果如下：

```
New python executable in /Users/yuhongchun/data/myenvpy/venv/bin/python
Installing setuptools, pip, wheel...
done.
```

进入 sandbox 目录，发现里面多了如下三个目录：

```
bin  include  lib
```

激活该环境比较简单，命令如下：

```
source bin/active
```

命令显示结果如下：

```
(sandbox) [yuhongchun@yuhongchundeMacBook-Pro sandbox]$
```

此结果表明已经进入了 sandbox 虚拟环境，查看 Python 版本：

```
Python 2.7.10
```

我们要在此环境下部署应用，例如安装 IPython 和 requests 第三方类库，命令如下：

```
pip install -i http://pypi.douban.com/simple  --trusted-host=pypi.douban.com
    ipython==5.4.0 ansible==1.9.6
```

 注意 Python 2.7 不支持高版本的 IPython，所以这里必须指定版本。

然后查看 pip 的库资源，命令如下：

```
pip freeze >requirements.txt
```

requirements.txt 文件的内容如下：

```
ipython==5.4.0
ipython-genutils==0.2.0
Jinja2==2.10.1
MarkupSafe==1.1.1
paramiko==2.6.0
pathlib2==2.3.4
pexpect==4.7.0
pickleshare==0.7.5
prompt-toolkit==1.0.16
ptyprocess==0.6.0
pycparser==2.19
pycrypto==2.6.1
Pygments==2.4.2
PyNaCl==1.3.0
PyYAML==5.1.2
scandir==1.10.0
selenium==3.8.1
simplegeneric==0.8.1
six==1.12.0
traitlets==4.3.2
wcwidth==0.1.7
```

退出此环境的方法也很简单，直接输入 deactivate 命令，命令显示结果如下：
```
deactivate
```
正常情况下会显示如下终端符：

```
[yuhongchun@yuhongchundeMacBook-Pro sandbox]$
```

2.4.3 PyCharm 简介

无论是内置还是外置软件包，PyCharm 作为 Python IDE，均可实现更流畅的代码编写及调试工作。相较于其他 Python 编辑器（例如 Sublime Text），PyCharm 更适合在多个项目中穿插和完成代码的 Code View 工作，所以这里建议大家熟练掌握 PyCharm 的用法。

下面来了解一下 PyCharm 的强大功能：

❏ 使用编辑器中的 Git 可视化在 Python 中编码时，可以在 PyCharm 中轻松检查上次提交的内容，因为它可以用蓝色定义上次提交与当前提交之间的区别。

❏ 代码覆盖编辑器可以在 PyCharm 编辑器外部运行 .py 文件，并将其标记为项目树中其他位置的代码覆盖细节、摘要等。

❏ 包会管理所有安装的软件包，使其以适当的视觉显示，这包括已安装软件包的列表以及搜索和添加新软件包的功能等。

❏ 本地历史始终以 Git 这样的补充方式跟踪更改。PyCharm 中的本地历史记录提供了回滚和添加内容所需的完整细节，这个功能在工作中经常用到。

❏ 重构是一次重命名一个或多个文件的过程，PyCharm 包含用于平滑重构过程的各种快捷方式。

❏ 强大的文件 Compare Diff 功能在工作中也经常用到。

在 Mac 系统下建议直接使用 PyCharm 的开源版本，安装这里略过，其操作界面如图 2-2 所示。

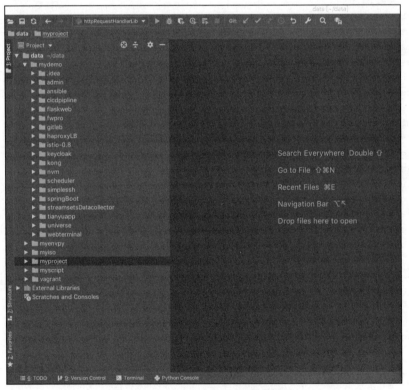

图 2-2　PyCharm IDE 工作界面显示

在 PyCharm 下如何在项目中切换 Python 2 和 Python 3 呢？下面举例来说明，笔者的工作目录为 /Users/yuhongchun/data/（github 的公钥认证都已提前配好），工作中的 Demo 目录为 mydemo，系统默认的 Python 版本为 2.7.10。

先在 Mac 下安装 Python 3，命令如下：

```
brew install python3
```

之后运行 Python 3 的命令，如果正常会显示如下结果：

```
Python 3.7.3 (v3.7.3:ef4ec6ed12, Mar 25 2019, 16:52:21)
[Clang 6.0 (clang-600.0.57)] on darwin
Type "help", "copyright", "credits" or "license" for more information.
>>>
```

下载一个工作中用的基于 Python 3 的 universe 版本库，命令如下：

```
cd /Users/yuhongchun/data/mydemo
git clone git@github.com:mesosphere/universe.git
```

代码下载后可以通过 PyCharm 的文件列表来查看列表明细，如图 2-3 所示。

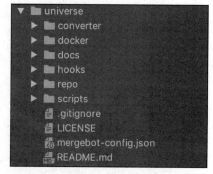

我们可以选择 PyCharm 编辑器的 "Preferences" 菜单功能，然后选择 "Project Interpreter" 中的 Python 3.7，如图 2-4 所示。

现在 PyCharm IDE 默认的 Python 版本即为 Python 3.7，这时就可以在该版本下 Code View 和编辑 universe 项目了。

图 2-3　PyCharm 查看项目文件明细列表

1. PyCharm 的文件比较功能

在 PyCharm 中笔者非常喜欢的功能之一，就是它自带的文件 diff 功能，操作方法较为简单，比如，要比较 test_app.py 和 test_app_diff.py，选中这两个文件，然后选择菜单中的 "Compare File" 即可实现。快捷键操作方式为 Command +D，显示结果如图 2-5 所示。

2. PyCharm 的代码跳转和回退功能

PyCharm IDE 有个跳转的功能，可以让我们在想深入了解某个函数 / 库的时候快速跳转到具体的定义上，方法就是按住 CTRL 键，再用鼠标点击函数名 / 库名。

当我们跳转过去，看到想要看到的具体实现时，问题来了，怎样跳回去？笔者之前采取的办法是按 CTRL+F 键后输入上一个函数的函数名定位然后回去，这样的开发效率和操作效率太低了，怎么改进呢？

选中 "View" 菜单的 "Toolbar"，即可看到图 2-6 所示的效果。

在实际开发工作中，我们经常用的另一个快捷键就是万能搜索，即 Double Shit，就是连续按两下 Shift 键，用以搜索文件名、类名、方法名，其实还可以搜索目录名，搜索目录的技巧是在关键字前面加 /。

3. PyCharm 的快速查找功能

在开发项目时，文件数量越来越多，有时要在不同的文件之间来回切换，如果还是从左侧工程目录中按层级去查找的话，效率会非常低效。通常我们要用的都是最近查看过或编辑过的文件，用快捷键 Ctrl + E 可打开最近访问过的文件或者用 Ctrl+Shift+E（MAC 系统下用 COMMAND + Shift+E）打开最近编辑过的文件，这也是非常实用的技巧。

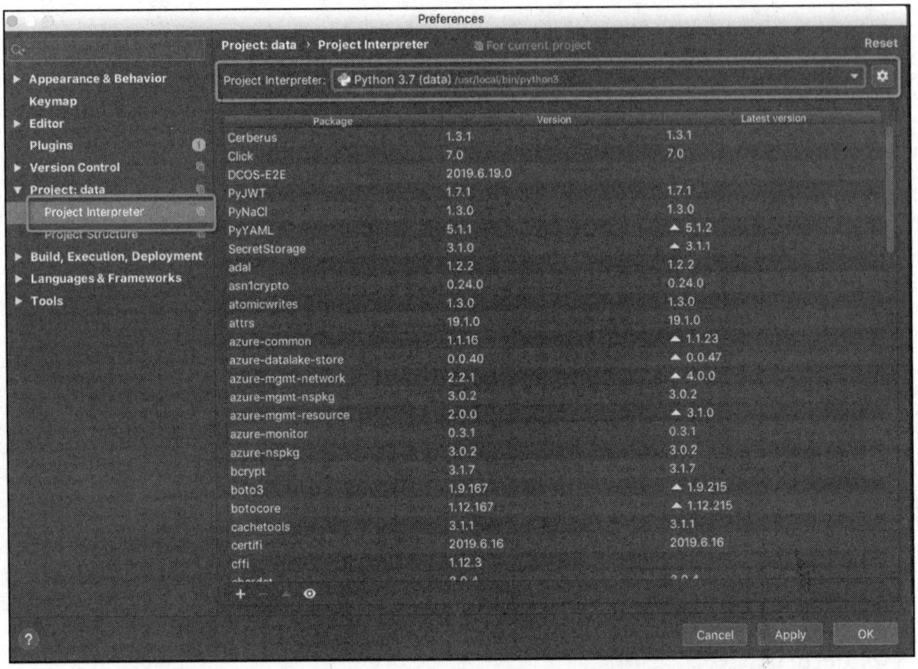

图 2-4　PyCharm 选择项目的 Python 版本

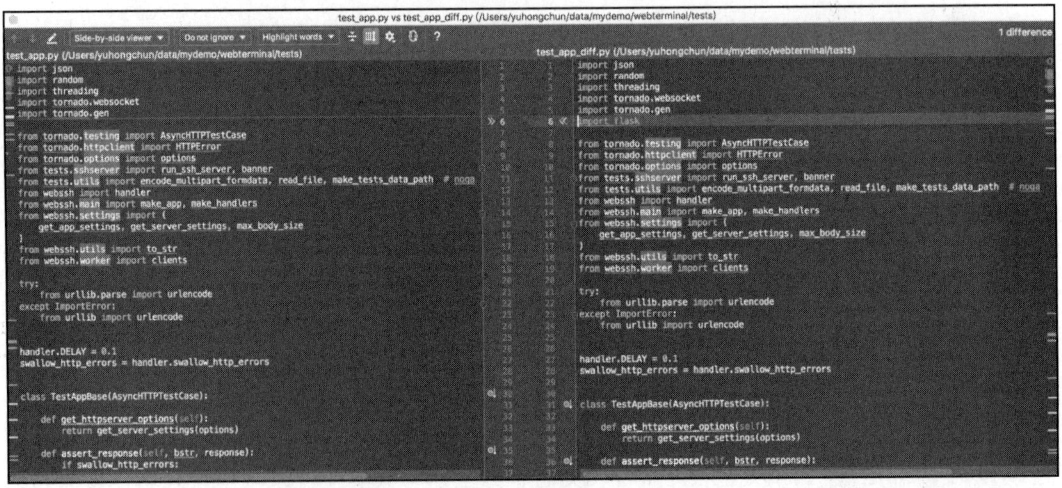

图 2-5　PyCharm 的文件对比功能

图 2-6　PyCharm 函数的回退功能界面演示

PyCharm 作为 Python IDE，确实能极大地提升开发效率，希望大家能在开发的过程中不断地总结这些实用技巧，节约开发时间，提升自己的开发和工作效率。

2.5 Python 基础知识介绍

讲解 Python 基础的资料和书籍非常多，这里不再进行详细介绍了，下面主要罗列的是工作中用到的基础知识点，大家可以重点关注下。

- ❏ 系统版本：Darwin 17.7.0
- ❏ Python 版本：2.7.10
- ❏ IPython 版本：5.8.0

2.5.1 正则表达式的应用

正则表达式主要用于搜索、替换和解析字符串，它遵循一定的语法规则，使用非常灵活，功能强大。使用正则表达式编写一些逻辑验证非常方便，例如进行电子邮件格式或 IP 地址的验证。正则表达式在 Python 爬虫中也是必不可少的利器。re 模块使 Python 语言拥有全部的正则表达式功能，在处理复杂的字符串需求时它也是 Python 开发工作必不可少的模块之一。

1. 正则表达式简介

正则表达式是由字母、数字和特殊字符（括号、星号和问号等）组成的。正则表达式中有许多特殊的字符（也称为元字符），这些特殊字符是构成正则表达式的要素。表 2-3 说明了正则表达式中特殊字符的含义。

表 2-3　Python 中各元字符明细表

符号（元字符）	符号（元字符）作用	符号（元字符）	符号（元字符）作用
^	开始字符	[m]	匹配单个字符串
$	结束字符	[m-n]	匹配 m～n 之间的字符
\w	匹配字母、数字和下划线的字符	[m1m2..n1n2]	匹配多个字符串
\W	匹配不是字母、数字和下划线的字符	[^m]	匹配 m 除外的字符串
\s	匹配空白字符	()	对正则表达式进行分组，一对圆括号表示一组
\S	匹配不是空白的字符	{ m }	重复 m 次
\d	匹配数字	{ m,n }	重复 m 到 n 次
\D	匹配非数字的字符	*	匹配零次或多次
\b	匹配单词的开始和结束	+	匹配一次或多次
\B	匹配非单词的开始和结束的位置	?	匹配零次或一次
.	匹配任意字符，包括汉字	*?	匹配零次或多次，且为最短匹配
{m,n}	重复 m 次，且为最短匹配	+?	匹配一次或多次，且为最短匹配
??	匹配一次或零次，且为最短匹配	(?P<name>)	给分组命名，name 表示分组的名称
m | n	匹配 m 或 n	(?P=name)	使用名为 name 的分组

> 🔖 **注意** ^ 与 [^m] 的定义完全不同，后者中的"^"表示"除了……"的意思；另外，表中的 (?P<name>) 与 (?P=name) 是 Python 中独有的写法，其他的符号在各种编程语言中都是通用的。

（1）原子

原子是正则表达式中最基本的组成单位，每个正则表达式中至少要包含一个原子，常见的原子由普通字符或通用字符和原子表构成。

原子表是由一组地位平等的原子组成的，匹配的时候会取该原子表中的任意一个原子来进行匹配。在 Python 中，原子表用 [] 表示，[xyz] 就是一个原子表，这个原子表中定义了 3 个原子，这 3 个原子的地位平等。

如果我们要对正则表达式进行嵌套，就需要使用分组"()"。即我们可以使用"()"将一些原子组合成一个大原子，小括号括起来的部分会被当作一个整体来使用。

（2）贪婪模式与懒惰模式

其实从字面上就能很好地理解，贪婪模式就是尽可能多地匹配，而懒惰模式就是尽可能少地匹配。下面通过一个实例来理解，代码如下：

```
#-*-encoding:utf-8-*-
import re

string = 'helolomypythonhistorypythonourpythonend'
p1 = "p.*y"  # 贪婪模式
p2 = "p.*?y" # 懒惰模式

r1 = re.search(p1,string)
r2 = re.search(p2,string)
print r1.group()
print r2.group()
```

代码输出结果如下：

```
pythonhistorypythonourpy
py
```

通过对比可发现，懒惰模式下采用的是就近匹配原则，可以让匹配更为精确；而在贪婪模式下，就算已经找到一个最近的结尾 y 字符，仍然不会停止搜索，直到找不到结尾字符 y 为止，此时结尾的 y 字符即为源字符串中最右边的 y 字符。

例如，要将 3 位数字重复两次，可以使用下面的正则表达式：

```
(\d\d\d){2}
```

请将其与下面的正则表达式进行区分：

```
\d\d\d{2}
```

该表达式相当于"\d\d\d\d"，匹配的结果为"1234"和"5678"。

如果要匹配电话号码，例如"010-12345678"这样的电话号码，我们一般会采用"\d\d\d-\d\d\d\d\d\d\d\d"这样的正则表达式。这其中出现了 11 次"\d"，表达方式极为烦琐，而且有些地区的区号也有可能是 3 位数字或 4 位数字，因此这种正则表达式就不能满足需求了。另外，电话号码还有很多写法，例如 01012345678，或者 (010)12345668 等，所以我们需要设计一个通用的正则表达式，如下：

```
[\(]?\d{3}[\)-]?\d{8}|[\(]?\d{4}[\)-]?\d{7}
```

有兴趣的读者可以关注与电话号码相关的正则代码，示例如下：

```
import re
#coding:utf-8

te1 = "027-86912233"
print re.findall(r'\d{3}-\d{8}|\d{4}-\d{7}',te1)

te2 = "0755-1234567"
print re.findall(r'\d{3}-\d{8}|\d{4}-\d{7}',te2)

te3= "(010)12345678"
print re.findall(r'[\(]?\d{3}[\)-]?\d{8}',te3)

te4 = "010-12345678"
print re.findall(r'[\(]?\d{3}[\)-]?\d{8}',te4)
```

结果是可以按照正则匹配打印出相应的电话号码。

2. 使用 re 模块处理正则表达式

Python 的 re 模块具有正则表达式的功能。re 模块提供了一些根据正则表达式查找、替换、分隔字符串的函数，这些函数使用正则表达式作为第一个参数。re 模块常用的函数见表 2-4。

表 2-4　re 模块各函数的作用明细表

函数	作用描述
math(pattern,string,flags=0)	根据 pattern 从 string 的头部开始匹配字符串，只返回第 1 次匹配的对象；否则返回 None
search(pattern,string,flags=0)	根据 pattern 从 string 中匹配字符串，只返回第 1 次匹配的对象；否则返回 None
findall(pattern,string,flags=0)	根据 pattern 在 string 中匹配字符串。如果匹配成功，则返回包含匹配结果的列表
sub(pattern,repl,string,count=0)	根据指定的正则表达式，替换源字符串的子串。repl 是用于替换的字符串，string 是源字符串，如果 count 等于 0，则返回 string 中匹配的所有结果；如果 count 大于 0，则返回相应次数
split(pattern,string,maxsplit=0)	根据 pattern 分隔 string，maxsplit 表示最大的分隔数
compile(pattern,flags=0)	编译正则表达式 pattern，返回 1 个 pattern 对象

re 模块的很多函数中都有一个 flags 标志位，该参数用于设置匹配的附加选项。例如，是否忽略大小写、是否支持多行匹配等，具体见表 2-5。

正则表达式的解析非常费时，对此我们可以使用 compile() 进行预编译，compile() 函数返回 1 个 pattern 对象。该对象提供一系列方法来查找、替换或扩展字符串，从而提高字符串的匹配速度。此函数通常与 match() 和 search() 一起用于对

表 2-5　re 模块标志位的作用描述

选项	作用描述
re.I	忽略大小写
re.L	字符集本地化，用于多语言环境
re.M	多行匹配
re.S	使 "." 匹配包括 "\n" 在内的所有字符
re.X	忽略正则表达式中的空白、换行，方便添加注释

含有分组的正则表达式进行解析。正则表达式的分组从左往右开始计数，第 1 个出现的为第 1 组，以此类推。此外还有 0 号组，0 号组用于存储匹配整个正则表达式的结果。

（1）常见函数说明

1）re.match() 函数。其使用格式为：

```
math(pattern,string,flags=0)
```

第一个参数代表对应的正则表达式，第二个参数代表对应的源字符，第三个参数是可选的 flag 标志位。

2）re.search() 函数。其使用格式为：

```
search(pattern,string,flags=0)
```

第一个参数代表对应的正则表达式，第二个参数代表对应的源字符，第三个参数是可选的 flag 标志位。

re.match() 和 re.search() 的基本语法是一模一样的，那么，它们的区别在哪里呢？re.match 只匹配字符串的开始，如果字符串的开始不符合正则表达式，则匹配失败，函数返回 None；而 re.search 则匹配整个字符串（全文搜索），直到找到一个匹配为止。这里举个例子说明：

```
#-*-encoding:utf-8-*-
import re

string = 'helolomypythonhistorypythonourpythonend'
patt = ".python."
r1 = re.match(patt,string)
r2 = re.search(patt,string)

print r1          #r1 打印值为空
print r2          #<_sre.SRE_Match object at 0x10c56f2a0>
print r2.span()   #在起始位置匹配
print r2.group()  #匹配整个表达式的字符串
```

运行结果如下：

```
None
<_sre.SRE_Match object at 0x10c56f2a0>
(7, 15)
ypythonh
```

3）全局匹配函数。其上面的例子中，即使源字符串中有多个结果符号模式，也只能提取一个结果。那么，我们如何将符合模式的内容全部匹配出来呢？

首先，使用re.compile()对正则表达式进行预编译，实现更加有效率的匹配。编译后，使用findall()根据正则表达式从源字符串中将匹配的结果全部找出。

代码如下：

```
#-*-encoding:utf-8-*-
import re

string = 'helolomypythonhistorypythonourpythonend'
pattern = re.compile('.python.') #预编译
result = pattern.findall(string)
print result
```

运行结果如下：

```
['ypythonh', 'ypythono', 'rpythone']
```

我们再看另外一个例子，如下：

```
#-*-encoding:utf-8-*-
import re

string = 'helolomypythonhistorypythonourpythonend'
pattern = re.compile(".python") #预编译
result = pattern.findall(string)
print result
```

运行结果如下：

```
['ypython', 'ypython', 'rpython']
```

4）re.sub()函数。其很多时候我们需要根据正则表达式来实现替换某些字符串的功能，这时可以使用re.sub()函数来实现，函数格式如下：

```
sub(pattern,repl,string,count)
```

其中第一个参数为正则表达式，第二个参数为要替换的字符串，第三个参数为源字符串，第四个参数为可选项，代表最多可替换的次数。如果忽略不写，那么会将符合模式的结果全部替换。

这里举个简单的例子说明：

```
#-*-coding:utf-8-*-
import re
string = 'helolomypythonhistorypythonourpythonend'
patt = "python."
r1 = re.sub(patt,'php',string)
r2 = re.sub(patt,'php',string,2)
print r1
print r2
```

输出结果如下：

```
helolomyphpistoryphpurphpnd
helolomyphpistoryphpurpythonend
```

（2）Python 正则表达式的常见应用

1）匹配电话号码。先用前面介绍的知识点来整理下数字，例如，对 3 位数字重复两次，可以使用下面的正则表达式：

```
(\d\d\d){2}
```

来看一个简单的例子：

```
import re

patt = '(\d\d\d){2}'
num='1245987967967867789'
result = re.search(patt,num)
print result.group()
```

前面已设计过一个通用的正则表达式，下面使用这个通用的适合电话号码的正则表达式进行测试：

```
#coding:utf-8
import re
telre = "[\(]?\d{3}[\)-]?\d{8}|[\(]?\d{4}[\)-]?\d{7}"
te1 = "027-86912233"
te2 = "02786912233"
te3 = "(027)86912233"
te4 = "(0278)6912233"

print re.search(telre,te1).group()
print re.search(telre,te2).group()
print re.search(telre,te3).group()
print re.search(telre,te4).group()
```

例子中 te1-te4 代表的电话号码全都能正常打印出来，结果如下：

```
027-86912233
```

```
02786912233
(027)86912233
(0278)6912233
```

2）匹配 .com 或 .cn 结尾的 URL 网址。用 Python 正则表达式来实现并不复杂，代码如下：

```
#-*- encoding:utf-8 -*-
import re
pattern = "[a-zA-Z]+://[^\s]*[.com|.cn]"
string = "<a 'http://www.163.com/' 网易首页 </a>"
result = re.search(pattern,string)
print result.group()
```

打印结果如下：

```
http://www.163.com
```

这里主要分析 pattern 的写法，首先写 :// 是固定的，然后我们要以 .com 或 .cn 结尾，所以最后应该是 [.com|.cn]，在 :// 跟 [.com|.cn] 之间是不能出现空格的，这里用 [^\s]，也是应该有字符串相关内容的，所以至少是重复一次，这里用的是 [^\s]* 而非 [^\s]+；同理，前面出现的 [a-zA-Z] 代表的是任意的字母组合，也得有内容，所以后面得跟上 + 号，组合起来正则表达式就是：[a-zA-Z]+://[^\s]*[.com|.cn]。

3）匹配电子邮件。示例代码如下：

```
#-*- encoding:utf-8 -*-
import re
pattern = "^[0-9a-zA-Z_-]{0,19}@[0-9a-zA-Z._-]{1,13}\.[com,cn,net]{1,3}$"
string = "yuhongchun027@163.com"
result = re.search(pattern,string)
print result.group()
```

打印结果如下：

```
yuhongchun027@163.com
```

这个例子也很容易理解，大家要注意这里的 {0,19} 及 {1,13} 代表的是位数。

4）腾讯云的镜像触发器。腾讯云的私有仓库很多时候需要通过自定义正则规律来触发镜像自动 Push，所以我们需要写一些较复杂的正则规律，在正式部署之前，需要进行如下验证：

```
import re
pattern = "1.([0-9].){1,2}[0-9]{4}.[0-9]{6}"
string = "1.1.0730.020332"
# string = "1.0.1.0730.020332"
result = re.search(pattern,string)
```

```
print result.group()
```

结果可以正常显示，如下：

```
1.1.0730.020332
```

再看另外一个例子：

```
import re
pattern = '\d{1,3}\.\d{1,3}\.\d{1,3}\.\d{4}\.\d{6}|v\d{1,3}\.\d{1,3}-release-
    \d{1,3}'
string= '4.11.0.0801.102331'
result = re.search(pattern,string)
```

```
print result.group()
```

结果可以正常显示，如下：

```
4.11.0.0801.102331
```

Python 正则表达式在工作中应用得非常多，我们还可以用它来写较复杂的爬虫需求，比如抓取某网站的待定格式图片或 CSS 等，平时要多注意总结归纳，这样可以加深理解，在开发工作中可以得心应手地写需求。

2.5.2　Python 程序的构成

Python 程序是由包、模块和函数组成的。Python 的包和 Java 的包其作用是相同的，都是为了实现程序的代码复用。包必须含有 __init__.py 文件，它用于标识当前文件夹是一个包。

在 Python 的定义中，一个文件即一个模块，模块是由类、函数及程序组成的，此外，文件名是不能重复的，所以大家起名的时候要注意。

模块是 Python 中的重要概念，Python 的程序是由一个个模块（即文件）组成的。模块的导入和 Java 中包的导入概念类似，都是使用的 import 语句。在 Python 中，如果需要在程序中调用标准库或其他第三方库的类，需要先使用 import 或 from...import... 语句导入相关的模块。

下面具体介绍这两种情况。

一是 import 后面紧接的是模块名（即文件名），举例如下：

```
import time
```
调用模块的函数或类时，程序需要以模块名作为前缀，例如 time.time() 等。

可以被 import 语句导入的模块有以下 4 类：

❑ 使用 Python 写的程序（.py 文件）。

❑ C 或 C++ 扩展（已编译为共享库或 DLL 文件）。

❏ 包（包含多个模块）。

❏ 内建模块（使用 C 编写并已链接到 Python 解释器内）。

用逗号分割模块名称就可以同时导入多个模块，示例如下：

```
import os,sys,time
```

模块导入时可以使用 as 关键字来改变其中引用对象的名字，示例如下：

```
import os as system
```

二是从模块（文件）中导入函数。该函数的语法为：from 模块名 import 函数名。

使用这种方式时，不需要使用模块名作为前缀，示例如下：

```
from time import time,ctime
```

这样就可以直接调用 time() 函数了。

事实上，最完整的导入语法应该是：

```
from package.module import function
```

我们在工作中一般都简化为直接从模块名（或文件名）中导入函数。

Python 中的模块搜索路径

导入模块时，解释器会搜索 sys.path 列表，这个列表中保存着一系列目录。一个典型的
sys.path 列表的值如下：

```
['', '/Library/Python/2.7/site-packages/pip-19.0.3-py2.7.egg', '/Library/
    Python/2.7/site-packages/six-1.12.0-py2.7.egg', '/System/Library/Frameworks/
    Python.framework/Versions/2.7/lib/python27.zip', '/System/Library/
    Frameworks/Python.framework/Versions/2.7/lib/python2.7', '/System/Library/
    Frameworks/Python.framework/Versions/2.7/lib/python2.7/plat-darwin', '/
    System/Library/Frameworks/Python.framework/Versions/2.7/lib/python2.7/
    plat-mac', '/System/Library/Frameworks/Python.framework/Versions/2.7/lib/
    python2.7/plat-mac/lib-scriptpackages', '/System/Library/Frameworks/Python.
    framework/Versions/2.7/lib/python2.7/lib-tk', '/System/Library/Frameworks/
    Python.framework/Versions/2.7/lib/python2.7/lib-old', '/System/Library/
    Frameworks/Python.framework/Versions/2.7/lib/python2.7/lib-dynload', '/
    Users/yuhongchun/Library/Python/2.7/lib/python/site-packages', '/Library/
    Python/2.7/site-packages', '/System/Library/Frameworks/Python.framework/
    Versions/2.7/Extras/lib/python', '/System/Library/Frameworks/Python.
    framework/Versions/2.7/Extras/lib/python/PyObjC', '/Library/Python/2.7/site-
    packages/IPython/extensions', '/Users/yuhongchun/.ipython']
```

如果要添加额外的路径，我们应该如何操作呢？

可以用 sys.path.append()，命令如下：

```
sys.path.append('/Users/yuhongchun/data/tmp')
```

如何从包中导入模块呢？例如要从包 mypack 中导入模块 my1、my2 和 my3 模块，那

么可以用以下命令全部导入：

```
from mypack import *
# 定义使用 `*` 可以导入的对象
```

但是，如果 mypack 包的 __init__.py 文件有限制，要定义 __all__ 的内容：

```
__all__ = ['my1','my2']
```

那么，上面的语句是不能够导入 my3.py 文件的。

另外，我们经常会在 Python 程序中看到下面这种用法：

```
if __name__ == '__main__':
    main()
```

这种用法究竟有什么意义呢？

__name__ 用于判断当前模块是否是程序的入口，如果当前程序正在被使用，__name__ 的值为 __main__，则会主动执行此程序中的函数，否则说明被另外的模块调用了。

2.5.3 Python 的编码问题

下面来了解一下在 Python 中常见的编码方式。

❏ GB2312：中国规定的汉字编码，也可以说是简体中文的字符集编码。

❏ GBK：GB2312 的扩展，除了兼容 GB2312 外，它还能显示繁体中文，还有日文的假名。

❏ CP936：CP936 其实就是 GBK，IBM 在发明 Code Page 时将 GBK 放在了第 936 页，所以也称为 CP936。

❏ Unicode 是国际组织制定的可以容纳世界上所有文字和符号的字符编码方案。UTF-8、UTF-16、UTF-32 都是将数字转换到程序数据的编码方案。UTF-8（8-bit Unicode Transformation Format）是最流行的一种对 Unicode 进行传播和存储的编码方式。它用不同的 Byte 来表示每一个代码点。每个 ASCII 字符只需要用一个 Byte，与 ASCII 的编码是一样的。所以说 ASCII 是 UTF-8 的一个子集。

在开发 Python 程序的过程中，会涉及三个方面的编码：

❏ Python 程序文件的编码。

❏ Python 程序运行时环境的编码。

❏ Python 程序读取外部文件、网页的编码。

下面用程序来看一下不同的编程情况。

1）Python 程序文件的编辑，这里还是沿用前面的环境，先用 PyCharm 写一段测试代码，内容如下：

```
print 'hello,余江洪！'
```

然后执行，报错如下：

```
File "test1.py", line 1
SyntaxError: Non-ASCII character '\xe4' in file test1.py on line 1, but no
    encoding declared; see http://python.org/dev/peps/pep-0263/ for details
```

这是因为 PyCharm 编辑器默认的编码是 ASCII，它是无法识别中文的，所以会弹出这样的提示。这也是我们在大多数情况下写 Python 程序时习惯在第一行加上以下语句的原因：

```
#-*- encoding:utf-8 -*-
```

声明文件编码即可解决问题。

2）Python 程序运行时系统环境或 IDE 的编辑。假设这里有 IPython，输入如下命令：

```
In [1]: import sys
In [2]: sys.getdefaultencoding()
```

显示结果如下：

```
Out[2]: 'ascii'
```

那么我们应该如何修改成 UTF-8 编码呢？需要在程序前面加上如下三行：

```
import sys
reload(sys)
sys.setdefaultencoding('utf-8')
```

对应 C/C++ 的 char 和 wchar_t，Python 中也有两种字符串类型，即 str 与 unicode。那么，我们应该如何来区分它们呢？

其实这和密码领域类似，从明文到密码是加密，从密码到明文是解密。在 Python 语言的设计中，编码为 Unicode → str，解码则为 str → Unicode。编码和解码也会涉及编码 / 解码方案（对应加密 / 解密算法），Unicode 相当于明文，其他编码则相当于密码。在 Python 中，编码函数是 encode()，解码函数是 decode()。所以，从 Unicode 转 str 是 encode()，而反过来叫 decode()。

下面写一个小程序来验证：

```
#-*- encoding:utf-8 -*-
import sys
import string
# 设置 sys.getdefaultencoding() 的值为 'utf-8'
reload(sys)                          #reload 才能调用 setdefaultencoding 方法
sys.setdefaultencoding('utf-8')   # 设置 'utf-8'

# 这个是 str 的字符串
s = ' 新年快乐 '
# 这个是 Unicode 的字符串
```

```
u = u'新年快乐'

print isinstance(s, str)         #True
print isinstance(u, unicode)     #True
# 从 str 转换成 Unicode
print s.decode('utf-8')
# 从 Unicode 转换成 str
print u.encode('utf-8')
```

输出结果如下：

```
True
True
新年快乐
新年快乐
```

在工作中常会存在中文输入报错的问题，这里可以写一个函数来验证输入的 Unicode 是否是中文，程序内容如下：

```
#!/usr/bin/env python
-*- coding:utf-8-*-
import sys
reload(sys)
sys.setdefaultencoding('utf-8')

# 判断一个 Unicode 是否是中文
def is_chinese(uchar):
    if u'\u4e00' <= uchar<=u'\u9fff':
        print 'yes'
        return True
    else:
        print 'no'
        return False


is_chinese('余洪春')
```

3）对于外部文件或网页，我们可以利用 chardet 模块来正确识别它们到底采取的是哪种编码。chardet 是一个非常优秀的编码识别模块。另外，它是 Python 的第三方库，需要下载和安装，这里直接用 pip 命令来安装：

```
pip install chardet
```

以笔者的技术博客来举例说明如何利用 chardet 得知网页编码方式，代码如下：

```
#!/usr/bin/env python
import chardet
import urllib

myweb = urllib.urlopen('http://yuhongchun.blog.51cto.com').read()
char = chardet.detect(myweb)
```

```
print char
```

代码运行结果如下：

```
{'confidence': 0.99, 'language': '', 'encoding': 'utf-8'}
```

结果表示有 99% 的概率认为这段代码是 UTF-8 编码方式。

2.5.4　使用 Python 解析 JSON

JSON（JavaScript Object Notation）是一种轻量级的数据交换格式，易于人阅读和编写。前面已介绍过，它是开发工作中用得最多的一种数据文件格式。本节为大家介绍如何使用 Python 语言来编码和解码 JSON 对象。

首先导入 JSON 模块，命令如下：

```
import json
```

其具体函数的作用如表 2-6 所示。

表 2-6　JSON 模块各函数的作用

函数	具体作用描述
json.dumps	将 Python 对象编码成 JSON 字符串
json.loads	将已编码的 JSON 字符串编码为 Python 对象

json.dumps 用于将 Python 对象编码成 JSON 字符串，下面举个简单的例子说明下：

```
#!/usr/bin/python
import json
data = [ { 'a' : 1, 'b' : 2, 'c' : 3, 'd' : 4, 'e' : 5 } ]
j = json.dumps(data,indent=4)
print j
```

如果没有 indent=4 这样的参数，输出格式一般都不优美。当数据很多的时候，就不是很直观，所以用 indent 参数来对 JSON 进行数据格式化输出。输出结果如下：

```
[
    {
        "a": 1,
        "c": 3,
        "b": 2,
        "e": 5,
        "d": 4
    }
]
```

Python 类型向 JSON 类型转化的对照表见表 2-7。

表 2-7　Python 类型向 JSON 类型转化的对照表

Python 类型	JSON 类型
Dict	object
list 和 tuple	array
string 和 unicode	string
int、log 和 float	number
True	true
False	false
None	null

json.loads 用于将 JSON 对象解码成 Python 对象，这里还是举一个简单的例子，代码如下：

```
#!/usr/bin/python
import json
data = '{"a":1,"b":2,"c":3,"d":4,"e":5}';
```

```
text = json.loads(data)
print text
```

输出结果如下：

```
{u'a': 1, u'c': 3, u'b': 2, u'e': 5, u'd': 4}
```

JSON 类型向 Python 类型转化的对照表见表 2-8。

表 2-8　JSON 类型向 Python 类型转化的对照表

JSON 类型	Python 对象	JSON 类型	Python 对象
object	dict	true	True
array	list	false	False
string	unicode	null	None
int	int、long		

2.5.5　Python 异常处理与程序调试异常

Exception 是任何语言必定存在的一部分。Python 提供了强大的异常处理机制，可通过捕获异常来提高程序的健壮性。异常处理还具有释放对象、中止循环的运行等作用。在程序运行的过程中，如果发生了错误，可以事先约定返回一个错误代码，这样就可以知道是否有错，以及出错的原因。在操作系统提供的调用中，返回错误码非常常见。比如打开文件的函数 open()，成功时返回文件描述符（就是一个整数），出错时返回 −1 值。用错误码来表示是否出错十分不便，因为应该返回的正常结果会和错误码混在一起，造成调用者必须用大量的代码来判断是否出错。一旦出错，还要一级一级上报，直到某个函数可以处理该错误（比如，给用户输出一个错误信息）。所以高级语言通常都内置了一套 try...except...finally... 的错误处理机制，Python 也不例外。

1. try...except 语句

try...except 语句用于处理问题语句，捕获可能存在的异常。try 子句中的代码块用于放置可能出现异常的语句，except 子句中的代码块用于处理异常。当异常出现时，Python 会自动生成一个异常对象。该对象包括异常的具体信息，以及异常的种类和错误位置。我们举个简单的例子：

```
#!/usr/bin/env python
#-*- coding:utf-8 -*-

try:
    open('test.txt','r')
    #尝试获取一个不存在的文件
    print "该文件是正常的"
except IOError:
#捕获 I/O异常，如果是 Python 3.7 版本，这里是 FileNotFoundError 异常
    print "该文件不存在"
```

```
except:
    print " 程序异常! "
# 其他异常情况
```

try...except 语句后面还可以添加一个 finally 语句，这种方式主要用于无论异常是否发生，finally 子句都会被执行的情况。所有的 finally 子句都用于关闭因异常而不能释放的系统资源。还是以上面的例子为例，在后面加上 finally 子句：

```
#!/usr/bin/env python
#-*- coding:utf-8 -*-

try:
    f = open('test1.py','r')
    try:
        print f.read()
    except:
        print " 该文件是正常的 "
    finally:
        print " 释放资源 "
        f.close()
except IOError:
    print " 文件不存在! "
```

我们用 finally 语句的本意是想关闭因异常而不能释放的系统资源，比如关闭文件。但随着语句的增多，try...finally 显然不够简洁，用 with...as（上下文管理器）语句可以很简洁地实现以上功能：

```
with open('test1.py','w') as f:
    f.write('Hello ')
    f.write('World')
```

这样不仅能处理出现异常的情况，而且还可以避免出现在 open() 一个文件后忘记写 close() 方法的情况。

此外，当程序中出现错误时，Python 会自动引发异常，也可以通过 raise 语句显式地引发异常。一旦执行了 raise 语句，raise 语句后的代码将不能被执行。示例如下：

```
#!/usr/bin/env python
#-*- encoding:utf-8 -*-

try:
    s = None
    if s is None:
        print "s 是对空对象 "
    print len(s)
except TypeError:
    print " 空对象是没有长度的 "
```

第三行程序判断变量 s 的值是否为空，如果为空，则抛出异常 NameError；由于执行了

NameError 异常，所以该代码后的代码将不会被执行。

2. 调试

当程序中出现异常或错误时，最后的解决方法就是调试程序，那么一般包含哪些方法呢？通常有如下 5 种方法：

❑ 编辑器自带的调试功能

❑ print 方法

❑ 断言（assert）方法

❑ logging 模块

❑ pdb 方法

Python 的专业编程器，例如 PyCharm IDE 本身就带了 Python 程序的 Debug 调试功能，这里就不进行详细说明了，下面只针对其余几种情况来说明。

（1）print 方法

print 方法很好理解，这也是我们写程序经常用到的一种方法，即我们认为某变量有问题或需要知道某变量时，将它打印出来即可，虽然简单粗暴，但确实有效。但这样也会带来一个问题，复杂的业务逻辑中会有大量变量，这样程序中会充斥着大量的 print 语句，如果调试完成以后不注意清理，也会带来很多问题。

（2）断言方法

assert 语句用于检测某个条件表达式是否为真。

用 assert 代替 print 是种很好的选择？想想我们的程序里到处都是 print，运行结果也会包含很多垃圾信息。理论上，程序中有 print 出现的地方，都可以用 assert 来代替。如果 assert 语句断言失败，则会引发 AssertionError 异常。

举个简单的例子：

```
a = 'hello'
assert len(a) == 1
```

执行下面这段代码，会报错：

```
AssertionError                         Traceback (most recent call last)
<ipython-input-4-ce3ea8375b99> in <module>()
----> 1 assert len(t) <= 1
AssertionError:
```

（3）logging 模块

当 Python 程序的代码量达到一定数量时，使用 logging 就是一种好的选择。logging 不仅能输出到控制台，还能写入文件，且能使用 TCP 协议将日志信息发送到网络，功能十分强大。示例如下：

```
#!/usr/bin/env python
import logging
```

```
logging.debug('debug message')
logging.info('info message')
logging.warn('warn message')
logging.error('error message')
logging.critical('critical message')
```

执行下面这段代码，结果如下：

```
WARNING:root:warn message
ERROR:root:error message
CRITICAL:root:critical message
```

默认情况下，logging 模块会将日志打印到屏幕上，日志级别为 WARNING（即只有日志级别高于 WARNING 的信息才会输出），我们可以在合理的程序中使用 logging 模块代替 print 命令，这样写出来的程序在排错时会非常高效。

（4）pdb 方法

使用 Python 的调试器 pdb 可让程序以单步的方法运行，以便随时查看程序的执行状态。

我们先故意写一个有问题的 Python 程序，名字叫 err.py，内容如下：

```
#!/usr/bin/env python
s = '0'
n = int(s)
print 10/n
```

然后在 Linux 环境下以 pdb 模式执行程序，如下：

```
python -m pdb test0.py
```

l 表示可以查看代码全部完整内容，n 是一步一步执行代码，p + 变量名表示可以随时打印程序中的变量名，这里大家自行演示。

虽然这些方法都有各自的好处，但随着我们开发的项目越来越多，代码量越来越大时，大家会发现，logging 模块才是最有效率的办法。

2.5.6　Python 函数

函数是组织好的，可重复使用的，用来实现单一功能或功能相互关联的代码段。

函数能提高应用的模块性，和代码的重复利用率。大家应该知道 Python 提供了许多内建函数，比如 print()。但我们也可以自己创建函数，即用户自定义函数。

在 Python 中我们是如何定义一个函数的呢？

定义一个有自己想要功能的函数时，需要遵循以下规则：

❏ 函数代码块以 def 关键词开头，后接函数标识符名称和圆括号"( )"。

❏ 任何传入参数和自变量必须放在圆括号中间，圆括号之间可以定义参数。

❏ 函数的第一行语句可以选择性地使用文档字符串——用于存放函数说明。

❑ 函数内容以冒号起始，并且要有缩进。

❑ 用 return [表达式] 结束函数，选择性地返回一个值给调用方。不带表达式的 return
相当于返回 None。

例如，我们可以定义一个函数，名字叫 MyFirstFun()，内容如下：

```
# -*- coding: UTF-8 -*-
def MyFirstFun(name):
    ''' 函数定义过程中的 name 是叫形参 '''
    print 'My name is:' + name

MyFirstFun(' 余洪春 ')
```

运行结果如下：

```
My name is:余洪春
```

在 MyFirstFun 后面的 name 叫形参，它只是一个形式，表示占据了一个参数值，在
print 后面传递进来的 name 叫实参。

1. Python 函数的参数传递

Python 函数的参数传递分不可变类型和可变类型两种。

❑ 不可变类型：类似 C ++ 的值传递，如整数、字符串、元组。如 fun(a)，传递的只是
a 的值，没有影响 a 对象本身。比如在 fun(a) 内部修改 a 的值，只是修改了另一个复
制的对象，不会影响 a 本身。

❑ 可变类型：类似 C++ 的引用传递，如列表、字典等。如 fun(list1)，表示将 list1 真正
地传过去，修改后 fun 外部的 list1 也会受影响。

不可变类型的举例说明如下：

```
# -*- coding: UTF-8 -*-
def ChangeInt(a):
    a = 10
    print "a 的值为 :",a

b = 2
ChangeInt(b)
print "b 的值为 :",b
```

结果如下：

```
a 的值为 : 10
b 的值为 : 2
```

可变类型的举例说明：

```
# -*- coding: UTF-8 -*-
# 可用 ''' ''' 写函数说明
```

```
def changeme(mylist):
    " 修改传入的列表 "
    mylist.append([1,2,3,4]);
    print " 函数内取值 :", mylist
    return

# 调用 changeme 函数
mylist = [10,20,30];
changeme(mylist);
print " 函数外取值 :", mylist
```

输出结果如下：

```
函数内取值 :  [10, 20, 30, [1, 2, 3, 4]]
函数外取值 :  [10, 20, 30, [1, 2, 3, 4]]
```

大家在实际工作中要注意可变参数和不可变参数的区别。

对于 Python 的参数，以下是调用函数时可使用的正式参数类型：

❏ 必备参数

❏ 关键字参数

❏ 默认参数

❏ 不定长参数

（1）必备参数

必备参数须以正确的顺序传入函数。调用时的数量必须和声明时的一样。例如在上面的函数中，如果不传入一个实参的话，则会有如下报错：

```
TypeError: MyFirstFun() takes exactly 1 argument (0 given)
```

报错信息的意思其实很明显，告诉我们需要传入一个参数进来。

（2）关键字参数

关键字参数和函数调用关系紧密，函数调用使用关键字参数来确定传入的参数值。使用关键字参数时，允许函数调用时参数的顺序与声明时的不一致，因为 Python 解释器能够用参数名匹配参数值。

这里举个简单的函数例子，如下：

```
# -*- coding: UTF-8 -*-
def SaySomething(name,word):
    print name + '→' + word

SaySomething(' 余洪春 ',' 一枚码农 ')
```

执行这段代码的结果如下：

余洪春 → 一枚码农

如果这里把 SaySomething 函数中的内容调换了呢？例如：

```
SaySomething(' 一枚码农 ',' 余洪春 ')
```

则输出结果如下：

一枚码农 ➜ 余洪春

很明显，这个结果不是我们想要的，这时就可以利用关键字参数来确定传入的参数值，如下：

```
SaySomething(word=' 一枚码农 ',name=' 余洪春 ')
```

大家可以发现，即使顺序改变了，也可达到我们想要的结果：

余洪春一枚码农

（3）默认参数

默认参数也叫缺省参数。调用函数时，默认参数的值如果没有传入，则被认为是默认值。

这里举个简单的函数例子：

```
# -*- coding: UTF-8 -*-

# 可写函数说明
def printinfo(name, age = 35):
    print "Name: ", name;
    print "Age: ", age;
    return;

# 调用 printinfo 函数
printinfo(age=50, name="cc")
printinfo(name="cc")
```

执行这段代码的结果如下：

```
Name:  cc
Age   50
Name:  cc
Age: 35
```

我们通过观察可以得知，在 printinfo(name="cc") 中是没有输入 age 参数值的，但在执行代码的时候，name=cc 一样输出了默认的 age 值，也就是之前设定的 age=35。

（4）不定长参数

大家可能需要用一个函数来处理比当初声明时更多的参数。这些参数叫作不定长参数，和上述参数不同，它进行声明时不会命名。基本语法如下：

```
def functionname(*var):
    函数体
    return [expression]
```

加了星号（*）的变量名会存放所有未命名的变量参数，这里举一个简单的函数例子：

```
# -*- coding: UTF-8 -*-
def testparams(*params):
    print " 参数的长度是： ",len(params)
    print " 第一个参数是： ",params[0]
    print " 第二个参数是： ",params[1]
    print " 打印所有的输入实参： ",params

testparams('cc',1,2,3)
```

此段代码的输出结果为：

```
参数的长度是： 4
第一个参数是： cc
第二个参数是： 1
打印所有的输入实参： ('cc', 1, 2, 3)
```

大家可以清楚地看到，我们输入的实参 'cc', 1, 2, 3 已经全部被赋值给 params 变量了，并且被正确打印出来了。

2. 函数返回值（return 语句）

return 语句表示从 Python 函数返回一个值，在介绍自定义函数时有讲过，每个函数都要有一个返回值。Python 中的 return 语句有什么作用，下面仔细地讲解一下。

Python 函数中一定要有 return 返回值才是完整的函数。如果没有该返回值，那么得到的结果是 None 对象，而 None 表示没有任何值。

return 是返回数值的意思，比如定义两个函数，一个是有返回值，另一个用 print 语句，看看结果有什么不同。

```
# -*- coding: UTF-8 -*-
def func1(x,y):
    print x+y
result = func1(2,3)
result is None
```

当函数没有显式 return 时，默认返回 None 值，大家可以观察一下此段代码的返回结果：

```
True
```

另一个有返回值 return 的函数如下：

```
# -*- coding: UTF-8 -*-
def func2(x,y):
        return x + y
    #python 函数返回值
result = func2(2,3)
result is None
```

传入参数后得到的结果不是 None 值，会得到如下输出结果：

```
False
```

另外，Python 的 return 是支持多返回值的，这里举个简单的例子：

```
def func(a,b):
    c = a + b
    return a,b,c

x,y,z = func(1,2)
print x,y,z
```

观察输出结果可知，x、y、z 的值都正确输出了：

```
1,2,3
```

3. 函数变量作用域

一个程序的所有变量并不是在哪个位置都可以访问的。访问权限取决于这个变量是在哪里赋值的。

变量的作用域决定了在程序的哪一部分你可以访问哪个特定的变量名称。两种最基本的变量作用域如下：

❑ 全局变量

❑ 局部变量

定义在函数内部的变量拥有一个局部作用域，定义在函数外的拥有全局作用域。

局部变量只能在其被声明的函数内部访问，而全局变量则可以在整个程序范围内访问。调用函数时，所有在函数内声明的变量名称都将被加入作用域中。

如果我们要在函数内部使用全局变量，可以使用 global 实现这一功能，详细代码如下：

```
# -*- coding: UTF-8 -*-
def func():
    global x

    print 'x:', x
    x = 2
    y = 1
    print 'Changed local x to:', x
    print 'global',globals()
    print 'local',locals()

x = 50
func()
print 'Value of x is:', x
```

程序输出结果如下：

```
x: 50
```

```
Changed local x to: 2
global {'__builtins__': <module '__builtin__' (built-in)>, '__file__': 'test8.
    py', '__package__': None, 'func': <function func at 0x7fb2b6196668>, 'x': 2,
    '__name__': '__main__', '__doc__': None}
local {}
Value of x is: 2
```

另外，这里有个概念需要理解，即 Python 的 Namespace（命名空间）。

Namespace 只是从名字到对象的一个映射。大部分 Namespace 都是按 Python 中的字典来实现的。从某种意义上来说，一个对象（Object）的所有属性（attribute）也构成了一个 Namespace。在程序执行期间，会有多个名空间同时存在。不同 Namespace 的创建 / 销毁时间也不同。

 注意 两个不同的 Namespace 中，名字相同的两个变量之间没有任何联系。

接下来看一下 Python 中 Namespace 的查找顺序。

Python 中通过提供 Namespace 来实现重名函数 / 方法、变量等信息的识别，一共有如下三种 Namespace。

❑ local Namespace：作用范围为当前函数或者类方法。

❑ Global Namespace：作用范围为当前模块。

❑ Build-In Namespace：作用范围为所有模块。

当函数 / 方法、变量等信息发生重名时，Python 会按照" local Namespace → Global Namespace → Build-In Namespace "的顺序搜索用户所需元素，并且以第一个找到此元素的 Namespace 为准。

4. Python 内部函数和闭包

Python 内部函数、闭包的共同之处在于都是以函数作为参数传递到函数的，不同之处在于返回与调用有所区别。

（1）Python 内部函数

当需要在函数内部多次执行复杂任务时，内部函数非常有用，它可避免循环和代码的堆叠重复。示例如下：

```
#encoding:utf-8
def test(*args):
    def add(*args):          #  显式地调用外部函数的参数
        return args
    return add(*args)        #  返回内部函数的直接调用

print test(1,2,3,4)
print test(1)
```

输出结果如下：

```
(1, 2, 3, 4)
(1,)
```

（2）Python 闭包

内部函数可以看作是一个闭包（Closer）。闭包是一个可以由另一个函数动态生成的函数，并且可以改变和存储函数外创建的变量的值。示例如下：

```
def greeting_conf(prefix):
    def greeting(name):
        print prefix, name
    return greeting

mGreeting = greeting_conf("Good Morning")
mGreeting("Wilber")
mGreeting("Will")
```

输出结果如下：

```
Good Morning Wilber
Good Morning Will
```

在 Python 中创建一个闭包可以归结为以下三点：

❏ 闭包函数必须有内嵌函数。

❏ 内嵌函数需要引用该嵌套函数上一级 Namespace 中的变量。

❏ 闭包函数必须返回内嵌函数。

通过这三点，就可以创建一个 Python 闭包了。

5. 匿名函数

Python 使用 lambda 来创建匿名函数，其语法为：

```
lambda 变量1, 变量2：表达式
```

这里可以举个简单的例子说明其用法：

```
sum = lambda x,y:x+y
print sum(1,11)
print sum(7,18)
```

输出结果为：

```
12
25
```

匿名函数的特征为：

❏ lambda 的主体是一个表达式，仅在 lambda 中封装有限的逻辑进去；

❏ lambda 只是一个表达式，函数体比 def 简单很多；

❏ lambda 的目的是调用小函数时不占用栈内存，从而增加运算效率；

❏ lambda 并不会使程序运行效率提高，只会使代码更简洁。

事实上，既然这里提到了 lambda，就不得不提一下 Python 的函数式编程，因为 lambda 函数在函数式编程中经常用到。对于函数式编程，简单来说，其特点就是允许把函数本身作为参数传入另一个函数，还允许返回一个函数。

Python 中用于函数式编程的主要是 4 个基础函数（map、reduce、filter 和 sorted）和 1 个算子（即 lambda）。

函数式编程的好处：

❏ 代码更为简洁。

❏ 代码中没有了循环体，少了很多临时变量（纯粹的函数式编程语言编写的函数是没有变量的），逻辑更为简单明了。

❏ 数据集、操作和返回值都放在一起了。

下面通过示例来说明它的用法。

（1）map() 函数

map() 函数的语法如下：

```
map( 函数 , 序列 )
```

我们用求平方的例子来说明其用法，代码如下：

```
#encoding:utf-8
# 求数字 1 ~ 9 的平方数
squares = map(lambda x:x*x,[1,2,3,4,5,7,8,9])
print squares
```

代码执行后输出结果如下：

```
[1, 4, 9, 16, 25, 49, 64, 81]
```

（2）reduce() 函数

reduce() 函数的语法如下：

```
reduce( 函数 , 序列 )
```

用 reduce 实现阶乘是非常容易的事，示例如下：

```
#encoding:utf-8
# 数字 9 阶乘
#9！ =9*8*7*6*5*4*3*2*1
print reduce(lambda x,y: x*y, range(1,9))
```

输出结果如下：

```
40320
```

6. 生成器

通过 Python 列表生成式可以直接创建一个列表。但是，受到内存限制，列表容量肯定是有限的。而且，创建一个包含 100 万个元素的列表，不仅占用的存储空间很大，如果我们仅仅需要访问前面几个元素，那后面绝大多数元素占用的空间都白白浪费了。实际工作中会经常遇到这种需求。

此外，提到生成器（Generator），总会不可避免地要把迭代器拉出来对比着讲，生成器在行为上和迭代器非常类似，二者功能上差不多，但是生成器更优雅。

顾名思义，迭代器就是用于迭代操作（for 循环）的对象，它像列表一样可以迭代获取其中的每一个元素，任何实现了 __next__ 方法的对象都可以称为迭代器。它与列表的区别在于，构建迭代器的时候，不像列表把所有元素一次性加载到内存，而是以一种延迟计算（lazy evaluation）的方式返回元素，这正是它的优点。比如列表含有 1000 万个整数，需要占超过 400MB 的内存，而迭代器只需要几十字节的空间。因为它并没有把所有元素装载到内存中，而是等到调用 next 方法时才返回该元素（按需调用即 call by need 的方式，本质上 for 循环就是不断地调用迭代器的 next 方法）。

了解了迭代器，那什么是生成器呢？

如果列表元素可以按照某种算法推算出来，那我们是否可以在循环的过程中不断推算出后续的元素呢？这样就不必创建完整的 list 了，可节省大量的空间。在 Python 中，这种一边循环一边计算的机制，就称为生成器。

创建生成器的方法很多。第一种方法很简单，只要把一个列表生成式的 [] 改成 ()，就创建了一个 Generator，示例如下：

```
g = (x*2 for x in range(10))
l = [x*2 for x in range(10)]
type(g)
type(l)
```

如果要把元素一个个地打印出来，可以通过 Generator 的 next() 方法，即每次调用 g.next()，就计算出下一个元素的值，直到计算到最后一个元素时，抛出 StopIteration 错误。

当然，如果要打印 Generator 中的每一个元素，用 for 循环就够了。

```
In [5]: for num in g:
   ...:       print num
   ...:
0
2
4
6
8
10
12
14
16
18
```

那么在什么场景下需要使用序列，什么场景下要使用 Generator 呢？

当程序需要较高的性能或一次只需要一个值进行处理时，使用 Generator 函数；当需要一次获取一组元素的值时，使用序列。

事实上，在创建了一个 Generator 后，基本上不会调用 next() 方法，而是会通过 for 循环来迭代它。Generator 非常强大，如果推算的算法比较复杂，用类似列表生成式的 for 循环无法实现时，还可以用函数来实现。比如，著名的斐波拉契数列，除第一个和第二个数外，任意一个数都可由前两个数相加得到。可以用下面的函数来实现：

```python
def fib(max):
    n, a, b = 0, 0, 1
    while n < max:
        yield b
        a, b = b, a + b
        n = n + 1
```

这就是定义 Generator 的另一种方法。如果一个函数的定义中包含 yield 关键字，那么这个函数就不再是一个普通函数，而是一个 Generator。试着执行一下：

```python
In [7]: fib(5)
```

输出结果为：

```python
Out[7]: <generator object fib at 0x02CEC490>
```

事实上，很多时候我们可以利用 Generator 来打开大文件，比如说超过 10 个 GB 的日志文件，可以使用 yield 生成自定义可迭代对象，即 generator，每一个带有 yield 的函数就是一个 Generator。它会将文件切分成小段，每次处理完一小段内容后，释放内存。可以参考下面的代码：

```python
#-*- coding:utf-8 -*-
def read_in_block(file_path):
    BLOCK_SIZE = 1024
    with open(file_path, "r") as f:
        while True:
            block = f.read(BLOCK_SIZE)   # 每次读取固定长度到内存缓冲区
            if block:
                yield block
            else:
                return   # 如果读取到文件末尾，则退出


def test():
    file_path = "/tmp/test.log"
    for block in read_in_block(file_path):
        print block
```

当然，Python 下面有更优雅和简洁的处理方法，那就是使用系统自带方法 with open() 生成迭代对象，使用方式如下：

```
with open(filename, 'rb') as f:
    for line in f:
        <do something with the line>
```

对可迭代对象 f 进行迭代遍历（即 for line in f 语句）时，会自动地使用缓冲 I/O（buffered I/O）及内存管理，因此不用担心任何大文件的问题。让系统来处理，其实是最简单的方式。

另外，这里要注意 yield 与 return 的区别，来看一段程序：

```
#-*- coding:utf-8 -*-
def func(n):
    for i in range(n):
        return i
def func2(n):
    for i in range(n):
        yield i
print func(3)
f = func2(3)
print f
print f.next()
print f.next()
print f.next()
```

第 4 行代码直接返回 i 的值，循环语句将被中止，整个程序到此结束。

第 7 行代码循环生成 n 个数字，循环语句不会被中止。

最后提一个知识点，工作中我们经常会遇到一个需求——Python 中如何优雅地处理命令行参数？

Python 中有专门针对这种需求的 getopt 模块，该模块是专门用来处理命令行参数的。

函数 getopt 的具体格式如下：

```
getopt(args, shortopts, longopts = [])
```

参数 args 即 sys.argv[1:]，shortopts 表示短格式 (-)，longopts 表示长格式 (--)。

我们需要一个 conv.py 脚本，它的作用是接收 IP 和 port 端口号，要求该脚本满足以下条件：

❏ 通过 -i 或 -p 选项来区别脚本后面接的是 IP 还是 port；

❏ 当不知道 convert.py 需要哪些参数时，用 -h 打印出帮助信息。

这里可以用个简单的脚本来说明：

```
#!/usr/bin/python
import getopt
import sys

def usage():
    print ' -h help \n' \
```

```
        ' -i ip address\n' \
        ' -p port number\n' \
        ''
if __name__ == '__main__':
    try:
        options, args = getopt.getopt(sys.argv[1:], "hp:i:", ['help', "ip=",
            "port="])
        for name, value in options:
            if name in ('-h', '--help'):
                usage()
            elif name in ('-i', '--ip'):
                print value
            elif name in ('-p', '--port'):
                print value
    except getopt.GetoptError:
        usage()
```

上述脚本的说明如下：

1）真正处理逻辑所使用的函数叫 getopt()，因为是直接使用 import 导入的 getopt 模块，所以要加上限定 getopt 才可以，同理，这里也要导入 sys 模块。

2）使用 sys.argv[1:] 过滤掉第一个参数（它是执行脚本的名字，不应算作参数的一部分）。

3）使用短格式分析串 "hp:i:"。当一个选项只是表示开关状态时，即后面不带附加参数时，在分析串中写入选项字符。当选项后面带一个附加参数时，在分析串中写入选项字符的同时在后面再加一个 ":" 号。所以 "hp:i:" 就表示 "h" 是一个开关选项；"p:" 和 "i" 则表示后面应该带一个参数。

4）使用长格式分析串列表 ['help', "ip=", "port="]。长格式串也可以有开关状态，即后面不跟等号。如果跟一个等号则表示后面还应有一个参数。这个长格式表示 help 是一个开关选项，ip= 和 output= 则表示后面应该带一个参数。

5）调用 getopt 函数。函数返回两个列表：opts 和 args。opts 为分析出的格式信息，args 为不属于格式信息的剩余命令行参数。opts 是一个两元组的列表。每个元素均为选项串，附加参数。如果没有附加参数则为空串 '' 或 " "。

6）整个过程使用异常来处理，当分析出错时，就可以打印出信息来通知用户如何使用这个程序。

2.5.7　Python 的面向对象

Python 从设计之初就已经是一门面向对象的语言，正因为如此，在 Python 中创建一个类和对象是很容易的。本章将详细介绍 Python 的面向对象编程。

Python 是支持面向对象、面向过程、函数式编程等多种编程范式的，它不强制我们使用任何一种编程范式，我们可以使用过程式编程编写任何程序。对于中等和大型项目来说，面向对象将给我们带来许多优势。如果你以前没有接触过面向对象的编程语言，那可能需要先了解一些面向对象语言的基本特征，在头脑里形成一个基本的面向对象的概念，这样有助于你更容易地学习 Python 的面向对象编程。

下面来简单了解一下面向对象的基本特征。

1. 面向对象的基本定义

Python 面向对象的基本定义如下。

❏ 类（Class）：用来描述具有相同属性和方法的对象的集合。它定义了该集合中每个对象所共有的属性和方法。对象是类的实例。

❏ 类变量：类变量在整个实例化的对象中是公用的。类变量定义在类中且在函数体之外。类变量通常不作为实例变量使用。

❏ 方法：类中定义的函数。

❏ 数据成员：类变量或者实例变量用于处理类及其实例对象的相关数据。

❏ 方法重写：如果从父类继承的方法不能满足子类的需求，可以对其进行改写，这个过程叫方法的覆盖（override），也称为方法的重写。

❏ 实例变量：定义在方法中的变量，只作用于当前实例的类。

❏ 继承：即一个派生类（derived class）继承基类（base class）的字段和方法。继承也允许把一个派生类的对象作为一个基类对象对待。

❏ 实例化：创建一个类的实例、类的具体对象。

❏ 对象：通过类定义的数据结构实例。对象包括两个数据成员（类变量和实例变量）和一个方法。

类和对象是面向对象的两个重要概念，类是客观世界中事物的抽象，而对象则是类实例化后的实体。大家可以将类想象成图纸或模型，对象则是通过图纸或模型设计出来的实物。例如，同样的汽车模型可以造出不同的汽车，不同的汽车有不同的颜色、价格和车牌，如图 2-7 所示。

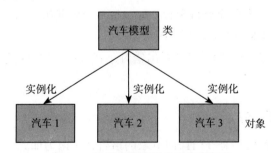

图 2-7　以汽车类型类比类和实例化

汽车模型是对汽车特征和行为的抽象，而汽车则是实际存在的事物，是客观世界中实实在在的物体。

我们在描述一个真实对象（物体）时包括以下两个方面：

❑ 它可以做什么（行为）。

❑ 它是什么样的（属性或特征）。

在 Python 中，一个对象的特征也称为属性，它所具有的行为则称为方法，对象＝属性＋方法。另外在 Python 中，我们会把具有相同属性和方法的对象归为一个类。

这里举个简单的例子：

```
#-*- encoding:utf8 -*-
class Turtle(object):
    #属性
    color = "green"
    weight = "10"
    #方法
    def run(self):
        print " 我正在跑 ..."
    def sleep(self):
        print " 我正在睡觉 ..."


tur = Turtle()
print tur.weight
#打印实例 tur 的 weight 属性
tur.sleep()
#调用实例 tur 的 sleep 方法
```

执行后的结果如下：

```
10
我正在睡觉 ...
```

Python 会自动给每个对象添加特殊变量 self，它相当于 C++ 的指针，这个变量指向对象本身，让类中的函数能够明确地引用对象的数据和函数（self 不能被忽略），示例如下：

```
#-*- encoding:utf-8 -*-

class NewClass(object):
    def __init__(self,name):
        print self
        self.name = name
        print " 我的名字是 :{}".format(self.name)


cc = NewClass('yhc')
```

打印结果如下：

```
<__main__.NewClass instance at 0x020D4440>
我的名字是 :yhc
```

format 函数是 Python 新增的一种格式化字符串的函数，它增强了字符串格式化的功能。其基本语法是通过"{}"和":"来代替以前的"%"，可以接受无限个参数，位置可以不按顺序排列。

在这段代码中，self 是 NewClass 类在内存地址 0x020D4440 处的实例。因此，self 在这里与 C++ 中的 this 一样，代表的都是当前对象的地址，可以用来调用当前类中的属性和方法。在这段代码中，有一个特殊的函数，即 __init__() 方法，它是 Python 中的构造函数，构造函数用于初始化类的内部状态，为类的属性设置默认值。

如果我们想看一下 cc 的属性，可以在 Python 命令行模式下输入如下命令：

```
dir(cc)
```

打印结果如下：

```
['__class__',
 '__delattr__',
 '__dict__',
 '__doc__',
 '__format__',
 '__getattribute__',
 '__hash__',
 '__init__',
 '__module__',
 '__new__',
 '__reduce__',
 '__reduce_ex__',
 '__repr__',
 '__setattr__',
 '__sizeof__',
 '__str__',
 '__subclasshook__',
 '__weakref__',
 'name']
```

内建函数 dir() 可以显示类属性，同样还可以打印所有的实例属性。

与类相似，实例其实也有一个 __dict__ 的特殊属性，它是由实例属性构成的一个字典，同样在 Python 命令行模式下输入如下命令：

```
cc.__dict__
```

输出结果如下：

```
{'name': 'yhc'}
```

事实上，Python 中定义了很多内置类属性，用于管理类的内部关系。

❏ __dict__：类的属性（包含一个字典，由类的数据属性组成）。

❏ __doc__：类的文档字符串。

❏ __name__：类名。

❑ __module__：类定义所在的模块（类的全名是 '__main__.className'，如果类位于一个导入模块 mymod 中，那么 className.__module__ 等于 mymod）。

❑ __bases__：类的所有父类构成元素（包含了一个由所有父类组成的元组）。

我们如果执行 print NewClass.__bases__ 这段代码，则会输出如下结果：

```
(<type 'object'>,)
```

另外，在上面的代码中，如果想打印出 cc 的值，可用如下命令：

```
print cc
```

打印结果如下：

```
<__main__.NewClass instance at 0x020D4440>
```

在这里，cc 跟上面的 self 的效果是一样的，它也是 NewClass 类在内存地址 0x020D4440 处的实例，显然这种不是我们想要的效果，所以需要一个方法来打印出适合我们人类阅读的方式，这里采用 __str__，将上面的代码精简并加入新的内容，整个代码变成：

```
# -*- coding: UTF-8 -*-

class NewClass(object):
    def __init__(self,name):
        # print self
        self.name = name
        print "我的名字是:{}".format(self.name)
    def __str__(self):
        print "NewClass:{}".format(self.name)

cc = NewClass('yhc')
```

注意，对于这里采用的 __str__ 方法，它的输出结果为我们预先定义好的格式：

```
我的名字是:yhc
```

__repr__ 具有跟 __str__ 类似的效果，这里就不重复演示了。事实上，我们在创建自己的类和对象时，编写 __str__ 和 __repr__ 方法是有必要的。它们对于显示对象的内容很有帮助，而显示对象内容有助于调试程序。

📖 **注意** __str__() 必须使用 return 语句返回，如果 __str__() 不返回任何值，则执行 print 语句会出错。

另外，请注意这段代码中的 object，即 class NewClass(object)，专业的说法叫定义基类。很多资料上面都将此 object 略过了，这里写段代码对比一下带上 object 和不带 object 的区别：

```
class NewClass():
```

```
    pass
class NewClass1(object):
    pass

a1 = NewClass()
print dir(a1)
a2 = NewClass1()
print dir(a2)
```

执行这段代码，发现区别还是很明显的：

```
['__doc__', '__module__']
['__class__', '__delattr__', '__dict__', '__doc__', '__format__', '__
    getattribute__', '__hash__', '__init__', '__module__', '__new__', '__
    reduce__', '__reduce_ex__', '__repr__', '__setattr__', '__sizeof__', '__
    str__', '__subclasshook__', '__weakref__']
```

还可以用 __bases__ 类属性来看一下 NewClass 和 NewClass1 的区别，代码如下：

```
print NewClass.__bases__
print NewClass1.__bases__
```

结果如下：

```
()
(<type 'object'>,)
```

NewClass 和 NewClass1 类的区别很明显，NewClass 不继承 object 对象，只拥有了 doc 和 module，也就是说这个类的命名空间只有两个对象可以操作；而 NewClass1 类继承了 object 对象，拥有好多可操作对象，这些都是类中的高级特性。另外，此处如果不加 object，有时候还会影响代码的执行结果，所以结合以上种种因素考虑，建议此处带上 object。

> 📝 注意　Python 2.7 中默认都是经典类，只有显式继承了 object 才是新式类，即类名后面括号中需要带上 object；Python 3.7（Python3.x）中默认都是新式类，不必显式地继承 object。由于本书采用的版本是 Python 2.7.10，因此建议此处都带上 object。

2. Python 装饰器

Python 面向对象的开发工作中经常会涉及 Python 装饰器，它究竟有什么用途呢？

装饰器本质上是一个 Python 函数，它可以让其他函数不需要做任何代码变动即可增加额外的功能，装饰器的返回值也是一个函数对象。它经常用于有切面需求的场景，比如：插入日志、性能测试、事务处理、缓存、权限校验等。装饰器是解决这类问题的绝佳设计，有了装饰器，我们就可以抽离出大量与函数功能本身无关的雷同代码并继续重用。概括地讲，装饰器的作用就是为已经存在的对象添加额外的功能。

这里先来看一个简单的例子：

```
def foo():
    print('i am foo')
```

现在有一个新的需求，即记录下函数的执行日志，于是在代码中添加了日志代码：

```
import logging
def foo():
    print "i am foo"
    logging.info "foo is running"
```

那么问题来了，foo1()、foo2() 也有类似的需求，怎么做？再写一个 logging 在 foo1 和 foo2 函数里？这样就会造成大量雷同的代码，为了减少重复写代码，我们可以这样做，重新定义一个函数专门处理日志，日志处理完之后再执行真正的业务代码，示例如下：

```
import logging
def use_logging(func):
    logging.warn("{} is running".format(func.__name__))
    func()
def bar():
    print "i am bar"
use_logging(bar)
```

逻辑上不难理解，但是这样做的话，我们每次都要将一个函数作为参数传递给 use_logging 函数，而且这种方式已经破坏了原有的代码逻辑结构，之前执行业务逻辑时，运行 bar() 即可，但是现在不得不改成 use_logging(bar)。那么有没有更好的处理方式呢？当然有，答案就是使用 Python 装饰器，示例代码如下：

```
import logging
def use_logging(func):
    def wrapper(*args, **kwargs):
        logging.warn("{} is running".format(func.__name__))
        return func(*args, **kwargs)
    return wrapper

def bar():
    print "i am bar"

bar = use_logging(bar)
bar()
```

函数 use_logging 就是装饰器，它把执行真正业务方法的 func 包裹在函数里面，看起来像 bar 被 use_logging 装饰了。

下面来介绍一下 Python 程序中出现的 @ 符号。

@ 符号是装饰器的语法糖（也是 Python 独有的语法糖，其他语言中没有），在定义函数的时候使用，可避免再一次的赋值操作。也就是说，可以省去 bar = use_logging(bar) 这一句，直接调用 bar() 即可得到想要的结果。如果我们有其他的类似函数，可以继续调用装饰器来修饰函数，而不用重复修改函数或者增加新的封装。这样就提高了程序的可重复利用性，并增加了程序的可读性。程序如下：

```
def use_logging(func):
    def wrapper(*args, **kwargs):
        logging.warn("{} is running".format(func.__name__))
        return func(*args)
    return wrapper
@use_logging
def foo1():
    print "i am foo"
@use_logging
def foo2():
    print "i am bar"
foo1()
foo2()
```

在 Python 中使用装饰器如此方便，这要归因于 Python 的函数能像普通的对象一样作为参数传递给其他函数，它可以被赋值给其他变量，可以作为返回值，可以被定义在另外一个函数内。@staticmethod 和 @classmethod 这些装饰器在面向对象的开发工作中会经常用到，希望大家都能熟练掌握其用法。

3. 面向对象的特性介绍

面向对象的编程带来的主要好处之一是代码的复用，实现这种复用的方法之一是使用继承机制。继承完全可以理解成类之间类型和子类型的关系。

注意，继承的语法为 class 派生类名（基类名）…，基类名要写在括号里，基本类是在类定义的时候，在元组中指明的。

在 Python 的面向对象中，继承机制具有如下特点：

❏ 在继承中基类的构造方法 __init__() 方法不会被自动调用，它需要在其派生类的构造中亲自调用。

❏ 在调用基类的方法时，需要加上基类的类名前缀，且需要带上 self 参数变量。但在类中调用普通函数时并不需要带上 self 参数。

❏ Python 总是会首先查找对应类型的方法，如果不能在派生类中找到，才会到基类中逐个查找（先在本类中查找调用的方法，找不到才去基类中找）。

❏ 如果在继承元组中列了一个以上的类，那么它就被称作"多重继承"，也称为"Mixin"。

类的继承语法为：

```
classname(parent_class1,parent_class2,prant_class3...)
```

这里举个简单的例子说明其用法，GoldFish 类继承自 Fish 父类，其继承关系如图 2-8

所示。

完整的代码如下：

```python
#-*- coding:utf-8 -*-

class Fish(object):
    def __init__(self,name):
        self.name = name
        print "我是一条鱼"

class GoldFish(Fish):
    def __init__(self,name):
        Fish.__init__(self,name) #显式调用父类的构造函数
        print "我不仅是条鱼,还是条金鱼"

if __name__ == "__main__":
    aa = Fish('fish')
    bb = GoldFish('goldfish')
```

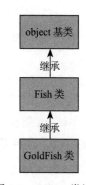

图 2-8　Python 类继承
关系图示

输出结果如下：

```
我是一条鱼
我是一条鱼
我不仅是条鱼,还是条金鱼
```

可以看到，GoldFish 类成功地继承了 Fish 父类。

在工作中常会遇到在子类里访问父类的同名属性，而又不想直接引用父类名字的情况，因为说不定什么时候会去修改它，所以数据还是只保留一份的好。这时可以采用 super() 的方式，其语法为：

```
super(type,object)
```

type 一般接的是父类的名称，object 接的是 self，示例如下：

```python
#-*- coding:utf-8 -*-
class Fruit(object):
    def __init__(self,name):
        self.name = name
    def greet(self):
        print "我的种类是:{}".format(self.name)

class Banana(Fruit):
    def greet(self):
        super(Banana,self).greet()
        print "我是香蕉,在使用 super 函数"

if __name__ == "__main__":
    aa = Fruit('fruit')
    aa.greet()
```

```
    cc = Banana('banana')
    cc.greet()
```

输出结果如下：

```
我的种类是:fruit
我的种类是:banana
我是香蕉,在使用 super 函数
```

Banana 类在这里也继承了父类 Fruit 类。此外，在继承父类的同时，子类也可以重写父类的方法，这叫方法重写，示例如下：

```
class Fruit(object):
    def __init__(self,color):
        self.color = color
        print "fruit's color %s:" % self.color

    def grow(self):
        print "grow ..."

class Apple(Fruit):
    def __init__(self,color):
        Fruit.__init__(self,color)
        print "apple's clolr {}:".format(self.color)

    def grow(self):
        print "sleep ..."

if __name__ == "__main__":
    apple = Apple('red')
    apple.grow()
```

程序执行结果如下：

```
fruit's color red:
apple's clolr red:
sleep ...
```

另外，通过继承，我们可以获得另一个好处：多态。

多态的好处就是，当我们需要传入更多的子类，例如新增 Teenagers、Grownups 等时，只需要继承 Person 类型就可以了，而 print_title() 方法既可以不重写（即使用 Person 的），也可以重写一个特有的。调用方只管调用，不管细节，而当我们新增一种 Person 的子类时，只要确保新方法编写正确即可，不用管原来的代码，这就是著名的"开闭"原则。

❑ 对扩展开放（Open for extension）：允许子类重写方法函数。

❑ 对修改封闭（Closed for modification）：不重写，直接继承父类方法函数。

来看个示例：

```
#!/usr/bin/env python
```

```
# -*- encoding:utf-8 -*-

class Fruit(object):
    def __init__(self,color = None):
        self.color = color

class Apple(Fruit):
    def __init__(self,color = 'red'):
        Fruit.__init__(self,color)

class Banana(Fruit):
    def __init__(self,color = "yellow"):
        Fruit.__init__(self,color)

class FruitShop:
    def sellFruit(self,fruit):
        if isinstance(fruit,Apple):
            print "sell apple"
        if isinstance(fruit,Banana):
            print "sell banana"
        if isinstance(fruit,Fruit):
            print "sell fruit"

if __name__ == "__main__":
    shop = FruitShop()
    apple = Apple("red")
    banana = Banana('yellow')
    shop.sellFruit(apple)
    #Python 的多态性 , 传递 apple
    shop.sellFruit(banana)
    #Python 的多态性 , 传递 banana
```

代码执行结果如下：

```
sell apple
sell fruit
sell banana
sell fruit
```

多重继承（也称为 Mixin）跟其他主流语言一样，Python 也支持多重继承，多重继承虽然有不少好处，但是问题其实也很多，比如存在属性继承等问题，所以我们设计 Python 多重继承的时候，应尽可能地让代码逻辑简单明了，这里简单说明 Python 多重继承的用法，示例如下：

```
class A(object):
    def foo(self):
        print('called A.foo()')

class B(A):
```

```
        pass

class C(A):
    def foo(self):
        print('called C.foo()')

class D(B, C):
    pass

if __name__ == '__main__':
    d = D()
    d.foo()
    print D.__bases__
```

在上述代码中，B、C 是 A 的子类，D 继承了 B 和 C 两个类，其中 C 重写了 A 中的 foo() 方法。

输出结果如下：

```
called C.foo()
(<class '__main__.B'>, <class '__main__.C'>)
```

请注意最后一行，这说明 D 隶属于父类 B 和 C，事实上我们还可以用 issubclass() 函数来判断，其语法为：

```
issubclass(sub,sup)
```

issubclass() 返回 True 的情况为给出的子类属于父类（父类这里也可以是一个元组）的一个子类（反之，则为 False），命令如下：

```
issubclass(D,(B,C))
```

在命令行下输入上面命令，则返回结果为：

```
True
```

另外我们还可以用 isinstance() 函数来判断对象是否是类的实例，语法如下：

```
isinstance(obj,class)
```

如果对象 obj 是 class 类的一个实例或其子类的一个实例，会返回 True；反之，则返回 False。

最后还得提一下多重继承的 MRO（方法解释顺序），我们在写类继承时都会带上 object 类，它采用的是 C3 算法（类似于广度优先，如果不带上 object，它采取的就是深度优先算法，所以为了避免程序的差异性，这里所有基于 class 类的写法均带上了 object 类），下面用示例来分析其用法：

```
class A(object):
    def getValue(self):
```

```
        print 'return value of A'
    def show(self):
        print 'I can show the information of A'

class B(A):
    def getValue(self):
        print 'return value of B'

class C(A):
    def getValue(self):
        print 'return value of B'
    def show(self):
        print 'I can show the information of C'
class D(B,C):
    pass


d = D()
d.show()
d.getValue()
```

输出结果如下：

```
I can show the information of C
return value of B
```

用下面的命令打印 D 类的 __mro__ 属性：

```
print D.__mro__
```

结果如下：

```
(<class '__main__.D'>, <class '__main__.B'>, <class '__main__.C'>, <class '__main__.A'>, <type 'object'>)
```

从结果可以看出，其继承顺序为 D → B → C → A。

> 注意　事实上，在 Python 面向对象的开发工作中，我们应该尽量避免采用多重继承。除此之外，还要注意不要混用经典类和新式类，调用父类的时候要注意检查类层次。

2.5.8　Python 的多进程和多线程

因为 Python 的多线程实际上并不能真正利用多核，所以如果使用多线程实际上还是在一个核上做并发处理。不过，如果使用多进程就可以真正利用多核了，因为各进程之间是相互独立的，不会共享资源，故而可以在不同的核上执行不同的进程，达到并行的效果。如果不涉及进程间的通信，只需最后汇总结果，那么使用多进程是个不错的选择。

multiprocessing 模块提供 process 类实现新建进程。下述代码是新建一个子进程。

```
from multiprocessing import Process
def f(name):
    print 'hello', name

if __name__ == '__main__':
    p = Process(target=f, args=('bob',))
    # 新建一个子进程 p, 目标函数是 f, args 是函数 f 的参数列表
    p.start()  # 开始执行进程
    p.join()   # 等待子进程结束
```

在上述代码中，p.join() 的意思是等待子进程结束后再执行后续的操作，一般用于进程间通信（Python 的多进程和多线程一样，进程与进程之间也是需要通信的）。例如有一个读进程 pw 和一个写进程 pr，在调用 pw 之前需要先写 pr.join()，表示等待写进程结束之后才开始执行读进程。

1. Python 的多进程

这里利用进程池来创建多个子进程。在 Python 中，如果要同时创建多个子进程，可以使用 multiprocessing.Pool 类来实现。该类可以创建一个进程池，然后在多个核上执行这些进程。

```
#-*- coding:utf-8 -*-
import multiprocessing
import time

def func(msg):
    print multiprocessing.current_process().name + '-' + msg

if __name__ == "__main__":
    pool = multiprocessing.Pool(processes=8) # 创建 8 个进程
    for i in xrange(10000):
        msg = "hello {}".format(i)
        pool.apply_async(func, (msg, ))
    pool.close() # 关闭进程池，表示不能再往进程池中添加进程
    pool.join() #  等待进程池中的所有进程执行完毕，必须在 close() 之后调用
    print "Sub-process(es) done."
```

输出结果如下（结果较长，现摘录部分结果）：

```
PoolWorker-6-hello 20250
PoolWorker-1-hello 20251
PoolWorker-6-hello 20252
PoolWorker-4-hello 20253
PoolWorker-7-hello 20254
PoolWorker-6-hello 20255
PoolWorker-8-hello 20256
PoolWorker-8-hello 20257
PoolWorker-8-hello 20258
PoolWorker-6-hello 20260
```

```
PoolWorker-7-hello 20259
PoolWorker-6-hello 20261
PoolWorker-7-hello 20262
PoolWorker-4-hello 20263
PoolWorker-1-hello 20264
PoolWorker-1-hello 20266
PoolWorker-5-hello 20265
PoolWorker-1-hello 20267
PoolWorker-5-hello 20268
PoolWorker-5-hello 20269
PoolWorker-5-hello 20270
PoolWorker-5-hello 20271
PoolWorker-5-hello 20272
PoolWorker-5-hello 20273
PoolWorker-5-hello 20274
PoolWorker-5-hello 20275
PoolWorker-5-hello 20276
```

上述代码中的 pool.apply_async() 是非阻塞函数，apply_async() 支持结果返回并进行回调。pool.apply() 是阻塞函数，该函数用于传递不定参数，主进程会被阻塞，直到函数执行结束（不建议使用）。

笔者用自己的 8 核开发机器进行测试，并把 i 的值增加到 100000，然后在另一个终端上开启 top 命令，观察每个核数的利用率（记得按下数字 1），如图 2-9 所示。

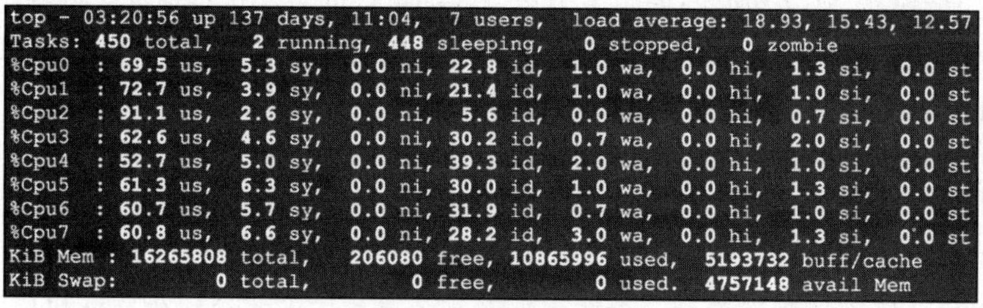

```
top - 03:20:56 up 137 days, 11:04,  7 users,  load average: 18.93, 15.43, 12.57
Tasks: 450 total,   2 running, 448 sleeping,   0 stopped,   0 zombie
%Cpu0  : 69.5 us,  5.3 sy,  0.0 ni, 22.8 id,  1.0 wa,  0.0 hi,  1.3 si,  0.0 st
%Cpu1  : 72.7 us,  3.9 sy,  0.0 ni, 21.4 id,  1.0 wa,  0.0 hi,  1.0 si,  0.0 st
%Cpu2  : 91.1 us,  2.6 sy,  0.0 ni,  5.6 id,  0.0 wa,  0.0 hi,  0.7 si,  0.0 st
%Cpu3  : 62.6 us,  4.6 sy,  0.0 ni, 30.2 id,  0.7 wa,  0.0 hi,  2.0 si,  0.0 st
%Cpu4  : 52.7 us,  5.0 sy,  0.0 ni, 39.3 id,  2.0 wa,  0.0 hi,  1.0 si,  0.0 st
%Cpu5  : 61.3 us,  6.3 sy,  0.0 ni, 30.0 id,  1.0 wa,  0.0 hi,  1.3 si,  0.0 st
%Cpu6  : 60.7 us,  5.7 sy,  0.0 ni, 31.9 id,  0.7 wa,  0.0 hi,  1.0 si,  0.0 st
%Cpu7  : 60.8 us,  6.6 sy,  0.0 ni, 28.2 id,  3.0 wa,  0.0 hi,  1.3 si,  0.0 st
KiB Mem : 16265808 total,   206080 free, 10865996 used,  5193732 buff/cache
KiB Swap:        0 total,        0 free,        0 used.  4757148 avail Mem
```

图 2-9　开发笔记本观察 CPU 多核使用率

通过观察发现，每个 CPU 的使用率还是比较平均的。

此外，如果要在两个进程之间共享变量应该如何实现？答案是可以通过队列来实现，multiprocessing 模块中提供了 multiprocessing.Queue，它和 Queue.Queue 的区别在于，它里面封装了进程之间的数据交流，不同的进程可以操作同一个 multiprocessing.Queue。示例如下：

```
from multiprocessing import Process, Queue
def addone(q):
    q.put(1)
def addtwo(q):
    q.put(2)

if __name__ == '__main__':
```

```
    q = Queue()
    p1 = Process(target=addone, args = (q, ))
    p2 = Process(target=addtwo, args = (q, ))
    p1.start()
    p2.start()
    p1.join()
    p2.join()
    print q.get()
    print q.get()
```

运行结果如下：

```
1
2
```

这个队列是线程、进程安全的，即对队列的每一次修改不会因中断造成结果错误。既然变量在进程之间可以共享，那么它们同时操作同一个变量导致的不安全性也会随之出现。对此，同多线程一样，进程也是通过锁来解决的，而且使用方法也和多线程相同，大家可以参考多线程的线程锁用法。

2. Python 的多线程

在介绍 Python 的多线程之前，先来了解一下 Python 进程和线程的关系和区别。

（1）定义

进程是具有一定独立功能的程序关于某个数据集合的一次运行活动，进程是系统进行资源分配和调度的一个独立单位。线程是进程的一个实体，是 CPU 调度和分派的基本单位，它是比进程更小的能独立运行的基本单位。线程自己基本上不拥有系统资源，只拥有一点在运行中必不可少的资源（如程序计数器、一组寄存器和栈等），但是它可与同属一个进程的其他线程共享进程所拥有的全部资源）。

（2）关系

一个线程可以创建和撤销另一个线程，同一个进程中的多个线程之间可以并发执行。相对于进程而言，线程是一个更接近于执行体的概念，它可以与同进程中的其他线程共享数据，但拥有自己的栈空间，拥有独立的执行序列。

（3）区别

进程和线程的主要差别在于它们是不同的操作系统资源管理方式。进程有独立的地址空间，一个进程崩溃后，在保护模式下不会对其他进程产生影响，而线程只是一个进程中的不同执行路径。线程有自己的堆栈和局部变量，但线程之间没有单独的地址空间，一个线程死掉就等于整个进程死掉，所以多进程的程序要比多线程的程序健壮，但进程在切换时，耗费的资源较大，效率要差一些。对于一些要求同时进行并且又要共享某些变量的并发操作，只能用线程，不能用进程。总结如下：

1）一个程序至少有一个进程，一个进程至少有一个线程。

2）线程的划分尺度小于进程，使得多线程程序的并发性高。

3）进程在执行过程中拥有独立的内存单元，而多个线程共享内存，极大地提高了程序的运行效率。

4）线程在执行过程中与进程还是有区别的。每个独立的线程有一个程序运行的入口、顺序执行序列和程序的出口。但是线程不能够独立执行，必须依存于应用程序中，由应用程序提供多个线程进行控制。

5）从逻辑角度来看，多线程的意义在于一个应用程序中有多个执行部分可以同时执行。但操作系统并没有将多个线程看作多个独立的应用，以此来实现进程的调度和管理以及资源的分配。这就是进程和线程的重要区别。

（4）优缺点

线程和进程在使用上各有优缺点，线程执行开销小，但不利于资源的管理和保护；而进程正好相反。至于到底是该使用多线程还是多进程，首先要看自己的程序是属于哪种类型的，一般来说这里分为 CPU 密集型和 I/O 密集型。

❑ CPU 密集型：程序比较偏重于计算，需要经常使用 CPU 来运算。例如科学计算的程序、机器学习的程序等。

❑ I/O 密集型：顾名思义就是程序需要频繁进行输入输出操作。爬虫程序就是典型的 I/O 密集型程序。

如果程序是属于 CPU 密集型，建议使用多进程。而多线程就更适合 I/O 密集型程序。

Python 虚拟机使用 GIL（Global Interpreter Lock，全局解释器锁定）来互斥线程对共享资源的访问，暂时无法利用多处理器的优势。虽然 Python 解释器可以"运行"多个线程，但在任意时刻，不管有多少的处理器，总是只有一个线程在执行。

对于 I/O 密集型任务，使用线程一般是没有问题的，但对于涉及大量 CPU 计算的应用程序而言，使用线程来细分工作没有任何好处，用户最好使用子进程和消息传递。多线程类似于同时执行多个不同的程序，多线程运行有如下优点：

❑ 使用线程可以把占据时间长的任务放到后台去处理。

❑ 用户界面可以更加吸引人，比如用户点击了一个按钮去触发某些事件的处理，可以弹出一个进度条来显示处理的进度。

❑ 程序的运行速度可能加快。

❑ 在一些等待的任务实现上（如用户输入、文件读写和网络收发数据等），线程就比较有用了。在这种情况下我们可以释放一些珍贵的资源如内存占用等。

❑ 可用于爬虫程序，例如我们去爬取图片网站的时候，用单进程单线程的方式，进程很容易阻塞在获取数据的 Socket 函数上，多线程可以缓解这种情况。

3. Python 线程是如何实现同步的

我们都知道，多线程最大的一个问题就是线程之间的数据同步。在计算机发展的过程中，各个 CPU 厂商为了提升自己的性能，引入了多核概念。但是多个核心之间要做到数据同步花费了很多的时间和金钱，甚至最后消耗了 CPU 很多的性能才得以实现。Python 是如何做的？了解 Python 的读者都知道，Python 默认的实现是 CPython，而 CPython 使用的是 C 语言的解释器。由于历史原因，CPython 中不幸拥有了一个在未来非常影响 Python 性能的因素，那就是 GIL。GIL 是计算机程序设计语言解释器用于同步线程的工具，而 CPython 中正好支持 GIL 的特性，使得 Python 的解释器同一时间只能有一条线程运行，一直要等到这个线程执行完毕释放了全局锁以后，才能有其他的线程来执行。也就是说，CPython 本身实际上是一个单线程语言，甚至在多核 CPU 上面使用 CPython 的多线程反而性能不如单线程高。

Python 代码的执行由 Python 虚拟机（解释器）来控制。Python 在设计之初就考虑在主循环中同时只有一个线程在执行，就像在单 CPU 的系统中运行多个进程那样，内存中可以存放多个程序，但任意时刻，只有一个程序在 CPU 中运行。同样，虽然 Python 解释器可以运行多个线程，但同一时刻只有一个线程在解释器中运行。对 Python 虚拟机的访问是由全局解释器锁控制的，这个锁能保证同时只有一个线程在运行。在多线程环境中，Python 虚拟机按照以下方式执行：

1）设置 GIL。

2）切换到一个线程去执行。

3）运行。

4）把线程设置为睡眠状态。

5）解锁 GIL。

6）重复以上步骤。

Python 的线程是操作系统线程，在 Linux 上为 Pthread，在 Windows 上为 WIN Thread，线程的执行完全由操作系统调度。一个 Python 解释器进程内有一条主线程，以及多条用户程序的执行线程。即使在多核 CPU 平台上，由于 GIL 的存在，也会禁止多线程的并行执行。

在 Python 解释器里进程内的多线程是以多任务方式执行的。当一个线程遇到 I/O 任务时，释放 GIL。计算密集型（CPU-bound）的线程在执行大约 100 次解释器的计步时，释放 GIL。计步可粗略看作 Python 虚拟机的指令。计步实际上与时间片长度无关。可以通过 sys.setcheckinterval() 设置计步长度。

在单核 CPU 上，数百次的间隔检查才会导致一次线程切换。在多核 CPU 上，存在严重的线程颠簸（thrashing）。

4. 为什么 CPython 中使用了 GIL

我们都知道计算机一开始只是单核的，在那个年代人们并不会想到有多核这种情况，后来为了应对多线程的数据同步问题，人们发明了锁。但是如果自己来写一个锁，不仅耗时耗力，还会隐藏许多未知的 Bug。在这样的大背景下，Python 社区选择了最简单粗暴的方式即实现 GIL，这样做有以下几点好处：

❏ 可以增加单线程程序的运行速度（不再需要对所有数据结构分别获取或释放锁）。

❏ 容易和大部分非线程安全的 C 库进行集成。

❏ 容易实现（使用单独的 GIL 锁要比实现无锁或细粒度锁的解释器更容易）。

但是令 Python 社区没想到的是，CPU 乃至计算机的发展如此迅速，双核、四核相继出现，随着多 CPU 计算机的出现，Python 在很长一段时间内背负着运行效率低下的称号。而当 Python 社区和众多的 Python 库作者回过头想修改这些问题的时候却发现，代码与代码之间牢牢地依赖于 GIL，面对庞大的绕成一团的线，也只能抽丝剥茧般地慢慢剔除。

值得庆幸的是，虽然我们不知道这一过程用了多久，但是在 Python 3.2 中开始使用了全新的 GIL，这大大地提升 CPython 的性能。

5. Python 多线程模块的使用方法

下面来具体介绍 Python 多线程模块的使用方法。

这里先介绍 Python 多线程模块 Thread，其主要方法（函数）如表 2-9 所示。

表 2-9　Python 多线程模块 Thread 的方法

方法介绍	作用描述
start_new_thread	生成一个新线程并返回其标识值
allocate_lock	返回一个锁对象
interrupt_main	在主线程中触发一个 KeyboardInterrupt 异常
get_ident	获取当前线程的标识符
stack_size	返回线程堆栈的大小
exit	退出线程，触发一个 SystemExit 异常

这里举个例子来说明 start_new_thread 方法的应用：

```python
#!/usr/bin/python
# -*- coding: UTF-8 -*-

import thread
import time

# 为线程定义一个函数
def print_time( threadName, delay):
    count = 0
    while count < 5:
        time.sleep(delay)
        count += 1
        print "%s: %s" % ( threadName, time.ctime(time.time()) )

# 创建两个线程
try:
    thread.start_new_thread( print_time, ("Thread-1", 2, ) )
    thread.start_new_thread( print_time, ("Thread-2", 4, ) )
except:
```

```
    print "Error: unable to start thread"

while 1:
    pass
```

如果用 Thread 的方法，主线程等待得用 while 1 的方法来解决。thread.start_new_thread 的语法如下：

```
threads.start_new_thread(function,args,kwargs)
```

function 这里指的是多线程程序要调用的函数，args 必须是一个元组，元组里面接的是 function 的参数，kwargs 是可选参数。

我们再来看另一个例子：

```
#!/usr/bin/ python
import  thread
from time import sleep,ctime

def loop0():
    print 'start loop 0 at:',ctime()
    sleep(4)
    print 'loop 0 done at:',ctime()

def loop1():
    print 'start loop 1 at:',ctime()
    sleep(2)
    print 'loop 1 done at:',ctime()

def main():
    print 'start at:',ctime()
    thread.start_new_thread(loop0,())
    thread.start_new_thread(loop1,())
    print 'all done at:',ctime()

if __name__ == '__main__':
    main()
```

运行后结果如下：

```
start at: Thu Jan  4 12:26:36 2018
all done at: Thu Jan  4 12:26:36 2018
```

结果并没有达到预期目的，在这里 loop0 和 loop1 是并发执行的，我们原先的目的想尽量地缩短时间。但是，运行程序即发现，loop1 甚至在 loop0 前就结束了。为什么会这样呢？因为这里没有让主线程停下来，那主线程就会运行下一句，显示"all done at："，然后关闭运行着的 loop0 和 loop1 这两个线程并退出。

如果想要实现预期目的，就要加上一个 sleep(6)，为什么这里会定义这么一个数值呢？这是因为我们知道运行着的两个线程（一个会运行 4 秒，一个会运行 2 秒）在主线程等待 6

秒以后就应该结束了。如果我们不采取这种方式的话，就必须得采用线程锁的处理机制了。事实上，Thread 模块不支持守护线程。当主线程退出时，所有的子线程不论它们是否还在工作，都会被强行退出。

　　这里需要守护进程，而 threading 模块是支持守护线程的，推荐大家采用 threading 模块。threading 模块的 Thread 类有一个 join() 函数，允许主线程等待线程的结束。所有的线程都创建以后，再一起调用 start() 函数启动，而不是创建一个启动一个。这样一来，不用再管理一堆锁（分配锁、获得锁、释放锁、检查锁的状态等），只需要简单地对每个线程调用 join() 函数就可以了。

　　大家可以看一下 Python 标准库 threading.Thread 的语法实现。

（1）线程创建

线程创建有如下两种方法。

一是使用 Thread 类创建，具体代码如下：

```python
#-*- coding:utf-8 -*-
# 导入 Python 标准库中的 Thread 模块
from threading import Thread
# 创建一个线程
t = Thread(target= 线程要执行的函数 , args=( 函数参数 ))
# 启动刚刚创建的线程
t.start()
```

二是使用继承类创建，具体代码如下：

```python
#-*- coding:utf-8 -*-
# 导入 Python 标准库中的 Thread 模块
from threading import Thread
# 创建一个类，必须要继承 Thread
class MyThread(Thread):
# 继承 Thread 的类，需要实现 run 方法，线程就是从这个方法开始的
    def __init__(self, parameter1,parameter2):
    # 需要执行父类的初始化方法
        Thread.__init__(self)
        # 如果有参数，可以封装在类里面
        self.parameter1 = parameter1
        self.parameter2 = parameter2

    def run(self):
    # 具体的逻辑
        function_name(self.parameter1)
# 如果有参数，实例化的时候需要把参数传递过去
t = MyThread(parameter1)
# 同样使用 start() 来启动线程
t.start()
```

（2）线程等待

在上面的例子中，主线程不会等待子线程执行完毕再结束自身。这时我们可以利用

Thread 类的 join() 方法来等子线程执行完毕，然后再关闭主线程。具体代码如下：

```
#-*- coding:utf-8 -*-
from threading import Thread
class MyThread(Thread):
    def run(self):
        function_name(self.parameter1)

    def __init__(self, parameter1):
        Thread.__init__(self)
        self.parameter1 = parameter1

t = MyThread(parameter1)
t.start()
# 只需要增加一句代码
t.join()
```

大家在写具体的业务代码逻辑时，可以参考上面的语法。下面举个简单的例子来说明多线程的用法：

```
from  threading import Thread
import time

def test(p):
    time.sleep(0.1)
    print p

ts = []

for i in xrange(0,15):
    th = Thread(target=test,args=[i])
    ts.append(th)

for i in ts:
    i.start()

print 'hello,end'
```

这段代的本意是让"hello,end"出现在结果的最后，运行后却发现它的位置是随机出现的。所以要在代码里面加入 i.join()，修改后的代码如下：

```
from  threading import Thread
import time

def test(p):
    print p

ts = []

for i in xrange(0,15):
    th = Thread(target=test,args=[i])
```

```
        ts.append(th)

for i in ts:
    i.start()

for i in ts:
    i.join()

print 'hello,end'
```

运行这段代码以后，"hello,end"出现在结果的最后了。然后我们再套用类继承的方式来实现多线程的方法，示例如下：

```
#!/usr/bin/python
# -*- coding: UTF-8 -*-

import threading
import time

class ThreadDemo(threading.Thread):
    def __init__(self,index,create_time):
        threading.Thread.__init__(self)
        self.index = index
        self.create_time = create_time

    def run(self):
        time.sleep(1)
        print time.time()-self.create_time,'\t',self.index
        print
        print "Thread %d exit" % self.index

for index in range(5):
    thread = ThreadDemo(index,time.time())
    thread.start()

print "Main thread exit"
```

表2-10列出了threading模块中Thread类的常用方法。

表2-10　threading模块中Thread类的常用方法

方法介绍	作用描述
start()	开始线程的运行
run()	重载此方法，作为线程的运行部分（一般会被子类重写）
join()	程序挂起，直到线程结束；如果给了timeout秒，则最多阻塞timeout秒
setName()	设置线程的名称
getName()	返回线程的名称
isAlive()	查看线程是否还是活动的
isDaemon()	查看线程是否是后台运行标志
setDaemon()	设置线程的后台运行标志

多线程最大的特点就是线程之间可以共享数据，那么也就会出现多个线程同时更改一个变量的情况，由于使用的是同样的资源，因此会出现死锁、数据错乱等问题。

假设有两个全局资源 a 和 b，有两个线程 thread1 和 thread2，thread1 占用 a，想访问 b，但此时 thread2 占用 b，想访问 a，两个线程都不释放此时拥有的资源，那么就会造成死锁。如何解决这个问题呢？ Python 是采用 threading.Lock 的方法来解决的。在访问某个资源之前，用 Lock.acquire() 锁住资源，访问之后，用 Lock.release() 释放资源，具体用法如下：

```
mlock = threading.Lock()
# 创建锁
mlock.acquire([timeout])
# 锁定
mlock.release()
# 释放，不释放的话则成为死锁
```

锁定方法 acquire 可以有一个超时时间的可选参数 timeout。如果设定了 timeout，则在超时后通过返回值可以判断是否得到了锁，从而进行一些其他的处理。

来看个示例：

```
#!/usr/bin/env python
# -*- coding: UTF-8 -*-
import threading
import time

num = 0
mlock = threading.Lock()

class MyThread(threading.Thread):
    def run(self):
        global num
        time.sleep(1)

        if mlock.acquire(1):
            num = num+1
            msg = self.name+' set num to '+str(num)
            print msg
            mlock.release()

def test():
    for i in range(5):
        t = MyThread()
        t.start()
if __name__ == '__main__':
    test()
```

此程序运行后的结果如下：

```
Thread-1 set num to 1
Thread-4 set num to 2
```

```
Thread-3 set num to 3
Thread-5 set num to 4
Thread-2 set num to 5
```

可能看到，虽然线程是无序的并发执行，但 num 值并没有受到影响，还是会依次从 1 打印到 5。

下面来介绍 Queue 模块。

Queue 模块实现了多生产者多消费者队列，尤其适合多线程编程。Queue 类中实现了所有需要的锁原语（这句话非常重要），Queue 模块实现了三种类型队列：

- ❏ FIFO（先进先出）队列，第一加入队列的任务，被第一个取出。
- ❏ LIFO（后进先出）队列，最后加入队列的任务，被第一个取出。
- ❏ PriorityQueue（优先级）队列，保持队列数据有序，最小值被先取出。

我们用下面的命令导入 Queue 模块：

```
import Queue
```

Queue 模块的函数如表 2-11 所示。

表 2-11　Queue 模块的各函数明细介绍

函数	作用描述
Queue(maxsize=0)	创建一个先入先出队列。如果给定最大值，则在队列没有空间时阻塞；否则为无限队列（没有指定最大值）
LifeQueue(maxsize=0)	创建一个后入先出队列。如果给定最大值，则在队列没有空间时阻塞；否则为无限队列（没有指定最大值）
PriorityQueue (maxsize = 0)	创建一个优先级队列。maxsize 设置队列大小的上限，如果插入数据时，达到上限会发生阻塞，直到队列可以放入数据。当 maxsize 小于或者等于 0，表示不限制队列的大小（默认）。在优先级队列中，最小值会被最先取出
qsize()	返回队列的大小（由于返回的时候，队列可能被其他线程修改，所以这个值是近似值）
empty()	如果队列为空返回 True，否则返回 False
full()	如果队列已满则返回 True，否则返回 False
put(item,block=0)	把 item 放到队列中，如果给了 block（不为 0），函数会一直阻塞到队列中有空间为止
get(item,block=0)	从队列中取一个对象，如果给了 block（不为 0），函数会一直阻塞到队列中有空间为止
task_done()	用于表示队列中的某个元素已执行完成，该方法会被下面的 join() 使用
join()	在队列中所有元素执行完毕并调用上面的 task_done() 信号之前，保持阻塞

下面是官方给出的多线程模型：

```
def worker():
    while True:
        item = q.get()
        do_work(item)
        q.task_done()

q = Queue()
```

```
for i in range(num_worker_threads):
    t = Thread(target=worker)
    t.daemon = True
    t.start()

for item in source():
    q.put(item)

q.join()          # 锁住直到所有任务完成
```

下面举个例子说明 Queue 的用法，代码如下：

```python
#!/usr/bin/env python
# -*- coding:utf-8 -*-

import threading
import time
import Queue

SHARE_Q = Queue.Queue()  # 构造一个不限制大小的队列
WORKER_THREAD_NUM = 3       # 设置线程个数，此处数值可以自由调整，结合下面的程序完成时间观察效果

class MyThread(threading.Thread) :

    def __init__(self, func) :
        super(MyThread, self).__init__()
        self.func = func

    def run(self) :
        self.func()

def worker() :
    global SHARE_Q
    while not SHARE_Q.empty():
        item = SHARE_Q.get() # 获得任务
        print "Processing : ", item
        time.sleep(1)

def main() :
    global SHARE_Q
    threads = []
    create_time = time.time()
    # print create_time
    for task in xrange(5,-1,-1) :   # 向队列中放入任务
        SHARE_Q.put(task)
    for i in xrange(WORKER_THREAD_NUM) :
        thread = MyThread(worker)
        thread.start()
        threads.append(thread)
    for thread in threads :
        thread.join()
```

```
        end_time = time.time()-create_time
        print "程序总共运行时间为: %s" % end_time

if __name__ == '__main__':
    main()
```

随着 WORKER_THREAD_NUM 的值不断变化，程序总共运行的时间也是不断变化的，大家可以灵活地调整此数值，从而发现 Python 多线程的魅力所在。

参考文档：

https://www.imooc.com/article/16198

https://www.jianshu.com/p/544d406e0875

http://blog.csdn.net/yaosiming2011/article/details/44280797

http://www.cnblogs.com/kaituorensheng/p/4445418.html

2.5.9 Python 协程

我们通常所说的协程 Coroutine 其实是 corporate routine 的缩写，直接翻译为协同的例程，一般简称为协程。在 Linux 操作系统中，线程就是轻量级的进程，而我们通常也把协程称为轻量级的线程，即微线程。

下面对比一下进程和协程的相同点和不同点。

1. 相同点

可以把它们都看作是一种执行流，执行流可以挂起，并且可以在挂起的地方恢复执行，实际上它们都可以看作是 continuation。对此，可以通过在本地系统上运行一个 hello 程序来理解，如图 2-10 所示。

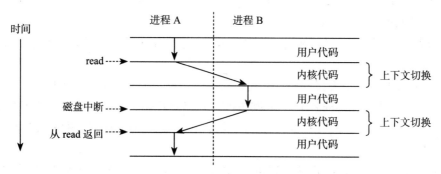

图 2-10 运行 hello 程序时各进程的流程

Shell 进程和 hello 进程的运行过程如下：

1）Shell 进程运行，等待命令行的输入。

2）执行 hello 程序，Shell 通过系统调用来执行请求，这个时候系统调用会将控制权传递给操作系统。操作系统保存 Shell 进程的上下文，创建一个 hello 进程以及上下文并将控制权给新的 hello 进程。

3）hello 进程终止后，操作系统恢复 Shell 进程的上下文，并将控制权传回给 Shell 进程。

4）Shell 进程继续等待下个命令的输入。

当我们挂起一个执行流时，要保存如下内容：

❑ 栈，切换前的局部变量及函数的调用都需要保存，否则无法恢复。

❑ 寄存器状态，这样可以在我们的执行流恢复后确定要做什么。

而寄存器和栈的结合就可以理解为上下文，那什么是上下文切换呢？

CPU 看上去像是在并发地执行多个进程，这是通过处理器在进程之间切换来实现的，操作系统实现这种交错执行的机制称为上下文切换。操作系统保持跟踪进程运行所需的所有状态信息，这种状态，就是上下文状态。

在任何一个时刻，操作系统都只能执行一个进程代码，当操作系统决定把控制权从当前进程转移到某个新进程时，就会进行上下文切换，即保存当前进程的上下文，恢复新进程的上下文，然后将控制权传递到新进程，新进程就会从它上次停止的地方开始。

2. 不同点

1）执行流的调度者不同，进程是内核调度，协程是在用户态调度，也就是说进程的上下文是在内核态保存恢复的，而协程是在用户态保存恢复的，很显然用户态的代价更低。

2）进程会被强占，而协程不会，也就是说协程如果不主动让出 CPU，那么其他的协程就没有执行的机会。

3）对内存的占用不同，实际上协程只需要有 4KB 的栈就足够了，而进程占用的内存要大得多。

4）从操作系统的角度讲，多协程的程序是单进程、单协程。

既然协程也被称为微线程，下面就对比一下协程和线程。

❑ 线程之间进行上下文切换的成本是比较高的，尤其在开启线程较多时，但协程的切换成本非常低。

❑ 线程的切换更多是靠操作系统来控制的，而协程的执行由我们自己控制。

Gevent 是一种基于协程的 Python 网络库，它用到 Greenlet 提供的、封装了 libevent 事件循环的高层同步 API。它让开发者在不改变编程习惯的同时，用同步的方式写异步 I/O 的代码。

Python 通过 yield 提供了对协程的基本支持，但是不完全。而第三方的 Gevent 为 Python 提供了比较完善的协程支持。

Gevent 是第三方库，通过 Greenlet 实现协程，其基本思想是：

当一个 Greenlet 遇到 I/O 操作时，比如访问网络，就自动切换到其他的 Greenlet，等到 I/O 操作完成，再在适当的时候切换回来继续执行。由于 I/O 操作非常耗时，经常使程序处于等待状态，因此有了 Gevent 为我们自动切换协程，就可保证总有 Greenlet 在运行，而不是等待 I/O。

以下是相关总结：

❑ gevent.spawn() 会创建一个协程并且运行。

❑ gevent.sleep() 会造成阻塞，切换到其他协程继续执行。

❑ gevent.joinall([]) 会等待所有传入的协程运行结束后再退出。

符合什么条件才能称为协程呢？必须满足以下条件：

❑ 必须只在一个单线程里实现并发。

❑ 修改共享数据不需要加锁。

❑ 用户程序自己保持多个控制流的上下文栈。

❑ 一个协程遇到 I/O 操作时自动切换到其他协程。

这里用一个简单的程序说明 Gevent 协程的用法。

提前安装 Gevent，命令如下：

```
sudo pip install gevent
```

程序内容如下：

```
from greenlet import greenlet
def test1(x,y):
    z = gr2.switch(x+y)
    print(z)


def test2(u):
    print(u)
    gr1.switch(42)


gr1 = greenlet(test1)
gr2 = greenlet(test2)


gr1.switch("hello",'world')
```

执行结果如下：

```
helloworld
42
```

下面介绍一下协程的好处：

❑ 程序级别切换，操作系统是不知道的。

❑ 无须线程上下文切换。

❑ 无须原子操作锁定及同步开销，在多进程（线程）的操作系统中不能被其他进程（线程）打断的操作就叫原子操作。

❑ 方便切换控制流，简化编程模型。

❑ 高并发 + 低成本，一个 CPU 支持上万的协程都不是问题，所以很适合高并发处理。

以下是协程的缺点：

❑ 无法利用多核资源。协程的本质是个单线程，它不能同时将单个 CPU 的多个核都用上，协程需要配合多进程才能利用多核资源，但多进程 + 多协程的设计增加了程序的复杂性。

❑ 进程阻塞（Blocking）操作（如 I/O 操作）时，会阻塞掉整个程序。

下面用 Gevent 写一个多协程的爬虫程序：

```python
# -*- coding:utf-8 -*-
from gevent import monkey
import gevent
import time
# from urllib.request import urlopen
import requests
monkey.patch_all()
header = {'User-Agent': 'Mozilla/5.0 (Windows NT 6.1; WOW64; rv:40.0)
    Gecko/20100101 Firefox/40.1', }
def say(url):
print('get url',url)
resp = requests.get(url,headers=header)
data = resp.text
# print(len(data),url)
t1_start = time.time()
say('http://www.xiaohuar.com/')
say('http://www.oldboyedu.com/')
say('http://www.163.com')
print "普通--time cost",time.time() - t1_start

t2_stat = time.time()
gevent.joinall(
[gevent.spawn(say,'http://www.xiaohuar.com/'),
gevent.spawn(say,'http://www.oldboyedu.com/'),
gevent.spawn(say,'http://www.163.com')]
)
print "gevent---time cost",time.time() - t2_stat
```

从输出结果来看，采用了 Gevent 协程以后，访问网站的时间缩短了。

Python 3.5 从语言级别正式加入了协程的支持，事实上，Python 协程的最大问题不是不好用，而是整个生态环境不好，之前标准库和各种第三方库的阻塞性函数都不能用了，如：requests、redis.py、open 等函数，再加上多核之间的任务调度是很难的技术实现。相较于现在热门的 Go 语言，Go 的 goroutine 是其与生俱来的特性，是几乎所有的库都可以直接用的，避免了 Python 中需要把所有库重写一遍的问题。

如果大家在产品中或项目里要使用 Python 协程，一定要真正地理解实际需求，然后再考虑是否要使用。

在其他语言中，协程的意义其实不大，多线程即可解决 I/O 问题，但是在 Python 中因为有 GIL，导致在同一时间只有一个线程在工作，所以如果一个线程里 I/O 操作特别多，协程就比较适用了。

2.6　小结

本章首先分享了 Python 的应用领域及提升 Python 开发效率的工具，然后介绍了 Python 的基础知识，其中包括 Python 正则、函数及面向对象，还有 Python 多进程、多线程及协程，希望通过本章内容的学习，大家能熟练地掌握 Python 的基础语法及进阶知识，让运维或 DevOps 工作更加得心应手。

Python 在 Linux 集群中的实践应用

前面的章节已经介绍了 Python 的基础语法及进阶知识，本章要进入实战了，下面来看一下 Python 在实际工作中的应用。事实上，Python 的应用广和出活快得益于它丰富和成熟的第三方类库，所以先来看看 Python 开发中经常用到的第三方类库有哪些。

3.1 Python 经常用到的第三方类库

由于 Python 拥有非常丰富的标准库和第三方类库，因此在 DevOps 工作或者写自动化运维需求时非常方便，下面介绍一下工作中经常用到的第三方类库。

❑ Django：Python 中最流行的 Web 框架。

❑ Tornado：一个 Web 框架和异步网络库。

❑ Flask：一个 Python 微型框架。

❑ CherryPy：一个极简的 Python Web 框架，服从 HTTP/1.1 协议且具有 WSGI 线程池。

❑ requests：requests 是用 Python 语言编写的，基于 urllib，但设计得非常优雅，非常符合人的使用习惯。它采用的是 Apache2 Licensed 开源协议的 HTTP 库，比 urllib 更加方便，可以节约大量的工作时间，完全满足 HTTP 测试需求。另外，它也支持 Python 3。官方文档为 http://docs.python-requests.org/zh_CN/latest/。

❑ yagmail：在 Python 中使用 smtplib 标准库是一件非常麻烦的事情，而 yagmail 第三方类库封装了 smtplib，使得我们发邮件更人性化和方便（通常两三行代码就能发送邮件），大家可以类比下 requests 库和 urllib 库。

❑ psutil：psutil 是一个跨平台库（http://code.google.com/p/psutil/），能够轻松获取系统运行的进程和系统利用率（包括 CPU、内存、磁盘、网络等）信息。它主要应用于系统监控，负责分析和限制系统资源及进程的管理。它实现了相应命令行工具提供 的 功 能， 如 ps、top、lsof、netstat、ifconfig、who、df、kill、free、nice、ionice、iostat、iotop、uptime、pidof、tty、taskset、pmap 等。目前支持 32 位和 64 位的 Linux、Windows、OS X、FreeBSD 和 Sun Solaris 等操作系统。

❑ sh：sh 类库可以让我们用 Python 函数的语法去调用 Linux Shell 命令，相比较 Subprocess 标准库，sh 确实方便多了。

❑ Boto3：我们可以基于 Boto3 快速使用 AWS。Boto3 可以支持我们轻松地将 Python 应用程序、库或脚本与 AWS 服务进行集成，包括 Amazon S3、Amazon EC2 和 Amazon DynamoDB 等。官方文档为 https://aws.amazon.com/cn/sdk-for-python/。

❑ Fabric：轻量级的自动配置管理库，代码和 API 都较简便，用较少的代码就可以实现 集群机器的批量管理。

❑ Srapy：Python 中鼎鼎有名的爬虫框架，非常建议学习和掌握。

❑ Beautiful Soup：解析 HTML 的利器，现在最新版本为 BS4。Beautiful Soup 是用来 解析 HTML 的利器，特点就是好用，但速度比 Xpath 慢。Scrapy 除了支持 Xpath 以 外，也是支持 Beautiful Soup 的。

❑ Selenium：它是一套完整的 Web 应用程序测试系统，工作中主要用来模拟浏览器做 自动化测试工作。

❑ Jinja2：Jinja2 是基于 Python 的模板引擎，功能类似于 PHP 的 Smarty。

❑ Mustache: 老牌的 Python 模板引擎，在 Mesos/Marathon 分布式系统中经常用。

❑ rq：简单的轻量级的 Python 任务队列。

❑ celery：一个分布式异步任务队列 / 作业队列，基于分布式消息传递。

❑ supervisor：进程管理工具，在 Linux/UNIX 下管理进程很方便，但不支持 Windows 系统。

除了上面的第三方 Python 库，还有很多功能强大的第三方库，大家可以结合自己的工 作来考虑是否调用，用来减少代码复用及提升工作效率。

3.2　工作中常用的 Python 脚本

在日常工作中，Python 可以针对很多实际开发需求，在非常短的时间内写出相关的脚 本或 SDK 工具。

3.2.1　利用 Python 比较应用

在发布或更新后端 App 的时候，经常会有版本比较的需求，这用 Python 很容易实现，代码如下：

```
#!/usr/bin/python
```

```
# -*- coding: UTF-8 -*-

v1 = '3.4.6'
t1 = tuple(int(val) for val in v1.split('.'))
v2 = '3.2.0'
t2 = tuple(int(val) for val in v2.split('.'))

if t1 > t2:
    print 't1 版本大于 t2'
elif t1 == t2:
    print 't1 版本等于 t2'
else:
    print 't1 版本小于或等于 t2'
```

这里 Python 是将版本号的数字解析为一个元组，然后利用元组的原生比较来判断版本的高低。

元组或列表的原生比较规则是逐位比较：

❑ 如果元素类型相同，进行比较，返回结果。

❑ 如果元素类型不同，检查二者是否为数字。

❑ 如果均是数字，执行必要的强制数字类型转换，然后比较。

3.2.2 利用 Python 获取数据库证书并替换成文件字符串

以下脚本是利用 Python 脚本自动获取 keycloak 中 MySQL 相应的数据库证书，并用特定的文件字符串来替换，以达到自动化封装 Docker 应用的目的。

```
#!/usr/bin/python
import MySQLdb,os,re
DB_ADDR = os.getenv("DB_ADDR", "192.168.1.119")
DB_PORT = os.getenv("DB_PORT", "3306")
DB_USER = os.getenv("DB_USER", "root")
DB_PASSWORD = os.getenv("DB_PASSWORD", "123456")
DB_DATABASE = os.getenv("DB_DATABASE", "keyclockdb")
conn = MySQLdb.connect(h,ost=DB_ADDR, port=int(DB_PORT), user=DB_USER, passwd=DB_
    PASSWORD,db=DB_DATABASE)
cursor = conn.cursor()
cursor.execute("SELECT VALUE FROM COMPONENT_CONFIG where COMPONENT_ID='b5dcd838-
    68e1-4e1f-94b0-c4b260ea2b86' and name='certificate'")
result = cursor.fetchone()
cert = result[0]
cursor.close()
conn.close()

old_file='/opt/gitlab/etc/gitlab.rb.template'
with open("/opt/gitlab/etc/gitlab.rb.template", "rt") as fin:
    with open("/tmp/output.txt", "wt") as fout:
        for line in fin:
```

```
            fout.write(line.replace('idp_cert_string', cert))
os.system('cp -rf /tmp/output.txt /opt/gitlab/etc/gitlab.rb.template')
```

3.2.3 利用 Python 处理 JSON 式文件

下面的 Python 脚本用于转换项目中的 project.struct.json JSON 文件，它可以自动生成后端 CI Jenkins SDK 能识别的特定格式，进而执行下一步构建动作。Python 处理 JSON 文件是很方便的，代码如下：

```python
#!/usr/bin/env python
#-*- coding:utf-8 -*-
import json
import os

'''
Read the data structure in Python and generate a list of process_artifact_list.
    txt
and process_docker_list.txt
'''

if os.path.exists('process_artifact_list.txt'):
    os.remove('process_artifact_list.txt')

if os.path.exists('process_image_list.txt'):
    os.remove('process_image_list.txt')

with open("protject.struct.json",'r') as f:
    dict = json.load(f)

def get_artifact_var():
    for data in list(dict['artifact_build']):
        artifact_path_list=data["path"]
        app_name=data["build"]['app_name']
        app_version=data['build']['version']
        app_type=data['build']['type']
        app_file_type=data['build']['params']['file_type']
        app_artifact_mode=data['build']['params']['artifact_command']
        is_binary_code = data['build']['params']['is_binary_action']
        app_ctx=data['build']['params']['ctx']
        for artifact_path in artifact_path_list:
            s = ""
            for i in artifact_path,app_name,app_version,app_type,app_file_
                type,app_artifact_mode,is_binary_code,app_ctx:
                s += '{},'.format(i)
                seq=s[:-1]
            f = open('process_artifact_list.txt','a')
            f.write( seq + '\n')
            f.close()

def get_image_var():
```

```
    for data in list(dict['docker_build']):
        docker_path_list=data['path']
        app_name=data['build']['app_name']
        app_version=data['build']['version']
        app_type=data['build']['type']
        app_action=data['build']['preinstall_command']
        app_target=data['build']['params']['args']['target']
        app_ctx=data['build']['params']['ctx']
        for docker_path in docker_path_list:
            s = ""
            for i in docker_path,app_name,app_version,app_type,app_action,app_
                target,app_ctx:
                s += '{},'.format(i)
                seq=s[:-1]
            f = open('process_image_list.txt','a')
            f.write( seq + '\n')
            f.close()


if __name__ == "__main__":
    if "artifact_build" in dict.keys():
        get_artifact_var()
    if "docker_build" in dict.keys():
        get_image_var()
```

本节只是简单列举了在工作中常用的一些 Python 脚本，我们结合前面提到的第三方类库，能够根据需求进行快速开发，无论是调用后端 API 还是自动化运维等。

3.3　利用 Flask Web 框架设计 RESTful API

Flask 是轻量级的、易于采用、文档化的开发 RESTful API 的 Web 框架。从根本上说，Flask 是建立在可扩展的基础之上的。相较于 Django，Flask 应用程序以轻量级闻名。Flask 开发者称之为微框架，其中的 "微"（如这里所述）意味着目标是保持核心简单但可扩展的。Flask 不会为我们做出决定，比如要使用什么数据库或什么模板引擎等。Flask 通过各种文档来解决开发人员需要的一切，官方文档为 http://www.pythondoc.com/Flask-RESTful/quickstart.html。

3.3.1　后端开发工作中为什么要使用 RESTful API

在后端开发工作中我们经常会用到 RESTful API，具体原因如下：

1）它返回的不是 HTML，而是机器能直接解析的数据。

随着 Ajax 的流行，通常会由 API 返回数据，而不是 HTML 页面，因为数据交互量减少，所以用户体验会更好。此外，API 前后台分离，后台更多的是进行数据处理，前台则是对数据进行渲染。

2）直接使用 API 可以进行 CURD（增删改查）等操作，结构清晰。

一个标准的 API 会有 4 个接口，分别是 CREATE、GET、PUTPOST、DELETE，对应你的请求类型。如果站在业务层来理解，就是 Web 前端调用网站或产品页面、上传表单（或文件）、更新或删除资源。

HTTP 方法与 CURD 数据处理的对应关系如表 3-1 所示。

表 3-1　HTTP 方法与 CURD 数据处理的对应关系表

HTTP 方法	数据处理动作	说明
GET	Create	新增一个没有 ID 的资源
PUT	Read	获取一个资源
POST	Update	更新一个资源或新增一个含 ID 的资源（如果此 ID 不存在）
DELETE	Delete	删除一个资源

3）使用 Token 令牌来进行用户权限认证，比 cookie 更安全。

相对而言，Token 认证比 cookie 认证更为安全，毕竟 cookie 认证是我们爬网站时使用得最多的伪造渠道。

4）越来越多的开放平台或系统开始使用 API 接口。

下面利用 Flask 来设计一个简单的基于 RESTful API 的 Web Service。

这里还是沿用前面的 Python 环境，提前配置好 Flask 环境，具体版本信息如下（建议尽量保持版本一致，可以用前面介绍的 virtualenv 来隔离此项目环境）：

```
flask==1.0.2
flask-HTTPAuth==3.2.4
flask-RESTful==0.3.6
requests==2.19.1
```

这里直接用 sudo pip 命令来安装 requirements.txt 文件内容：

```
(sandbox) [yuhongchun@yuhongchundeMBP sandbox]$ sudo pip install -i http://pypi.
    douban.com/simple  --trusted-host=pypi.douban.com  -r requirements.txt
```

下面使用 GET 方法来创建一个 RESTful，新建一个 API 程序：

```
from flask import Flask
from flask_restful import Api,Resource
app = Flask(__name__)
api = Api(app)

class Hello(Resource):
    def get(self):
        return {'hello': 'RESTful API'}

api.add_resource(Hello, '/')
if __name__ == '__main__':
        app.run(port=5001,debug=True)
```

　　将以上代码保存为 hello.py，使用 python hello.py 执行代码，端口为 5001，那么一个最简单的提供 RESTful API 的 Python 接口就生成了，我们可以通过 HTTP 来访问，或者通过以下命令来访问：

```
curl http://127.0.0.1:5001
```

基于该 API，直接通过 get 命令请求首页就会返回相应的数据，命令显示结果如下：

```
{
    "hello": "RESTful API"
}
```

接下来使用 post 方法在任务数据库中插入一条新的任务，下面还是先新建一个 Flask 的 API 接口，代码如下：

```
# -*- coding:utf8 -*-
from flask import Flask, request, jsonify
from flask import jsonify
app = Flask(__name__)


tasks = [
    {
        'id': 1,
        'title': u'Buy groceries',
        'description': u'Milk, Cheese, Pizza, Fruit, Tylenol',
        'done': False
    },
    {
        'id': 2,
        'title': u'Learn Python',
        'description': u'Need to find a good Python tutorial on the web',
        'done': False
    }
]
@app.route('/hello/tasks', methods=['POST'])
def create_task():
    if not request.json or not 'title' in request.json:
        abort(400)
    task = {
        'id': tasks[-1]['id'] + 1,
        'title': request.json['title'],
        'description': request.json.get('description', ""),
        'done': False
    }
    tasks.append(task)
    return jsonify({'task': task}), 201

if __name__ == '__main__':
    app.run(port=5001,debug=True)
```

运行以下代码，就可以创建一个 POST 请求：

```
curl -i -H "Content-Type: application/json" -X POST -d '{"title":"Read a book"}'
    http://127.0.0.1:5001/hello/tasks
```

命令显示结果如下：

```
HTTP/1.0 201 CREATED
Content-Type: application/json
Content-Length: 105
Server: Werkzeug/0.15.6 Python/2.7.10
Date: Sat, 21 Sep 2019 03:06:12 GMT

{
    "task": {
        "description": "",
        "done": false,
        "id": 3,
        "title": "Read a book"
    }
}
```

以上讲解的是 RESTful API 在 GET 和 POST 请求中的基本用法，下面会结合实战经验来讲如何把 RESTful API 运用到实际项目工作中来。

3.3.2　项目实战

工作中经常会遇到研发人员需要刷新 CDN 缓存，而研发部门又没有阿里云 CDN 权限的情况，于是只能自己开发一个程序，使用 CURL 命令来刷新 CDN 缓存，具体代码如下：

```
#!/usr/bin/python
# -*- coding:utf-8 -*-
from flask import Flask, jsonify,request
import sys,os
import urllib, urllib2
import base64
import hmac
import hashlib
from hashlib import sha1
import time
import uuid
app = Flask(__name__)
class pushAliCdn:
    def __init__(self):
        self.cdn_server_address = 'http://cdn.aliyuncs.com'
        self.access_key_id = 'LTAIT4YXXXXXXX'
        self.access_key_secret = 'iX8dQ6m3qawXXXXX'
    def percent_encode(self, str):
        res = urllib.quote(str.decode(sys.stdin.encoding).encode('utf8'), '')
```

```
        res = res.replace('+', '%20')
        res = res.replace('*', '%2A')
        res = res.replace('%7E',
        return res
    def compute_signature(self, parameters, access_key_secret):
        sortedParameters = sorted(parameters.items(), key=lambda parameters:
            parameters[0])
        canonicalizedQueryString = ''
        for (k,v) in sortedParameters:
            canonicalizedQueryString += '&' + self.percent_encode(k) + '=' +
                self.percent_encode(v)
        stringToSign = 'GET&%2F&' + self.percent_encode(canonicalizedQueryStri
            ng[1:])
        h = hmac.new(access_key_secret + "&", stringToSign, sha1)
        signature = base64.encodestring(h.digest()).strip()
        return signature
    def compose_url(self, user_params):
        timestamp = time.strftime("%Y-%m-%dT%H:%M:%SZ", time.gmtime())
        parameters = { \
                        'Format'                : 'JSON', \
                        'Version'             : '2014-11-11', \
                        'AccessKeyId'   : self.access_key_id, \
                        'SignatureVersion'  : '1.0', \
                        'SignatureMethod'   : 'HMAC-SHA1', \
                        'SignatureNonce'         : str(uuid.uuid1()), \
                        'TimeStamp'                : timestamp, \
        }
        for key in user_params.keys():
            parameters[key] = user_params[key]
        signature = self.compute_signature(parameters, self.access_key_secret)
        parameters['Signature'] = signature
        url = self.cdn_server_address + "/?" + urllib.urlencode(parameters)
        return url
    def make_request(self, user_params, quiet=False):
        url = self.compose_url(user_params)
        #print url
        # 刷新 url
        try:
            req = urllib2.Request(url)
            res_data = urllib2.urlopen(req)
            res = res_data.read()
            return res
        except:
            return user_params['ObjectPath'] + ' refresh failed!'
@app.route('/api', methods=['POST'])
def get_tasks():
    if  request.form.get('url'):
        url =  request.form.get('url')
        print url
    f = pushAliCdn()
```

```
    params = {'Action': 'RefreshObjectCaches', 'ObjectPath': url, 'ObjectType':
        'File'}
    print params
    res = f.make_request(params)
    return res
    #return jsonify({'tasks': res})

if __name__ == '__main__':
    app.run(host='10.0.1.134',port=9321,debug=True)
```

以上 access_key_id 和 access_key_secret 可以在阿里云后台账号中查到（代码中出现的公网地址已做无害处理）。

pushAliCdn 类用于刷新阿里云的 CDN 类，并使用 POST 方法将 URL 地址传到 get_tasks 函数上。

可执行下面的命令来刷新 CDN 缓存：

```
curl -X POST -d "url=http://a.b.com/app/1.jpg" http://10.0.1.134/api
```

其中 http://a.b.com/app/1.jpg 为需要刷新的 URL。

3.4 利用 Nginx+Gunicorn+Flask 部署 Python 项目

Nginx + Gunicorn + Flask 是目前最成熟的 Flask 部署方案，其工作流程如图 3-1 所示。

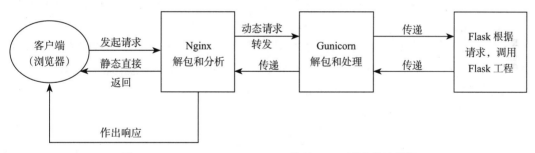

图 3-1　Nginx + Gunicorn + Flask 处理 HTTP 请求的流程图

工作流程的说明如下。

1）浏览器发起 HTTP 请求到 Nginx 服务器，Nginx 接收到请求后，对 URL 进行分析，如果访问的是静态资源，就会直接读取静态资源，然后返回给浏览器，如果不是，就转交给 Gunicorn 服务器。

2）Gunicorn 服务器根据 WSGI 协议，找到对应的 Web 框架。

3）Web 框架下的应用进行逻辑处理后，将返回值发送到 Gunicorn 服务器，然后返回给 Nginx。

4）最后 Nginx 将返回值发送给浏览器进行渲染并呈现给用户。

1. Gunicorn

在介绍 Gunicorn 之前，先了解下什么是 WSGI 服务。如果大家了解 HTTP 和 HTML 文档，那么也就明白一个 Web 应用的本质是：

❑ 浏览器发送一个 HTTP 请求。

❑ 服务器收到请求，生成一个 HTML 文档。

❑ 服务器把 HTML 文档作为 HTTP 响应的 Body 发送给浏览器。

❑ 浏览器收到 HTTP 响应，从 HTTP Body 取出 HTML 文档并显示。

所以，最简单的 Web 应用就是先把 HTML 用文件保存好，用一个现成的 HTTP 服务器软件接收用户请求，从文件中读取 HTML 并返回。Apache、Nginx、Lighttpd 等这些常见的静态服务器就是干这事儿的。

如果要动态生成 HTML，则需要自己实现上述步骤。不过，接收 HTTP 请求、解析 HTTP 请求、发送 HTTP 响应都是苦力活，如果我们自己来写这些底层代码，还没开始写动态 HTML 呢，就得花大量时间去了解和熟悉 HTTP 规范。

正确的做法是底层代码由专门的服务器软件实现，我们专注于用 Python 代码生成 HTML 文档。因为我们不希望接触到 TCP 连接、HTTP 原始请求和响应格式，所以，需要有一个统一的接口，让我们专心用 Python 编写 Web 业务。这个接口就是 WSGI，即 Web Server Gateway Interface。

Gunicorn 也被称为"绿色独角兽"，是一个被广泛使用的高性能的 Python WSGI UNIX HTTP 服务器，它移植自 Ruby 的独角兽（Unicorn）项目，使用的是 pre-fork worker 模式，且使用方法非常简单，具有轻量级的资源消耗、高性能等特点。

Gunicorn 服务器作为 WSGI APP 的容器，能够与各种 Web 框架（Flask、Django 及其他 Web 框架等）兼容，这得益于 Gevent 等技术，使用 Gunicorn 能够在基本不改变 WSGI APP 代码的前提下，大幅度提高 WSGI APP 的性能。

下面来看一下其详细配置。

1）使用 config 命令指定一个配置文件：

```
-c CONFIG, --config CONFIG
```

Gunicorn 配置文件和应用的运行方式如下：

```
gunicorn -c gunicorn.conf manager:app
```

2）bind 选项的语法如下：

```
-b ADDRESS, --bind ADDRESS
```

该选项用于监听 Gunicorn 绑定服务器套接字，以及 Host 形式的字符串格式。Gunicorn 可绑定多个套接字，示例命令如下：

```
gunicorn -b 127.0.0.1:8000 -b [::1]:9000 manager:app
```

3）backlog 选项的语法如下：

```
--backlog
```

该选项用于指定未决连接的最大数量，即等待服务的客户数量。必须是正整数，范围是 64 ～ 2048，一般设置为 2048，超过这个数字将导致客户端在尝试连接时错误。

4）workers 选项的语法如下：

```
-w INT, --workers INT
```

该选项用于处理工作进程的数量，为正整数，默认为 1。workers 推荐的数量为当前的 CPU 个数。

```
-k STRTING, --worker-class STRTING
```

要使用的工作模式默认为 sync，即同步阻塞工作模式。

5）threads 选项的语法如下：

```
--threads INT
```

用于处理请求的工作线程数，使用指定数量的线程运行每个 worker。为正整数，默认为 1。

6）worker_connections 选项的语法如下：

```
--worker-connections INT
```

用于设置最大客户端并发数量，默认情况下这个值为 1000。此设置将影响 Gevent 和 eventlet 工作模式。

7）max_requests 选项的语法如下：

```
--max-requests INT
```

用于设置重新启动之前，工作将处理的最大请求数。默认值为 0。

8）max_requests_jitter 选项的语法如下：

```
--max-requests-jitter INT
```

表示要添加到 max_requests 的最大抖动。抖动将导致每个工作的重启被随机化，这是为了避免所有工作被重启。

9）timeout 选项的语法如下：

```
-t INT, --timeout INT
```

表示超过设定时间后工作将被杀掉，并重新启动。一般设定为 30 秒，worker 是 Gunicorn 宝贵的系统资源，这样处理以后避免因为太大的延迟任务将整个 Gunicorn 拖死。

10）graceful_timeout 选项的语法如下：

```
--graceful-timeout INT
```

指优雅的人工超时时间，默认情况下，这个值为30。收到重启信号后，工作人员有不少时间来完成服务请求。在超时（从接收到重启信号开始）之后仍然活着的工作将被强行杀死。

11）keepalive 选项的语法如下：

```
--keep-alive INT
```

表示在 keep-alive 连接上等待请求的秒数，默认情况下值为2。一般设定在 1～5 秒之间。

12）limit_request_line 选项的语法如下：

```
--limit-request-line INT
```

表示 HTTP 请求行的最大值，此参数用于限制 HTTP 请求行允许的大小，该值是 0～8190 的数字，默认情况下为4094。可与 limit-request-field-size 一起使用。此参数可以防止 DDoS 攻击。

13）limit_request_fields 选项的语法如下：

```
--limit-request-fields INT
```

用于限制 HTTP 请求中请求头字段的数量，以防止 DDoS 攻击，与 limit_request_field_size 一起使用可以提高安全性。默认情况下值为100，这个值不能超过32768。

14）limit_request_field_size 选项的语法如下：

```
--limit-request-field-size INT
```

用于限制 HTTP 请求中请求头的大小，默认情况下这个值为8190。该值必须是一个整数或者0，为0时，表示对请求头大小不做限制。

15）reload 选项的语法如下：

```
--reload
```

表示代码更新时将重启工作，默认为 False。此设置用于开发，每当应用程序发生更改时，都会导致工作重新启动。

16）reload_engine 选项的语法如下：

```
--reload-engine STRTING
```

表示选择重载的引擎，支持以下三种引擎：

❏ auto
❏ pull
❏ inotity（需要下载）

17）spew 选项的语法如下：

```
--spew
```

表示打印服务器执行过的每一条语句，默认为 False。此选择为原子性的，即要么全部打印，要么全部不打印。

18）check_config 选项的语法如下：

```
--check-config
```

用于显示现在的配置，默认值为 False，即显示。

19）preload_app 选项的语法如下：

```
--preload
```

设定在工作进程被复制（派生）之前加载应用程序代码，默认为 False。通过预加载应用程序，可以节省 RAM 资源，并且加快服务器启动时间。

20）chdir 选项的语法如下：

```
--chdir
```

设定加载应用程序之前将 chdir 目录指定到指定目录 daemon。

21）daemon 选项的语法如下：

```
--daemon
```

用于守护 Gunicorn 进程，默认为 False。

22）raw_env 选项的语法如下：

```
-e ENV, --env ENV
```

用于设置环境变量（key=value），将变量传递给执行环境，示例如下：

```
gunicorin -b 127.0.0.1:8000 -e abc=123 manager:app
```

在配置文件中的写法如下：

```
raw_env=["abc=123"]
```

23）pidfile 选项的语法如下：

```
-p FILE, --pid FILE
```

用于设置 pid 文件的文件名，如果不设置将不会创建 pid 文件。

24）worker_tmp_dir 选项的语法如下：

```
--worker-tmp-dir DIR
```

用于设置工作临时文件目录，如果不设置会采用默认值。

25）accesslog 选项的语法如下：

```
--access-logfile FILE
```

指定要写入的访问日志目录。

26）access_log_format 选项的语法如下：

```
--access-logformat STRING
```

指定要写入的访问日志格式。

27）errorlog 选项的语法如下：

```
--error-logfile FILE, --log-file FILE
```

指定要写入错误日志的文件目录。

28）loglevel 选项的语法如下：

```
--log-level LEVEL
```

指定错误日志输出等级。

Gunicorn 支持的级别名称为：

- ❏ debug（调试）
- ❏ info（信息）
- ❏ warning（警告）
- ❏ error（错误）
- ❏ critical（危急）

2. 为什么需要用 Nginx 转发 Gunicorn 服务

介绍完了 Gunicorn 的工作模式以后，再来思考这个问题：为什么需要用 Nginx 转发 Gunicorn 服务？

Nginx 功能强大，使用 Nginx 有诸多好处，用 Nginx 转发 Gunicorn 服务的重点是解决"慢客户端行为"给服务器带来的性能问题。另外，在互联网上部署 HTTP 服务时，还要考虑快客户端响应、SSL 处理和高并发等问题，这些问题在 Nginx 上可以一并搞定，所以在 Gunicorn 服务之上加一层 Nginx 反向代理，是一举多得的部署方案。

服务器和客户端的通信可简略地分为三个部分：request、request handling 和 response，即客户端向服务器发起请求、服务器端响应并处理请求，以及将请求结果返回客户端这三个过程。

通常，request handling 这部分即服务器端的计算，拼的是服务器的性能，处理是比较高效和稳定的，而 request 和 response 部分，影响因素比较多，如果这三个过程放到同一个进程中同步进行，request 和 response 部分的耗时会比较多，这将使计算资源被占据并无法及时释放，导致计算资源无法有效利用，降低服务器的处理能力。

上述"慢客户端行为"指的就是 request（或 response）部分耗时比较多的情况，Gunicorn 恰好会把上面三个过程放到同一个进程中，当出现"慢客户端行为"时，效率很低：Gunicorn 是一个 pre-forking 的软件，这类软件对低延迟的通信，如负载均衡或服务间的互相通信，是非常有效的。但 pre-forking 系统的不足是，每个通信都会独占一个进程，当向服务器发出的请求多于服务器可用的进程时，由于服务器端没有更多进程响应新的请求，因此其响应效率会降低。

对于 Web 网站或服务而言，由于 request 和 response 延时是不可控的，因此需要考虑处理高延迟客户端请求的情况。当慢客户端直接与服务器通信时，由于慢客户端请求会占据进程，因此可用于处理新请求的进程就会减少，如果有很多慢客户端请求把所有进程都占据了，那么新的请求只能等待有进程被释放掉后才能得到响应。另外，如果应用希望有更高的并发，服务器与客户端的通信要更高效，异步的通信会比同步的更有效。

Nginx 这类异步的服务器软件擅长用很少的内存和 CPU 开销来处理大量的请求。由于它们擅长同时处理大量客户端请求，所以慢客户端请求对它们影响不大。就 Nginx 而言，在一般的服务器硬件条件下，同时处理上万个请求都不在话下。

所以把 Nginx 挡在 pre-forking 服务前处理请求是一种很好的选择。Nginx 能够异步、高并发地响应客户端请求（慢客户端请求对 Nginx 影响不大），它一旦接收到请求，会立刻转给 Gunicorn 服务处理，处理结果再由 Nginx 以 response 的形式发回给客户端。这样，整个服务器端和客户端的通信就由原来的仅通过 Gunicorn 的同步通信，变成了基于 Nginx 和 Gunicorn 的异步通信，通信效率和并发能力得到大大提升。

对于网站而言，除了要考虑上面介绍的情况，还要考虑各种静态文件的托管问题。静态文件既包括 CSS、JavaScript 等前端文件，也包括图片、视频和各类文档等，所以静态文件要么比较大，要么调用比较频繁，静态文件的托管功能就是要保证各类静态能正常地加载、预览或下载，这其实就是 response 耗时长的"慢客户端行为"。用 Gunicorn 托管静态文件也会严重影响 Gunicorn 的响应效率，而这恰恰又是 Nginx 擅长的工作，所以静态文件的托管也交给 Nginx 就好。

> **注意** 工作中经常用到的 uWSGI 也是另外一种 WSGI 服务软件，采用纯 C 开发，效率极高，但也存在同样的问题。

那么我们应该怎么部署呢？首先看一下 Nginx.conf 的配置文件（Nginx 的安装在这里略过）：

```
user root;
worker_processes  4;

#error_log  logs/error.log;
#error_log  logs/error.log  notice;
#error_log  logs/error.log  info;

#pid        logs/nginx.pid;
events {
    worker_connections  1024;
}
```

```
http {
    include       mime.types;
    default_type  application/octet-stream;

    log_format  main  '$remote_addr - $remote_user [$time_local] "$request" '
                      '$status $body_bytes_sent "$http_referer" '
                      '"$http_user_agent" "$http_x_forwarded_for"';

    access_log  /var/log/access.log  main;

    sendfile        on;
    tcp_nopush      on;


    keepalive_timeout  60;

    #gzip  on;

    server {
        listen       80;
        server_name  localhost;
        large_client_header_buffers 4 32k;

        #charset koi8-r;

        #access_log  logs/host.access.log  main;

        location / {
            root   html;
            # index  index.html index.htm;
            proxy_pass  http://127.0.0.1:5000;
            # 这里是指向 Gunicorn Host 的服务地址
            proxy_buffer_size           64k;
            proxy_buffers             4 128k;
            proxy_busy_buffers_size     128k;
        }

        location /download/ {
            alias /data/var/log/;
            internal;
        }

        #error_page  404              /404.html;

        # redirect server error pages to the static page /50x.html
        #
        error_page   500 502 503 504  /50x.html;
        location = /50x.html {
            root   html;
        }
```

```
        }
}
```

究竟应该如何结合 Nginx 使用 Gunicorn 呢？这里举个简单的例子来说明一下，请提前安装好 Flask 和 Gunicorn，安装命令如下：

```
pip install flask gunicorn
```

这里的示例文件（即入口文件）名为 mypro.py，内容如下：

```
from flask import Flask
app = Flask(__name__)
@app.route('/')
def hellow_world():
    return 'hello world!'

if __name__ == '__main__':
    app.run()
```

下面用 Gunicorn 来启动，命令如下：

```
gunicorn -b 0.0.0.0:5000 -w 4 mypro:app
```

启动后命令结果如下：

```
[2019-09-21 16:34:43 +0800] [40036] [INFO] Starting gunicorn 19.9.0
[2019-09-21 16:34:43 +0800] [40036] [INFO] Listening at: http://0.0.0.0:5000 (40036)
[2019-09-21 16:34:43 +0800] [40036] [INFO] Using worker: sync
[2019-09-21 16:34:43 +0800] [40039] [INFO] Booting worker with pid: 40039
[2019-09-21 16:34:43 +0800] [40040] [INFO] Booting worker with pid: 40040
[2019-09-21 16:34:43 +0800] [40041] [INFO] Booting worker with pid: 40041
[2019-09-21 16:34:43 +0800] [40042] [INFO] Booting worker with pid: 40042
```

另外，现在很多资料介绍可用 Flask 直接以文件流的方式来提供静态文件下载，这种方式处理小文件的下载没问题，但在实际的项目或产品设计中，超过 GB 的文件还是经常存在的，如果以这种方式来处理，存在一个问题，就是日志下载经常断掉，然后报 I/O 处理错误，具体我们可以看日志，如下：

```
[2019-09-17 08:40:16 +0000] [10] [CRITICAL] WORKER TIMEOUT (pid:18)
```

日志的意思是 request 超时了。Gunicorn 有一个参数 timeout 用于设定 request 超时的限制，默认是 30 秒，即 30 秒内 Worker 不能返回结果，Gunicorn 就认定这个 request 超时，终止 Worker，向客户端返回出错的信息，以避免系统出现异常时所有 Worker 都被占据，无法处理更多的正常 request，导致整个系统无法访问。

所以正常的设计应该是直接转发给 Nginx 来处理。那么具体的做法应该是怎样的呢？

使用 Nginx 提供的 XSendfile 功能，简而言之就是用 internal 指令。该指令表示只接受内部的请求，即后端转发过来的请求。而在 Flask 后端的视图逻辑中，需要明确地写入

X-Accel-Redirect 这个头部信息。我们可以先关注一下 nginx.conf 的相关处理逻辑，如下：

```
location /download/ {
    alias /data/var/log/;
    internal;
    }
```

这里要注意 Nginx 中 alias 的用法，后面的 /data/var/log 是服务器的绝对路径，download 可以不是真实存在的，这里需要跟 Flask 的函数逻辑一一对应。下面再看一下 Flask 里面的函数逻辑部分，如下：

```
filepath = "/download/" + realname
# /download/ 注意，这是一个虚拟目录，跟前面的 nginx.conf 文件配置对应
#return send_file('/{}'.format(logpath))
response = make_response()
response.headers['Content-Description'] = 'File Transfer'
response.headers['Cache-Control'] = 'no-cache'
response.headers['Content-Type'] = 'application/octet-stream'
response.headers['X-Accel-Redirect'] = '{}'.format(filepath)
```

通过这样的处理，既可以满足 Flask 正常的接口处理需求，又可以处理大文件的下载需求。参考文档：

http://docs.gunicorn.org/en/stable/settings.html#server-mechanics

3.5 利用 Flask+ Gevent 搭建 webssh

webssh 泛指通过一种技术在网页上实现一个 SSH 终端，无须通过 Xshell 之类的模拟终端工具进行 SSH 连接，即可将 SSH 这一比较底层的操作从 C/S 架构调整成为 B/S 架构。事实上，这种需求在很多互联网产品中都存在，有了 webssh 的支持，我们通过网页就能够操作主机或 Docker 应用，这种便利是不言而喻的。

后端的具体实现流程如图 3-2 所示。

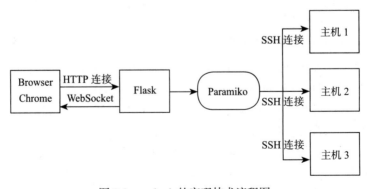

图 3-2　webssh 的实现技术流程图

流程并不复杂，这里面的关键技术是 WebSocket，那么究竟什么是 WebSocket 呢？

WebSocket 是 HTML5 的重要特性，它实现了基于浏览器的远程 Socket，使浏览器和服务器可以进行全双工通信，许多浏览器（Firefox、Google Chrome 和 Safari）都支持它。在 WebSocket 出现之前，为了实现即时通信，采用的技术都是"轮询"，即在特定的时间间隔内，由浏览器对服务器发出 HTTP Request，服务器在收到请求后，会返回最新的数据给浏览器刷新，"轮询"使得浏览器需要对服务器不断发出请求，这会占用大量带宽。

WebSocket 采用了一些特殊的报头，使得浏览器和服务器只需要做一个握手的动作，就可以在彼此之间建立一条连接通道。且此连接会保持在活动状态，我们可以使用 JavaScript 来向连接写入或从中接收数据，就像在使用一个常规的 TCP Socket 一样。它解决了 Web 实时化的问题，相比传统 HTTP，它有如下优点：

❏ 一个 Web 客户端只建立一个 TCP 连接。

❏ WebSocket 服务端可以推送（PUSH）数据到 Web 客户端。

❏ 有更轻量级的头，减少数据传送量。

❏ 真正的数据传输阶段不需要 HTTP 参与。

参考代码库为 https://github.com/aluzzardi/wssh，笔者在此基础上做了进一步的封装，以使其支持 Docker 的 webssh 操作。实现的功能如下：

❏ 实现主机的 webssh 功能，从产品的前端 Web 界面直接操作。

❏ 实现主机的 Docker webssh 功能，从产品的前端 Web 界面直接操作。

❏ 解决了中文输入闪退的现象，就算在前端界面中输入了中文字符，程序也会执行，只不过会输出"command not found"。

注意　1）此程序是部署在 CentOS 7.6 x86_64 环境下的，在 Mac OS 中，由于 paramikot 等模块与 CentOS 系统存在很大差异，因此并不能保证正常执行。

2）此程序是部署在跳板机上的，这样可以保证程序自动利用 username 的私钥登录到其他主机上，程序里有个可变的环境变量 sshuser，这个值可以根据自己的实际需求来指定，比如 export sshuser=root。

3）确保这个 sshuser 用户能有执行 dockcr exec 的权限，不然程序也会在执行容器 webssh 的流程中报错。

---

webssh 连接的 UI 界面如图 3-3 和图 3-4 所示；图 3-5 和图 3-6 是正确连接主机及主机上 Docker 的截图。

下面介绍一下核心后端代码。

flask_server.py 文件的内容如下：

```
#!/usr/bin/env python

from gevent import monkey
```

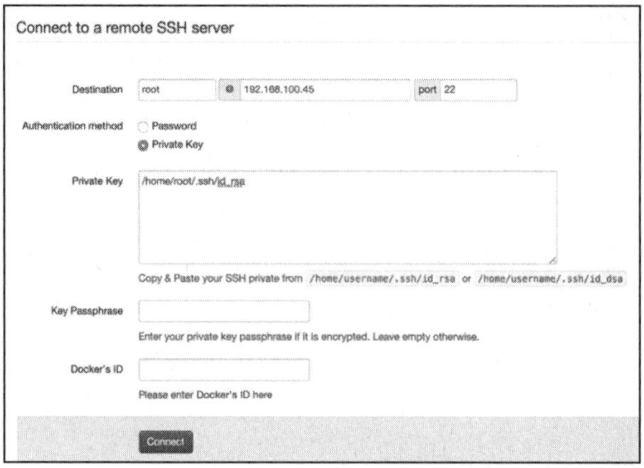

图 3-3　webssh 连接主机的工作界面

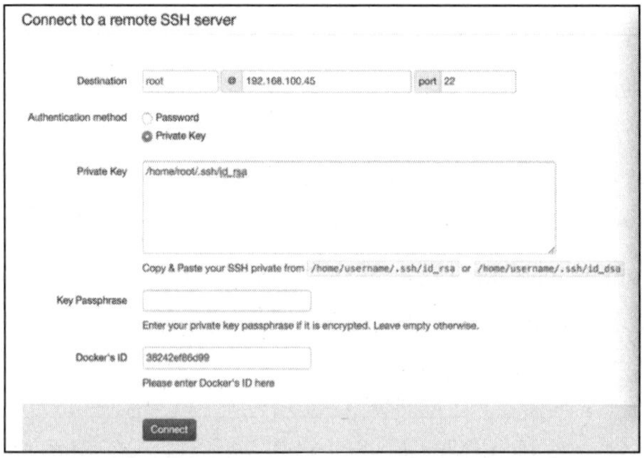

图 3-4　webssh 连接主机 Docker 的工作界面

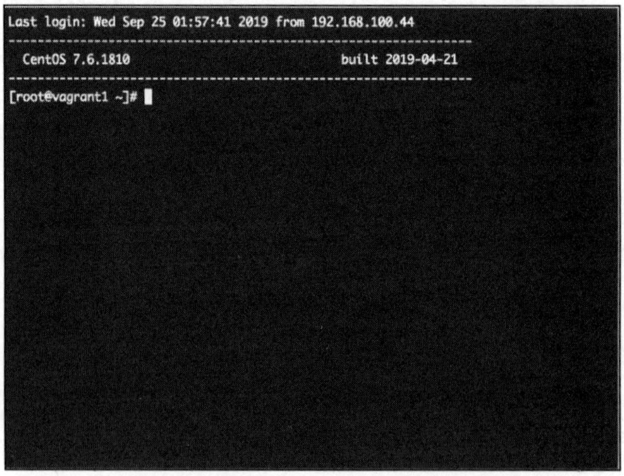

图 3-5　webssh 正确连接主机后的显示界面

图 3-6　webssh 正确连接主机 Docker 后的工作图示

```python
monkey.patch_all()

from flask import Flask, request, abort, render_template
from werkzeug.exceptions import BadRequest
import gevent
import server
import paramiko
import logging
import os

logger = paramiko.util.logging.getLogger()
logger.setLevel(logging.INFO)

app = Flask(__name__)

@app.route('/')
def index():
    return render_template('index.html')

@app.route('/wssh/<hostname>/<username>')
def connect(hostname, username):
    #username = os.getenv('sshuser') if 'run' in request.args else username
    app.logger.debug('{remote} -> {username}@{hostname}: {container_id}'.format(
        remote=request.remote_addr,
        username=username,
        hostname=hostname,
        container_id=request.args['run'] if 'run' in request.args else
            '[interactive shell]'
    ))

    # Abort if this is not a websocket request
    if not request.environ.get('wsgi.websocket'):
        app.logger.error('Abort: Request is not WebSocket upgradable')
        raise BadRequest()
```

```python
    bridge = server.WSSHBridge(request.environ['wsgi.websocket'])

if 'run' in request.args:
    try:
        print os.getenv('sshuser')
        bridge.open(
            hostname=hostname,
            username=username,
            # password=request.args.get('password'),
            # Password default configuration option is None
            password=None,
            port=int(request.args.get('port')),
            #private_key=request.args.get('private_key'),
            private_key = '/home/{0}/.ssh/id_rsa'.format(username),
            key_passphrase=request.args.get('key_passphrase'),
            allow_agent=app.config.get('WSSH_ALLOW_SSH_AGENT', False))
    except Exception as e:
        app.logger.exception('Error while connecting to {0}: {1}'.format(
            hostname, e.message))
        request.environ['wsgi.websocket'].close()
        return str()
    #container_id = request.args.get('run')
    container_id = request.args.get('run')
    #print container_id
    docker_command = "docker exec -ti {0} bash".format(container_id)
    #print docker_command
    bridge.execute(docker_command)
else:
    # bridge = server.WSSHBridge(request.environ['wsgi.websocket'])
    try:
        bridge.open(
            hostname=hostname,
            username=username,
            password=request.args.get('password'),
            port=int(request.args.get('port')),
            #private_key=request.args.get('private_key'),
            # if private_key is None:
            private_key='/home/{0}/.ssh/id_rsa'.format(username),
            key_passphrase=request.args.get('key_passphrase'),
            allow_agent=app.config.get('WSSH_ALLOW_SSH_AGENT', False))
    except Exception as e:
        app.logger.exception('Error while connecting to {0}: {1}'.format(
            hostname, e.message))
        request.environ['wsgi.websocket'].close()
        return str()
    bridge.shell()

# We have to manually close the websocket and return an empty response,
# otherwise flask will complain about not returning a response and will
# throw a 500 at our websocket client
request.environ['wsgi.websocket'].close()
return str()
```

```python
if __name__ == '__main__':
    import argparse
    from gevent.pywsgi import WSGIServer
    from geventwebsocket.handler import WebSocketHandler
    from jinja2 import FileSystemLoader
    import os

    root_path = os.path.dirname(__file__)
    app.jinja_loader = FileSystemLoader(os.path.join(root_path, 'templates'))
    app.static_folder = os.path.join(root_path, 'static')

    parser = argparse.ArgumentParser(
        description='wsshd - SSH Over WebSockets Daemon')

    parser.add_argument('--port', '-p',
        type=int,
        default=5000,
        help='Port to bind (default: 5000)')

    parser.add_argument('--host', '-H',
        default='0.0.0.0',
        help='Host to listen to (default: 0.0.0.0)')

    parser.add_argument('--allow-agent', '-A',
        action='store_true',
        default=False,
        help='Allow the use of the local (where wsshd is running) ' \
            'ssh-agent to authenticate. Dangerous.')

    args = parser.parse_args()

    app.config['WSSH_ALLOW_SSH_AGENT'] = args.allow_agent

    #agent = 'wsshd/{0}'.format(wssh.__version__)
    agent = 'WSSH Terminal'

    print '{0} running on {1}:{2}'.format(agent, args.host, args.port)

    app.debug = True
    http_server = WSGIServer((args.host, args.port), app,
        log=None,
        handler_class=WebSocketHandler)
    try:
        http_server.serve_forever()
    except KeyboardInterrupt:
        pass
```

server.py 文件的内容如下：

```python
# -*- coding: utf-8 -*-

import sys
```

```
reload(sys)
sys.setdefaultencoding('utf-8')

"""
wssh.server

This module provides server capabilities of wssh
"""

import gevent
from gevent.socket import wait_read, wait_write
from gevent.select import select
from gevent.event import Event

import paramiko
from paramiko import PasswordRequiredException
from paramiko.dsskey import DSSKey
from paramiko.rsakey import RSAKey
from paramiko.ssh_exception import SSHException

import socket
import logging

try:
    import simplejson as json
except ImportError:
    import json

from StringIO import StringIO

class WSSHBridge(object):
    """ WebSocket to SSH Bridge Server """

    def __init__(self, websocket):
        """ Initialize a WSSH Bridge

        The websocket must be the one created by gevent-websocket
        """
        self._websocket = websocket
        self._ssh = paramiko.SSHClient()
        self._ssh.set_missing_host_key_policy(
            paramiko.AutoAddPolicy())
        self._tasks = []

    def _load_private_key(self, private_key, passphrase=None):
        """ Load a SSH private key (DSA or RSA) from a string

        The private key may be encrypted. In that case, a passphrase
        must be supplied.
        """
        key = None
        last_exception = None
```

```python
        for pkey_class in (RSAKey, DSSKey):
            try:
                key = pkey_class.from_private_key(StringIO(private_key),
                    passphrase)
            except PasswordRequiredException as e:
                # The key file is encrypted and no passphrase was provided.
                # There's no point to continue trying
                raise
            except SSHException as e:
                last_exception = e
                continue
            else:
                break
        if key is None and last_exception:
            raise last_exception
        return key

def open(self, hostname, port=22, username=None, password=None,
                private_key=None, key_passphrase=None,
                allow_agent=False, timeout=None):
    """ Open a connection to a remote SSH server

    In order to connect, either one of these credentials must be
    supplied:
        * Password
            Password-based authentication
        * Private Key
            Authenticate using SSH Keys.
            If the private key is encrypted, it will attempt to
            load it using the passphrase
        * Agent
            Authenticate using the *local* SSH agent. This is the
            one running alongside wsshd on the server side.
    """
    try:
        pkey = None
        if private_key:
            #pkey = self._load_private_key(private_key, key_passphrase)
            pkey = paramiko.RSAKey.from_private_key_file(private_key,key_
                passphrase)
        self._ssh.connect(
            hostname=hostname,
            port=port,
            username=username,
            password=password,
            pkey=pkey,
            timeout=timeout,
            allow_agent=allow_agent,
            look_for_keys=False)
    except socket.gaierror as e:
        self._websocket.send(json.dumps({'error':
            'Could not resolve hostname {0}: {1}'.format(
```

```
                    hostname, e.args[1])}))
            raise
        except Exception as e:
            self._websocket.send(json.dumps({'error': e.message or str(e)}))
            raise

    def _forward_inbound(self, channel):
        """ Forward inbound traffic (websockets -> ssh) """
        try:
            while True:
                data = self._websocket.receive()
                print data
                print type(data)
                if u'\u4e00' <= data <=u'\u9fff':
                    print 'Error,pleas input'
                    channel.send(data["\r"])
                if not data:
                    return
                data = json.loads(str(data))
                if 'resize' in data:
                    channel.resize_pty(
                        data['resize'].get('width', 80),
                        data['resize'].get('height', 24))
                if 'data' in data:
                    channel.send(data['data'])
        finally:
            self.close()

    def _forward_outbound(self, channel):
        """ Forward outbound traffic (ssh -> websockets) """
        try:
            while True:
                wait_read(channel.fileno())
                data = channel.recv(1024)
                if not len(data):
                    return
                self._websocket.send(json.dumps({'data': data}))
        finally:
            self.close()

    def _bridge(self, channel):
        """ Full-duplex bridge between a websocket and a SSH channel """
        channel.setblocking(False)
        channel.settimeout(0.0)
        self._tasks = [
            gevent.spawn(self._forward_inbound, channel),
            gevent.spawn(self._forward_outbound, channel)
        ]
        gevent.joinall(self._tasks)

    def close(self):
```

```
        """ Terminate a bridge session """
        gevent.killall(self._tasks, block=True)
        self._tasks = []
        self._ssh.close()

    def execute(self, command, term='xterm'):
        """ Execute a command aboout Docker CLI on the remote server

        """
        transport = self._ssh.get_transport()
        channel = transport.open_session()
        channel.get_pty(term)
        #command = "docker exec -ti {} /bin/bash".format(container_id)
        #print command
        channel.exec_command(command)
        self._bridge(channel)
        channel.close()

    def shell(self, term='xterm'):
        """ Start an interactive shell session

        This method invokes a shell on the remote SSH server and proxies
        traffic to/from both peers.

        You must connect to a SSH server using ssh_connect()
        prior to starting the session.
        """
        channel = self._ssh.invoke_shell(term)
        self._bridge(channel)
        channel.close()
```

执行程序的命令如下：

```
python flask_server.py
```

正确执行成功以后会有如下输出：

```
WSSH Terminal running on 0.0.0.0:5000
```

然后就可以调用产品的 Web 前端界面来输入对应的参数，实现自己产品的 webssh 了；如果大家在产品开发中有相关 webssh 的需求，可以考虑移植此代码。

3.6　小结

本章首先介绍了 Python 的第三方类库及常用的 Python 脚本，然后分享了 Python Flask 框架及 WebSocket 实现案例，希望通过本章和前一章的系统学习，大家可以领略 Python 语言的魅力，多利用 Python 语言来开发自己工作中的实际需求及 SDK 工具，让 DevOps 和运维工作更加得心应手。

Chapter 4 第4章

轻量级自动化运维工具 Fabric 介绍

随着集群环境的规模越来越大，网站需要管理和维护的机器也越来越多，比如笔者维护的 CDN 集群，线上提供的业务机器已高达 8000 多台（按照业务来划分平台）。这时如果还单纯依靠手动维护，就算只有单个平台，工作量也会过大。因此，需要找一些轻量级的简单易用的自动化工具来进行日常的运维工作，下面介绍一下基于 Python 语言开发的工具 Fabric。

笔者公司的海外业务目前采用的是分布式方案，在全球都有数据中心。数据中心采用的是 AWS EC2 机器，业务繁忙的时候，还会通过 AWS AMI（Amazon 系统映像）直接上线几十台相同业务的 EC2 机器，这些机器的类型、系统应用及配置文件基本上一模一样，很多时候需要修改相同的配置文件和执行相同的操作，这时为了避免重复性的劳动也需要用到自动化运维工具，轻量级自动化运维工具 Fabric 在这里是首选。Fabric 是基于 Python 语言开发的，由于是轻量级的，配置很简单，运维成本也很低，因此容易被研发人员接受。为了方便自动化运维，我们在每个数据中心都部署了跳板机，其物理拓扑图如图 4-1 所示。

图 4-1 跳板机（Fabric）物理拓扑图

部署跳板机的好处如下：

❑ 增强安全性。只有跳板机开放了公网 IP 和 SSH KEY 登录，其他业务机器默认只允许内网登录，公网 IP 地址不对外开放（公网 IP 也有严格的白名单控制，只允许特定 IP 连接进来）；

❑ 方便自动化运维部署。跳板机上面做了免密码登录，可以直接通过 SSH 命令操作其他业务机器；

❑ 方便权限控制和管理。跳板机上部署了几套 KEY，分别对应不同的权限，公司的同
　事按照不同的职能获得相应的私钥登录跳板机。

部署跳板机应该注意如下事项：

❑ 网络质量要好，因为跳板机要求部署在质量很好的 BGP 机房里（这是需要走公网连
　接的）。

❑ 要特别注意安全的问题，适当控制主机登录还是有好处的，可以通过 iptables 控制允
　许登录的 IP 地址。

❑ 如果是 AWS 云主机数据中心，可以考虑在每个数据中心部署一个跳板机（跳板机与
　其他机器通过内网 SSH 连接，不需要走公网）。

考虑到 Fabric 的操作要牵涉多台主机，如果采用本地 Mac 环境测试，并不是特别方
便，所以这里引入了 Vagrant，那么究竟什么是 Vagrant 呢？

4.1　Vagrant 简介

Vagrant 是为了方便地实现虚拟化环境而设计的，它是使用 Ruby 开发的，基于
VirtualBox 等虚拟机管理软件的接口提供一个可配置、轻量级的便携式虚拟开发环境。使用
Vagrant 可以很方便地建立起一个虚拟环境，而且可以模拟多台虚拟机，这样就可以在开发
机上模拟分布式系统。

以前公司团队有新员工加入时，常常要花一天甚至更多时间从头搭建完整的开发环境，
有了 Vagrant 以后，只需要直接将已经打包好的 package（里面包括开发工具、代码库、配
置好的服务器等）拿过来就可以工作了，这对于提升工作效率非常有帮助。

Vagrant 不仅可以用作个人的虚拟开发环境工具，而且特别适合团队使用，Vagrant 会创
建一些共享文件夹，用来在主机和虚拟机之间共享代码。这就使得我们可以在主机上写程
序，然后在虚拟机中运行。如此一来团队之间就可以共享相同的开发环境，不会再出现类
似"只有你的环境才会出现的 Bug"这样的事情。

Vagrant 使得我们虚拟化环境变得如此简单，只要一个简单的命令就可以开启虚拟
之旅。

4.1.1　Vagrant 的安装

Vagrant 支持底层采用 VirtualBox、VMware 甚至 AWS 作为虚拟机系统，本书将使用
VirtualBox 来进行说明，所以第一步需要先安装 Vagrant 和 VirtualBox，这里以笔者的 Mac
环境（OS：Darwin 17.7.0）进行说明。

VirtualBox 是 Oracle 开源的虚拟化系统，它支持多个平台，所以我们可以到官方网站
下载，地址为 https://www.virtualbox.org/wiki/Downloads/，这里选择的版本是 "VirtualBox-

6.0.4-133076-OSX.dmg",它的安装过程很简单,依次选择"下一步"就可以完成。

Vagrant 软件的安装地址为 http://www.vagrantup.com/downloads.html,它的安装过程和 VirtualBox 一样,都是傻瓜化安装,一步步执行即可,这里选择的版本是"vagrant 2.2.4"(大家可以选择最新版本)。

要想检测安装是否成功,打开终端命令行工具,输入 vagrant,看看程序能否运行。

命令显示结果如下:

```
Usage: vagrant [options] <command> [<args>]

    -v, --version             Print the version and exit.
    -h, --help                Print this help.


Common commands:
    box           manages boxes: installation, removal, etc.
    connect       connect to a remotely shared Vagrant environment
    destroy       stops and deletes all traces of the vagrant machine
    global-status outputs status Vagrant environments for this user
    halt          stops the vagrant machine
    help          shows the help for a subcommand
    init          initializes a new Vagrant environment by creating a Vagra
    file
    login         log in to HashiCorp's Atlas
    package       packages a running vagrant environment into a box
    plugin        manages plugins: install, uninstall, update, etc.
    port          displays information about guest port mappings
    powershell    connects to machine via powershell remoting
    provision     provisions the vagrant machine
    push          deploys code in this environment to a configured destinat
    n
    rdp           connects to machine via RDP
    reload        restarts vagrant machine, loads new Vagrantfile configura
    on
    resume        resume a suspended vagrant machine
    share         share your Vagrant environment with anyone in the world
    snapshot      manages snapshots: saving, restoring, etc.
    ssh           connects to machine via SSH
    ssh-config    outputs OpenSSH valid configuration to connect to the mac
    ne
    status        outputs status of the vagrant machine
    suspend       suspends the machine
    up            starts and provisions the vagrant environment
    version       prints current and latest Vagrant version

For help on any individual command run `vagrant COMMAND -h`
Additional subcommands are available, but are either more advanced
or not commonly used. To see all subcommands, run the command
`vagrant list-commands`.
```

我们可以用 vagrant -v 命令来查看下 Vagrant 的版本,命令返回结果如下:

```
Vagrant 2.2.4
```

如果有以上结果，则表示 Vagrant 已经安装成功了。

4.1.2　使用 Vagrant 配置本地开发环境

在安装好 VirtualBox 和 Vagrant 后，我们要开始考虑在 VM 上使用什么操作系统了，一个打包好的操作系统在 Vagrant 中称为 Box，即 Box 是一个打包好的操作系统环境。目前网络上什么系统都有，所以我们不用自己去制作操作系统或者制作 Box。vagrantbox.es 上面有大家熟知的大多数操作系统，只需要下载即可使用。下载的目的主要是为了快速地安装 Box 镜像，但是别人打包好的镜像很多时候并不符合自己的要求，比如后面要讲的 MySQL MHA 或 DRBD 的集群部署，需要用到最新的 CentOS 7.6 x86_64 系统，这时就需要自己来打包 Box 镜像了，这种情况下可使用 Packer 工具，Packer 是 Vagrant 的作者用 Go 语言开发的一款工具，旨在帮助大家快速建立自己需要的 Box 镜像。

1. 自行打包 Box 镜像

Packer 是一个用单一的模板文件创建多平台一致性镜像的轻量级开源工具，它能够运行在常用的主流操作系统如 Windows、Linux 和 Mac OS 上，能够高效地并行创建多平台，例如 AWS、Azure 和 Alicloud 的镜像。但它的目的并不是取代 Puppet/Chef 等配置管理工具，实际上，当制作镜像的时候，Packer 可以与 Chef 或者 Puppet 等工具配合使用来安装镜像所需的软件。通过 Packer 自动化地创建各种平台的镜像是非常容易的。Packer 的优势包括：

❑ 基础设施部署迅速。

❑ 具有可移植性。

❑ 镜像制作自动化，提升效率，降低误操作。

❑ 支持所有常见的公有云厂商。

❑ 支持自定义插件（可自增强）。

❑ 开源（成熟、透明）。

官网介绍为 https://www.packer.io/docs/index.html。

笔者的 Vagrant 工作在 /Users/yuhongchun/data/vagrant 下，因此会在这个目录下再建立 packer 目录，命令如下：

```
mkdir -p ~/data/vagrant/packer
cd ~/data/vagrant/packer
```

然后，下载 CentOS 系统镜像（考虑到 CentOS 系统一直在更新，大家可以在 mirrors.aliyun.com 上面下载最新的版本），这里下载的是 CentOS 7.6 x86_64 的镜像文件，下载文件为 CentOS-7-x86_64-DVD-1810.iso。

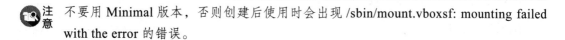 **注意**　不要用 Minimal 版本，否则创建后使用时会出现 /sbin/mount.vboxsf: mounting failed with the error 的错误。

第三步，安装 Packer 工具，安装命令如下：

```
cd /usr/local/src
wget https://releases.hashicorp.com/packer/0.12.1/packer_0.12.1_darwin_amd64.zip
unzip packer_0.12.1_darwin_amd64.zip
wget https://releases.hashicorp.com/packer/1.1.0/packer_1.1.0_darwin_amd64.zip
unzip packer_1.1.0_darwin_amd64.zip
sudo mv packer /usr/local/bin/
```

成功安装以后，在命令行下输入 packer，会有如下显示：

```
Usage: packer [--version] [--help] <command> [<args>]

Available commands are:
    build       build image(s) from template
    fix         fixes templates from old versions of packer
    inspect     see components of a template
    validate    check that a template is valid
    version     Prints the Packer version
```

这里可以用 packer -v 看下版本，命令显示结果如下：

```
1.4.0
```

现在要下载并根据模板 centos7.json 文件生成 centos.json，示例如下：

```
git clone https://github.com/boxcutter/centos.git
```

之后修改 centos7.json 文件，并通过此文件来生成 centos.json 文件。进入 centos 目录，即可修改 centos7.json 文件：

```
{
    "_comment": "Build with `packer build -var-file=centos7.json centos.json`",
    "vm_name": "centos7",
    "cpus": "4",
    "disk_size": "102400",
    "http_directory": "kickstart/centos7",
    "iso_checksum": "6d44331cc4f6c506c7bbe9feb8468fad6c51a88ca1393ca6b8b486ea04bec3c1",
    "iso_checksum_type": "sha256",
    "iso_name": "CentOS-7-x86_64-DVD-1810.iso",
    "iso_url": "/User/yuhongchun/data/vagrant/packer/CentOS-7-x86_64-DVD-1810.iso",
    "memory": "1024",
    "parallels_guest_os_type": "centos7"
}
```

这里主要是修改 iso_checksum、iso_name、iso_url 等几个参数，其中 iso_checksum 的值可以通过以下命令获取：

```
shasum -a 256 CentOS-7-x86_64-DVD-1810.iso
```

结果显示如下：

```
6d44331cc4f6c506c7bbe9feb8468fad6c51a88ca1393ca6b8b486ea04bec3c1
```

然后通过如下命令生成 centos.json 文件：

```
cd centos
packer build -var-file=centos7.json centos.json
```

默认会生成所有虚拟机环境的文件，包括 vmware/virtualbox/parallels，前提是安装了相应的虚拟机。

如果配置文件没有问题，会有如下正常输出，我们关心下最后的结果即可：

```
==> virtualbox-iso: Gracefully halting virtual machine...
==> virtualbox-iso: Preparing to export machine...
    virtualbox-iso: Deleting forwarded port mapping for the communicator (SSH,
        WinRM, etc) (host port 2799)
==> virtualbox-iso: Exporting virtual machine...
    virtualbox-iso: Executing: export centos7 --output output-centos7-virtualbox-
        iso/centos7.ovf
==> virtualbox-iso: Deregistering and deleting VM...
==> virtualbox-iso: Running post-processor: vagrant
==> virtualbox-iso (vagrant): Creating Vagrant box for 'virtualbox' provider
    virtualbox-iso (vagrant): Copying from artifact: output-centos7-virtualbox-
        iso/centos7-disk001.vmdk
    virtualbox-iso (vagrant): Copying from artifact: output-centos7-virtualbox-
        iso/centos7.ovf
    virtualbox-iso (vagrant): Renaming the OVF to box.ovf...
    virtualbox-iso (vagrant): Compressing: Vagrantfile
    virtualbox-iso (vagrant): Compressing: box.ovf
    virtualbox-iso (vagrant): Compressing: centos7-disk001.vmdk
    virtualbox-iso (vagrant): Compressing: metadata.json
Build 'virtualbox-iso' finished.

==> Builds finished. The artifacts of successful builds are:
--> virtualbox-iso: 'virtualbox' provider box: box/virtualbox/centos7-0.0.99.box
```

Packer 程序会生成 box/virtualbox/centos7-0.0.99.box 文件，这是我们真正需要的 box 文件。

如果想自定义安装一些软件，可以在 script/update.sh 中定义，比如：

```
#!/bin/bash -eux
if [[ $UPDATE =~ true || $UPDATE =~ 1 || $UPDATE =~ yes ]]; then
    echo "==> Applying updates"
    yum -y update
    # 安装自定义软件
    #yum -y install gcc gcc-c++ make wget autoconf kernel-devel
    yum -y install gcc kernel-devel
    # reboot
    echo "Rebooting the machine..."
    reboot
```

```
    sleep 60
fi
```

生成的文件较小，只有513MB，可通过如下命令查看：

```
[yuhongchun@yuhongchundeMacBook-Pro vagrant]$ du -sh centos76-0.0.99.box
```

命令显示结果如下：

```
513M        centos7-0.0.99.box
```

2. 开发环境的系统安装步骤

接下来就要通过box建立自己的开发环境系统了。进入～/data/vagrant/packer目录后的具体操作步骤如下：

1）下载并添加box镜像，操作命令如下：

```
vagrant box add base 远端的box地址或者本地的box文件名
```

vagrant box add是添加box的命令，box的名称可以自己定义，可以是任意的字符串，base是默认名称，主要用来标识我们添加的box，后面的命令都是基于这个标识来操作的。

2）执行以下命令来建立box镜像关联：

```
vagrant box add centos76 centos/box/virtualbox/centos7-0.0.99.box
```

显示结果如下：

```
==> box: Box file was not detected as metadata. Adding it directly...
==> box: Adding box 'centos76' (v0) for provider:
    box: Unpacking necessary files from: file:///Users/yuhongchun/data/vagrant/
        packer/centos/box/virtualbox/centos7-0.0.99.box
==> box: Successfully added box 'centos76' (v0) for 'virtualbox'!
```

3）初始化系统的命令如下：

```
vagrant init centos76
```

显示结果如下：

```
==> box: Box file was not detected as metadata. Adding it directly...
==> box: Adding box 'centos76' (v0) for provider:
    box: Unpacking necessary files from: file:///Users/yuhongchun/data/vagrant/
        packer/centos/box/virtualbox/centos7-0.0.99.box
==> box: Successfully added box 'centos76' (v0) for 'virtualbox'!
[yuhongchun@yuhongchundeMacBook-Pro packer]$ vagrant init centos76
A `Vagrantfile` has been placed in this directory. You are now
ready to `vagrant up` your first virtual environment! Please read
the comments in the Vagrantfile as well as documentation on
`vagrantup.com` for more information on using Vagrant.
```

这样就会在当前目录packer生成一个Vagrantfile的文件，里面有很多配置信息，后面会详细讲解每一项的含义，但是默认的配置足以启动机器。

4）启动虚拟机，命令如下：

```
vagrant up
```

显示结果如下：

```
Bringing machine 'default' up with 'virtualbox' provider...
==> default: Importing base box 'centos76'...
==> default: Matching MAC address for NAT networking...
==> default: Setting the name of the VM: packer_default_1570420284689_95838
==> default: Clearing any previously set network interfaces...
==> default: Preparing network interfaces based on configuration...
    default: Adapter 1: nat
==> default: Forwarding ports...
    default: 22 (guest) => 2222 (host) (adapter 1)
==> default: Booting VM...
==> default: Waiting for machine to boot. This may take a few minutes...
    default: SSH address: 127.0.0.1:2222
    default: SSH username: vagrant
    default: SSH auth method: private key
    default:
    default: Vagrant insecure key detected. Vagrant will automatically replace
    default: this with a newly generated keypair for better security.
    default:
    default: Inserting generated public key within guest...
    default: Removing insecure key from the guest if it's present...
    default: Key inserted! Disconnecting and reconnecting using new SSH key...
==> default: Machine booted and ready!
[default] GuestAdditions 6.0.4 running --- OK.
==> default: Checking for guest additions in VM...
==> default: Mounting shared folders...
    default: /vagrant => /Users/yuhongchun/data/vagrant/packer
```

可通过 vagrant ssh-config 命令来查看新建的虚拟机的 SSH 配置信息，命令显示结果
如下：

```
Host default
    HostName 127.0.0.1
    User vagrant
    Port 2222
    UserKnownHostsFile /dev/null
    StrictHostKeyChecking no
    PasswordAuthentication no
    IdentityFile /Users/yuhongchun/data/vagrant/packer/.vagrant/machines/default/
        virtualbox/private_key
    IdentitiesOnly yes
    LogLevel FATAL
```

这样我们就可以通过私钥来访问此虚拟机了。本地的 2222 端口，用户为 vagrant，私钥

为 /Users/yuhongchun/data/vagrant/packer/.vagrant/machines/default/virtualbox/private_key。

这里直接用 vagrant ssh 来连接，连接成功的显示如下：

```
Last login: Mon Oct  7 04:47:59 2019 from 10.0.2.2
----------------------------------------------------------------
   CentOS 7.6.1810                              built 2019-10-06
----------------------------------------------------------------
```

连接到此 deploy 虚拟机以后，可用 df -h 命令查看下磁盘的分配情况，结果如下：

```
文件系统                      容量    已用   可用  已用% 挂载点
/dev/mapper/centos-root      50G    1.1G   49G    3% /
devtmpfs                    485M      0   485M    0% /dev
tmpfs                       496M      0   496M    0% /dev/shm
tmpfs                       496M    13M   483M    3% /run
tmpfs                       496M      0   496M    0% /sys/fs/cgroup
/dev/mapper/centos-home      47G    33M    47G    1% /home
/dev/sda1                  1014M    71M   944M    7% /boot
vagrant                     234G   178G    57G   76% /vagrant
tmpfs                       100M      0   100M    0% /run/user/0
tmpfs                       100M      0   100M    0% /run/user/1000
```

在这里，/vagrant 其实映射的是宿主机的 /Users/yuhongchun/data/vagrant/packer 目录，这个人性化的设计便于我们与开发机器进行交互。

此时的登入用户是 vagrant，他是具有 sudo 权限的用户，权限较大的，这里使用 id 命令验证下，显示结果如下：

```
uid=1000(vagrant) gid=1000(vagrant) 组 =1000(vagrant) 环境 =unconfined_
   u:unconfined_r:unconfined_t:s0-s0:c0.c1023
```

3. Vagrant 配置文件详解

虚拟机所在的目录 packer 下存放着文件 Vagrantfile，里面包含大量的配置信息，主要包括三个方面，即虚拟机的配置、SSH 配置、Vagrant 的一些基础配置。Vagrant 虽然是使用 Ruby 开发的，配置语法也是 Ruby，但提供了很详细的注释，所以我们知道怎么配置一些基本项。

（1）设置 HOSTNAME

HOSTNAME 的设置非常简单，在 Vagrantfile 中加入下面这行代码就可以了：

```
config.vm.hostname = "deploy"
```

设置 HOSTNAME 名是非常有必要的，因为当我们有很多虚拟机的时候，都是依靠 HOSTNAME 来做识别的，可以选择将其直接放在 config.vm.box 下面，示例如下：

```
# Every Vagrant development environment requires a box. You can search for
   # boxes at https://atlas.hashicorp.com/search.
   config.vm.box = "centos76"
```

```
        config.vm.hostname = "deploy"
```

（2）内存设置

内存设置的具体方法如下：

```
# config.vm.provider "virtualbox" do |vb|
#      # Display the VirtualBox GUI when booting the machine
#      vb.gui = true
#
#      # Customize the amount of memory on the VM:
#      vb.memory = "1024"
# end
```

要使此段配置生效，将#号去掉即可，示例如下：

```
config.vm.provider "virtualbox" do |vb|
    # Display the VirtualBox GUI when booting the machine
    # 开启此项则会开启图形界面，大家可以根据个人喜好来选择
    vb.gui = true
    # Customize the amount of memory on the VM:
    vb.memory = "1024"
end
```

进行上述配置之后，名为 deploy 机器的虚拟机其内存大小就会配置为 1024MB。

（3）网络配置

Vagrant 中一共提供了三种网络配置方式。这几种配置都可以在 Vagrant 的配置文件中看到。

1）端口映射（Forwarded port）。针对本机和虚拟机的端口进行映射。比如，将本计算机的 8080 端口配置为虚拟机的 80 端口，这样访问该机器的 8080 端口时，Vagrant 就会把请求转发到虚拟机的 80 端口上去处理。

```
config.vm.network :forwarded_port, guest: 80, host: 8088
```

通过这种方式，我们可以有针对性地把虚拟机的某些端口公布到外网让其他人访问。

2）私有网络（Private network）。该方式是只允许主机访问虚拟机。这就好像是搭建了一个私有的 Linux 集群，而且只有一个出口，那就是该主机。示例如下：

```
config.vm.network "private_network", ip: "192.168.1.21"
```

使用这种方式非常安全，因为只有一个出口，而且对办公或开发网络无任何影响（各虚拟机之间不能通过 ping 命令互相连接），系统默认就是私有网络。

3）公有网络（Public network）。虚拟机享受与实体机器一样的待遇，拥有一样的网络配置，即 bridge 模式，这时要注意分配的 IP 有没有跟办公网络或开发网络预先分配的 IP 发生冲突。设定语法如下：

```
config.vm.network "public_network", ip: "192.168.1.120"
```

这种网络配置方式，可方便团队开发，因为别人也可以访问你的虚拟机。当然，他和你的虚拟机必须在同一个网段中。

更新配置以后，可以用命令 vagrant reload 重启虚拟机使配置生效。

4. Vagrant 常用命令详解

Vagrant 有很多实用的命令，建议熟练掌握，这对平时的工作有很大帮助。

以下命令用于显示当前已经添加的 box 列表：

```
vagrant box list
```

以下命令用于删除相应的 box：

```
vagrant box remove
```

以下命令用于停止当前正在运行的虚拟机并销毁所有创建的资源：

```
vagrant destroy
```

以下命令用于关闭虚拟机器，跟操作真实机器一样：

```
vagrant halt
```

以下是打包命令，可以把当前运行的虚拟机环境打包：

```
vagrant package
```

以下命令用于重新启动虚拟机，主要用于重新载入配置文件：

```
vagrant reload
```

以下命令用于输出 SSH 连接的一些信息：

```
vagrant ssh-config
```

以下命令用于挂起当前的虚拟机：

```
vagrant suspend
```

以下命令用于恢复前面被挂起的状态：

```
vagrant resume
```

以下命令用于获取当前虚拟机的状态：

```
vagrant status
```

这些命令都比较方便好记，大家熟练掌握以后就可以更好地管理 Vagrant 虚拟机了。

4.1.3 使用 Vagrant 搭建本地开发环境

虚拟机启动以后会进行一些系统初始化的工作（例如安装统一的 Docker-ce 版本并安装

Golang 开发环境等），如果想利用 Vagrant 统一环境，具体应该怎么操作呢?

首先在当前工作目录即 /Users/yuhongchun/data/vagrant 下再建一个名为 deploy 的目录，然后将之前在 packer 下生成的 Vagrantfile 文件复制至此目录下，并在此目录下执行如下命令启动虚拟机：

```
vagrant up
```

命令显示结果如下：

```
Bringing machine 'default' up with 'virtualbox' provider...
==> default: Importing base box 'centos76'...
==> default: Matching MAC address for NAT networking...
==> default: Setting the name of the VM: deploy_default_1570434053197_35017
==> default: Fixed port collision for 22 => 2222. Now on port 2200.
==> default: Clearing any previously set network interfaces...
==> default: Preparing network interfaces based on configuration...
    default: Adapter 1: nat
==> default: Forwarding ports...
    default: 22 (guest) => 2200 (host) (adapter 1)
==> default: Booting VM...
==> default: Waiting for machine to boot. This may take a few minutes...
    default: SSH address: 127.0.0.1:2200
    default: SSH username: vagrant
    default: SSH auth method: private key
    default:
    default: Vagrant insecure key detected. Vagrant will automatically replace
    default: this with a newly generated keypair for better security.
    default:
    default: Inserting generated public key within guest...
    default: Removing insecure key from the guest if it's present...
    default: Key inserted! Disconnecting and reconnecting using new SSH key...
==> default: Machine booted and ready!
[default] GuestAdditions 6.0.4 running --- OK.
==> default: Checking for guest additions in VM...
==> default: Mounting shared folders...
    default: /vagrant => /Users/yuhongchun/data/vagrant/deploy
```

然后用 vagrant ssh-config 查看 SSH 的相关配置信息，结果如下：

```
Host default
    HostName 127.0.0.1
    User vagrant
    Port 2200
    UserKnownHostsFile /dev/null
    StrictHostKeyChecking no
    PasswordAuthentication no
    IdentityFile /Users/yuhongchun/data/vagrant/deploy/.vagrant/machines/default/
        virtualbox/private_key
    IdentitiesOnly yes
    LogLevel FATAL
```

接下来的事情就简单了，用 vagrant ssh 连接此机器，然后开始安装 Docker-ce 及 Go。安装 Docker-ce 的具体步骤如下。

📶 说明　在安装之前，要先在系统中停用 iptables 和 SELinux，不然安装的过程中会出现问题。

1）关闭 iptables 及自启动 iptables：

```
sudo systemctl stop firewalld
sudo systemctl disable firewalld
```

2）关闭系统的 SELinux：

```
SELINUX=disabled
```

3）更新 yum 资源库，以便后续安装时不会因版本问题导致报错：

```
sudo yum update -y
```

4）安装需要的依赖包，命令如下：

```
sudo yum install -y yum-utils device-mapper-persistent-data lvm2
```

5）安装 Docker-ce 的 yum 源文件，命令如下：

```
sudo yum-config-manager --add-repo https://download.docker.com/linux/centos/
    docker-ce.repo
```

6）Docker 软件包已经包括在默认的 CentOS-Extras 软件源里。因此想要安装 Docker，只需要运行下面的 yum 命令即可：

```
sudo yum install docker-ce
```

7）安装完成后，使用下面的命令来启动 Docker 服务，并将其设置为开机启动：

```
systemctl  start docker.service
systemctl  enable docker.service
```

现在用 Docker version 查看 Docker 版本和结果：

```
Client: Docker Engine - Community
    Version:          19.03.2
    API version:      1.40
    Go version:       go1.12.8
    Git commit:       6a30dfc
    Built:            Thu Aug 29 05:28:55 2019
    OS/Arch:          linux/amd64
    Experimental:     false

Server: Docker Engine - Community
    Engine:
```

```
    Version:              19.03.2
    API version:          1.40 (minimum version 1.12)
    Go version:           go1.12.8
    Git commit:           6a30dfc
    Built:                Thu Aug 29 05:27:34 2019
    OS/Arch:              linux/amd64
    Experimental:         false
containerd:
    Version:              1.2.6
    GitCommit:            894b81a4b802e4eb2a91d1ce216b8817763c29fb
runc:
    Version:              1.0.0-rc8
    GitCommit:            425e105d5a03fabd737a126ad93d62a9eeede87f
docker-init:
    Version:              0.18.0
    GitCommit:            fec3683
```

这里显示的版本为 Docker 19.03.2，API 版本为 1.40。

官方的 Docker 源 pull 的速度太慢，这里要对 Docker 进行加速，先执行如下命令：

```
sudo touch /etc/docker/daemon.json
```

然后在文件添加如下内容：

```
{
    "registry-mirrors": ["https://yhc123456.mirror.aliyuncs.com"]
}
```

注
意 开发者需要开通阿里开发者账户，再使用阿里的加速服务，登录以后就可以获取这个加速地址（这里的地址已做无害处理）。

接着执行下面的命令：

```
sudo systemctl daemon-reload
sudo systemctl restart docker
```

最后安装一个 Nginx Docker，我们先运行 docker pull nginx，然后建立一个 Nginx Docker，命令如下：

```
sudo docker run -d --name nginx nginx
```

此时，用 sudo docker ps 命令可以查看到名为 Nginx 的 Docker 容器，证明 Docker 已经成功安装。

下面来安装自己的实际开发语言环境，这里以 Go 进行说明，版本为 1.13.1。

1）下载并安装 Go，命令如下：

```
cd /usr/local/src
sudo wget https://dl.google.com/go/go1.13.1.linux-amd64.tar.gz
```

```
sudo tar xvf go1.13.1.linux-amd64.tar.gz
sudo mv go /usr/local/
```

2）添加环境变量并使配置生效。

编辑 /etc/profile 文件，添加如下内容：

```
sudo mkdir -p /data/go
export PATH=$PATH:/usr/local/go/bin
export GOROOT=/usr/local/go
export GOPATH=/data/go
```

然后执行如下命令使配置生效：

```
source /etc/profile
```

3）输入以下命令验证：

```
go version
```

命令显示结果如下：

```
go version go1.13.1 linux/amd64
```

4）下面输入简单的 test.go 命令，看此命令有没有成功执行。

```
package main
import "fmt"
func main() {
    fmt.Println("hello,world")
}
```

通过以下命令来执行：

```
go run test.go
```

结果显示正常输出：

```
hello,world
```

Docker 和 Go 的环境配置完成以后，还要将其他的系统配置与线上的配置设置成一致的，例如 Nginx 版本及其配置文件，然后再将此虚拟机进行打包，命令如下（命令跟之前的一样，还是需要在 Bash 环境下执行）：

```
/Users/yuhongchun/data/vagrant/deploy && vagrant package
```

命令结果如下：

```
==> default: Attempting graceful shutdown of VM...
==> default: Clearing any previously set forwarded ports...
==> default: Exporting VM...
==> default: Compressing package to: /Users/yuhongchun/data/vagrant/deploy/
```

```
package.box
```

现在可以把这个 package.box 放在公司的 Artifacter Server 或内部的 FTP 服务器里，与后端开发团队的其他同事一起使用了。

4.1.4 使用 Vagrant 搭建分布式环境

前面介绍的单主机、单虚拟机主要是用来自己做开发机，下面将介绍如何在单机上通过虚拟机打造分布式集群系统。这种多机器模式特别适合以下几种场景：

❏ 快速建立产品网络的多机器环境集群，例如 Web 服务器集群、DB 服务器集群等。
❏ 建立一个分布式系统，例如 Mesos 分布式系统，学习它们是如何交互的。
❏ 测试 API 和其他组件的通信。
❏ 进行容灾模拟，测试网络断网、机器死机、连接超时等情况。

Vagrant 支持单机模拟多台机器，而且支持仅通过一个配置文件 Vagrantfile 即可运行分布式系统，笔者的 Vagrant 目录为 /Users/yuhongchun/data/vagrant，我们在此目录下再建一个名为 distributed 的目录，作为分布式环境搭建的工作目录。然后利用下列配置文件来生成 3 台 VM，其中一台 VM 的 hostname 名为 master，CPU 为 4 核、内存大小为 1024MB，另外两台 VM 的 hostname 分别名为 agent1 和 agent2，CPU 为 4 核、内存大小为 512MB。此外，为了方便虚拟机之间交互，这里选择的是 public_network 模式（即物理 bridge 模式），配置文件内容如下：

```
Vagrant.configure("2") do |config|
config.vm.define  "master" do |vb|
    config.vm.provider "virtualbox" do |v|
        v.memory = 1024
        v.cpus = 4
end
    vb.vm.host_name = "master"
vb.vm.network :public_network, ip: "192.168.200.200"
    vb.vm.box = "centos76"
end


config.vm.define  "agent1" do |vb|
    config.vm.provider "virtualbox" do |v|
        v.memory = 512
        v.cpus = 4
end
    vb.vm.host_name = "agent1"
vb.vm.network :public_network, ip: "192.168.200.201"
    vb.vm.box = "centos76"
end

config.vm.define  "agent2" do |vb|
```

```
        config.vm.provider "virtualbox" do |v|
            v.memory = 512
            v.cpus = 4
    end
        vb.vm.host_name = "agent2"
    vb.vm.network :public_network, ip: "192.168.200.202"
        vb.vm.box = "centos76."
    end
    end
```

利用 vagrant 启动各 VM 的命令为：

```
vagrant up
```

🔧 **注 意** distributed 目录和 deploy 目录都是独立的目录，有各自的 Vagrantfile 文件，如果后面要执行 vagrant halt，也只会关闭当前目录工作的 VM。

命令结果显示如下（摘录了部分）：

```
==> agent2: Importing base box 'centos76'...
==> agent2: Matching MAC address for NAT networking...
==> agent2: Setting the name of the VM: distributed_agent2_1570959000667_63253
==> agent2: Fixed port collision for 22 => 2222. Now on port 2201.
==> agent2: Clearing any previously set network interfaces...
==> agent2: Available bridged network interfaces:
1) en0: Wi-Fi (AirPort)
2) p2p0
3) awdl0
4) en1: 雷雳 1
5) en2: 雷雳 2
6) bridge0
==> agent2: When choosing an interface, it is usually the one that is
==> agent2: being used to connect to the internet.
    agent2: Which interface should the network bridge to? 1
==> agent2: Preparing network interfaces based on configuration...
    agent2: Adapter 1: nat
    agent2: Adapter 2: bridged
==> agent2: Forwarding ports...
    agent2: 22 (guest) => 2201 (host) (adapter 1)
==> agent2: Running 'pre-boot' VM customizations...
==> agent2: Booting VM...
==> agent2: Waiting for machine to boot. This may take a few minutes...
    agent2: SSH address: 127.0.0.1:2201
    agent2: SSH username: vagrant
    agent2: SSH auth method: private key
    agent2: Warning: Connection reset. Retrying...
    agent2: Warning: Remote connection disconnect. Retrying...
    agent2:
    agent2: Vagrant insecure key detected. Vagrant will automatically replace
```

```
    agent2: this with a newly generated keypair for better security.
    agent2:
    agent2: Inserting generated public key within guest...
    agent2: Removing insecure key from the guest if it's present...
    agent2: Key inserted! Disconnecting and reconnecting using new SSH key...
==> agent2: Machine booted and ready!
[agent2] GuestAdditions 6.0.4 running --- OK.
==> agent2: Checking for guest additions in VM...
==> agent2: Setting hostname...
==> agent2: Configuring and enabling network interfaces...
==> agent2: Mounting shared folders...
    agent2: /vagrant => /Users/yuhongchun/data/vagrant/distributed
```

每台 VM 的详细 SSH 配置信息可以用如下命令查看：

```
vagrant ssh-config
```

命令结果如下：

```
Host master
    HostName 127.0.0.1
    User vagrant
    Port 2222
    UserKnownHostsFile /dev/null
    StrictHostKeyChecking no
    PasswordAuthentication no
    IdentityFile /Users/yuhongchun/data/vagrant/distributed/.vagrant/machines/
        master/virtualbox/private_key
    IdentitiesOnly yes
    LogLevel FATAL


Host agent1
    HostName 127.0.0.1
    User vagrant
    Port 2200
    UserKnownHostsFile /dev/null
    StrictHostKeyChecking no
    PasswordAuthentication no
    IdentityFile /Users/yuhongchun/data/vagrant/distributed/.vagrant/machines/
        agent1/virtualbox/private_key
    IdentitiesOnly yes
    LogLevel FATAL

Host agent2
    HostName 127.0.0.1
    User vagrant
    Port 2201
    UserKnownHostsFile /dev/null
    StrictHostKeyChecking no
    PasswordAuthentication no
    IdentityFile /Users/yuhongchun/data/vagrant/distributed/.vagrant/machines/
```

```
    agent2/virtualbox/private_key
    IdentitiesOnly yes
    LogLevel FATAL
```

如果是查看单机的 SSH 配置情况，例如 hostname 名为 master 的机器的 SSH 配置信息，可以用下面的命令查看：

```
vagrant ssh-config master
```

命令结果如下：

```
Host master
    HostName 127.0.0.1
    User vagrant
    Port 2222
    UserKnownHostsFile /dev/null
    StrictHostKeyChecking no
    PasswordAuthentication no
    IdentityFile /Users/yuhongchun/data/vagrant/distributed/.vagrant/machines/
        master/virtualbox/private_key
    IdentitiesOnly yes
    LogLevel FATAL
```

虚拟机分别启动以后，可以通过 vagrant:vagrant 账号和密码进行 SSH 连接，建议以 master 机器为跳板机，分配 root 或 vagrant 用户的公钥到 agent1 和 agent2 机器上面（后期如果有多余的 VM，以此类推）。然后大家可以针对需求搭建各自的分布式环境（比如后面要介绍的 Fabric 或 Mesos/Kubernetes 集群等），并进行相关测试或开发工作。下面以 Mesos 分布式集群的搭建来举例说明。

这里提到了 Mesos，先简单介绍下什么是 Mesos 分布式系统。

Mesos 最初由 UC Berkeley 的 AMP 实验室于 2009 年发起，遵循 Apache 协议，目前已经成立了 Mesosphere 公司进行运营。Mesos 可以将整个数据中心的资源（包括 CPU、内存、存储、网络等）进行抽象和调度，这使得多个应用可同时运行在集群中分享资源，并且无须关心资源的物理分布情况。

如果把数据中心的集群资源比作一台服务器，那么 Mesos 要做的事情，其实就是操作系统内核的职责：抽象资源 + 调度任务。Mesos 项目是 Mesosphere 公司 Datacenter Operating System（DCOS）产品的核心部件。

Mesos 项目主要用 C++ 语言编写，项目官方地址为 http://mesos.apache.org，代码仍在快速演化中，已经发布了正式版 1.0.0 版本。

Mesos 拥有许多引人注目的特性，包括：

❑ 支持数万个节点的大规模场景（Apple、Twitter、eBay 等公司的实践）。

❑ 支持多种应用框架，包括 Marathon、Singularity、Aurora 等。

❑ 支持 HA（基于 ZooKeeper 实现）。

❑ 支持 Docker、LXC 等容器机制进行任务隔离。

❑ 提供了多个流行语言的 API，包括 Python、Java、C++ 等。

❑ 自带了简洁易用的 WebUI，方便用户直接进行操作。

值得注意的是，Mesos 只是一个资源抽象平台，使用时往往需要结合运行在其上的分布式应用，在 Mesos 中被称作框架（Framework），比如，基于 Hadoop、Spark 等可以进行分布式计算的大数据处理应用；基于 Marathon 可以实现 PaaS，使用 Docker 可快速部署应用并自动保持运行（类似于 Kubernetes）；基于 ElasticSearch 可以索引海量数据，提供灵活的整合和查询能力。

大部分时候，用户只需要跟这些框架打交道即可，无须关心底下的资源调度情况，因为 Mesos 已经自动帮你实现了，这大大方便了上层应用的开发和运维。

图 4-2 是 Mesos 官网提供的系统架构图。

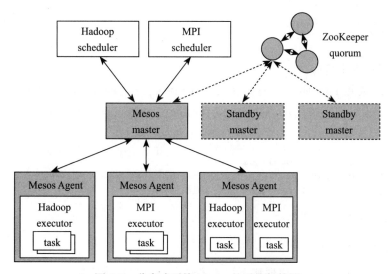

图 4-2　分布式系统 Mesos 的系统架构图

下面以刚才搭建成功的 Vagrant 分布式环境来体验下 Mesos 集群的魅力，首先来看一下各机器的 IP 及角色分配情况，如表 4-1 所示。

表 4-1　安装 Mesos 的 Vagrant 机器分配情况

	IP	角色	需安装的组件
master	192.168.200.200	Master	mesos-master、ZooKeeper、Marathon
agent1	192.168.200.201	Agent 节点	mesos-agent、Docker
agent2	192.168.200.202	Agent 节点	mesos-agent、Docker

各组件具体说明如下。

❑ ZooKeeper：保持各 Master 之间的通信和选举，生产环境下 mesos-master 至少是 3 个或 3 个以上，这里只有一个；在生产环境下的分布式系统，也以 ZooKeeper 来保证信息的高可用，所以至少是三个或三个以上，这里由于是实验性质，因此也只有一个。

❑ Mesos-master：管理接入 Mesos 系统的各个框架的 Agent 节点，并将 Agent 的资源按照相应的策略分配给框架。

❑ Marathon：Mesos 框架，基于 Docker 的负载均衡器，用于下发任务。

❑ Docker：Agent 节点需要安装，毕竟要以 Docker 容器的形式来发布应用。master 不需要安装，它只负责调度。

1. 安装前的预置工作

在各机器上，将 iptables 及 SELinux 关闭，master 机器做好 root 用户的公钥分配，另外，统一各机器的 /etc/hosts 文件内容，示例如下：

```
192.168.100.200 master
192.168.100.201 agent1
192.168.100.202 agent2
```

2. master 机器上的操作

ZooKeeper 依赖 Java 环境，因此在安装 ZooKeeper 之前要先安装 JDK 环境。到 Java 官网下载 JDK 源码包，这里用的是 jdk-8u144-linux-x64.tar.gz，解压并移至 /usr/local 目录下，然后增加 /etc/profile 文件内容，示例如下：

```
export JAVA_HOME=/usr/local/jdk
export JRE_HOME=/usr/local/jdk/jre
export PATH=$JAVA_HOME/bin:$JRE_HOME/bin:$PATH
```

用 source 命令使其立即生效：

```
source /etc/profile
```

用 java -version 来验证，出现如下结果才表示 Java 已正常安装：

```
java version "1.8.0_144"
Java(TM) SE Runtime Environment (build 1.8.0_144-b01)
Java HotSpot(TM) 64-Bit Server VM (build 25.144-b01, mixed mode)
```

接着安装 ZooKeeper，命令如下：

```
cd /usr/local/src
wget http://archive.apache.org/dist/zookeeper/zookeeper-3.4.6/zookeeper-
    3.4.6.tar.gz
tar xvf zookeeper-3.4.6.tar.gz
mv zookeeper-3.4.6 zookeeper
cd zookeeper/conf/
mv zoo_sample.cfg zoo.cfg
```

在 zoo.cfg 文件里面新增如下内容：

```
dataDir=/data/zookeeper
```

然后建立 /data/zookeeper 目录，命令如下：

```
mkdir -p /data/zookeeper
```

进入到 bin 目录下的命令如下：

```
cd ../bin/
```

运行 ZooKeeper，命令如下：

```
./zkServer.sh start
```

命令显示结果如下：

```
JMX enabled by default
Using config: /usr/local/src/zookeeper-3.4.6/bin/../conf/zoo.cfg
Starting zookeeper ... STARTED
```

我们可以用如下命令来验证 ZooKeeper 启动是否成功。

```
./zkServer.sh status
```

此结果表明 ZooKeeper 已正常启动：

```
JMX enabled by default
Using config: /usr/local/src/zk/bin/../conf/zoo.cfg
Mode: standalone
```

接下来继续安装 Mesos 和 Marathon 框架，命令如下：

```
rpm -Uvh http://repos.mesosphere.io/el/7/noarch/RPMS/mesosphere-el-repo-7-1.
    noarch.rpm
yum -y install mesos marathon
```

现在，配置 mesos-master 和 Marathon。对 Marathon 默认的配置文件内容进行修改，示例如下：

```
####################################
###### Environment Configuration #####
####################################

# Setting --mesos_user
# ------------------------
MARATHON_MESOS_USER="root"

# Setting JAVA_OPTS
# -----------------
# JAVA_OPTS="-Dpidfile.path=/var/run/marathon/marathon.pid"
MARATHON_MASTER="zk://127.0.0.1:2181/mesos"
MARATHON_ZK="zk://127.0.0.1:2181/marathon"
```

接着修改 /etc/mesos-master 里的相关配置文件内容，示例如下：

```
echo "192.168.200.200" > /etc/mesos-master/hostname
echo "192.168.200.200" > /etc/mesos-master/ip
```

分别启动 mesos-master 和 Marathon，命令如下：

```
systemctl start mesos-master
systemctl enable mesos-master
systemctl start marathon
systemctl enable marathon
```

为了避免出现意外错误，可以用 systemctl status 命令分别进行检查，确保 mesos-master 和 marathon 都处于运行状态。

3. Agent 机器节点上的操作

这里以 agent1 节点为例进行说明。

1）安装 docker-ce，命令如下：

```
yum install -y yum-utils device-mapper-persistent-data lvm2
yum-config-manager --add-repo https://download.docker.com/linux/centos/docker-
    ce.repo
yum install docker-ce-18.03.1.ce-1.el7.centos docker-ce-cli-18.03.1.ce-1.el7.
    centos
```

2）启动 Docker 服务，命令如下：

```
systemctl enable docker && systemctl start docker
```

3）通过 yum 来安装 Mesos，结果如下：

```
rpm -Uvh http://repos.mesosphere.io/el/7/noarch/RPMS/mesosphere-el-repo-7-1.
    noarch.rpm
yum -y install mesos
```

4）修改 mesos-slave 和其配置，示例如下：

```
echo '192.168.200.201' > /etc/mesos-slave/hostname
```

mesos-slave 连接 ZooKeeper 的配置内容如下：

```
zk://192.168.200.200:2181/mesos
```

5）启动 mesos-slave，命令如下：

```
systemctl start mesos-slave
systemctl enable mesos-slave
```

针对 agent2 的操作与 agent1 类似，只需要修改 /etc/mesos-slave/hostname 内容即可。到这里，通过 Mesos 的界面就可以判断配置情况，打开 Mesos 界面，然后选择

"agent"菜单，如图4-3所示。

Agents					
ID ▼	Host	State	CPUs (Allocated / Total)	GPUs (Allocated / Total)	Mem (Allocated / Total)
...3d8613d12ef4-S0	192.168.200.201	Active	0.1 / 4	0 / 0	64 MB / 243 MB
...1aca50a0c67b-S0	master	Active	0 / 4	0 / 0	0 B / 495 MB
...a6186c455bf5-S1	192.168.200.202	Active	0 / 4	0 / 0	0 B / 243 MB

图4-3　Mesos 工作界面

图4-3 表示配置都是成功的，mesos-agent 与 mesos-master 能建立正常连接。

现在，打开 192.168.200.200:8080，即 Marathon 的操作界面，建立 Nginx Docker 应用，nginx.json 文件内容如下：

```
{
    "id": "nginx",
    "cpus": 0.1,
    "mem": 64.0,
    "instances": 1,
    "container": {
        "type": "DOCKER",
        "docker": {
            "image": "nginx",
            "network": "BRIDGE",
            "portMappings": [
                { "containerPort": 80, "hostPort": 0, "protocol": "tcp" }
            ]
        }
    },
    "healthChecks": [
        {
            "protocol": "HTTP",
            "portIndex": 0,
            "path": "/",
            "gracePeriodSeconds": 5,
            "intervalSeconds": 20,
            "maxConsecutiveFailures": 3
        }
    ]
}
```

显示结果也是正常的，如图4-4所示。

图4-4　Marathon 界面工作图示

喜欢 Docker 的读者可以多重复此实验，Mesos + Marathon 非常适合容器管理和编排的私有云项目，很多方面可以媲美 Kubernetes 集群。我们用很多项目证明了 Mesos 可利用 ZooKeeper 的高可性，在很多网络资源或硬件资源不稳定的场景下，它也能够稳定和持续地提供高可用容器云服务。

Vagrant 除了能够方便地在团队之间共享开发环境以外，另外一个优点就是能在节约系统资源的前提下，快捷地搭建分布式环境。现在很多工作都会涉及分布式场景，希望大家能够熟练地掌握用法，这样工作和学习效率会进一步加强。

参考文档：

https://www.jianshu.com/p/a87a37d73202

https://github.com/astaxie/go-best-practice/blob/master/ebook/zh/01.1.md

4.2　轻量级自动化运维工具 Fabric

Fabric 是基于 Python（底层版本库是 Paramiko）实现的 SSH 命令行工具，简化了 SSH 的应用程序部署及系统管理任务，它提供了系统基础的操作组件，可以实现本地或远程的 Shell 命令，包括文件上传和下载、脚本执行及完整执行日志输出等功能。Fabric 的官方地址为 http://www.fabfile.org，目前最新版本为 2.5.0。

这里还是沿袭前面的 Vagrant 虚拟机环境：

```
192.168.100.200 master
192.168.100.201 agent1
192.168.100.202 agent2
```

这里以 IP 为 200 的机器作为 Fabric 机器，提前做好 Vagrant 用户的 ssh-keygen 和 ssh-copy-id 工作，使其可以免密登录所有的机器（包括 192.168.100.200 本身），配置过程较为简单，这里略过。

4.2.1　Paramiko 版本库简介

Paramiko 是 Fabric 工具的基础库，它是一个 Python 第三方库，基于 Python 实现 SSH2 的远程安全连接，支持密码及私钥安全认证，可以实现远程执行命令、文件传输、中间 SSH 代理等功能，下面进行简单介绍。

它的安装较为简单，直接用 pip 命令即可，由于线上绝大多数项目都是基于 Python 2.7 的，所以这里建议带上版本号，命令如下：

```
paramiko==2.4.2
```

下面写一个简单的脚本来了解下 Paramiko 模块的用法，其代码如下：

```
#!/usr/bin/env python
#encoding:utf8
```

```python
import paramiko

hostname = '192.168.200.222'
username = 'root'
password = 'vagrant'
paramiko.util.log_to_file('ssh_login.log')
# 发送 Paramiko 日志到 ssh_login.log 文件

ssh = paramiko.SSHClient()
# 创建一个 SSH 客户端 client 对象
#ssh.load_system_host_keys()
# 获取客户端 host_keys，默认为～ /.ssh/known_hosts，非默认需要指定路径
ssh.set_missing_host_key_policy(paramiko.AutoAddPolicy())
# 自动添加主机名及主机密钥到本地 HostsKeys 对象
ssh.connect(hostname=hostname, username=username, password=password)
# 创建 SSH 连接
stdin,stdout,stderr = ssh.exec_command('free -m')
# 调用远程执行命令方法 exec_command()

print stdout.read()
# 打印命令执行结果

ssh.close()
# 关闭 ssh 连接
```

命令执行结果如下：

	total	used	free	shared	buff/cache	available
Mem:	572	79	308	8	184	367
Swap:	2047	0	2047			

接下来，再写一个 SSHBridge 类来封装下 Paramiko 模块，用于后面的项目实践，代码如下：

```python
#!/usr/bin/env python
import paramiko
class SSHBridge(object):
    key=None
    def __init__(self,host,user='admin',password='admidsa@qss',pkey=None):
        self.user=user
        self.password=password
        self.host=host
        self.pkey=pkey
        self.ssh=paramiko.SSHClient()

    def _close(self):
        return self.ssh.close()
    def _key_ssh(self,cmd):
        try:
            self.ssh = paramiko.SSHClient()
            self.key=paramiko.RSAKey.from_private_key_file(self.pkey)
```

```
            self.ssh.set_missing_host_key_policy(paramiko.AutoAddPolicy())
            self.ssh.connect(self.host,username = self.user,pkey=self.key)
            stdin,stdout,stderr=self.ssh.exec_command(cmd)
            channel = stdout.channel
            status = channel.recv_exit_status()
            if status==0:
                result = get_result(0, stdout.read().strip())
            else:
                result = get_result(1,stderr.read().strip())
            self.ssh.close()
            return result
        except Exception,e:
            return get_result(1,str(e))


    def _upload(self,local_file,remote_file):
        try:
            self.ssh = paramiko.SSHClient()
            self.ssh.set_missing_host_key_policy(paramiko.AutoAddPolicy())
            self.ssh.load_system_host_keys()
            self.ssh.connect(self.host,username = self.user,pkey=self.key)
            sftp = paramiko.SFTPClient.from_transport(self.ssh.get_transport())
            sftp = self.ssh.open_sftp()
            sftp.put(local_file, remote_file)
            self.ssh.close()
            return get_result(0,'done')
        except Exception,e:
            return get_result(1,str(e))
    def run(self,cmd='id'):
        # if self.key:
        return self._key_ssh(cmd)
        # else:
        #     return self._passwd_ssh(cmd)
    def upload(self,local_file,remote_file):
        return self._upload(local_file,remote_file)
```

Paramiko 的更多详细用法可以参考官方文档：http://www.paramiko.org/。

4.2.2　Fabric 的安装

Fabric 的安装可以选择用 Python 的 pip、easy_install 及源码方式，它们能很方便地解决包依赖关系，大家可以自行根据系统环境选择最优的安装方法。如果选择 pip 或 easy_install 安装方式，其命令如下（如果系统是最小化安装，记得先提前安装好 gcc、gcc-c++、make 这些基础开发包和 python-pip，此处系统为 CentOS 7.6 x86_64）：

```
yum -y install make gcc gcc++  python-devel python-pip openssl-devel
```

pip 是安装 Python 包的工具，它还具有列出已经安装的包、升级包以及卸载包的功能。

可以通过 pip 工具直接安装，由于大多数项目使用的还是 Python 2.7，所以这里需要指定 Fabric 版本，命令如下：

```
pip install fabric==1.14.0
```

下面检查下 Fabric 模块是否已正常安装，如果 import fabric 没有任何错误提示，则表示 Fabric 已经成功安装，命令如下：

```
Python 2.7.5 (default, Oct 30 2018, 23:45:53)
[GCC 4.8.5 20150623 (Red Hat 4.8.5-36)] on linux2
Type "help", "copyright", "credits" or "license" for more information.
>>> import fabric
```

这时系统就应该有 Fabric 的命令行文件 fab 了，执行如下命令可定位 fab 文件的位置：

```
which fab
```

命令显示结果如下：

```
/usr/bin/fab
```

4.2.3　Fabric 的命令行入口 fab 命令详解

fab 作为 Fabric 的命令行入口，提供了丰富的参数调用，命令格式如下：

```
fab [options] -- [shell command]
```

参数说明如下。

❑ -l：显示定义好的任务函数名。

❑ -f：指定 fab 入口文件，默认入口文件名为 fabfile.py，如果当前目录不存在 fabfile.py，则必须用 -f 参数指定一个新的文件，不然会报错。

❑ -g：指定网关设备，比如跳板机环境，填写跳板机 IP 即可。

❑ -H：指定目标主机，多台主机用 ","号分隔。

❑ -P：以异步并行方式运行多个主机任务，默认为串行运行。

❑ -R：指定 role（角色），以角色名区分不同业务组设备。

❑ -t：设置设备连接超时时间。

❑ -T：设置远程主机命令执行超时时间。

❑ -w：当命令执行失败，发出警告，而非默认终止任务。

fab 的用法比较简单，这里举例说明下。

如果要通过 Fabric 得知远程机器 10.0.0.17 的 hostname，可使用如下命令：

```
fab -H 192.168.200.200,192.168.200.201,192.168.200.202 -- 'hostname'
```

成功执行 fab 命令后，就应该可以看到以下结果：

```
[192.168.200.200] Executing task '<remainder>'
[192.168.200.200] run: hostname
[192.168.200.200] out: master
[192.168.200.200] out:

[192.168.200.201] Executing task '<remainder>'
[192.168.200.201] run: hostname
[192.168.200.201] out: agent1
[192.168.200.201] out:

[192.168.200.202] Executing task '<remainder>'
[192.168.200.202] run: hostname
[192.168.200.202] out: agent2
[192.168.200.202] out:


Done.
Disconnecting from 192.168.200.201... done.
Disconnecting from 192.168.200.200... done.
Disconnecting from 192.168.200.202... done.
```

4.2.4　Fabric 的环境变量设置

Fabric 的环境变量有很多，存放在一个字典中，即 fabric.state.env，而它则包含在 fabric.api 中。为了方便，我们一般使用 env 来指代环境变量。env 环境变量可以控制 Fabric 的很多行为，一般通过 env.xxx 进行设置。

另外，env.xxx 是全局变量，是要放在函数体外的，如果放在函数体内，执行的时候是会报错的。

Fabric 默认使用本地用户通过 SSH 进行远程连接，不过我们可以通过 env.user 变量进行覆盖。当我们进行 SSH 连接时，Fabric 会让我们交互地输入远程机器密码，如果设置了 env.password 变量，则不需要交互地输入密码。

下面介绍一些常用的环境变量。

❑ abort_on_prompts：设置是否运行在交互模式下，例如会提示输入密码之类，默认是 false。

❑ connection_attempts：Fabric 尝试连接到新服务器的次数，默认 1 次。

❑ cwd：目前的工作目录，一般用来确定 cd 命令的上下文环境。

❑ disable_known_hosts：默认是 false，如果是 true，则会跳过用户知道的 hosts 文件（下面有详细说明）。

❑ exclude_hosts：指定一个主机列表，在 fab 命令执行时，忽略列表中的机器。

❑ fabfile：默认值是 fabfile.py，在 fab 命令执行时，会自动搜索这个文件执行。

❑ host_string：在 Fabric 连接远程机器执行 run、put 命令时设置的 user/host/port 等。

❑ hosts：一个全局的 host 列表。

❏ keepalive：默认 0，设置 SSH 的 Keepalive。

❏ local_user：一个只读的变量，包含了本地的系统用户，同 user 变量一样，但是 user 可以修改。

❏ parallel：默认为 false，即串行，如果是 true 则会并行地执行所有的 task。

❏ pool_size：默认为 0，在使用 parallel 执行任务时设置的进程数。

❏ password：SSH 远程连接时使用的密码，也可以是在使用 sudo 时使用的密码。

❏ passwords：一个字典，可以为每一台机器设置一个密码，key 是 IP，value 是密码。

❏ path：在使用 run/sudo/local 执行命令时设置的 $PATH 环境变量。

❏ port：设置主机的端口。

❏ roledefs：一个字典，设置主机名到规则组的映射。

❏ roles：一个全局的 role 列表。

❏ shell：默认是 /bin/bash -l -c，指在执行 run 命令时默认的 shell 环境。

❏ skip_bad_hosts：默认为 false，为 ture 时，会导致 fab 命令跳过无法连接的主机。

❏ sudo_prefix：默认值为 "sudo -S -p '%(sudo_prompt)s' " % env，指执行 sudo 命令时调用的 sudo 环境。

❏ sudo_prompt：默认值为 "sudo password:"。

❏ timeout：默认为 10，指网络连接的超时时间。

❏ user：表示 SSH 使用哪个用户登录远程主机。

4.2.5　Fabric 的核心 API

Fabric 的核心 API 主要有七类：带颜色的输出类（color output）、上下文管理类（context managers）、装饰器类（decorators）、网络类（network）、操作类（operations）、任务类（tasks）、工具类（utils）等。

Fabric 提供了一组简单但功能强大的 fabric.api 命令集，调用这样的 API 就能完成大部分的应用场景需求，Fabric 支持的常用方法说明如下。

❏ local：执行本地命令，如 local：('uname -s')。

❏ lcd：切换本地目录，如 lcd：('/home')。

❏ cd：切换远程目录，如 cd：('/data/logs/')。

❏ run：执行远程命令，如：run('free -m')。

❏ sudo：以 sudo 方式执行远程命令，如：sudo('/etc/init.d/httpd start')。

❏ put：上传本地文件到远程主机，如：put('/home/user.info'，'/data/user.info')。

❏ get：从远程主机下载文件到本地，如：get('/home/user.info'，'/data/user.info')。

❏ prompt：获得用户输入信息，如：prompt('please input user password：')。

❏ confirm：获得提示信息确认，如：confirm('Test failed，Continue[Y/N]')。

❏ reboot：重启远程主机，如 reboot()。

❑ @task：函数修饰符，新版本的 Fabric 任务对面向对象特性和命名空间有很好的支持，尤其是面向对象的继承和多态特性。新版本的 Fabric 定义常规的模块级别的函数并带有装饰器 @task 时，会直接将该函数转化为 Task 子类。该函数名会被作为任务名，后面会举例说明 @task 的用法。

❑ @runs_once：函数修饰符，标识符的函数只会执行一次，不受多台主机影响。

下面来看看 @task 的用法，它可以为任务添加别名，命令如下：

```python
from fabric.api import task
@task(alias='dwm')
def deploy_with_migrations():
    pass
```

以下是用 fab 命令打印指定文件中存在的命令：

```
fab -f /home/yhc/test.py --list
```

命令显示结果如下：

```
Available commands:
deploy_with_migrations
    dwm
```

还可以通过 @task 来设置默认的任务，比如部署一个子模块：

```python
from fabric.api import task
@task
def migrate():
    pass
@task
def push()
    pass
@task
def provision():
    pass

@task(default=True)
def full_deploy():
    provision()
    push()
    migrate()
```

使用 fab 命令来打印指定文件中存在的命令，命令如下：

```
fab -f /home/yhc/test.py --list
```

结果如下：

```
Available commands:
    deploy
```

```
deploy.full_deploy
deploy.migrate
deploy.provision
deploy.push
```

也可以通过 @task 以类的形式来定义任务，示例如下：

```
from fabric.api import task
from fabric.tasks import Task
class MyTask(Task):
    name = "deploy"
    def run(self, environment, domain="whatever.com"):
        run("git clone foo")
        sudo("service apache2 restart")
instance = MyTask()
```

上面的代码跟下面的代码效果是一样的。

```
from fabric.api import task
from fabric.tasks import Task
@task
def deploy(environment, domain="whatever.com"):
    run("git clone foo")
    sudo("service apache2 restart")
```

大家可以对比看看，是不是采用 @task 函数修饰器的方式更为简洁和直观呢？

关于 @task 修饰器的用法和其他 fabric.api 命令，请参考 Fabric 官方文档 http://fabric-chs.readthedocs.org/zh_CN/chs/tutorial.html。

下面举个例子说明 @runs_once 的用法，源码文件 /home/yhc/test.py 如下：

```
#!/usr/bin/python
# -*- coding: utf-8 -*-
from fabric.api import *
from fabric.colors import *
from fabric.api import *
from fabric.colors import *


# 如果没有配置 SSH-key 免密登录，此时需要设置账号和密码，这里以 root 为用户运行
env.user = "root"
# 定义用户名,env 对象的作用是定义 Fabric 指定文件的全局设定
#env.password = "vagrant"
# 定义密码
env.hosts = ['192.168.1.201','192.168.1.202']
# 定义目标主机


@runs_once
# 当有多台主机时只执行一次
def local_task():
# 本地任务函数
```

```
    local("hostname")
    print red("hello,world")
    # 打印红色字体的结果
'''
```

with 是 Python 中更优雅的语法，可以很好地处理上下文环境产生的异常，用了 with 以后相当于实现了

```
    "cd /usr/local/src && ls -lF | grep /$"
'''
def remote_task():
# 远程任务函数
    with cd("/usr/local/src"):
        run("ls -lF | grep /$")
```

通过 fab 命令调用 local_task 本地任务函数的示例如下：

```
fab -f test.py local_task
```

运行结果如下：

```
[192.168.200.201] Executing task 'local_task'
[localhost] local: hostname
master
hello,world

Done.
```

虽然命令显示的不是本机的 IP 地址，但实际上是在本地主机 server（192.168.200.200）的机器上执行了命令（并不是在主机 201 及 202 上），并以红色字体显示了"hello,world"。

调用 remote_task 远程函数显示结果：

```
fab -f test.py remote_task
```

分别在 192.168.200.201 和 192.168.200.202 的机器上打印 /usr/local/src/ 下面存在的目录，结果如下：

```
[root@master ~ ]# fab -f test.py remote_task
[192.168.200.201] Executing task 'remote_task'
[192.168.200.201] run: ls -lF | grep /$
[192.168.200.201] out: drwxr-xr-x. 2 root root 6 Nov  2 06:57 pip/
[192.168.200.201] out: drwxr-xr-x. 2 root root 6 Nov  2 06:57 source/
[192.168.200.201] out:

[192.168.200.202] Executing task 'remote_task'
[192.168.200.202] run: ls -lF | grep /$
[192.168.200.202] out: drwxr-xr-x. 2 root root 6 Nov  2 06:57 test/
[192.168.200.202] out: drwxr-xr-x. 2 root root 6 Nov  2 06:57 yhc/
[192.168.200.202] out:

Done.
Disconnecting from 192.168.1.201... done.
Disconnecting from 192.168.1.202... done.
```

4.2.6　Fabric 的执行逻辑

1. Fabric 的执行逻辑介绍

由于 Fabric 并不是完全线程安全的（任务函数之间并不会产生交互），因此该功能的实现是基于 multiprocessing 模块的，它会为每一个主机和任务组合创建一个线程，同时提供一个（可选的）弹窗用于阻止创建过多的进程。

举个例子，假设我们打算更新数台服务器上的 Web 应用代码，所有服务的代码都会在更新后开始重启服务器（这样代码更新失败的时候比较容易回滚）。你可能会写出下面这样的代码：

```python
#!/usr/bin/python
# -*- coding: utf-8 -*-
from fabric.api import *
from fabric.colors import *
from fabric.api import *
from fabric.colors import *
def update():
    with cd("/srv/django/myapp"):
        run("git pull")

def reload():
    sudo("service apache2 reload")
```

在三台服务器上并行执行，命令如下：

```
fab -H web1,web2,web3 update reload
```

常见的情况是没有启动任何并行执行参数，Fabric 将会按顺序在服务器上执行：

在 web1 上更新。

在 web2 上更新。

在 web3 上更新。

在 web1 上重新加载配置。

在 web2 上重新加载配置。

在 web3 上重新加载配置。

如果激活并行执行（通过选项 -P 实现），它将变成这样：

在 web1、web3 和 web3 上更新。

在 web1、web2 和 web3 上重新加载配置。

这样做的好处非常明显——如果 update 花费 5 秒，reload 花费 2 秒，顺序执行总共会花费 (5+2)×3 = 21 秒，而并行执行只需要它的 1/3，也就是 5+2 = 7 秒。

Fabric 如何使用装饰器来改变执行顺序呢？

由于并行执行影响的最小单位是任务，因此功能的启用或禁用也是以任务为单位使用

parallel（并行）或 serial（串行）装饰器的。以下面这个 fabfile 为例：

```
from fabric.api import *
@parallel
def runs_in_parallel():
    pass
def runs_serially():
    pass
```

如果这样执行：

```
fab -H host1,host2,host3 runs_in_parallel runs_serially
```

将会按照以下的流程执行：

runs_in_parallel 运行在 host1、host2 和 host3 上。

runs_serially 运行在 host1 上。

runs_serially 运行在 host2 上。

runs_serially 运行在 host3 上。

我们也可以使用命令行选项 -P 或者环境变量 env.parallel <env-parallel> 强制所有任务并行执行。不过被装饰器 fabric.decorators.serial 封装的任务会忽略该设置，仍旧保持顺序执行。

例如，下面的 fabfile 会产生和上面同样的执行顺序：

```
from fabric.api import *
def runs_in_parallel():
    pass
@serial
def runs_serially():
    pass
```

如果按下面这样调用：

```
fab -H host1,host2,host3 -P runs_in_parallel runs_serially
```

和上面一样，runs_in_parallel 将会并行执行，runs_serially 则会顺序执行。

2. 如何利用进程池大小来限制 Fabric 进程数

主机列表很大时，用户的机器可能会因为并发运行了太多的 Fabric 进程而被压垮，因此，我们可能会选择进程池来限制 Fabric 并发执行的活跃进程数。常用的方法是将 pool_size 配置为 CPU 的逻辑个数。

默认情况下没有使用 bubble 限制，所有主机都运行在并发池中。我们可以在任务级别指定用 parallel 的关键字参数 pool_size 覆盖该设置，或者使用选项 -z 进行全局设置。

例如，同时在 5 个主机上运行如下命令进行覆盖：

```
from fabric.api import *

@parallel(pool_size=5)
```

```
def heavy_task():
    # lots of heavy local lifting or lots of IO here
```

或者不使用关键字参数 pool_size：

```
fab -P -z 5 heavy_task
```

参考文档：

http://fabric-chs.readthedocs.io/zh_CN/chs/usage/parallel.html
更多涉及 Fabric 新特性的知识点请大家自行阅读和学习。

4.3　Fabric 在工作中的应用实例

4.3.1　开发环境中的 Fabric 应用实例

笔者所在的公司内网使用的是 VMware 虚拟机集群，但数据也不少，因为是内网环境，所以一般直接用 root 和 SSH 密码连接，系统是清一色的 CentOS 7.6 x86_64，Python 版本则为 2.7.9。下面就以此环境为例来介绍 Fabric 的应用实践。

实例 1，同步 Fabric 跳板机的 /etc/hosts 文件，脚本如下：

```
#!/usr/bin/python
# -*- coding: utf-8 -*-
from fabric.api import *
from fabric.colors import *
from fabric.context_managers import *
#fabric.context_managers 是 Fabric 的上下文管理类,这里需要 import 是因为下面会用到 with

env.user = 'root'
env.hosts = ['192.168.1.200','192.168.1.205','192.168.1.206']
env.password = 'bilin101'


@task
# 限定只有 put_hosts_files 函数对 fab 命令可见。
def put_hosts_files():
    print yellow("rsync /etc/host File")
    with settings(warn_only=True): # 出现异常时继续执行,非终止
        put("/etc/hosts","/etc/hosts")
        print green("rsync file success!")
'''
这里用到 with 是确保即便发生异常,也将尽早执行清理操作,一般来说,Python 中的 with 语句多用于执
    行清理操作(如关闭文件),因为 Python 中打开文件的时间是不确定的,如果有其他程序试图访问打开
    的文件会导致问题
'''

for host in env.hosts:
    env.host_string = host
    put_hosts_files()
```

实例 2，同步公司内部开发服务器的 git 代码，互联网公司的开发团队应该都比较倾向采用 git 作为开发版本管理工具，此脚本稍为改动下应该也可以用于线上的 prod 集群，脚本如下：

```python
#!/usr/bin/python
# -*- coding: utf-8 -*-
from fabric.api import *
from fabric.colors import *
from fabric.context_managers import *

env.user = 'root'
env.hosts = ['192.168.1.200','192.168.1.205','192.168.1.206']
env.password = 'redhat'


@task
# 同上面一样，指定 git_update 函数只对 fab 命令可见
def git_update():
    with settings(warn_only=True):
        with cd('/home/project/github'):
            sudo('git stash clear')
            # 清理当前 git 中所有的储藏，以便于我们 stashing 最新的工作代码
            sudo('git stash')
            ''' 如果想切换分支，但是不想提交你正在进行的工作，那么就得储藏这些变更。想要往 git
                堆栈推送一个新的储藏，只需要运行 git stash 命令即可
            '''
            sudo('git pull')
            sudo('git stash apply')
            # 完成当前代码 pull 以后，取回最新的 stashing 工作代码，这里要用命令 git stash
                apply
            sudo('nginx -s reload')


for host in env.hosts:
    env.host_string = host
    git_update()
```

4.3.2　工作场景中常见的 Fabric 应用实例

工作场景一

笔者公司的某海外业务机器都是清一色的 AWS EC2 主机，机器数量较多，每个数据中心都部署了 Fabric 跳板机，系统为 Amazon Linux，内核版本为 3.14.34-27.48.amzn1. x86_64，Python 版本为 Python 2.6.9。

若有公司项目组核心开发人员离职，则会更改线上机器密钥，由于密钥一般是以组的形式存在的，再加上机器数量繁多，因此单纯通过手动操作，是不可能完成的，但通过 Fabric 自动化运维工具，便可轻松完成这项工作。由于现在的线上服务器多采用 SSH Key 的方式管理，所以 SSH Key 分发对于大多数系统运维人员来说也是工作内容之一，故而建

议大家掌握此脚本的用法。示例脚本内容如下：

```python
#!/usr/bin/python2.6
# -*- coding: utf-8 -*-
from fabric.api import *
from fabric.colors import *
from fabric.context_managers import *
# 为了简化工作，此脚本采用纯 Python 的写法，没有采用 Fabric 的 @task 修饰器，脚本不需要利用 fab
    执行，直接以 Python 的形式执行即可

env.user = 'ec2-user'
env.key_filename = '/home/ec2-user/.ssh/id_rsa'
hosts=['budget','adserver','bidder1','bidder2','bidder3','bidder4','bidder5',
    'bidder6','bidder7','bidder8','bidder9',redis1','redis2','redis3','redis4',
    'redis5','redis6']
# 机器数量多，这里只罗列部分

def put_ec2_key():
    with settings(warn_only=False):
        put("/home/ec2-user/admin-master.pub","/home/ec2-user/admin-master.pub")
        sudo("\cp /home/ec2-user/admin-master.pub /home/ec2-user/.ssh/authorized_
            keys")
        sudo("chmod 600 /home/ec2-user/.ssh/authorized_keys")

def put_admin_key():
    with settings(warn_only=False):
        put("/home/ec2-user/admin-operation.pub",
"/home/ec2-user/admin-operation.pub")
        sudo("\cp /home/ec2-user/admin-operation.pub  /home/admin/.ssh/
            authorized_keys")
        sudo("chown admin:admin /home/admin/.ssh/authorized_keys")
        sudo("chmod 600 /home/admin/.ssh/authorized_keys")

def put_readonly_key():
        with settings(warn_only=False):
        put("/home/ec2-user/admin-readonly.pub",
"/home/ec2-user/admin-readonly.pub")
        sudo("\cp /home/ec2-user/admin-readonly.pub /home/readonly/.ssh/
            authorized_keys")
        sudo("chown readonly:readonly /home/readonly/.ssh/authorized_keys")
        sudo("chmod 600 /home/readonly/.ssh/authorized_keys")

for host in hosts:
    env.host_string = host
    put_ec2_key()
    put_admin_key()
    put_readonly_key()
```

工作场景二

完成 MySQL MHA 集群自动化测试（后面的章节会详细介绍 MySQL MHA 集群），此
Python 脚本主要是利用 Fabric 做持续性的测试工作，它会随机地在两台 MySQL Slave 机器

上进行重启操作并且会观察最后的打印结果，完整的脚本如下：

```python
#!/usr/bin/python
# -*- coding: utf-8 -*-
from fabric.api import *
from fabric.colors import *
from fabric.context_managers import *
import random
import MySQLdb
import time

'''
此脚本主要用于两次MHA VIP切换时的持续性测试
'''

List = ['192.168.206.192','192.168.206.190']
List_random=random.choice(List)
env.user = 'root'
#env.hosts = ['192.168.206.190']
env.key_filename = '/root/.ssh/id_rsa'
env.roledefs = {
    'master': ['192.168.206.191'],
    'slave' : [List_random],
}

@roles('master')
def restart_master():
    reboot(wait=5)
@roles('slave')
def restart_slave():
    reboot(wait=3)
num = input("请输入要插入的数据的值，请保证一定为整数:")
hostvip='192.168.206.188'
user='root'
passwd='123456'
db='test'
port = 3306

start_time = time.time()

conn = MySQLdb.connect(hostvip, user, passwd, db, port)
cur = conn.cursor()
cur.execute("DROP TABLE IF EXISTS test.number")

sql = """CREATE TABLE test.number (
                id INT NOT NULL,
                num INT,
                PRIMARY KEY(id))"""
cur.execute(sql)
conn.commit()
```

```
def reConndb():
    _conn_status = True
    _max_retries_count = 30          # 设置最大重试次数
    _conn_retries_count = 0          # 初始重试次数
    _conn_timeout = 3                # 连接超时时间为 3 秒
    while _conn_status and _conn_retries_count <= _max_retries_count:
        try:
            conn = MySQLdb.connect(hostvip,user, passwd,db,connect_timeout=_
                conn_timeout)
            _conn_status = False  # 如果连接成功，则 _status 设置为 False，且退出循环，
                返回 db 连接对象
            return conn
        except:
            _conn_retries_count += 1
            print _conn_retries_count
            print 'connect db is error!!'
            time.sleep(1)            # 此为测试看效果
            continue

randomnum1 = random.randrange(100, 1000, 1)
randomnum2 = random.randrange(5000,10000,1)

for x in xrange(num):  # 这个时候再插入自定义的数据
    print x
    if x == randomnum1:
        try:
            execute(restart_master)
        except:
                pass
    if x == randomnum2:
                try:
        execute(restart_slave)
                except:
        pass
    sql = "INSERT INTO number VALUES(%s,%s)" % (x, x)
    conn = reConndb()
    curl = conn.cursor()
    curl.execute(sql)
    conn.commit()

# 打印最后的插入条数
sql = "select count(*) from number;"
conn = MySQLdb.connect(hostvip,user, passwd,db,port)
curl = conn.cursor()
curl.execute(sql)
data = curl.fetchone()
print '最后插入的数据条数为 %d:' % data
conn.close()

end_time = time.time()
print '用时: ', end_time - start_time
```

工作场景三

笔者目前维护的 CDN 业务平台，按照产品线分成 N 个业务平台，以 c01.i01、c01.i02
等形式来区分角色，工作中经常要针对不同的平台执行不同的操作，如果手动执行是一件
非常烦琐的事情，故利用 Fabric 进行全网的校验工作，系统为 CentOS 6.8 x86_64，Python
版本为 2.7.9。脚本内容如下：

```python
#!/usr/bin/env python
#coding:utf-8
#sudo fab -P -z 10 -f /tmp/check_fcdata.py do_task
import time
import sys
import progressbar
from fabric.api import *
from fabric.colors import *
from multiprocessing import Manager
import multiprocessing
env.timeout=10
env.port = '12321'
env.command_timeout=20
env.connection_attempts=2
#env.use_ssh_config=True
env.key_filename="/etc/ssh/identity"
env.disable_known_hosts=True
#known_hosts 很大就会影响执行速度，所以这里会暂时 disable 掉

manager=Manager()
plat_list=manager.list()
plat_env=manager.dict()
queue_no=manager.Queue()
queue=manager.Queue(100000)

def flux_check(plat,queue):
    result=[]
    result.append(green("**"*55))
    with settings(hide('running','stdout','warnings','user'), warn_only=True):
        try:
            fcacheCheck_cmd="ls /cache/logs/fcache_data|grep tmp|wc -l"
            fcache_num=run(fcacheCheck_cmd)
            if not fcache_num.succeeded:
                err="[%s] %s: Check fcache_data Fail,Error is:%s !!"%(plat,env.
                    host,fcache_num.stderr)
                result.append(red(err))
            elif int(fcache_num.stdout) > 3:
                err="[%s] %s: fcache_data/*.tmp GT 3 !!"%(plat,env.host)
                result.append(red(err))
            toFtpCheck_cmd="ls /cache/logs/data_to_ftp/|grep tmp|wc -l"
            FtpCheck_num=run(toFtpCheck_cmd)
            if FtpCheck_num.succeeded:
                if int(FtpCheck_num.stdout) > 3:
```

```
                    err="[%s] %s: data_to_ftp/*.tmp GT 3 !!"%(plat,env.host)
                    result.append(red(err))
                    print '\n'.join(result)
                    queue.put('aa')
                #return err
                elif len(result)!=1:
                    print '\n'.join(result)
                    queue.put('aa')
            else:
                err="[%s] %s: Check data_to_ftp Fail !!"%(plat,env.host)
                result.append(red(err))
                print '\n'.join(result)
                queue.put('aa')
            #return err
            queue.put('aa')
        except Exception,e:
            queue.put('aa')


def Local_task(platform):
    with settings(hide('everything','running','stdout'), warn_only=True):
        cmd_output = local("/work/squid_conf/control/bin/dev -p %s
            >%s"%(platform,platform))
        if cmd_output.return_code == 0:
            l=[]
            with open(platform) as f:
                for line in f:
                    l.append(line.strip())
            return l


#@serial
def get_envRole():

    platlist=["c06.i06","c01.i07","c01.i05","c01.i02","c01.i01","c01.p01","c01.
        p02","s01.p01","s01.p02"]
    for p in platlist:
        ret=execute(Local_task,p)
        plat_env[p]=ret['<local-only>']
    env.roledefs =plat_env
    plat_list.extend(platlist)


def process(Max,queue):
    p = progressbar.ProgressBar(widgets=[
        magenta("[ 完成进度 <-->]"),
        progressbar.Percentage(),
        ' (', progressbar.SimpleProgress(), ') ',
        ' (', progressbar.Bar(), ') ',
        ' (', progressbar.Timer(), ') ',]
    )
    p.maxval=Max
    p.start()
    num=0
```

```
        while True:
            if not queue.empty():
                _=queue.get(True)
                num=num+1
                p.update(num)
            if num==Max:
                break
        p.finish()


#@parallel(pool_size=10)
def do_task():
    print
    print green('#'*15)
    print ' 开始全网校验 '
    print green('#'*15)
    Max=0
    for _,v in plat_env.items():
        Max=Max+len(v)
    process_print=multiprocessing.Process(target=process,args=(Max,queue))
    process_print.start()
    for plat in plat_list:
        env.hosts=((env.roledefs)[plat])
        execute(flux_check,plat,queue)


get_envRole()
```

大家可以看到，短短几行代码就达到了自动化运维 / 配置的效果，而且与 Fabric 相关的代码都是纯 Python 代码，DevOps 运维开发人员上手也很容易，在公司推广应用，大家的认可度也高。事实上，Fabric 特别适合需要大量执行 Shell 命令的工作场景。

4.4 Fabric 在性能方面的不足

Fabric 的底层设计是基于 Python 的 paramiko 基础库的，它并不支持原生的 OpenSSH，原生的 OpenSSH 的 Multiplexing 及 pipeline 的很多特性都不支持，而这些通过优化都能极大地提升性能。相对而言，Fabric 适合集群内的自动化运维方案（集群内机器数量不多），如果机器数量多，可以考虑 Ansible。

4.5 小结

Fabric 作为 Python 开发的轻量级运维工具，小块头却有大智慧，熟练地掌握其用法能够解决工作中的很多自动化运维需求，我想这也是它受到 DevOps 人员和开发人青睐的原因。大家可以通过学习其在开发环境和线上环境的应用案例，熟练掌握相关用法，然后将其用于自己的系统自运化运维环境中。

Linux 集群项目案例

5.1 Linux 集群的项目案例详解

第 1 章已经介绍了 Linux 集群相关的核心概念，这里再分享几个实际工作中的 Linux 集群项目案例，供大家学习和参考。本章会详细标明项目采用的系统版本，请大家注意甄别。

5.1.1 项目案例一：LVS 在项目中的优化设计思路

LVS 的搭建过程较为简单，具体可以参考第 1 章的内容。LVS/DR 模式的部署过程也较为简单，网上的资料很多，这里就不再赘述了。

在笔者的公司中，LVS/DR 目前主要应用于各 IDC 机房分发 CDN 的流量，采用的是 Keepalived 双机方案，主要用途如下（主要系统为 CentOS 6.8 x86_64）：

❏ 用于流量分流，会将流量分摊到各 IDC 机房后端的 CDN Cache 节点（最前端用于负载均衡的就是 LVS/DR）。

❏ 在遇到 DDoS 攻击的时候，起流量转移的作用，防止被攻击区域被流量拥塞；

❏ 升级后端应用服务器的软件版本，主要用于切量。按照平台逐步升级时，进行流量切量之后再逐步升级。

之前 LVS/DR 与 HAProxy 负载均衡器做过比对，如果应对的是大流量 CC 攻击，在做正则匹配及头部过滤时，HAProxy 的 CPU 消耗占到了 20% 以上，而 LVS 基本上没有任何消耗，可以说性能方面占有绝对优势。再加上 CDN 行业的特殊性，客户端的 HTTP 请求基本上都是无会话状态的，所以笔者还是选择了 LVS/DR 的部署方式。既然节点机房数量较多，这也就意味着 LVS 的数量多，所以笔者还专门开发了 LVS 管理平台的前端页面，方便运维人员通过界面来部署操作，这样就进一步减少了人为误操作。

作为流量的入口, LVS/DR 的作用还是很重要的, 所以优化还是很有必要的, 具体优化如下。

1. 增加并发连接, 解决因为散列表过小导致软中断过高的问题

在系统最小化安装以后要安装一下 ipvs (系统为 CentOS 6.8 x86_64, 最小化安装后通过 yum 安装 ipvs), 默认情况下散列表是 4096 (2^{12})。通过以下命令可显示 ipvsadm 的路由表:

```
ipvsadm -ln
```

命令显示结果如下:

```
IP Virtual Server version 1.2.1 (size=4096)
Prot LocalAddress:Port Scheduler Flags
-> RemoteAddress:Port          Forward Weight ActiveConn InActConn
```

大家注意下 size 的大小, 其默认值为 4096。

在这里要做的是在 /etc/modprobd.d/ 目录下加个 lvs.conf 文件, 其内容为 options ip_vs conn_tab_bits=20, 然后重新加载模块就可以生效了。配置起来还是比较简单的, 命令如下:

```
echo "options ip_vs conn_tab_bits=20" > /etc/modprobd.d/lvs.conf
```

使重新加载的模块生效的命令如下:

```
modprobe -r ip_vs_wrr
modprobe -r ip_vs
modprobe ip_vs
```

配置好后可以输入如下命令:

```
ipvsadm -ln
```

命令显示结果如下:

```
IP Virtual Server version 1.2.1 (size=1048576)
```

IPVS connection hash table size, 该表用于记录每个进来的连接及路由去向的信息 (这和 iptables 跟踪表类似)。

在连接跟踪表中, 每行称为一个 Hash Bucket (Hash 桶), 桶的个数是一个固定的值 CONFIG_IP_VS_TAB_BITS, 默认为 12。这个值可以调整, 该值的大小应该在 8 到 20 之间, 详细的调整方法见上面。

对 LVS 调优时, 建议将 HashTable 的值设置为不低于并发连接数。例如, 并发连接数为 200, Persistent 时间为 200 秒, 那么 Hash 桶的个数应设置为尽可能接近 $200 \times 200 = 40000$ (比如, 2 的 15 次方, 即 32768)。当 ip_vs_conn_tab_bits=20 时, 散列表的大小 (条目) 为 pow(2,20), 即 1048576。

这里 Hash 桶的个数, 并不是 LVS 最大连接数限制。LVS 使用散列链表解决"散列冲

突"，当连接数大于这个值时，必然会出现散列冲突，会（稍微）降低性能，但是并不会在功能上对 LVS 造成影响。

2. 关闭 IRQ 自调节服务

LVS 机器是需要关闭 IRQ 自调节服务的，否则会有干扰。若调节得不合理，会导致 CPU 使用不平衡，命令如下：

```
service irqbalance stop
chkconfig —level 345 irqbalance off
```

3. 多队列网卡及中断均衡

多队列网卡是一种技术，最初是用来解决网络 I/O QoS（服务质量）问题的，后来随着网络 I/O 的带宽不断提升，单核 CPU 已不能完全满足网卡的需求，这时可通过多队列网卡的驱动，将各个队列通过中断绑定到不同的核上，以满足网卡的需求。同时也可以降低单个 CPU 的负载，提升系统的计算能力。

现在的网卡基本上都是多队列的，如果没有开启多队列网卡呢？

没有开启多队列网卡，会导致只有一个 CPU 在同一时刻产生或响应一个中断，CPU 所有的流量都压在了一个 CPU 上，会让 CPU 满负荷运行。

为什么只有一颗 CPU 去响应中断？

这是个历史设计问题，一开始 CPU 都是一核的，只能由唯一的 CPU 去响应，后来逐步发展出了多核的 CPU，才有了可调整的参数去设置由几个 CPU 处理。

4. 网卡的优化

网卡的调整是很有意义的，也是必要的，它可以增加 LVS 主机的网络吞吐能力，有利于提高 LVS 的处理速度和能力。现在新上线的机器基本上都是万兆网卡，用于分发流量基本上是足够了；早期的机器大都是千兆网卡，可以采用 bond 技术将两块网卡绑定在一起，如果网卡的入口流量压力很大，网卡 bond 会通过把两块或多块物理网卡绑定为一个逻辑网卡，来实现本地网卡的冗余，为带宽扩容，从而降低单网卡的压力。

5. Keepalived 的优化

对 Keepalived 进行优化，主要是将网络模式从 select 改为 epoll。epoll 是在 Linux 2.6 内核中提出的，是之前 select 的增强版本。相对于 select 来说，epoll 更加灵活，没有描述符限制，所以这里选用了 epoll 网络模式。

说明　LVS（IPVS）现在多用于容器云中 Service 的负载均衡，无论是 Kubernetes 还是 Mesos，都以 IPVS 取代了早期版本的 iptables。这是因为 IPVS 模式与 iptables 同样是基于 Netfilter 的，但 IPVS 采用的是 Hash 表，因此当 Service 数量达到一定规模时，Hash 查表的速度优势就会显现出来，从而提高 Service 的服务性能，后面的章节再用具体的例子来说明。

参考文档为 http://blog.chinaunix.net/uid-1838361-id-3200383.html。

5.1.2 项目案例二：用 Nginx+Keepalived 实现在线票务系统

这是笔者之前实施过的在线订票系统，防火墙、交换机、服务器均置于电信机房的同一机柜中，出口带宽 100MB，项目拓扑图如图 5-1 所示。

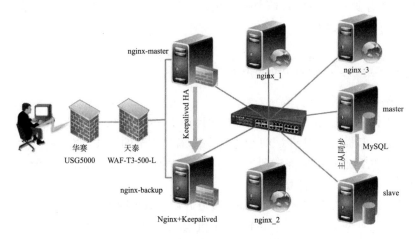

图 5-1　在线订票系统网络拓扑图

1. 整套系统的安全考虑

因为牵涉到信用卡和银行卡在线付款的问题，所以整套系统的安全性很关键，在将整套系统的安全级别提高到金融安全级别后，再考虑负载均衡及其他事宜。在项目实施过程中，安全防护采用的是硬件防火墙加上应用层防火墙这种双层防护措施。软件层包括负载均衡层、Web 层、数据库层等，整套系统均安装了 CentOS 5.4 x86_64，且关闭了 iptables 防火墙，只映射 Keepalived 虚拟的 VIP 在最前端的华赛 USG5000 的外网 80 端口上。网络工程师都应该清楚，防火墙有三种工作模式，路由、透明和混合模式，在这里，华赛 USG5000 防火墙用的是路由模式，而天泰防火墙用的则是透明模式。

下面介绍一下这两种防火墙：

华赛 USG5000 可以有效抵御高强度的网络攻击，同时还可以保证正常的网络应用。其基于多核处理器的硬件构架，依靠多线程处理设计提供了十分优异的数据处理能力，完全可以为 Internet 服务提供商、大型企业、园区网、数据中心等具有大流量网络带宽的用户提供高性能的安全防御手段。尤其是它具备超高的"每秒新建连接数"，不仅可以对多种并行的网络应用实现快速响应，在出现大流量网络攻击的情况下，还可以防止网络业务中断，避免给用户带来损失。

它能有效地保障网络的运行，其独特的 GTP 安全防护功能可以为 GPRS 网络提供有效的安全防护。USG5000 安全网关可以抵御大流量的 DDoS 攻击，在为用户的业务系统提供 DDoS 攻击防护时，依托其优越的产品性能，能防范每秒数百万包以上的 DDoS 攻击，可对 SYN FLOOD、UDP FLOOD、ICMP FLOOD、DNS FLOOD、CC 等多种 DDoS 攻击种类准

确识别并控制，同时还能提供蠕虫病毒流量的识别和防范能力。结合华为赛门铁克专有的
ICA 智能连接算法，它能保证在准确识别 DDoS 攻击流量的同时，不影响用户的正常访问，
在复杂的网络情况下实现真正的安全防护，是业界领先的 DDoS 防护设备，这功能也是我
们关注的重点。

天泰 WAF-T3-500-L 安全网关防火墙具备全面的攻击防御系统，可保证系统不受网络
蠕虫、病毒和应用专有漏洞的攻击，并且大大缓解了来自网络层和应用层 DoS/DDoS 攻击
的影响。网关的 NetShield ™引擎在网络层会对数据进行细致检查，彻底阻断来自网络层的
潜在攻击。网关的 WebShield ™ 引擎会在应用层对 Web 请求进行检查，以辨别恶意内容并
阻止其进入应用服务器。

其安全性能涉及的内容如下。

❑ 常见网络攻击防护：保护网络基础设施不受常见的来自网络层的攻击。

❑ DoS/DDoS 保护：识别网络层和应用层的 DoS/DDoS 攻击，缓解攻击对应用基础设
　施的影响（这也是我们关注的重点）。

❑ 入侵过滤：在恶意蠕虫和病毒进入应用服务器前进行识别并拒绝其进入，从而保护
　应用服务器不受侵袭。

❑ SSL 加密：应用内容在传输过程中都受加密保护，通过转移服务器复杂的加 / 解密任
　务将应用处理能力发挥到极致。该功能可保护敏感应用内容的安全，使其摆脱被窃
　取及被滥用的潜在威胁。

此外，天泰安全网关防火墙能实现 SQL 注入攻击的防护、钓鱼攻击的防护、跨站脚本
攻击的防护，以及常见的系统溢出的防护等，这也是我们比较关注的内容。

关于证书，这里介绍一下 GeoTrust 的商业证书，它是支持多域名的 HTTPS 的，防止
以后域名有 rewrite 跳转的需求，价格自然也不菲了。另外，我们还购买了 Mcafee 的网站
扫描服务，这一服务是针对代码层面安全的。

2. 硬件方面的投入

服务器一般采用的是 HP DL380G6（用于后面的 Web 集群）和 HP DL580G5（用于
MySQL 数据库）。在项目实施过程中我们发现，HP DL580G5 的性能确实彪悍，如果成本
充分，可考虑采用此服务器作为应用服务器。它跟以往的老型号不同，用的是双四核至强
E7440 3.2GB 的 CPU，内存一般是 64GB 或 128GB，这可以根据项目成本来权衡。对于机
房的租用，一般选择的是电信机房，也可考虑北京双线通机房；出口带宽建议为 100MB（如
果成本宽裕，也可以考虑 200MB 或者更高）。

3. 负载均衡层

负载均衡层的软件采用的是 Nginx 0.8.15 源码（当时最新的稳定发行版本），两台 Nginx
负载均衡均以 Keepalived 作为高 HA。其实也可以用 LVS/Keepalived 来实现，但在项目实
施过程中发现，Nginx 在正则处理及分发上的效果比 LVS 更好（像动静分离的功能 LVS 就

实现不了），而且稳定性也不错。在已上线的金融资讯类的项目里，笔者做的是 1+2 的架构（按客户的要求），已经稳定运行几年了，当然也要配合 Cacti+Nagios 进行实时监控和报警。

如何处理 Session 的问题呢？

1）Nginx 负载均衡器采用 ip_hash 模块，让访问的客户端始终与后端的某台 Web 服务器建立固定的连接关系。

2）采用与 PHPCMS 类似的方法，将 Session 写进后端的统一数据库里，例如 MySQL 数据库。

前期我们用的是第二种方案，后来发现数据库的压力会因此增大，而且需要改变原先程序的设计逻辑，所以后来采用了前一种会话保持的方法。

这里也详细说明一下 ip_hash 算法。

将 Nginx 用于负载均衡时，upstream 模块的 ip_hash 算法机制能够将某个 IP 的请求定向到后端的同一台服务器上，这样一来，这个 IP 下的某个客户端和某个后端服务器就能建立起稳固连接的了。

ip_hash 相关源码如下：

```
for ( ;; ) {
    for (i = 0; i < 3; i++) {
        hash = (hash * 113 + iphp->addr[i]) % 6271;            }
    p = hash % iphp->rrp.peers->number;
    n = p / (8 * sizeof(uintptr_t));
    m = (uintptr_t) 1 << p % (8 * sizeof(uintptr_t));
    if (!(iphp->rrp.tried[n] & m)) {
        ngx_log_debug2(NGX_LOG_DEBUG_HTTP, pc->log, 0,
                    "get ip hash peer, hash: %ui %04XA", p, m);
        peer = &iphp->rrp.peers->peer[p];
        /* ngx_lock_mutex(iphp->rrp.peers->mutex); */
        if (!peer->down) {

            if (peer->max_fails == 0 || peer->fails < peer->max_fails) {
                break;
            }
            if (now - peer->accessed > peer->fail_timeout) {
                peer->fails = 0;
                break;
            }
        }
        iphp->rrp.tried[n] |= m;
        /* ngx_unlock_mutex(iphp->rrp.peers->mutex); */
        pc->tries--;
    }
    if (++iphp->tries >= 20) {
        return iphp->get_rr_peer(pc, &iphp->rrp);
    }
}
```

第一步，根据客户端 IP 计算得到一个数值。

hash0 是 Server 端的一个固定值，addr[0][1][2] 是 IP 地址的前三段，大家可以通过下面的计算公式发现，其实只要 IP 固定，hash3 的值就会固定下来。

```
hash1 = (hash0 * 113 + addr[0]) % 6271;
hash2 = (hash1 * 113 + addr[1]) % 6271;
hash3 = (hash2 * 113 + addr[2]) % 6271;
```

第二步，根据计算所得数值，找到对应的后端。

```
w = hash3 % total_weight;
while (w >= peer->weight) {
    w -= peer->weight;
    peer = peer->next;
    p++;
}
```

total_weight 为所有后端权重之和。遍历后端链表时，依次减去每个后端的权重，直到 w 小于某个后端的权重为止。

选定的后端在链表中的序号为 p。因为 total_weight 和每个后端的 weight 都是固定的，所以如果 hash3 值相同，则找到的后端相同。

 注意 相同的局域网类或 IP 比较接近的 IP 段都会被分配到后端某固定的 Web 服务器上。

---

4. Web 层

页面同步的办法如下：

1）不同的 Web 服务器之间数据的同步可以采用 rsync+inotify 办法。

2）后端采用共用存储，读数据采用同一个存储设备。这里说一下要用的存储设备，用得比较多的是 EMC CLARiiON CX4 的 FC 磁盘阵列，它很稳定，没发生过丢失数据库的现象；缺点是比较贵，会增加整个系统的实施成本。

3）在 PHP 程序上实现动态地调取数据（如图片信息），不在 Web 服务器调取而是直接采用后端的文件服务器或存储。

前期笔者用的是单 NFS 方案，后期采用的是 DRBD+Heartbeat+NFS 方案（客户最后要求用存储，于是选择了 EMC CLARiiON CX4），其稳定性还是很不错的。

Web 集群用的是 Nginx+PHP5（FastCGI），这里说一下并发的问题。在设计项目方案时，考虑单台 Web 服务器上的并发值为 3000，在局域网环境中（要考虑网络环境的影响）通过 LoadRunner 反复测试，单台 Nginx 的 Web 服务器通过 3000 的并发没有问题，3 台 Web 机器即是 3000×3 并发；但系统正式上线时发现，在非游戏类的网站上根本达不到 9000 并发，这只是一个理论值；但本着高扩展性的原则，还是尽量在硬件和性能上对单台 Web 服务器进行了调优；要设计的这个票务系统是 9000 万张票，预计并发在 2000 左右，此系统架构完全能胜任此并发情况；另外 Nginx 作为负载均衡器/代理服务器在高并发下的稳定性还是有保证的，在生产环境下经得起严酷的考验。

5. 数据库层

考虑到数据库层的压力情况，笔者提出了四种设计方案：

1）采用最常用的 MySQL 一主一从方案，在主 MySQL 数据库上做好单机数据库的优化。

2）采用 MySQL 的一主多从、读写分离方案，另外还可以考虑自己开发中间件技术，让真正实现写功能的 MySQL 压力降低，从而实现数据库架构级的调优。

3）可以做 MySQL 数据库的垂直切分，将压力过大的 MySQL 数据库根据业务分成几个小数据库，以减轻压力。

4）如果读写压力还是过大，考虑采用 Oracle 数据库的 RAC 方案，我们曾用此方案成功解决了某企业 100 万用户的 OA 在线系统数据库压力大的问题，当然预算成本也大大增加了。

实际实施此项目网站时，采用的是 MySQL 一主一从方案，主要是发现项目上线后数据库实际的压力没有想象中的那么大，一主一从的方案能够满足数据库层面的访问需求。

目前整套系统已稳定在线上运行，并且在高并发时间段也没有发生任何问题。设计实施这套网站架构（包括防火墙的型号）后，笔者整理形成工作文档，用于公司其他有类似需求的项目。

5.1.3 项目案例三：企业级 Web 负载均衡高可用之 Nginx+Keepalived

推荐掌握企业级成熟的 Nginx+Keepalived 负载均衡高可用方案，其拓扑图如图 5-2 所示。

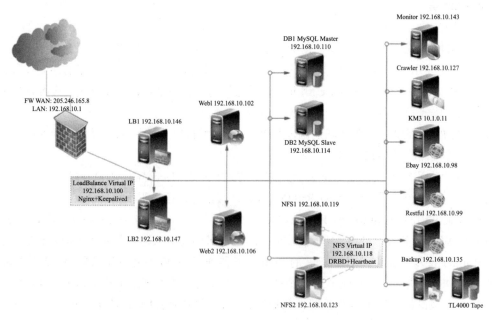

图 5-2 Nginx+Keepalived 负载均衡高可用网络拓扑图

为了电子商务网站的运营安全和运维方便，企业网站的服务器通常都放置在公司的内部机房里，只开放 Keepalived 的 VIP 地址的两个端口 80、443，这两个端口通过 Juniper SSG550 防火墙映射出去，外网 DNS 对应映射后的公网 IP。此架构的防火墙及网络安全说明如下：

此系统架构仅映射内网 VIP 的 80 及 443 端口于外网的 Juniper SSG550 防火墙下，其他端口均关闭，内网所有机器均关闭 iptables 及 ipfw 防火墙；外网 DNS 指向通过 Juniper 或华赛 USG5000 映射出来的外网地址。

这种负载均衡方式也应用于笔者公司的电子商务网站中，目前已稳定上线几年了。希望读者在看完下面的内容后，也可以迅速架构一个企业级的负载均衡高可用的 Web 环境。在负载均衡高可用技术上，笔者一直致力于推崇将 Nginx+Keepalived 用作 Web 的负载均衡高可用架构，并积极将其应用于真实项目中，此架构极适合灵活稳定的环境。将 Nginx 负载均衡用作服务器遇到的故障一般有：

- ❏ 服务器网线松动等网络故障。
- ❏ 因服务器硬件故障而宕机。
- ❏ Nginx 服务死掉。

遇到前两种情况时，Keepalived 是能起到 HA 的作用的；然而遇到第三种情况时就没有办法了，但可以通过 Shell 脚本监控解决这问题，从而实现真正意义上的负载均衡高可用。我在电子商务网站上就采用了这种方法，下面将其安装步骤详细说明一下。

1. Nginx+Keepalived 环境说明

为了真实还原项目或网站的实施背景，所用的操作系统版本或软件版本均已注明。

关于服务器系统，从早期的 CentOS 5.5 x86_64 到现在的 CentOS 5.8 x86_64 我们均有涉及。整个系统的 IP 情况如表 5-1 所示。

表 5-1　Nginx+Keepalived 服务器的 IP 分配

服务器名称	IP	用途
Nginx_Master	192.168.10.146	提供负载均衡
Nginx_Backup	192.168.10.147	提供负载均衡
Nginx-VIP	192.168.10.100	网站的 VIP 地址
Web1 服务器	192.168.10.102	提供 Web 服务
Web2 服务器	192.168.10.106	提供 Web 服务

2. 安装 Nginx 负载均衡器及相关的配置脚本

先安装 Nginx 负载均衡器，Nginx 负载的设置就用一般的模板来配置。

1）添加运行 Nginx 的用户和组 www 及 Nginx 存放日志的位置，并安装 gcc 等基础库，以免发生 libtool 报错现象，命令如下：

```
yum -y install gcc gcc+ gcc-c++ openssl openssl-devel
groupadd www
```

```
useradd -g www www
mdkir -p /data/logs/
chown -R www:www /data/logs/
```

2）下载并安装 Nginx 0.8.15（当时最新最稳定的版本），另外建议工作中养成好习惯，下载的软件包均放到 /usr/local/src 下。

```
cd /usr/local/src
wget http://blog.s135.com/soft/linux/nginx_php/pcre/pcre-7.9.tar.gz
tar zxvf pcre-7.9.tar.gz
cd pcre-7.9/
./configure
make && make install
cd ../
wget http://sysoev.ru/nginx/nginx-0.8.15.tar.gz
tar zxvf nginx-0.8.15.tar.gz
cd nginx-0.8.15/
./configure --user=www --group=www --prefix=/usr/local/nginx --with-http_stub_
    status_module --with-http_ssl_module
make && make install
cd ../
```

Nginx 负载均衡器的配置文件是 vim /usr/local/nginx/conf/nginx.conf。下面的配置文件仅仅是某项目的配置文档，如果要添加 SSL 支持也简单，后面会有相关说明，记得将购买的相关证书文件放到 Nginx 负载均衡器上（2 台 LB 机器均要放），不要放置于后面的 Web 机器上；配置文件内容如下：

```
user www www;
  worker_processes 8;
  pid /usr/local/nginx/logs/nginx.pid;
  worker_rlimit_nofile 51200;
  events
  {
  use epoll;
  worker_connections 51200;
  }
  http{
  include        mime.types;
  default_type application/octet-stream;
  server_names_hash_bucket_size 128;
  client_header_buffer_size 32k;
  large_client_header_buffers 4 32k;
  client_max_body_size 8m;
  sendfile on;
  tcp_nopush      on;
  keepalive_timeout 60;
  tcp_nodelay on;
  fastcgi_connect_timeout 300;
  fastcgi_send_timeout 300;
```

```
fastcgi_read_timeout 300;
fastcgi_buffer_size 64k;
fastcgi_buffers 4 64k;
fastcgi_busy_buffers_size 128k;
fastcgi_temp_file_write_size 128k;
gzip on;
gzip_min_length 1k;
gzip_buffers    4 16k;
gzip_http_version 1.0;
gzip_comp_level 2;
gzip_types        text/plain application/x-javascript text/css application/xml;
gzip_vary on;

upstream backend
{
ip_hash;
server 192.168.1.106:80;
server 192.168.1.107:80;
}
server {
listen 80;
server_name www.1paituan.com;
location / {
root /var/www/html ;
index index.php index.htm index.html;
proxy_redirect off;
proxy_set_header Host $host;
proxy_set_header X-Real-IP $remote_addr;
proxy_set_header X-Forwarded-For $proxy_add_x_forwarded_for;
proxy_pass http://backend;
}

location /nginx {
access_log off;
auth_basic "NginxStatus";
#auth_basic_user_file /usr/local/nginx/htpasswd;
}

log_format access '$remote_addr - $remote_user [$time_local] "$request" '
'$status $body_bytes_sent "$http_referer" '
'"$http_user_agent" $http_x_forwarded_for';
access_log /data/logs/access.log access;
}
}
```

分别在两台 Nginx 负载均衡器上执行 /usr/local/nginx/sbin/nginx 命令，启动 Nginx 进程，然后用如下命令来检查 Nginx 进程是否正常启动。

```
lsof -i:80
```

此命令的显示结果如下：

```
COMMAND   PID USER    FD    TYPE DEVICE SIZE NODE NAME
nginx   13875 root    6u    IPv4  25918      TCP *:http (LISTEN)
nginx   13876 www     6u    IPv4  25918      TCP *:http (LISTEN)
nginx   13877 www     6u    IPv4  25918      TCP *:http (LISTEN)
nginx   13878 www     6u    IPv4  25918      TCP *:http (LISTEN)
nginx   13879 www     6u    IPv4  25918      TCP *:http (LISTEN)
nginx   13880 www     6u    IPv4  25918      TCP *:http (LISTEN)
nginx   13881 www     6u    IPv4  25918      TCP *:http (LISTEN)
nginx   13882 www     6u    IPv4  25918      TCP *:http (LISTEN)
nginx   13883 www     6u    IPv4  25918      TCP *:http (LISTEN)
```

Nginx 程序正常启动后，两台 Nginx 负载均衡器就算安装成功了，现在要安装 Keepalived 来实现这两台 Nginx 负载均衡器的高可用。

3. 安装 Keepalived，将其用作 Web 和 Nginx 的 HA

1）安装 Keepalived：命令如下：

```
wget http://www.keepalived.org/software/keepalived-1.1.15.tar.gz
tar zxvf keepalived-1.1.15.tar.gz
cd keepalived-1.1.15
./configure --prefix=/usr/local/keepalived
make
make install
```

2）安装成功后做成服务模式，方便启动和关闭。

```
cp /usr/local/keepalived/sbin/keepalived /usr/sbin/
cp /usr/local/keepalived/etc/sysconfig/keepalived /etc/sysconfig/
cp /usr/local/keepalived/etc/rc.d/init.d/keepalived /etc/init.d/
```

3）接下来就是分别设置主和备 Nginx 上的 Keepalived 配置文件了，先配置主 Nginx 上的 keepalived.conf 文件，如下：

```
mkdir /etc/keepalived
cd /etc/keepalived/
```

然后用 vim 编辑 /etc/keepalived.conf，内容如下：

```
! Configuration File for keepalived
global_defs {
    notification_email {
    yuhongchun027@163.com
    }
    notification_email_from keepalived@chtopnet.com
    smtp_server 127.0.0.1
    smtp_connect_timeout 30
    router_id LVS_DEVEL
}
vrrp_instance VI_1 {
    state MASTER
```

```
    interface eth0
    virtual_router_id 51
    mcast_src_ip 192.168.1.103 #mcast_src_ip 此处是发送多播包的地址，如果不设置，则默认
        使用绑定的网卡
    priority 100 # 此处的 priority 是 100, 注意与 backup 机器的区分
    advert_int 1
    authentication {
        auth_type PASS
        auth_pass chtopnet
    }
    virtual_ipaddress {
        192.168.1.108
    }
}
```

下面设置备用 Nginx 上的 keepalived.conf 配置文件，注意与主 Nginx 上的 keepalived.conf 区分，代码如下：

```
! Configuration File for keepalived
global_defs {
    notification_email {
    yuhongchun027@163.com
        }
    notification_email_from keepalived@chtopnet.com
    smtp_server 127.0.0.1
    smtp_connect_timeout 30
    router_id LVS_DEVEL
}
vrrp_instance VI_1 {
    state MASTER
    interface eth0
    virtual_router_id 51
    mcast_src_ip 192.168.1.104
    priority 99
    advert_int 1
    authentication {
        auth_type PASS
        auth_pass chtopnet
    }
    virtual_ipaddress {
        192.168.1.108
    }
}
```

在两台负载均衡器上分别启动 Keepalived 程序，命令如下：

```
service keepalived start
```

我们来看一下日志，主 Nginx 上与 Keepalived 相关的日志可以用如下命令查看：

```
tail /var/log/messages
```

此命令显示结果如下:

```
May  6 05:10:42 localhost Keepalived_vrrp: Configuration is using : 62610 Bytes
May  6 05:10:42 localhost Keepalived_vrrp: VRRP sockpool: [ifindex(2),
     proto(112), fd(8,9)]
May  6 05:10:43 localhost Keepalived_vrrp: VRRP_Instance(VI_1) Transition to
     MASTER STATE
May  6 05:10:44 localhost Keepalived_vrrp: VRRP_Instance(VI_1) Entering MASTER
     STATE
May  6 05:10:44 localhost Keepalived_vrrp: VRRP_Instance(VI_1) setting protocol
     VIPs.
May  6 05:10:44 localhost Keepalived_healthcheckers: Netlink reflector reports
     IP 192.168.1.108 added
May  6 05:10:44 localhost Keepalived_vrrp: VRRP_Instance(VI_1) Sending gratuitous
     ARPs on eth0 for 192.168.1.108
May  6 05:10:44 localhost Keepalived_vrrp: Netlink reflector reports IP
     192.168.1.108 added
May  6 05:10:44 localhost avahi-daemon[2212]: Registering new address record for
     192.168.1.108 on eth0.
May  6 05:10:49 localhost Keepalived_vrrp: VRRP_Instance(VI_1) Sending gratuitous
     ARPs on eth0 for 192.168.1.108
```

在这里，Nginx 服务主要是通过 VRRP 来实现高可用的，通过日志可知 VRRP 已经启动，还可以通过命令 ip addr 来检查主 Nginx 上的 IP 分配情况，通过下面的显示内容可以清楚地看到 VIP 地址已绑定到主 Nginx 的机器上了。

```
ip addr
1: lo: <LOOPBACK,UP,LOWER_UP> mtu 16436 qdisc noqueue
    link/loopback 00:00:00:00:00:00 brd 00:00:00:00:00:00
    inet 127.0.0.1/8 scope host lo
    inet6 ::1/128 scope host
       valid_lft forever preferred_lft forever
2: eth0: <BROADCAST,MULTICAST,UP,LOWER_UP> mtu 1500 qdisc pfifo_fast qlen 1000
    link/ether 00:0c:29:51:59:df brd ff:ff:ff:ff:ff:ff
    inet 192.168.1.103/24 brd 192.168.1.255 scope global eth0
    inet 192.168.1.108/32 scope global eth0
    inet6 fe80::20c:29ff:fe51:59df/64 scope link
       valid_lft forever preferred_lft forever
3: sit0: <NOARP> mtu 1480 qdisc noop
    link/sit 0.0.0.0 brd 0.0.0.0
```

在这个过程中，会产生大量的 VRRP 数据包，那什么是 VRRP 呢？为了让大家对 Keepalived 进一步了解，这里将详细说明一下虚拟路由冗余协议（VRRP）。

随着 Internet 的迅猛发展，基于网络的应用逐渐增多。这就对网络的可靠性提出了越来越高的要求。斥资对所有网络设备进行更新当然是一种很好的可靠性解决方案，但本着保护现有资产的想法，可以采用廉价冗余的思路，在可靠性和经济性方面找到平衡点。

虚拟路由冗余协议就是一种很好的解决方案。在该协议中，会对共享多存取访问介质（如以太网）上的终端 IP 设备的默认网关（Default Gateway）进行冗余备份，当其中一台路由设备宕机时，备份路由设备及时接管转发工作，向用户提供透明的切换，从而提高网络服务质量。

（1）协议概述

在基于 TCP/IP 协议的网络中，为了保证不是直接物理连接的设备之间通信，必须指定路由。目前常用的指定路由的方法有两种：一种是通过路由协议（比如：内部路由协议 RIP 和 OSPF）动态学习；另一种是静态配置。在每一个终端都运行动态路由协议是不现实的，大多数客户端操作系统平台都不支持动态路由协议，即使支持也受管理开销、收敛度、安全性等问题的限制。因此业界普遍采用对终端 IP 设备进行静态路由配置的方式，一般是给终端设备指定一个或多个默认网关（Default Gateway）。静态路由的方法简化了网络管理的复杂度，也减轻了终端设备的通信开销，但是它仍然有一个缺点，如果作为默认网关的路由器损坏，所有使用该网关为下一跳主机的通信必然要中断。即便配置了多个默认网关，如不重新启动终端设备，也不能切换到新的网关上。但是采用虚拟路由冗余协议就可以很好地避免静态指定网关的缺陷。

在 VRRP 中，有两组重要的概念：VRRP 路由器和虚拟路由器，主控路由器和备份路由器。VRRP 路由器是指运行 VRRP 的路由器，是物理实体，虚拟路由器是由 VRRP 创建的，是逻辑概念。一组 VRRP 路由器协同工作，共同构成一台虚拟路由器。该虚拟路由器对外表现为一个具有唯一固定 IP 地址和 MAC 地址的逻辑路由器。处于同一个 VRRP 组的路由器具有两种互斥的角色：主控路由器和备份路由器，一个 VRRP 组中有且只有一台处于主控角色的路由器，但可以有一台或多台处于备份角色的路由器。VRRP 使用选择策略从路由器组中选出一台作为主控，它负责 ARP 响应和转发 IP 数据包，组中的其他路由器作为备份的角色处于待命状态。当由于某种原因主控路由器发生故障时，备份路由器能在几秒的延时后升级为主控由器。由于此切换非常迅速而且不用改变 IP 地址和 MAC 地址，故对终端使用者的系统是透明的。

（2）工作原理

VRRP 路由器有唯一的标识，即 VRID，范围为 0 ～ 255。该路由器对外表现为唯一的虚拟 MAC 地址，地址的格式为 00-00-5E- 00-01-[VRID]。主控路由器负责对 ARP 请求用该 MAC 地址进行应答。基于此，无论如何切换，保证给终端设备的总是唯一一致的 IP 和 MAC 地址，减少了切换对终端设备的影响。

VRRP 控制报文只有一种，即 VRRP 通告。它使用 IP 多播数据包进行封装，组地址为 224.0.0.18，发布范围只限于同一局域网内。这保证了 VRID 在不同的网络中可以重复使用。为了减少网络带宽消耗，只有主控路由器才可以周期性地发送 VRRP 通告报文。如果备份路由器在连续三个通告间隔内收不到 VRRP，那么在收到优先级为 0 的通告后则启动新的一轮 VRRP 选举。

在 VRRP 路由器组中，按优先级选举主控路由器，VRRP 中的优先级范围是 0 ～ 255。若 VRRP 路由器的 IP 地址和虚拟路由器的接口 IP 地址相同，则称该虚拟路由器为 VRRP

组中的 IP 地址所有者；IP 地址所有者自动具有最高优先级：255。优先级 0 一般用在 IP 地址所有者主动放弃主控者角色时。可配置的优先级范围为 1 ～ 254。优先级的配置原则可以依据链路的速度、成本、路由器的性能和可靠性，以及其他管理策略来设定。在主控路由器的选举中，高优先级的虚拟路由器会获胜，因此，如果在 VRRP 组中有 IP 地址所有者，则它总是以主控路由的角色出现。对于有相同优先级的候选路由器，则按照 IP 地址的大小顺序选举。VRRP 还提供了优先级抢占策略，如果配置了该策略，高优先级的备份路由器便会剥夺当前低优先级的主控路由器的权利，成为新的主控路由器。

为了保证 VRRP 的安全性，提供了两种安全认证措施：明文认证和 IP 头认证。明文认证方式要求在加入一个 VRRP 路由器组时，必须同时提供相同的 VRID 和明文密码。避免在局域网内出现配置错误，但不能防止通过网络监听方式获得密码。IP 头认证的方式提供了更高的安全性，能够防止报文重放和修改等攻击。

我们可以通过 Tcpdump 抓包发现两台 Nginx 负载均衡器上有大量 VRRP 包。在任何一台机器上开启 Tcpdump 进行抓包的命令如下：

```
tcpdump vrrp
```

命令显示结果如下：

```
tcpdump: verbose output suppressed, use -v or -vv for full protocol decode
listening on eth0, link-type EN10MB (Ethernet), capture size 96 bytes
18:04:16.372116 IP 192.168.1.103 > VRRP.MCAST.NET: VRRPv2, Advertisement, vrid
     51, prio 100, authtype simple, intvl 1s, length 20
18:04:17.374134 IP 192.168.1.103 > VRRP.MCAST.NET: VRRPv2, Advertisement, vrid
     51, prio 100, authtype simple, intvl 1s, length 20
18:04:18.375461 IP 192.168.1.103 > VRRP.MCAST.NET: VRRPv2, Advertisement, vrid
     51, prio 100, authtype simple, intvl 1s, length 20
18:04:19.376198 IP 192.168.1.103 > VRRP.MCAST.NET: VRRPv2, Advertisement, vrid
     51, prio 100, authtype simple, intvl 1s, length 20
18:04:20.377229 IP 192.168.1.103 > VRRP.MCAST.NET: VRRPv2, Advertisement, vrid
     51, prio 100, authtype simple, intvl 1s, length 20
18:04:20.378986 IP 192.168.1.104 > VRRP.MCAST.NET: VRRPv2, Advertisement, vrid
     51, prio 99, authtype simple, intvl 1s, length 20
18:04:20.381515 IP 192.168.1.103 > VRRP.MCAST.NET: VRRPv2, Advertisement, vrid
     51, prio 100, authtype simple, intvl 1s, length 20
18:04:21.383936 IP 192.168.1.103 > VRRP.MCAST.NET: VRRPv2, Advertisement, vrid
     51, prio 100, authtype simple, intvl 1s, length 20
```

可以看到，优先级高的一方（即 priority 为 100 的机器），通过 VRRPv2 获得了 VIP 地址，而且 VRRPv2 包的发送极有规律，每秒发送一次，当然，这是通过配置文件进行控制的。通俗地来说，它会不断地发送 VRRPv2 包来告诉从机（作为老二的机器），我是老大，VIP 地址我已抢到手了，你不要再抢啦。

4. 用 nginx_pid.sh 脚本监控 Nginx 进程

针对 Nginx+Keepalived 方案，编写了 Nginx 监控脚本 nginx_pid.sh，来实现真正意义

上的高可用。此脚本的思路其实也很简单，即将其放置在后台一直监控 Nginx 进程。如果进程消失，则尝试重启 Nginx；如果失败，则立即停掉本机的 Keepalived 服务，让另一台负载均衡器接手。此脚本直接从生产环境下载：

```
#!/bin/bash
while  :
do
    nginxpid='ps -C nginx --no-header | wc -l'
        if [ $nginxpid -eq 0 ];then
            /usr/local/nginx/sbin/nginx
        sleep 5
            if [ $nginxpid -eq 0 ];then
                /etc/init.d/keepalived stop
            fi
        fi
sleep 5
done
```

然后将其置于后台运行 sh /root/nginx_pid.sh & 命令，这里要注意一下，如果该命令前面没有 nohup，那么会有问题，用 root 用户退出终端后，此进程便会消失，正确的命令如下：

```
nohup /bin/bash /root/nginx_pid.sh &
```

此脚本是直接从生产服务器上下载的，看到了 while : 的时候，大家也不要质疑它会引起死循环。这是一个无限循环的脚本，放在主 Nginx 机器上（因为目前主要是由它提供服务），每隔 5 秒执行一次，用 ps -C 命令来收集 Nginx 服务的 PID 值到底是否为 0，如果是 0 的话（即 Nginx 进程死掉了），尝试启动 Nginx 进程；如果继续为 0，即 Nginx 启动失败，则关闭本机的 Keepalived 进程，VIP 地址由备机接管。当然，整个网站就会由备机的 Nginx 来提供服务了，这样可保证 Nginx 进程的高可用（虽然在实际生产环境中基本没发现 Nginx 进程死掉的情况，多此一步操作做到有备无患吧）。我们在几次线上维护工作中，手动重启了主 Nginx 服务器，从 Nginx 在非常短的时间就切换过来了，客户没有因为网站故障进行投诉，事实证明此脚本还是有效的。

5. 模拟故障测试

整套系统配置完成后，就可以通过 http://192.168.1.108/ 来访问了，接下来要做一些模拟性故障测试，比如关掉一台 Nginx 负载均衡器，抽掉某台 Web 机器的网线或直接关机，甚至停掉其中一台 Nginx 服务器的 Nginx 服务。无论在什么情况下，Nginx+Keepalived 都可以正常提供服务，笔者的许多项目（包括电子商务网站）都是用的此架构，并且至少在线上稳定几年了。

Nginx 可采取更新的版本，例如 Nginx 1.9.8（已增加对 TCP 负载均衡的支持）。

目前此套架构在 2000 ～ 5000 并发连接数的电子商务网站上运行得非常稳定，唯一不足之处就是 Nginx 备机一直处于闲置状态。相对于双主 Nginx 负载均衡器而言，此架构比较简单，出问题的概率相对也较小，而且出问题时容易排障，在网站收录方面需要考虑的问题也非常少，所以笔者一直采用这种方案。通过线上的观察可知，Nginx 做负载均衡器／反向代理也是相当稳定的，可以媲美硬件级的 F5，我想这也是越来越多的程序员喜欢它的原因之一。Nginx+Keepalived 用于生产环境的优势还是很多的，不过由于其自身的限制，它目前只应用于 Web 集群环境。这种 Web 级负载均衡高可用架构已通过 51CTO 和 ChinaUnix 社区推广，如果大家的网站或项目有这种需求，不妨考虑应用一下。

5.1.4 项目案例四：HAProxy 双机高可用方案 HAProxy+Keepalived

目前，笔者维护的 CPA 电子广告平台的注册用户已超过 800 万，而且每天都在持续增长，PV/ 日已经有向千万 / 日靠拢的趋势；原有的 Web 架构日渐满足不了我们的需求，所以我们考虑以能扛高并发的 HAProxy 作为网站最前端的负载均衡器。为什么会选用 HAProxy 呢？主要是基于两方面的考虑：一是因为其性能卓越；二是为了方便后面的架构扩展，像 MySQL 也会考虑以集群的方式来运转。因为笔者在之前的两个金融项目上面已经成功实施了 HAProxy+Keepalived 的双机方案，所以这里也尝试在公司的 CPA 电子广告平台上使用这种负载均衡高可用架构，即 HAProxy+Keepalived。

1. 做好整个环境的准备工作

两台服务器 DELL 2950 均要做好准备工作，比如设置好 hosts 文件、进行 NTP 对时等。

网络拓扑很简单，示例如下：

```
ha1.offer99.com eth0:203.93.236.145
ha2.offer99.com eth0:203.93.236.142
```

这两台服务器是当时的闲置资源，正好用作最前端的 LB。

网卡用其自带的千兆网卡即可。硬盘模式没有要求，RAID0 或 RAID1 均可。网站对外的 VIP 地址是：203.93.236.149，这是通过 Keepalived 来实现的，原理请参考前面的章节。同时这也是外网 DNS 对应的 IP。整个服务器集群采取服务器托管的方式放置于电信机房内。

在这里，HAProxy 采用七层模式，Frontend（前台）根据任意 HTTP 请求头内容做规则匹配，然后把请求定向到相关的 Backend（后台）。

2. HAProxy 和 Keepalived 的安装过程

关于此安装过程，请大家参考前面的内容，网站实施时用的 HAProxy 最新版本 1.4.18。

首先在两台负载均衡器上启动 HAProxy，命令如下：

```
/usr/local/haproxy/sbin/haproxy -c -q -f /usr/local/haproxy/conf/haproxy.cfg
```

如果启动 HAProxy 程序后，又修改了 haproxy.cfg 文件，可以用如下命令平滑重启 HAProxy 让新配置文件生效：

```
/usr/local/haproxy/sbin/haproxy -f /usr/local/haproxy/conf/haproxy.conf  -st
    'cat /usr/local/haproxy/haproxy.pid'
```

注 新版的 HAProxy 支持 reload 命令，大家可以用 service haproxy reload 命令来重载
意 HAProxy。

这里将以网站在生产环境下的配置文件 /usr/local/haproxy/conf/haproxy.cfg 为例进行说
明，其具体内容如下（两台 HAProxy 机器的配置内容一样）：

```
global
    maxconn 65535
    chroot /usr/local/haproxy
    uid 99
    gid 99
    #maxconn 4096
    spread-checks 3
    daemon
    nbproc 1
    pidfile /usr/local/haproxy/haproxy.pid

defaults
    log     127.0.0.1       local3
    mode    http
    option httplog
    option httpclose
    option dontlognull
    option forwardfor
    option redispatch
    retries 10
    maxconn 2000
    stats  uri /haproxy-stats
    stats auth admin:admin
    contimeout      5000
    clitimeout      50000
    srvtimeout      50000

frontend HAProxy
    bind *:80
    mode http
    option httplog
    acl cache_domain path_end .css .js .gif .png .swf .jpg .jpeg
    acl cache_dir  path_reg /apping
    acl cache_jpg  path_reg /theme
    acl bugfree_domain path_reg /bugfree
use_backend varnish.offer99.com if cache_domain
    use_backend varnish.offer99.com if cache_dir
    use_backend varnish.offer99.com if cache_jpg
    use_backend bugfree.offer99.com if bugfree_domain
    default_backend www.offer99.com

backend bugfree.offer99.com
```

```
        server bugfree 222.35.135.151:80 weight 5 check inter 2000 rise 2 fall 3


    backend varnish.offer99.com
        server varnish 222.35.135.152:81 weight 5 check inter 2000 rise 2 fall 3

    backend www.offer99.com
        balance source
        option httpchk HEAD /index.php  HTTP/1.0
        server web1  222.35.135.154:80  weight 5  check inter 2000 rise 2 fall 3
        server web2  222.35.135.155:80  weight 5  check inter 2000 rise 2 fall 3
```

这里针对 HAProxy 配置文件的正则情况稍作说明：

```
acl cache_domain path_end .css .js .gif .png .swf .jpg .jpeg
```

以上语句的作用是将 .css 和 .js 以及图片类型文件定义成 cache_domain。

```
acl cache_dir  path_reg /apping
acl cache_jpg  path_reg /theme
```

以上两句话的作用是定义静态页面路径，cache_dir 和 cache_jpg 是自己随便起的名字。

```
use_backend varnish.offer99.com if cache_domain
use_backend varnish.offer99.com if cache_dir
use_backend varnish.offer99.com if cache_jpg
```

如果满足以上文件后缀名或目录名，则 HAProxy 将客户端请求定向到后端的 varnish 缓存服务器 varnish.offer99.com 上。

```
acl bugfree_domain path_reg /bugfree
use_backend bugfree.offer99.com if bugfree_domain
```

以上两句话的配置文件是为 bugfree 专门定义一个静态域，如果客户端有 bugfree 的请求，则专门定向到后端的 222.35.135.151 机器上。

```
default_backend www.offer99.com
```

如果客户端的请求不满足以上条件，则分发到后端的两台 Apache 服务器上。

配置文件建议写成 Frontend（前台）和 Backend（后台）的形式，方便我们根据需求（也可以利用 HAProxy 的正则）做成动静分离或根据特定的文件名后缀（比如 .php 或 .jsp）访问指定的 PHPpool 服务器集群或 Javapool 服务器集群；这里还可以指定静态服务器池，让 HTTP 客户端直接访问静态文件（比如 CSS、JS 或 HTML 等）Varnish Cache 服务器集群，这就是大家常说的动静分离功能，所以前后台的模型也是非常有用的。

Keepalived 的配置过程比较简单，这里略过，大家可以参考前面的配置。配置成功后可以分别在两台机器上启动 HAProxy 及 Keepalived 服务，主机上 Keepalived.conf 配置文件的内容如下：

```
! Configuration File for keepalived
global_defs {
    notification_email {
            yuhongchun027@163.com
    }
    notification_email_from sns-lvs@gmail.com
    smtp_server 127.0.0.1
    router_id LVS_DEVEL
}
vrrp_instance VI_1 {
    state MASTER
    interface eth0
    virtual_router_id 51
    priority 100
    advert_int 1
    authentication {
        auth_type PASS
        auth_pass 1111
    }
    virtual_ipaddress {
    203.93.236.149
    }
}
```

3. 替 HAProxy 添加日志支持

编辑 /etc/syslog.conf 文件，添加如下内容：

```
local3.*            /var/log/haproxy.log
local0.*            /var/log/haproxy.log
```

编辑 /etc/sysconfig/syslog 文件，修改内容如下：

```
SYSLOGD_OPTIONS="-r -m 0"
```

然后重启 syslog 服务，命令如下：

```
service syslog restart
```

在这里有一点要说明，在实际的生产环境下，开启 HAProxy 日志功能是需要硬件成本的，它会消耗大量的 CPU 资源，从而导致系统速度变慢（这在硬件配置较弱的机器上尤其突出），如果不需要开启 HAProxy 日志功能可以选择关闭，可根据实际需求来决定。当时线上采用的机器类型为 DELL 2950，机器 CPU 性能有些偏弱，上线以后我们关闭了 HAProxy 日志。

4. 验证架构及注意事项

可以通过关闭主 HAProxy 机器或重新启动，来检测 VIP 地址有没有正确地转移到从 HAProxy 机器上，是否影响了我们访问网站。以上步骤笔者测试过多次，线上环境目前运行稳定，证明 HAProxy+Keepalived 双机方案确实是有效的。

关于 HAProxy+ Keepalived 这种负载均衡的高可用架构，有些情况也说明一下。

在此 HAProxy+Keepalived 负载均衡高可用架构中，我们如何解决 Session 共享的问题呢？在这里采用的是它自身的 balance source 机制，它跟 Nginx 的 ip_hash 机制原理类似，是让客户机访问时始终访问后端的某一台真实的 Web 服务器，这样 Session 就固定下来了，这里没有为了节约机器成本，而采用 Memcached 或 Redis 作为 Session 共享机器。

对于健康检测机制，大家可以看下面这行代码：

```
option httpchk HEAD /index.php  HTTP/1.0
```

这行代码的作用是进行网页监控，如果 HAProxy 检测不到 Web 根目录下的 index.jsp，就会产生 503 报错。

5. HAProxy 的监控页面

可以在地址栏输入 http://www.offer99.com/haproxy-stats/，输入用户名和密码后，显示界面如图 5-3 所示（HAProxy 自带的监控页面，这是笔者非常喜欢的功能之一）。

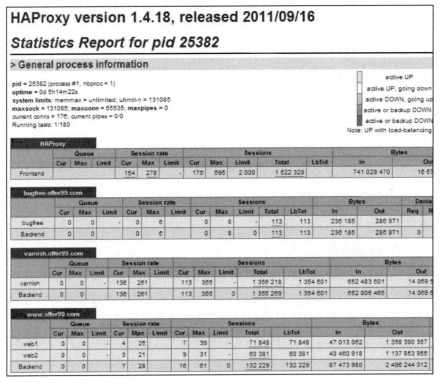

图 5-3　HAProxy 自带的监控页面

说明 "Session rate" 的 "Cur" 选项可以反映网站的即时并发数，这是大家最关心的选项之一，还可以利用此监控页面关注 Web 服务器的存活信息等，相当实用。

在公司的项目或产品中，HAProxy 的主要版本为 1.7，例如 HAProxy 1.7.11，大家可以适当地考虑使用这些新型版本。这里说下用 HAProxy 代理 MySQL 多节点的问题吧。

HAProxy 代理 MySQL 多节点时，要考虑的问题还是很多的，比如读写分离、事务持久性等。对此目前还是以业界通用的做法为主，即一主多主、多写分离，HAProxy 主要负责读的负载均衡。

此套集群方案上线几年了，HAProxy 负载均衡器相当稳定，在新广告上线（高流量高并发）的情况下基本没出现过宕机现象，所以笔者没有像 Nginx+Keepalived 方案那样做 HAProxy 服务级别的监控，仅仅做了双机的 Keepalived，以避免单机服务器硬件故障。如果大家想在生产环境下实施 HAProxy+Keepalived，可以参考此文档进行部署实施。

5.2　利用 HAProxy 代理 WebSocket 集群

WebSocket（对于什么是 WebSocket 请参考第 3 章的讲解）在业务系统中出现的频率还是很高的，很多 Web 业务平台或自动化运维的场景中都会出现它。来看个案例，没有用 HAProxy 时，一切都是正常的；但是前端加上 HAProxy 以后，后端的 webssh-terminal 服务在大约 60 秒左右就自动退出了，导致这个现象的原因是什么呢？ WebSocket 请求和一般的 HTTP 请求不一样，它会长时间保持一个 Connection，HAProxy 反向代理 WebSocket 请求需要配置 timeout tunnel 参数，否则这个链接可能就会提前关闭。

参考 HAProxy 的官方资料，可以得知 WebSocket 嵌入了如下两种协议。

❏ HTTP：在 WebSocket 启动时使用。

❏ TCP：WebSocket 数据交换时使用。

任何时候，HAProxy 必须在一条没有被打断的 TCP 链路上支持 WebSockets 中的这两种协议，但这里有两件事情需要注意：

❏ 能够从 HTTP 切换到 TCP 并且链路不能断开。

❏ 有同时支持两种协议的超时管理器。

幸运的是，HAProxy 能够完美地实现上面两个要求，并且支持多种 WebSocket 负载均衡模式。它不但可以将流量转发到后端机器上，还可以执行健康检查（仅限链路建立阶段）。

图 5-4 详细说明了每个阶段发生了什么和每个阶段涉及的 timeout。

在链路建立阶段，HAProxy 以 HTTP 模式运行，处理七层的信息。它会自动检测连接，如果升级协商成功，则会进行升级交换，并准备好切换到隧道模式。在这个阶段会涉及以下 3 个 timeout。

❏ timeout client：client 端不活跃的时间。

❏ timeout connect：允许 TCP 链接建立的时间。

❏ timeout server：允许 Server 端处理请求的时间。

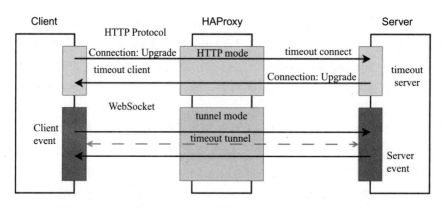

图 5-4　Client 端经过 HAProxy 访问 WebSocket Server 的流程图示

如果一切顺利，WebSocket 建立成功，然后 HAProxy 故障转移到 tunnel 模式，此时 HTTP 层面没有任何数据传输。因此该阶段只涉及一个 timeout，即 timeout tunnel，它将优先于 client 和 Server 端超时，timeout connect 将不再使用，因为 TCP 链路已经建立完成。

所以这里需要加上如下配置项：

```
defaults
timeout tunnel 3600s
```

对于 HAProxy 的安全及性能，部分知识点需要引申说明一下，以下是与安全及性能相关的选项。

1. 进程管理及安全相关的参数

HAProxy 是单进程、事件驱动、非阻塞模型的负载向衡器。虽然是单进程，但官方强烈建议不要设置为多进程，因为单进程可以处理很多个代理连接请求且性能极好（官方手册说 30W 个代理实例都能良好运行），设置为多进程反而有一些限制。

- ❏ chroot：修改 HAProxy 的工作目录至指定目录，可提升 HAProxy 的安全级别，但要确保必须为空且任何用户均不能有写权限。
- ❏ daemon：让 HAProxy 以守护进程的方式工作于后台，等同于命令行的 "-D" 选项，当然，也可以在命令行中以 "-db" 选项将其禁用（建议设置此项）。
- ❏ uid/user：以指定的 UID 或用户名身份运行 HAProxy 进程。
- ❏ gid/group：以指定的 GID 或组名运行 HAProxy，建议使用专用于运行 HAProxy 的 GID，以免因权限问题带来风险。

2. 性能调整相关的参数

- ❏ maxconn：设定每个 HAProxy 进程所接受的最大并发连接数，当达到此限定连接数时将不再接受新的连接。该参数特指客户端的连接数，不包括服务端的连接数。等同于命令行选项 "-n"，"ulimit -n" 就是根据此值进行自动调整的。

❑ maxpipes：HAProxy 使用 splice() 在内核中进行复制时，是使用 pipe 传递进行报文粘接重组的，此选项用于设定每进程所允许使用的最大 pipe 个数；每个 pipe 会打开两个文件描述符，因此 "ulimit -n" 进行自动计算时会按需调大此值，默认值为 maxconn/4，调小时会影响一定的性能。

❑ noepoll：在 Linux 系统上禁用 epoll 机制（不建议设置此项）。

❑ nokqueue：在 BSD 系统上禁用 kqueue 机制。

❑ nopoll：禁用 poll 机制。

❑ nosplice：禁止在 Linux 套接字上使用内核 TCP 重组，这会导致更多的 recv/send 系统调用（内核版本 2.6.28 以上的极度不建议设置此项）。

❑ spread-checks <0..50, in percent>：若 HAProxy 后端有众多服务器，在精确的时间间隔后统一对这些服务器进行健康状况检查可能会带来意外问题。此选项用于将其检查的时间间隔增加或减小一定的随机时长；默认为 0，官方建议设置为 2 ~ 5（建议设置此项）。

❑ tune.bufsize：设定 buffer 的大小，在同样的内存条件下，较小的值可以让 HAProxy 有能力接受更多的并发连接，较大的值可以让某些应用程序使用较大的 cookie 信息；默认为 16384，可在编译时修改，不过强烈建议使用默认值（不建议设置此项）。

❑ tune.chksize：设定检查缓冲区的大小，单位为字节。更大的值有助于在较大的页面中完成基于字符串或正则 pattern 的文本查找，但也会占用更多的系统资源（不建议设置此项）。

❑ tune.maxaccept：设定 HAProxy 进程内核调度运行时一次性可以接受的连接个数，较大的值可以带来较大的吞吐率，默认在单进程模式下为 100，多进程模式下为 8，设定为 -1 可以禁止此限制（不建议设置此项）。

❑ tune.maxpollevents：设定一次 I/O 复用系统调用可以处理的事件最大数，默认值取决于 OS。其值小于 200 时可节约带宽，但会略微增大网络延迟，而大于 200 时会降低延迟，但会稍稍增加网络带宽的占用量（不建议设置此项）。

❑ tune.maxrewrite：设定为首部重写或追加预留的缓冲空间，建议使用 1024 左右的大小；在需要使用更大的空间时，HAProxy 会自动增加其值（不建议设置此项）。

❑ tune.rcvbuf.client：设定两端的 recv_buff 大小（HAProxy 和客户端建立 TCP，也和后端服务器建立 TCP，因此有两个 recv_buff 和两个 send_buff）。单位为字节（推荐使用默认值）。

❑ tune.rcvbuf.server：设定内核套接字中服务端或客户端接收缓冲的大小，单位为字节（推荐使用默认值）。

❑ tune.sndbuf.client：设定两端的 send_buff 大小（推荐使用默认值）。

❑ tune.sndbuf.server：定义在服务端内核套接字发送缓冲区的大小，单位为字节（推荐使用默认值）。

3. HAProxy 支持动静分离

HAProxy 有自己的 ACL 语法规则，它是用 ACL 来支持动静分离的。其配置内容如下：

```
acl url_static path_beg /static /images /img /css /viedo /download
    # 定义静态检查标准
acl url_static path_end .gif .png .jpg .css .js .bmp
    # 定义静态检查标准
acl host_www    path /index.html
    # 为主页专门定制 acl
acl url_dynamic path_end .php .php5
    # 定义动态检查标准
acl host_www    hdr_beg(Host) -i www.longshuai.com
    # 定位到主页
use_backend static  if url_static
use_backend dynamic if url_dynamic
use_backend www if host_www
```

4. 代理 WebSocket 请求时注意 tunnel 参数

代理 WebSocket 请求时，注意要长时间保持一个 Connection，这里需要用到 timeout tunnel 参数，否则这个链接就会提前关闭，语法如下：

```
timeout tunnel 3600s
```

HAProxy 无论是在无 Docker 化部署的传统 Web 产品架构中，还是在基于 Docker 的云平台中，应用的比重都很大，很多地方都会涉及性能及安全调优，也包括 WebSocket 集群的反向代理工作，希望大家能熟练地掌握其用法。

5.3　巧用 DNS 轮询进行负载均衡

笔者维护的 DSP 大型广告平台，用的是纯 AWS 云平台环境，业务高峰期时有十几万并发量、3 万左右的 QPS，不仅是负载均衡层和 Web 层面，包括后端的数据库和 Redis 缓存数据库也面临着巨大压力。这么大的流量和并发量，只能采用分布式的思路来解决。

第一个方案是采用 CDN 的方式来解决压力问题。但由于 DSP 业务的特殊性，3 万多 QPS 请求基本都是动态请求，而非静态图片或 CSS 等静态请求等，所以前端放置 CDN 的方案被否决。

第二个方案是利用 AWS EC2 机器为 HAProxy/Nginx 分流，这里又有一个问题解决不了。虽然 AWS EC2 机器性能卓越，但它们毕竟是共享带宽的，所以网络性能还是有影响的。就算采用最好的 AWS EC2 机器，入口带宽是不可能超过 100MB/s 的。而 3 万多 QPS，假设单个请求的数据在 10KB 左右，那么入口带宽是 300MB/s，所以这样处理的意义不大。如果用 AWS EC2 机器作为 LB 提供网站入口，肯定有大量丢包和 timeout 现象发生，这从业务层面来说，肯定也接受不了，所以此方案否决。

第三个方案是采用 AWS 本身提供的 Elastic Load Balancing 服务。就服务本身而言是完全没有问题的，而且价格方面也比较实惠。按照 AWS 的官方介绍，以美国东部（弗吉尼亚北部）举例来说，价格是 0.008USD/GB。如果该 Elastic Load Balancing 在 30 天的期间内最终传输了 100 GB 数据流量，则该月使用 Elastic Load Balancing 的费用总额为 18 USD（即 0.025 USD/ 小时 ×24 小时 × 30 天 × 1 个 Elastic Load Balancing），通过 Elastic Load Balancing 传输的数据流量费用总额则为 0.80USD（即 0.008USD × 100 GB），该月的总费用为 18.80USD。但在业务高峰期，每天传输的数据流量远远不止 100GB。长此以往，Elastic Load Balancing 服务的费用也是一笔不菲的开销，会极大增加网站的运营成本开销。

能不能找到一种节约而性价比又高的负载均衡方案呢？

事实上，完全可以用 DNS 轮询方案，此方案用的是 PowerDNS 开源软件和 ruby-pdns。

PowerDNS 是高性能的域名服务器，除了支持普通的 Bind 配置文件以外，它还可以从 MySQL、Oracle、PostgreSQL 等的数据库读取数据。PowerDNS 安装了 Poweradmin，能实现 Web 管理 DNS 记录的功能，非常方便。

ruby-pdns 是一个简单的 Ruby 库，用来开发基于 PowerDNS 的 DNS 记录应用，它将复杂的 DNS 操作过程封装起来并提供简单易用的方法，示例代码如下。

```
module Pdns
    newrecord("www.your.net") do |query, answer|
        case country(query[:remoteip])
            when "US", "CA"
                answer.content "64.xx.xx.245"

            when "ZA", "ZW"
                answer.content "196.xx.xx.10"

            else
                answer.content "78.xx.xx.140"
            end
        end
end
```

采用它的主要原因是：修改 PowerDNS 记录是即时生效的，无须重启 PowerDNS 服务。在此业务系统中，笔者还用其搭建了简单的类 CDN 系统，方便美国东西部客户就近连接业务图片机器，加快用户访问速度，提升用户体验，代码如下：

```
newrecord("bid-east.example.net") do |query, answer|
    ips = ["54.175.1.2", "54.164.1.2", "52.6.1.2","54.164.1.2", "54.175.1.2",
        "54.175.1.3","54.175.1.4","52.4.1.2"…… ]
    #bidder 机器大约 20 台，公网 IP 做了无害处理
    ips = ips.randomize([1, 1, 1, 1, 1, 1, 1, 1])
    answer.shuffle false
    answer.ttl 30
    answer.content ips[0]
```

```
        answer.content ips[1]
        answer.content ips[2]
        answer.content ips[3]
        answer.content ips[4]
        answer.content ips[5]
        answer.content ips[6]
        answer.content ips[7]
    end

module Pdns
    newrecord("ads.bilinmedia.net") do |query, answer|
        country_, region_ = country(query[:remoteip])
            answer.qclass query[:qclass]
            answer.qtype :A
            case country_
                when "US"
                    case region_
                        when "WI","IL","TN","MS","ID","KY","AL","OH","WV","VA","
                            NC","SC","GA","FL","NY","PA","ME","VT","NH","MA","RI
                            ","CT","NJ","DE","MD","DC"
                            # 东部地区用户访问东部图片服务器
                            answer.ttl 300
                            answer.content "54.165.1.2"
                            else
                            # 西部地区用户访问西部图片服务器
                            answer.ttl 300
                            answer.content "54.67.1.2"
                        end
                else
                    # 如果用户 IP 都不在上面的城市中，则选择默认的西部机器
                    answer.ttl 300
                    answer.content "54.67.1.2"
            end
        end
    end
end
```

DNS 轮询主要靠以下代码实现：

```
newrecord("bid-east.example.net") do |query, answer|
    ips = ["54.175.1.2", "54.164.1.2", "52.6.1.2","54.164.1.2", "54.175.1.2",
        "54.175.1.3","54.175.1.4","52.4.1.2"…… ]
    #bidder 机器大约 20 台，公网 IP 做了无害处理
    ips = ips.randomize([1, 1, 1, 1, 1, 1, 1, 1])
    answer.shuffle false
    answer.ttl 30
    answer.content ips[0]
    answer.content ips[1]
    answer.content ips[2]
    answer.content ips[3]
    answer.content ips[4]
    answer.content ips[5]
```

```
    answer.content ips[6]
    answer.content ips[7]
end
```

可以用 dig 命令来解析一下 bid-east.example.com 域：

```
dig bid-east.example.com
```

命令运行结果如下：

```
; <<>> DiG 9.3.6-P1-RedHat-9.3.6-20.P1.el5_8.6 <<>> bid-east.bilinmedia.net
;; global options:  printcmd
;; Got answer:
;; ->>HEADER<<- opcode: QUERY, status: NOERROR, id: 36017
;; flags: qr rd ra; QUERY: 1, ANSWER: 8, AUTHORITY: 1, ADDITIONAL: 1

;; QUESTION SECTION:
;bid-east.bilinmedia.net. IN       A

;; ANSWER SECTION:
bid-east.bilinmedia.net. 30      IN      A      54.175.1.2
bid-east.bilinmedia.net. 30      IN      A      54.164.1.2
bid-east.bilinmedia.net. 30      IN      A      52.6.1.2
bid-east.bilinmedia.net. 30      IN      A      54.164.1.2
bid-east.bilinmedia.net. 30      IN      A      54.175.1.2
bid-east.bilinmedia.net. 30      IN      A      54.175.1.3
bid-east.bilinmedia.net. 30      IN      A      54.175.1.4
bid-east.bilinmedia.net. 30      IN      A      52.4.1.2
......

;; AUTHORITY SECTION:
bid-east.bilinmedia.net. 1799    IN      NS     ns.bilinmedia.net.

;; ADDITIONAL SECTION:
ns.bilinmedia.net.       599     IN      A      54.173.66.112

;; Query time: 1530 msec
;; SERVER: 10.143.22.116#53(10.143.22.116)
;; WHEN: Thu Jan 14 09:55:23 2016
;; MSG SIZE  rcvd: 202
```

这样配置以后，在业务最繁忙的时间段观察得知：20 台 bidder 机器，Nginx+Lua 作为 Web 服务器，平均每台的活动连接数为 20000 ～ 22000，流量被平均地分摊下去了，达到了负载均衡的目的。可以用 Ansible 工具抽取空闲时间（凌晨两点左右）里 bidder 集群机器的活动连接数，命令如下：

```
ansible bidder -m script  -a "/home/ec2-user/counter.sh"
```

运行结果如下：

```
bidder1 | SUCCESS => {
    "changed": true,
    "rc": 0,
    "stderr": "",
    "stdout": "FIN_WAIT1 13,ESTABLISHED 3193,LISTEN 6\r\n",
    "stdout_lines": [
        "FIN_WAIT1 13,ESTABLISHED 3193,LISTEN 6"
    ]
}
bidder2 | SUCCESS => {
    "changed": true,
    "rc": 0,
    "stderr": "",
    "stdout": "TIME_WAIT 1,FIN_WAIT1 9,ESTABLISHED 3175,SYN_RECV 2,LISTEN 8\r\n",
    "stdout_lines": [
        "TIME_WAIT 1,FIN_WAIT1 9,ESTABLISHED 3175,SYN_RECV 2,LISTEN 8"
    ]
}
bidder4 | SUCCESS => {
    "changed": true,
    "rc": 0,
    "stderr": "",
    "stdout": "FIN_WAIT1 15,ESTABLISHED 3176,LISTEN 6\r\n",
    "stdout_lines": [
        "FIN_WAIT1 15,ESTABLISHED 3176,LISTEN 6"
    ]
}
bidder5 | SUCCESS => {
    "changed": true,
    "rc": 0,
    "stderr": "",
    "stdout": "TIME_WAIT 1,FIN_WAIT1 10,ESTABLISHED 3262,LISTEN 6\r\n",
    "stdout_lines": [
        "TIME_WAIT 1,FIN_WAIT1 10,ESTABLISHED 3262,LISTEN 6"
    ]
}
bidder3 | SUCCESS => {
    "changed": true,
    "rc": 0,
    "stderr": "",
    "stdout": "TIME_WAIT 2,FIN_WAIT1 15,ESTABLISHED 3857,LISTEN 6\r\n",
    "stdout_lines": [
        "TIME_WAIT 2,FIN_WAIT1 15,ESTABLISHED 3857,LISTEN 6"
    ]
}
bidder7 | SUCCESS => {
    "changed": true,
    "rc": 0,
    "stderr": "",
    "stdout": "FIN_WAIT1 7,ESTABLISHED 2821,LISTEN 6\r\n",
    "stdout_lines": [
```

```
            "FIN_WAIT1 7,ESTABLISHED 2821,LISTEN 6"
        ]
}
bidder6 | SUCCESS => {
    "changed": true,
    "rc": 0,
    "stderr": "",
    "stdout": "TIME_WAIT 1,FIN_WAIT1 8,ESTABLISHED 3239,LISTEN 6\r\n",
    "stdout_lines": [
        "TIME_WAIT 1,FIN_WAIT1 8,ESTABLISHED 3239,LISTEN 6"
    ]
}
bidder8 | SUCCESS => {
    "changed": true,
    "rc": 0,
    "stderr": "",
    "stdout": "TIME_WAIT 1,FIN_WAIT1 7,ESTABLISHED 3238,LISTEN 6\r\n",
    "stdout_lines": [
        "TIME_WAIT 1,FIN_WAIT1 7,ESTABLISHED 3238,LISTEN 6"
    ]
}
```

基本上，Nginx 的活动并发连接数也是比较平均的，维持在 3200 ~ 3800，证明流量是平均分配下来的，且 P-dns 轮询功能是生效的，业务繁忙的时候通过 ruby-pdns 修改其配置文件，动态地添加 bidder 业务机器，就可以很轻松地进行水平扩展了。

5.4　利用 ZooKeeper 集群来搭建分布式系统

前面花了很多篇幅介绍什么是集群，大家应该能理解这个定义了，那么，什么是分布式系统呢？这里也跟大家简单说明一下。

分布式系统就是将一个完整的系统按照业务功能拆分成一个个独立的子系统，在分布式结构中，每个子系统都被称为"服务"。

这些子系统能够独立地运行在单独的主机或容器中，它们之间通过 RPC 方式通信。举个例子，假设需要开发一个在线商城。按照微服务的思想，我们需要将其按照功能模块拆分成多个独立的服务，如：用户服务、产品服务、订单服务、后台管理服务、数据分析服务等。这一个个服务都是一个个独立的项目，可以独立运行。如果服务之间有依赖关系，那么通过 RPC 方式调用。

这样处理的好处在于：

❑ 系统之间的耦合度大大降低，可以独立开发、独立部署、独立测试，系统与系统之间的边界非常明确，排错也变得相当容易，开发效率大大提升。

❑ 系统之间的耦合度降低，系统更易于扩展，可以有针对性地扩展某些服务。假设这个商城要搞促销活动，下单量可能会大大提升，此时可以有针对性地提升订单系统、产品系统的节点数量，而对于后台管理系统、数据分析系统而言，节点数量维持原有水平即可。

❑ 服务的复用性更高。比如，在将用户系统设置为单独的服务后，该公司所有的产品都可以使用该用户系统，无须重复开发。

笔者公司目前接触得比较多的分布式系统有：Mesos、Codis、HDFS 及 Disconf，在这些分布式系统中，全部都有 ZooKeeper 的身影，那么 ZooKeeper 到底在分布式系统中起什么作用，它的工作原理又是什么呢？

ZooKeeper 是一个有高可用性、高性能的协调服务，下面来详细了解一下。

1. ZooKeeper 能解决哪些问题

在分布式应用中，经常会出现部分节点失败（比如崩溃）的情况，即当节点间传递消息的时候由于网络或者接收者进程死掉等原因，发送者无法知道接收者是否收到消息。

由于部分失败是分布式系统固有的特征，因此 ZooKeeper 并不能避免部分失败，但是它可以帮你在部分失败的时候进行正确处理，保证最终正确。

ZooKeeper 具有以下特征：

❑ 提供了丰富的构件（building block）来协调数据结构。

❑ 具有访问原子性，客户端要么读到所有数据，要么读取失败，不会出现只读取部分的情况。

❑ ZooKeeper 运行在一组机器上，具有高可用性，帮助系统避免单点故障，同时删掉故障服务器。

❑ 具有顺序一致性。任意客户端的更新请求都会按照发送顺序提交。

❑ 具有单一系统映像。当一台服务器故障，导致它的客户端需要连接其他服务器时，所有更新晚于故障服务器的服务器都不会接收请求，一直到更新赶上故障服务器。

❑ 具有及时性。任何客户端能看到的滞后都是有限的，不会超过几十秒，且提供 sync 操作会强制客户端所连的服务器与领导者同步。

❑ 具有会话功能。每个客户端连接时都会尝试连接到配置列表中的一台服务器上，一旦失败会自动连接另一台服务器，以此类推，直到成功连接一台服务器，并创建一个会话。客户端可以为每个会话设置超时时间，一旦会话过期，则所有短暂的 Znode 都会丢失，因为 ZooKeeper 会自动发送心跳包，所以很少发生连接失败的情况。

❑ 使用约会机制（rendezvous）。在交互过程中，被协调的各方不需要事先了解彼此，甚至不必同时存在。

❑ 使用 ACL。ZooKeeper 提供了 digest（通过用户名密码）、host（通过主机名）、IP（通过 IP 地址）这 3 种身份验证模式，依赖于 ZooKeeper 的身份验证机制，每个 ACL 都是一个身份对应一组权限。

❑ 提供关于通用协调模式的开源共享资源库。

2. ZooKeeper 选举原理

ZooKeeper 使用的 ZAB 协议类似于 Paxos 算法但在操作方面却有不同，该协议包括两个不断重复的阶段。

ZAB 协议包括两种基本的模式，分别是崩溃恢复和消息广播。若整个服务框架在启动过程中，领导者（Leader）服务器出现网络中断、崩溃退出与重启等异常情况，ZAB 协议就会进入恢复模式并选举产生新的 Leader 服务器。若选举产生了新的 Leader 服务器，同时集群中已经有过半的机器与该 Leader 服务器完成了状态同步，那么 ZAB 协议就会退出恢复模式。其中，所谓的状态同步是指数据同步，用来保证集群中过半的机器能够和 Leader 服务器的数据状态保持一致。

如果集群中已经有过半的 Follower 服务器实现了和 Leader 服务器的状态同步，那么整个服务框架就可以进入消息广播模式了。当一台同样遵守 ZAB 协议的服务器启动并加入集群中时，如果此时集群中已经存在一个 Leader 服务器在负责消息广播，那么新加入的服务器就会自觉地进入数据恢复模式，即找到 Leader 所在的服务器，并与其进行数据同步，然后一起参与到消息广播流程中去。正如上文所介绍的，ZooKeeper 被设计成只允许唯一的一个 Leader 服务器来进行事务请求的处理。Leader 服务器在接收到客户端的事务请求后，会生成对应的事务提案并发起一轮广播协议。如果集群中的其他机器接收到客户端的事务请求，那么这些非 Leader 服务器会先将这个事务请求转发给 Leader 服务器上。

领导者选举指的是集群中的所有机器一起选出一台领导者，其他机器成为跟随者，一旦半数以上的跟随者将状态同步，表示这个阶段完成（官方数据表明这个阶段持续 200 毫秒）。

ZooKeeper 有三种角色，即领导者、跟随者和观察者，其作用描述如表 5-2 所示。

表 5-2　ZooKeeper 角色说明

角色	描述
领导者	领导者负责投票的发起和决议，以及更新系统状态
跟随者	跟随者用于接收客户请求并向客户端返回结果，且会在选举过程中参与投票
观察者	观察者可以接收客户端连接，并将写请求转发给领导者节点。但观察者不参加投票过程，只同步领导者状态。观察者的目的是为了扩展系统，提高读取速度

3. 原子广播协议（ZAB 协议）介绍

原子广播指的是所有机器将写操作转发给领导者，领导者再将更新广播给跟随者，只有在半数以上的跟随者同步修改之后，领导者才会提交更新，客户端才能收到更新成功的信息。

原子广播的核心是一个精简的文件系统，它是一个树状的数据结构，统一使用节点（Znode），节点可以有子节点，也可以用来保存数据，并且有一个关联的 ACL，因为 ZooKeeper 被设计来实现协调服务，通常会使用小数据文件，所以 Znode 能存储的数据限制在 1MB 以内。

Znode 有两种形式，短暂 node 和持久 node，Znode 在创建时确定后不能再修改。短暂 node 在客户端 Session 结束的时候会被移除，且不可以创建任何类型的子节点。如果在创建 Znode 的时候设置了顺序标识，那么此 Znode 会通过父节点维护的一个单调递增的计数器来添加一个顺序号，这个顺序号可以用来进行全局排序。watch 机制可以让客户端得到 Znode 的变化，观察只能触发一次，为了能多次收到通知，客户端需要重新注册所需的 ZooKeeper 观察。

ZooKeeper 采用斜杠分割的 Unicode 字符串来做引用，类似文件系统路径，但必须是标准的，不支持 ./ 这种特殊字符，它使用 /zookeeper 子树来保存管理信息。

客户端与服务器通信采用 TCP 长连接，客户端和服务器通过心跳来保持 Session 的连接。当 Session 失效时临时节点会被删除。

ZooKeeper 通过监控节点以及节点的变化来实现各功能，例如集群管理、配置的集中管理、分布式锁等。它通过复制实现高可用性，只要集群中半数以上的机器可用，就能提供服务，所以一个集群通常要有奇数台机器。

为什么最好使用奇数台服务器构成 ZooKeeper 集群？

我们知道，在 ZooKeeper 中 Leader 选举算法采用了 ZAB 协议。ZAB 的核心思想是若多数 Server 写成功，则任务数据写成功。

❑ 如果有 3 个 Server，则最多允许 1 个 Server 挂掉。

❑ 如果有 4 个 Server，同样最多允许 1 个 Server 挂掉。

既然 3 个或者 4 个 Server，同样最多允许 1 个 Server 挂掉，那么它们的可靠性是一样的，所以选择奇数个 ZooKeeper Server 即可，这里选择 3 个 Server。

ZooKeeper 的生命周期有以下 3 个状态：CONNECTION、CONNECTED、CLOSED。新产生的 ZooKeeper 实例是 CONNECTION 状态，通过建立连接进入 CONNECTED 状态，当 ZooKeeper 实例断开和重连的时候，它会在 CONNECTED 和 CONNECTION 之间转换，调用 close 方法或者会话超时会进入 CLOSED 状态且不能恢复。

4. 工作模式

ZooKeeper 的工作模式有三种，即单机、集群和伪集群模式。单机模式和集群模式很好理解，那什么叫伪集群呢？伪集群模式就是在单机模式下模拟集群的 ZooKeeper 服务。生产环境下推荐用集群工作模式。

如何安装 ZooKeeper 集群呢？这里拿三台机器来说明一下。

先安装 Java 环境，这里需要用到 JDK 源码包，笔者下载的版本是 jdk-8u181-linux-x64.tar.gz，下载到 /usr/local/src 目录下，之后需要对它进行解压。

解压之后就是 JDK 环境变量的配置，这里以 JDK 的绝对路径作为 JAVA_HOME。之后对 PATH 环境变量和 CLASS 环境变量进行配置。

具体的配置需要在 root 权限下操作，以 root 身份进入后，使用 vim /etc/profile 修改系

统环境变量的配置。只有在 root 权限下，这个文件才可以被写，在普通用户权限下，这个
文件只可以被读（readonly）。

在这个文件的最后位置加上下面三行代码。

```
export JAVA_HOME=/usr/local/src/jdk1.8.0_181
export PATH=$JAVA_HOME/bin:$PATH
export CLASSPATH=.:$JAVA_HOME/lib/tool.jar:$JAVA_HOME/lib/dt.jar:$CLASSPATH
```

注意，JAVA_HOME 的值是 JDK 安装的绝对路径。

之后需要使用命令 source /etc/profile 使环境变量生效。

如果这一行命令没有出错，那么运行一下 java -version 即可检测环境变量是否配置成功
了，结果如下：

```
java version "1.8.0_181"
Java(TM) SE Runtime Environment (build 1.8.0_181-b13)
Java HotSpot(TM) 64-Bit Server VM (build 25.181-b13, mixed mode)
```

然后下载 ZooKeeper 源码包来进行安装，其地址为：https://mirrors.tuna.tsinghua.edu.
cn/apache/zookeeper/zookeeper-3.5.5/apache-zookeeper-3.5.5-bin.tar.gz。

下载到 /usr/local/zookeeper 目录下，示例如下：

```
tar xvf zookeeper-3.5.5.tar.gz
mv zookeeper-3.5.5 /usr/local/zookeeper
```

然后继续配置环境变量，命令如下：

```
export ZK_HOME=/usr/local/zookeeper
export PATH=$ZK_HOME/bin:$PATH
```

最后配置 ZooKeeper 的配置文件，即 /usr/local/zookeeper/conf/zoo.cfg 文件，命令如下：

```
cp zoo_sample.cfg zoo.cfg
```

三台机器上面的配置是一样的，示例如下：

```
# The number of milliseconds of each tick
tickTime=2000
# The number of ticks that the initial
# synchronization phase can take
initLimit=10
# The number of ticks that can pass between
# sending a request and getting an acknowledgement
syncLimit=5
# the directory where the snapshot is stored.
# do not use /tmp for storage, /tmp here is just
# example sakes.
dataDir=/usr/local/zookeeper/data
logDir=/usr/local/zookeeper/logs
# the port at which the clients will connect
```

```
clientPort=2181
# the maximum number of client connections.
# increase this if you need to handle more clients
#maxClientCnxns=60
#
# Be sure to read the maintenance section of the
# administrator guide before turning on autopurge.
# The number of snapshots to retain in dataDir
#autopurge.snapRetainCount=3
# Purge task interval in hours
# Set to "0" to disable auto purge feature
#autopurge.purgeInterval=1
server.1=192.168.1.200:2888:3888
server.2=192.168.1.201:2888:3888
server.3=192.168.1.202:2888:3888
```

记得要提前建立配置文件里的路径及 myid，每台机器上都要执行以下的操作：

```
mkdir -p /usr/local/zookeeper/data
mkdir -p /usr/local/zookeeper/logs
```

在配置的 dataDir 指定的目录下，创建一个 myid 文件，里面的内容为一个数字，用来标识当前主机。在 zoo.cfg 文件配置的 server.X 中 X 是什么数字，则 myid 文件中就输入这个数字，例如：

```
echo "1" > /usr/local/zookeeper/data/myid
```

最后，在每台机器上分别执行启动命令：

```
zkServer.sh start
```

命令显示结果如下：

```
ZooKeeper JMX enabled by default
Using config: /usr/local/zookeeper/bin/../conf/zoo.cfg
Starting zookeeper ... STARTED
```

下面分别在每台机器上执行 ZooKeeper 的状态检查命令：

```
zkServer.sh status
```

以下是 ZooKeeper 的状态显示结果，可以看到有台机器为 Leader。

```
ZooKeeper JMX enabled by default
Using config: /usr/local/zookeeper/bin/../conf/zoo.cfg
Client port found: 2181. Client address: localhost.
Mode: leader
```

其余的机器则为 follower，如下：

```
ZooKeeper JMX enabled by default
```

```
Using config: /usr/local/zookeeper/bin/../conf/zoo.cfg
Client port found: 2181. Client address: localhost.
Mode: follower
```

TroubleShooting 故障排除的命令如下：

```
ZooKeeper JMX enabled by default
Using config: /usr/local/zookeeper/bin/../conf/zoo.cfg
Client port found: 2181. Client address: localhost.
Error contacting service. It is probably not running.
```

启动 ZooKeeper 时如果有上面的故障显示，则需要检查 iptables 防火墙的配置，或确定相对应的目录是否已经建立，排除了这些问题以后，故障也会相应地解除。

5. 生产环境下 ZooKeeper 性能方面的优化

生产环境下的业务系统一般会用到 3 台或以上（建议 5 台）的 ZooKeeper 机器。ZooKeeper 集群中只要有过半的机器是正常工作的，那么整个集群对外就是可用的，即过半存活即可用。部署奇数台机器可以充分利用集群中的每个节点提供容灾能力。

事务日志的写入速度，直接决定了 ZooKeeper 的吞吐率（事务日志对 ZooKeeper 的影响非常大，强烈建议将事务日志目录和数据目录分开），所以要注意 ZooKeeper 的磁盘性能。因此，最佳实践是使用专门的日志存储设备，将 dataLogDir 的目录配置指向该设备。

在大型的生产系统中，ZooKeeper 机器会很多，基于选举的过半原则，每一次选举都需要大量的网络通信，如果并发高，请求多，那么性能会降低很多。因此，需要做以下操作。

将集群中的 Leader 设置为不接受客户端连接，让它专注于集群的通信、选举等操作。设置方式为在 zoo.cfg 中增加如下命令：

```
leaderServes=no
```

另外，为此 ZooKeeper 集群添加观察者 observer，它不参与选举，但是可以接受客户端的连接。因为观察者不参与选举，即使它挂了，也不会影响整个集群的正常运行。

配置观察者的方式如下：

1）在观察者机器上的 zoo.cfg 中添加 peerType=observer。

2）在集群每台机器的 zoo.cfg 中，为对应观察者机器的 server.x=192.168.1.202:2888:3888 后面添加":observer"。

3）重启所有机器。

此时登录观察者机器，执行 ./zkServer.sh status 可以看到 mode:observer 字样，其他是 follower 或者 leader。

最后，来看一下 ZooKeeper 常用配置项说明，见表 5-3。

表 5-3 ZooKeeper 常用配置项说明

配置项	名称	配置项作用
tickTime	CS 通信心跳间隔	服务器之间或客户端与服务器之间维持心跳的时间间隔，也就是每间隔 tickTime 时间就会发送一个心跳。tickTime 以毫秒为单位。是 ZooKeeper 中的一个时间单元，它所有的时间都是以这个时间单元为基础进行整数倍配置的。例如，session 的最小超时时间是 $2 \times$ tickTime
initLimit	LF 初始通信时限	集群中的 Follower 服务器与 Leader 服务器之间初始连接时能容忍的最多心跳数，Follower 在启动过程中，会从 Leader 中同步所有最新数据，然后确定自己能够实现对外服务的起始状态。Leader 允许 Follower 在 initLimit 时间内完成这个工作，如果 ZooKeeper 集群的数据量确实很大了，Follower 在启动的时候，从 Leader 上同步数据的时间也会相应变长，在这种情况下，有必要适当调大这个参数 默认是：$10 \times$ ticktime
syncLimit	LF 同步通信时限	集群中的 Follower 服务器与 Leader 服务器请求和应答时能容忍的最多心跳数。在运行过程中，Leader 负责与 ZooKeeper 集群中的所有机器进行通信，例如通过一些心跳检测机制来检测机器的存活状态。如果 Leader 发出心跳包在 syncLimit 之后还没有从 Follower 那里收到响应，那么就认为这个 Follower 已经不在线了 默认是：$5 \times$ ticktime
minSessionTimeout $\sim$ maxSessionTimeout	Session 超时时间	Session 超时时间限制，如果客户端设置的超时时间不在这个范围，那么会被强制设置为最大或最小时间 默认范围是：$2 \times$ tickTime $\sim 20 \times$ tickTime
dataDir	数据文件目录	ZooKeeper 保存数据的目录，默认情况下，ZooKeeper 将写数据的日志文件也保存在这个目录里
datalogDir	日志文件目录	ZooKeeper 保存日志文件的目录
clientPort	客户端连接端口	客户端连接 ZooKeeper 服务器的端口，ZooKeeper 会监听端口，接受客户端的访问请求
server.N	服务器名称与地址	从 N 开始依次为：服务编号、服务地址、LF 通信端口、选举端口；例如：server.1=192.168.88.11:2888:3888

事实上，在分布式协调系统中谁能把数据同步的时间压缩得更短，谁的请求响应就更快，谁就更出色，ZooKeeper 就是其中的佼佼者。不管是内部分布式业务系统，还是流行的开源分布式系统组件，ZooKeeper 集群的应用都很广泛，因此也建议大家掌握 ZooKeeper 集群的原理及使用。

5.5 小结

这一章通过演示真实项目着重介绍了现在比较流行 Nginx/HAProxy +Keepalived、LVS+Keepalived/DR 及 DNS 轮询这些常见的 Web 集群负载均衡高可用技术，除此之外，还介绍了 ZooKeeper 集群在分布式系统中的应用。相信通过阅读本章内容，大家会对生产环境下的 Linux 集群有所了解。希望大家能熟练掌握 Linux 集群相关知识，为自己的职业技能添加含金量。

云原生环境下的负载均衡实现

什么是云原生？根据云原生计算基金会（CNCF）的定义：云原生（Cloud Native）技术有利于各组织在公有云、私有云和混合云等新型动态环境中，构建和运行可弹性扩展的应用。云原生的代表技术包括容器、服务网格、微服务、不可变基础设施和声明式 API。这些技术能够构建容错性好、易于管理和便于观察的松耦合系统。

CNCF 给出了云原生应用的三大特征，具体如下。

❑ 容器化封装：以容器为基础，提高整体开发水平，形成代码和组件重用，简化云原生应用程序的维护。在容器中运行应用程序和进程，并作为应用程序部署的独立单元，实现高水平资源隔离。

❑ 动态管理：通过集中式的编排调度系统动态地管理和调度。

❑ 面向微服务：明确服务间的依赖，互相解耦。

作为诞生于云计算时代的新技术理念，云原生拥有传统 IT 无法比拟的优势，可帮助企业高效享受云的弹性和灵活性，从而实现平滑迁移、快速开发和上线、稳定运维等，大大降低了技术成本，云原生已经成为云时代的新技术标准。跟传统 IT 相比，云原生的容器微服务带来这么多技术便利的同时，也给传统的负载均衡技术带来巨大的挑战。

由于笔者公司的产品及项目主要采用的是基于 Docker 容器的 Kubernetes 及 Mesos（DC/OS）集群，因此本章在讲解云原生环境下的负载均衡时，会以这两个平台（主要是 Kubernetes 集群）为主来说明。为了方便演示和实验，这里采用了 Vagrant 虚拟机来部署 Kubernetes 集群。

6.1 私有化部署 Kubernetes 集群

以下部署过程适合物理机、虚拟机，也包括云平台主机（例如 AWS 云或阿里云主机），而且为了兼容没有网络的极端情况，我们提前部署了 Nexus3 容器作为私有仓库，其中存放了部署 Kubernetes 集群所需的各种 Yum 源、Docker 镜像及 RAW 文件（比如 YAML 文件或 tar 压缩包等），后续需将 Nexus 数据包解压并挂载到 Nexus3 容器。

6.1.1 部署 Kubernetes 集群环境的准备工作

部署 Kubernetes 集群的环境如下。
- Kubernetes 版本：1.15.2
- CentOS 版本：7.6.1810
- 系统内核版本：3.10.0-957.el7.x86_64
- Docker 版本：18.06.1.ce-3

Kubernetes 1.15 当前支持的 Docker 版本列表是 1.13.1、17.03、17.06、17.09、18.06、18.09。这里还是选用的老 Docker 版本，即 18.06，采取的是 rpm 安装的方式；建议不要安装高版本的 Docker，否则 Master 节点的几个重要 Pod，例如 kube-scheduler-server 或 kube-controller-manager-server 会经常出现重启的现象。

主机部署情况（这里采取的是 VirtualBox + Vagrant，具体搭建过程前面已经说明，这里不再重复）见表 6-1。

1）在每台机器的 /etc/hosts 文件下统一添加如下内容：

表 6-1 Kubernetes 集群的 IP 及角色分配情况

主机名	IP	描述
server	192.168.1.222	Master 节点
vagrant1	192.168.1.223	Agent 节点
vagrant2	192.168.1.224	Agent 节点
vagrant3	192.168.1.225	Nexus3 私有仓库

```
192.168.100.222 server
192.168.100.223 vagrat1
192.168.100.224 vagrant2
192.168.100.225 vagrant3
```

注意，所有机器的主机名必须不一致，不然后面的流程加入不了 Kubernetes 集群，这里提前用 hostname --static set-hostname 分配 hostname 名。

2）系统关闭防火墙及 SELinux。各节点关闭防火墙、SELinux 和禁用 Swap 设备（每台机器都需要操作）。

禁用 Swap 设备的示例如下：

```
swapoff -a
```

编辑 /etc/fstab 文件，注释用于挂载 Swap 的所有行。

kubadm 默认会预先检查当前主机是否禁用了 Swap 设备，并在未禁用时强制终止部署过程。因此这里需要禁用 Swap 设备。

关闭 SELinux 的命令如下：

```
sed -i 's/SELINUX=enforcing/SELINUX=disabled/' /etc/selinux/config
```

关闭防火墙的命令如下：

```
systemctl disabled firewalld.service && systemctl stop firewalld.service
```

所有机器上提前安装好 docker-ce，具体的 rpm 包如下：

```
audit-libs-2.8.5-4.el7.x86_64.rpm
    libselinux-python-2.5-14.1.el7.x86_64.rpm
audit-libs-python-2.8.5-4.el7.x86_64.rpm
    libselinux-utils-2.5-14.1.el7.x86_64.rpm
checkpolicy-2.5-8.el7.x86_64.rpm
    libsemanage-python-2.5-14.el7.x86_64.rpm
container-selinux-2.107-3.el7.noarch.rpm
    libtool-ltdl-2.4.2-22.el7_3.x86_64.rpm
docker-ce-18.06.1.ce-3.el7.x86_64.rpm
    policycoreutils-2.5-33.el7.x86_64.rpm
iptables-1.4.21-33.el7.x86_64.rpm
    policycoreutils-python-2.5-33.el7.x86_64.rpm
libcgroup-0.41-21.el7.x86_64.rpm
    python-IPy-0.75-6.el7.noarch.rpm
libmnl-1.0.3-7.el7.x86_64.rpm
    selinux-policy-3.13.1-252.el7_7.6.noarch.rpm
libnetfilter_conntrack-1.0.6-1.el7_3.x86_64.rpm
    selinux-policy-targeted-3.13.1-252.el7_7.6.noarch.rpm
libnfnetlink-1.0.1-4.el7.x86_64.rpm
    setools-libs-3.3.8-4.el7.x86_64.rpm
libseccomp-2.3.1-3.el7.x86_64.rpm
```

然后分别启动 docker.service 命令及配置自启动服务：

```
systemctl start docker.service && systemctl enable docker.service
```

因为这里是私有化部署 Kubernetes 集群，所以提前把 Nexus3 的数据备份和复制下来了，Nexus3 主要用于整个集群的 YUM | RAW | Docker 仓库，Nexus3 的仓库又分 group、host、proxy 这几种，这里主要采用的是 group 仓库，group = host + proxy（host 即我们熟悉的私库模式，proxy 即为代理模式，附录会详细介绍 Nexus3 的搭建过程及原理）。

完成以上步骤后，所有主机要重启一遍（swapoff -a 只能临时禁止 swap 设备），命令如下：

```
reboot
```

6.1.2　Nexus3 私有仓库在集群内的暴露使用

Nexus3 私有仓库需要在集群内暴露给 Kubernetes 使用，我们在 vagrant3 机器下执行以下步骤：

1）Nexus3 镜像导入。提前从局域网环境导出文件，名为 k8s-nexus.tar（里面已经包含了安装 Kubernetes 的各种镜像等），然后执行如下命令实现 Nexus3 镜像导入。

```
docker load < k8s-nexus.tar
```

查看导入后的镜像，命令如下：

```
REPOSITORY          TAG              IMAGE ID        CREATED         SIZE
<none>              <none>           af96486a6891    2 weeks ago     634MB
```

2）导入 Nexus3 数据，这里的名字为 nexus.tar.gz 包，命令如下：

```
mkdir -p /data/nexus
tar xvf nexus.tar.gz
mv nexus/* /data/nexus/  && chown -R 200 /data/nexus
docker run  --restart=always -d -p 8081:8081 -p 8082:8082 -p 8083:8083 -p
    8084:8084 -p 8085:8085 --name nexus -v /data/nexus:/nexus-data af96486a6891
```

通过 http://192.168.1.225:8081 的界面来访问可以看到有很多新增仓库，如图 6-1 所示。

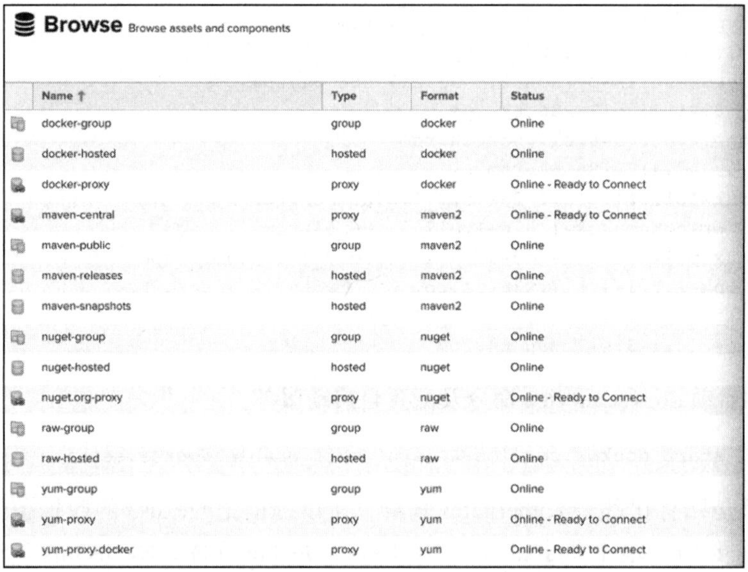

图 6-1　Nexus3 的仓库界面

6.1.3　部署 Kubernetes 集群

如果机器数量比较多，可以使用 Ansible 进行批量操作（在 Master 节点上面操作）。

1. 使用 Ansible 进行批量部署

为了方便在 Kubernetes 集群上批量操作，在 Master 节点上面部署了 Ansible 自动化配置管理工具，利用它的运维模块可批量操作 Kubernetes 集群中的机器，并且提前做好 Master 的 SSH-KEY（包括 master 节点本身）免密登录。配置过程较为简单，命令如下：

```
yum install ansible
```

用如下命令可以查看 Ansible 的版本：

```
ansible 2.4.2.0
    config file = /etc/ansible/ansible.cfg
    configured module search path = [u'/root/.ansible/plugins/modules', u'/usr/
        share/ansible/plugins/modules']
    ansible python module location = /usr/lib/python2.7/site-packages/ansible
    executable location = /usr/bin/ansible
    python version = 2.7.5 (default, Oct 30 2018, 23:45:53) [GCC 4.8.5 20150623
        (Red Hat 4.8.5-36)]
```

创建 Ansible 的分组，名为 k8s，添加的 /etc/ansible/hosts 文件内容如下：

```
192.168.1.222
192.168.1.223
192.168.1.224
192.168.1.225


[k8s]
192.168.1.222
192.168.1.223
192.168.1.224
```

我们要在每个 Agent 节点机器上配置 Yum 源和 Docker 仓库，具体执行步骤如下。

先查看 /etc/yum.repos.d/yum.repo 文件的内容：

```
[base]
name=CentOS-$releasever - Base
baseurl=http://192.168.1.225:8081/repository/yum-group/
#baseurl=http://172.31.9.202:8081/repository/yum-proxy-docker/
gpgcheck=0
enabled=1
```

然后将此文件用 Ansible copy 模块推送过去，命令如下：

```
ansible k8s -m copy -a 'src=/etc/yum.repos.d/yum.repo dest=/etc/yum.repos.d/yum.
    repo'
```

删除其他的 Yum 源，只保留 Nexus3（vagrant3 机器）的 YUM 源，命令如下：

```
rm -rf /etc/yum.repos.d/CentOS-*.repo
```

重建 Yum 缓存，命令如下：

```
yum clean all
yum makecache
```

在 master 机器上执行 ansible 命令：

```
ansible k8s -m shell -a 'rm -rf /etc/yum.repos.d/CentOS-*.repo && yum clean all
```

```
    && yum makecache'
```

各机器要保证有如下正常显示:

```
192.168.1.222 | CHANGED | rc=0 >>
已加载插件: fastestmirror
正在清理软件源: base
Cleaning up list of fastest mirrors
Other repos take up 37 M of disk space (use --verbose for details)
已加载插件: fastestmirror
Determining fastest mirrors
元数据缓存已建立

192.168.1.223 | CHANGED | rc=0 >>
已加载插件: fastestmirror
正在清理软件源: base
Cleaning up list of fastest mirrors
Other repos take up 37 M of disk space (use --verbose for details)
已加载插件: fastestmirror
Determining fastest mirrors
元数据缓存已建立

192.168.1.224 | CHANGED | rc=0 >>
已加载插件: fastestmirror
正在清理软件源: base
Cleaning up list of fastest mirrors
Other repos take up 37 M of disk space (use --verbose for details)
已加载插件: fastestmirror
Determining fastest mirrors
元数据缓存已建立
```

然后安装一些网络调试及 jq 工具,命令如下:

```
ansible all -m shell -a 'yum install jq telnet lsof -y'
```

接下来配置下 Kubernetes 集群机器中各 Agent 节点的 Docker 源配置,这里的 8083 端口是 Docker group 仓库,8084 端口是 Docker host 仓库,示例如下:

```
Docker group: 192.168.1.225:8083
Docker host: 192.168.1.225:8084
```

在每个节点机器上编辑 /etc/docker/daemon.json 文件,文件内容如下:

```
{
    "insecure-registries": [
        "192.168.1.225:8083",
        "192.168.1.225:8084"
    ],
    "registry-mirrors": ["https://registry.docker-cn.com"]
}
```

然后重启 Docker 服务,命令如下:

```
systemctl restart docker.service
```

这里可以采用 Ansible 进行批量操作，命令如下：

```
ansible all -m copy -a 'src=/etc/docker/daemon.json dest=/etc/docker/daemon.
    json'
ansible all -m shell -a ' systemctl daemon-reload && systemctl restart docker.
    service'
```

以上步骤做完以后每个节点都可以通过 Nexus3 私有仓库推拉 Docker 镜像了。

2. 修改各节点机器内核（所有节点）

查看 /etc/sysctl.d/k8s.conf 文件，文件内容如下：

```
net.bridge.bridge-nf-call-ip6tables = 1
net.bridge.bridge-nf-call-iptables = 1
net.ipv4.ip_forward = 1
```

利用 Ansible 批量操作，将 /etc/sysctl.d/k8s.conf 分发到各 Agent 节点：

```
ansible k8s -m copy -a "src=/etc/sysctl.d/k8s.conf dest=/etc/sysctl.d/k8s.conf"
```

仍然利用 Ansible 来批量操作，在各 Agent 节点上执行 sysctl 操作，以使内核改动立即生效：

```
ansible k8s -m shell -a "sysctl -p /etc/sysctl.d/k8s.conf"
```

root 用户可以用下列命令安装 Kubernetes 各组件：

```
yum install -y kubelet-1.15.2 kubeadm-1.15.2 kubectl-1.15.2
systemctl enable kubelet && systemctl start kubelet
```

Ansible 为各 Agent 节点批量安装 Kubernetes 组件，批量操作命令如下：

```
ansible k8s  -m shell -a "yum install -y kubelet-1.15.2 kubeadm-1.15.2
    kubectl-1.15.2"
ansible k8s -m shell -a "systemctl enable kubelet && systemctl start kubelet"
```

下面的命令用于分发 Docker 镜像 k8s.gcr.io/pause:3.1 到各个 Agent 节点（Nexus3 自身数据包会提前准备好这些镜像源）：

```
docker pull 192.168.1.225:8083/pause:3.1
docker tag 192.168.1.225:8083/pause:3.1 k8s.gcr.io/pause:3.1
```

Ansible 为各节点自动实现 docker pull pause:3.1 镜像的批量操作命令如下：
```
ansible k8s -m shell -a "docker pull 192.168.1.225:8083/pause:3.1"
ansible k8s -m shell -a "docker tag 192.168.1.225:8083/pause:3.1 k8s.gcr.io/
    pause:3.1"
```

3. Master 节点操作步骤

这里利用 kubeadm 来初始化集群，命令如下：

```
kubeadm init --apiserver-advertise-address=192.168.1.222 --image-
    repository=192.168.1.225:8083 --pod-network-cidr=10.244.0.0/16 --service-
    cidr=10.96.0.0/12 --kubernetes-version=v1.15.2 --ignore-preflight-errors swap
```

命令各选项说明如下。

❏ apiserver-advertise-address：Kubernetes 集群的 Master 节点地址，0.0.0.0 表示该节点的所有可用的地址。

❏ image-repositor：Kubernetes 系统的镜像地址。

❏ pod-network-cidr：pod 地址池，其值为 CIDR 格式的网络地址。

❏ service-cidr：service 地址池，其值为 CIDR 格式的网格地址。

❏ --ignore-preflight-errors：忽略哪些运行时的错误信息，其值为 swap 时，表示忽略因 swap 未关闭而导致的错误。

正常输出结果如下：

```
Your Kubernetes control-plane has initialized successfully!

To start using your cluster, you need to run the following as a regular user:

    mkdir -p $HOME/.kube
    sudo cp -i /etc/kubernetes/admin.conf $HOME/.kube/config
    sudo chown $(id -u):$(id -g) $HOME/.kube/config

You should now deploy a pod network to the cluster.
Run "kubectl apply -f [podnetwork].yaml" with one of the options listed at:
    https://kubernetes.io/docs/concepts/cluster-administration/addons/

Then you can join any number of worker nodes by running the following on each as
    root:

kubeadm join 192.168.1.222:6443 --token m33kjw.eh3g59rwttktueac \
        --discovery-token-ca-cert-hash sha256:29d2c80189d401e4c2419cd730780cfd06
            b4b66cf9c40b582928e56bf22291c0
```

Master 节点配置 kubectl 客户端的命令如下：

```
mkdir -p $HOME/.kube
cp -i /etc/kubernetes/admin.conf $HOME/.kube/config
```

然后通过 API Server 来验证下各组件的运行是否正常，命令如下：

```
kubectl get cs
```

命令显示结果如下：

```
NAME                    STATUS      MESSAGE              ERROR
scheduler               Healthy     ok
etcd-0                  Healthy     {"health":"true"}
controller-manager      Healthy     ok
```

如果结果中的 STATUS 字段为 Healthy，则表明 Master 组件处于健康状态；否则要使用 kubeadm reset 来重置 Master 节点使集群初始化。

然后把 kubeadm join 的相关内容复制到各个 Agent 节点执行：

```
kubeadm join 192.168.1.222:6443 --token m33kjw.eh3g59rwttktueac \
    --discovery-token-ca-cert-hash sha256:29d2c80189d401e4c2419cd730780cfd06b4b6
        6cf9c40b582928e56bf22291c0
```

如果执行正常，在 Master 节点通过 kubectl get nodes 可以正常看到每一个节点，注意，每一个节点的 hostname 名字应该不一致，否则会出现加入不了集群的故障。

查看下证书颁发情况，有如下显示表示是正常的：

```
kubectl get csr
```

命令显示结果如下：

```
NAME          AGE      REQUESTOR                  CONDITION
csr-g9nvw     2m4s     system:bootstrap:cfmezj    Approved,Issued
csr-p6z97     2m32s    system:bootstrap:cfmezj    Approved,Issued
csr-x7kc6     4m35s    system:node:server         Approved,Issued
```

查看节点 node 的情况，如下：

```
NAME        STATUS      ROLES     AGE       VERSION
server      NotReady    master    4m53s     v1.15.2
vagrant1    NotReady    <none>    2m26s     v1.15.2
vagrant2    NotReady    <none>    2m        v1.15.2
```

由于没有安装网络插件，所有的 STATUS 状态均显示为 NotReady 状态，vagrant3 机器是作为 Nexus3 私有仓库而不是作为 Agent 节点加入 Kubernetes 集群的。

4. 部署 calico 网络插件（在 Master 节点操作）

部署 calico 网络插件的命令如下：

```
wget http://192.168.1.225:8081/repository/raw-group/calico.yaml
sed -i -e "s@192.168.0.0/16@10.244.0.0/16@g" calico.yaml
sed -i -e 's@image: calico@image: 192.168.1.225:8083@g' calico.yaml
kubectl apply -f calico.yaml
```

calico.yaml 文件提前放置在 Nexus3 私有仓库了，当然，也可以在如下地址下载：

```
https://docs.projectcalico.org/v3.10/getting-started/kubernetes/installation/
    hosted/kubernetes-datastore/calico-networking/1.7/calico.yaml
```

安装好 calico 网络插件以后，需要等待一段时间才可以正常看到如下状态：

```
NAME        STATUS     ROLES     AGE      VERSION
server      Ready      master    11m      v1.15.2
vagrant1    Ready      <none>    10m      v1.15.2
```

```
vagrant2    Ready    <none>    8m20s    v1.15.2
```

如果没有显示 Ready 状态，那么就要在 Kubernetes Master 及各 Agent 节点上执行重置系统状态的命令：

```
kubadm reset
```

然后仔细检查 calico.yaml 的各项配置并重复以上步骤，最后来查看系统中各 pod 的状态，这里用如下命令来检查：

```
kubectl get pod -n kube-system
```

有以下结果显示才是正常的，表明 calico 的安装是成功的，集群也是正常状态向外提供服务。

```
NAME                                          READY   STATUS    RESTARTS   AGE
calico-kube-controllers-7945dfcfb4-v5bkc      1/1     Running   0          5h45m
calico-node-21pwk                             1/1     Running   0          5h45m
calico-node-cmwn4                             1/1     Running   0          5h45m
calico-node-dxjcr                             1/1     Running   0          5h45m
coredns-74cfcd4c5-vvxgm                       1/1     Running   0          5h54m
coredns-74cfcd4c5-wlk8r                       1/1     Running   0          5h54m
etcd-server                                   1/1     Running   0          5h53m
kube-apiserver-server                         1/1     Running   0          5h53m
kube-controller-manager-server                1/1     Running   2          5h54m
kube-proxy-44cx9                              1/1     Running   0          5h54m
kube-proxy-jq6rb                              1/1     Running   0          5h54m
kube-proxy-skpnh                              1/1     Running   0          5h54m
kube-scheduler-server                         1/1     Running   1          5h54m
```

6.1.4　Kubernetes 集群数据如何持久化

大家知道，Kubernetes 的 Pod 存在着一定的生命周期，Pod 受控于控制器资源对象，会被频繁地销毁和创建，那么，Pod 的数据如何持久化呢？

Persistent Volume（PV）是外部存储系统中的一块存储空间，由系统管理员创建和维护。与 Volume 一样，PV 具有持久性的，生命周期独立于 pod。

PVC 是对 PV 的申请，需要为 Pod 分配存储资源时，用户可以创建一个 PVC，指明存储资源的容量大小和访问模式（比如只读或读写），Kubernetes 会查找并提供满足条件的 PV。

下面以 NFS 服务的方式来验证 PV 和 PVC，还是把 NFS 服务安装在 vagrant3 节点机器上，其他机器作为 NFS 客户端连接 NFS 服务器。

NFS Server 机器的 IP 为 192.168.1.225，其操作流程为：

```
yum -y install nfs-utils rpcbind
mkdir -p /data/nfs
echo "/data/nfs 192.168.1.0/24(rw,async,no_root_squash)" >> /etc/exports
systemctl start nfs-server && systemctl enable nfs-server && systemctl enable
    rpcbind
```

其他机器则可以用下面的命令挂载：

```
yum -y install nfs-utils rpcbind
systemctl start rpcbind && systemctl enable  rpcbind
```

用 showmount 命令来验证 NFS 服务端，看有没有正常显示：

```
showmount -e 192.168.1.225
```

命令显示结果如下：

```
Export list for 192.168.1.225:
/data/nfs 192.168.1.0/24
```

1. 创建 PV

nfspv.yaml 文件内容如下：

```
apiVersion: v1
kind: PersistentVolume
metadata:
    name: mypv
    labels:
        pv: nfs-pv
spec:
    capacity:
        storage: 1Gi
    accessModes:
        - ReadWriteMany
    storageClassName: nfs
    nfs:
        path: /data/nfs
        server: 192.168.1.225
```

创建 PV 的操作命令如下：

```
kubectl apply -f nfspv.yaml
```

用 kubectl get pv 命令来查看下 PV 资源的状态，结果显示如下：

```
NAME         CAPACITY    ACCESS MODES   RECLAIM POLICY   STATUS    CLAIM
    STORAGECLASS   REASON    AGE
mytest-pv    1Gi         RWX            Retain           Bound     default/myclaim
    nfs
```

2. 创建 PVC

nvcpvc.yaml 文件内容如下：

```
kind: PersistentVolumeClaim
apiVersion: v1
metadata:
    name: myclaim
```

```
    labels:
        app: nginx
spec:
    accessModes:
        - ReadWriteMany
    resources:
        requests:
            storage: 500Mi
    storageClassName: nfs
    selector:
        matchLabels:
            pv: nfs-pv
```

创建 PVC 的操作命令如下：

```
kubectl apply -f pvcnfs.yaml
```

用 kubectl get pvc 查看下 PVC 的状态，结果如下：

```
NAME          STATUS   VOLUME    CAPACITY   ACCESS MODES   STORAGECLASS   AGE
myclaim       Bound    pv001     1Gi        RWX            nfs            19m
```

最后创建一个 redis pod，用其来验证 PV 及 PVC。

redis-pvc.yaml 文件的内容如下：

```
apiVersion: apps/v1beta1
kind: Deployment
metadata:
    name: redis-pvc
spec:
    replicas: 1
    template:
        metadata:
            labels:
                app: redis
        spec:
            containers:
            - name: redis
                image: 192.168.1.225:8084/redis
                imagePullPolicy: IfNotPresent
                ports:
                - containerPort: 6379
                    name: redisport
                volumeMounts:
                - name: redisdata
                    mountPath: /data
            volumes:
            - name: redisdata
                persistentVolumeClaim:
                    claimName: myclaim
```

查看 redis Pod 的名字，命令如下：

```
kubectl get pod | grep redis
```

命令显示结果如下：

```
redis-pvc-85b65b77d7-b2wlh          1/1     Running   0        31s
```

3. 进行持久化操作

持久化操作的详细步骤如下。

1）用 kubectl exec 命令进入 Pod 内部，进行持久化操作：

```
kubectl exec -ti redis-pvc-85b65b77d7-b2wlh redis-cli
127.0.0.1:6379> set mykey 'hello,yhc'
OK
127.0.0.1:6379> BGSAVE
Background saving started
127.0.0.1:6379> exit
```

2）删除此 Pod 并重新创建，操作步骤如下：

```
kubectl delete pod redis-pvc-85b65b77d7-b2wlh
kubectl apply -f redis-pvc.yaml
kubectl exec -ti redis-pvc-6d5455f47f-rk5dw redis-cli
kubectl exec -ti redis-pvc-85b65b77d7-wzjnr redis-cli
127.0.0.1:6379> get mykey
"hello,yhc"
```

从上面的结果可以看出，Pod 被销毁后，数据并没有删除，NFS Persistent Volume 达到了数据持久化的目的。

下面是部署 Kubernetes 集群时遇到的故障（Vagrant 环境才有，其他环境没遇到这种问题）。

既不能通过 kubectl exec 命令进入 pod 内部，也不能查看日志。报错信息如下：

```
error: unable to upgrade connection: pod does not exist
```

产生该报错信息的主要原因是 Vagrant 在多主机模式时每个主机的 eth0 网口 IP 都是 10.0.2.15，这个网口是所有主机访问公网的出口，用于 NAT 转发。而 eth1 才是主机真正的 IP。kubelet 在启动时默认读取的是 eth0 网卡的 IP，因此在集群部署完后，通过 kubectl get node -o wide 查看到节点的 IP 都是 10.0.2.15。

既然知道是因为 Kubernetes 节点 IP 获取不对导致访问节点出现问题，那么解决方法就是调整 kubelet 参数设置，示例如下：

```
echo KUBELET_EXTRA_ARGS=\"--node-ip=`ip addr show eth1 | grep inet | grep -E -o
    "([0-9]{1,3}[\.]){3}[0-9]{1,3}/" | tr -d '/'`\" > /etc/sysconfig/kubelet
systemctl restart kubelet
```

参考地址：https://github.com/kubernetes/kubernetes/issues/60835。

6.2　负载均衡的具体实现

无论是在 Kubernetes 集群还是在 Mesos 集群里面，很多时候需要用到好几个 Pod 或者 Instance 实例，那么，具体要怎么实现 Pod 或 Instance 多实例之间的负载均衡呢？从前面 Kubernetes 的搭建过程中可以看到，Kubernetes 的网络还是很复杂的，它包括三个网络环境，即 Pod、Service 和主机自身的网络。那么，Kubernetes 是怎么设计负载均衡，从而提供对内（外）服务的呢？下面来介绍下各种负载均衡的具体实现，所涉及主题包括 iptables、IPVS 和 Ingress-Controller 及服务发现。

6.2.1　以 iptables 作为集群的负载均衡

Kubernetes 的核心是依靠 Netfilter 内核模块来设置集群 IP 的负载均衡，这需要用到两个关键的模块：桥接（bridge）和 IP 转发（IP forward）。

（1）桥接

bridge-netfilter 设置可以使 iptables 规则工作于 Linux Bridges 上，就像 Docker 和 Kubernetes 那样。

此设置对于 Linux 内核进行宿主机和容器之间的数据包地址转换是必须的。

（2）IP 转发

IP forward 是一种内核态设置，允许将一个接口的流量转发到另外一个接口，该配置是 Linux 内核将流量从容器路由到外部所必须的。

接下来可以检查下桥接和 IP 转发是否开启。

1）检查 bridge netfilter 是否开启的命令如下：

```
sysctl net.bridge.bridge-nf-call-iptables
```

2）检查 ipv4 forwarding 是否开启的命令如下：

```
sysctl net.ipv4.ip_forward
```

1 是开启，0 是关闭，前面已经配置过了，所以这里都是开启状态。

下面通过实验来具体说明 iptables 怎样把 Pod 与 Service 关联起来。

首先创建 Nginx pod 的 nginx-deployment.yaml 文件，它有 3 个副本，文件内容如下：

```
apiVersion: apps/v1
kind: Deployment
metadata:
    name: nginx-deployment
spec:
    selector:
```

```
        matchLabels:
            app: nginx
    replicas: 3
    template:
        metadata:
            labels:
                app: nginx
        spec:
            containers:
            - name: nginx
                image: 192.168.100.225:8084/nginx
                ports:
                - containerPort: 80
```

创建 deployment 的命令如下：

```
kubectl apply -f nginx-deployment.yaml
```

查看 deployment 的命令如下（附结果）：

```
kubectl get deployment
NAME                 READY    UP-TO-DATE    AVAILABLE    AGE
nginx-deployment     3/3      3             3            23s
```

接下来可以用 kubectl describe deployment 来了解更多详细的信息，命令如下：

```
kubectl describe deployment nginx-deployment
```

运行结果如下：

```
Name:                   nginx-deployment
Namespace:              default
CreationTimestamp:      Mon, 27 Jan 2020 11:06:38 +0000
Labels:                 <none>
Annotations:            deployment.kubernetes.io/revision: 1
                        kubectl.kubernetes.io/last-applied-configuration:
                          {"apiVersion":"apps/v1","kind":"Deployment","metadata"
                            :{"annotations":{},"name":"nginx-deployment","name
                            space":"default"},"spec":{"replica...
Selector:               app=nginx
Replicas:               3 desired | 3 updated | 3 total | 3 available | 0
                        unavailable
StrategyType:           RollingUpdate
MinReadySeconds:        0
RollingUpdateStrategy:  25% max unavailable, 25% max surge
Pod Template:
    Labels:  app=nginx
    Containers:
     nginx:
      Image:        192.168.1.222:8084/nginx
      Port:         80/TCP
```

```
        Host Port:      0/TCP
        Environment:    <none>
        Mounts:         <none>
        Volumes:         <none>
Conditions:
    Type            Status  Reason
    ----            ------  ------
    Available       True    MinimumReplicasAvailable
    Progressing     True    NewReplicaSetAvailable
OldReplicaSets:  <none>
NewReplicaSet:   nginx-deployment-588fcd696f (3/3 replicas created)
Events:
    Type    Reason          Age    From                    Message
    ----    ------          ----   ----                    -------
    Normal  ScalingReplicaSet  69s    deployment-controller   Scaled up replica
        set nginx-deployment-588fcd696f to 3
```

然后可以用以下命令来查看 pod：

```
kubectl get pod -o wide
```

命令显示结果如下：

```
NAME                                   READY   STATUS    RESTARTS   AGE     IP
    NODE            NOMINATED NODE   READINESS GATES
nginx-deployment-588fcd696f-2htp8     1/1     Running   0          8m58s
    10.244.192.5      vagrant1    <none>          <none>
nginx-deployment-588fcd696f-phjsp     1/1     Running   0          8m58s
    10.244.192.4      vagrant1    <none>          <none>
nginx-deployment-588fcd696f-zl7pq     1/1     Running   0          8m58s
    10.244.105.196    vagrant2    <none>          <none>
```

每个 pod 都有自己的 IP 地址，当 Controller 用新的 pod 替代发生故障的 pod 时，新 pod 会分配到新的 IP 地址，但这样就产生了一个问题：

如果一组 pod 对外提供服务（例如，Nginx），它们的 IP 很有可能发生变化，那么客户端如何找到并访问这个服务呢？ Kubernetes 给出的解决方案是 Service。

我们可以通过以下实验步骤来验证。首先创建 nginx-svc.yaml 文件，文件内容如下：

```
apiVersion: v1
kind: Service
metadata:
    name: nginx-svc
spec:
    selector:
        app: nginx
    ports:
    - protocol: TCP
        port: 8080
        targetPort: 80
```

启动此 Service,命令如下:

```
kubectl apply -f nginx-svc.yaml
```

可以看到,除了 nginx-svc 以外,这里还有 Kubernetes 服务,Cluster 内部通过这个服务访问 Kubernetes API Server。

然后我们再通过以下命令来查看详细情况:

```
kubectl get svc
```

这样就可以查看 Service 了,命令显示结果如下:

```
NAME          TYPE        CLUSTER-IP      EXTERNAL-IP    PORT(S)    AGE
kubernetes    ClusterIP   10.96.0.1       <none>         443/TCP    7h6m
nginx-svc     ClusterIP   10.100.11.185   <none>         8080/TCP   10m
```

这里是可以访问到的 ClusterIP 的地址,我们需要做下验证。

在 Kubernetes 集群内的任意一个节点用 curl 命令来访问 ClusterIP:

```
curl 10.110.11.185:8080
```

显示结果如下:

```
<!DOCTYPE html>
<html>
<head>
<title>Welcome to nginx!</title>
<style>
    body {
        width: 35em;
        margin: 0 auto;
        font-family: Tahoma, Verdana, Arial, sans-serif;
    }
</style>
</head>
<body>
<h1>Welcome to nginx!</h1>
<p>If you see this page, the nginx web server is successfully installed and
working. Further configuration is required.</p>

<p>For online documentation and support please refer to
<a href="http://nginx.org/">nginx.org</a>.<br/>
Commercial support is available at
<a href="http://nginx.com/">nginx.com</a>.</p>

<p><em>Thank you for using nginx.</em></p>
</body>
</html>
```

可以用 describe 来查看 nginx-svc 服务的明细,显示结果如下:

```
Name:                 nginx-svc
Namespace:            default
Labels:               <none>
Annotations:          kubectl.kubernetes.io/last-applied-configuration:
                        {"apiVersion":"v1","kind":"Service","metadata":{"annotation
                          s":{},"name":"nginx-svc","namespace":"default"},"spec":
                          {"ports":[{"port":8080,"...
Selector:             app=nginx
Type:                 ClusterIP
IP:                   10.100.11.185
Port:                 <unset>  8080/TCP
TargetPort:           80/TCP
Endpoints:            10.244.105.196:80,10.244.192.4:80,10.244.192.5:80
Session Affinity:     None
Events:               <none>
```

查看下 iptables 与 ClusterIP 相关的规则，命令如下：

```
iptables-save  |  grep 10.100.11.185
```

显示结果如下：

```
-A KUBE-SERVICES ! -s 10.244.0.0/16 -d 10.100.11.185/32 -p tcp -m comment
    --comment "default/nginx-svc: cluster IP" -m tcp --dport 8080 -j KUBE-MARK-
    MASQ
-A KUBE-SERVICES -d 10.100.11.185/32 -p tcp -m comment --comment "default/nginx-
    svc: cluster IP" -m tcp --dport 8080 -j KUBE-SVC-R2VK7O5AFVLRAXSH
```

其含义为源地址来自 10.244.0.0/16，要访问 nginx-svc，允许；其他地址要访问 nginx-svc，则跳转到规则 KUBE-SVC-R2VK7O5AFVLRAXSH 上。

KUBE-SVC-R2VK7O5AFVLRAXSH 规则的详细内容如下：

```
-A KUBE-SERVICES -d 10.100.11.185/32 -p tcp -m comment --comment "default/nginx-
    svc: cluster IP" -m tcp --dport 8080 -j KUBE-SVC-R2VK7O5AFVLRAXSH
-A KUBE-SVC-R2VK7O5AFVLRAXSH -m statistic --mode random --probability
    0.33332999982 -j KUBE-SEP-3W3TACTG5P3RQ3ZN
-A KUBE-SVC-R2VK7O5AFVLRAXSH -m statistic --mode random --probability
    0.50000000000 -j KUBE-SEP-AG2P53KPNJFADAA7
-A KUBE-SVC-R2VK7O5AFVLRAXSH -j KUBE-SEP-3VGSTB5KKAAEBAUY
```

此规则具体包括以下内容：

1）1/3 概率跳转到规则 KUBE-SEP-3W3TACTG5P3RQ3ZN。

2）1/3 概率跳转到规则 KUBE-SEP-AG2P53KPNJFADAA7。

3）1/3 概率跳转到规则 KUBE-SEP-3VGSTB5KKAAEBAUY。

这里再看下 KUBE-SEP-3VGSTB5KKAAEBAUY 规则，其明细为：

```
-A KUBE-SEP-3VGSTB5KKAAEBAUY -s 10.244.192.5/32 -j KUBE-MARK-MASQ
-A KUBE-SEP-3VGSTB5KKAAEBAUY -p tcp -m tcp -j DNAT --to-destination
    10.244.192.5:80
```

其他两条规则与此类似，Kubernetes 通过 iptables 将请求分别转到后端的 3 个 pod 上，负载均衡采用的是轮询的算法。

无论是在 Docker 容器中，还是在 Kubernetes/Mesos 集群中，iptables 的应用都非常广泛，所以这里也简单介绍下其默认的规则表和链结构，希望大家能掌握其用法。

1. 规则链

规则链是防火墙规则（策略）的集合。

Netfilter 负责在内核中执行各种挂接的规则，运行在内核模式下；而 iptables 是在用户模式下运行的进程，负责协助维护内核中 NETFILTER 的各种规则表。通过二者的配合可实现整个 Linux 网络协议栈中灵活的数据包处理机制。

默认的 5 种规则链如下。

❑ INPUT：处理入站数据包。

❑ OUTPUT：处理出站数据包。

❑ FORWARD：处理转发数据包。

❑ POSTROUTING：在进行路由选择后处理数据包。

❑ PREROUTING：在进行路由选择前处理数据包。

2. 规则表

规则表是规则链的集合。以下是默认的 4 个规则表。

❑ raw 表：确定是否对该数据包进行状态跟踪。

❑ mangle 表：修改 IP 数据包头（如 TTL 值），同时也用于为数据包设置标记。

❑ nat 表：处理网络地址转换，以及修改数据包中的源、目标 IP 地址或端口等。

❑ filter 表：过滤数据，确定是否放行该数据包。

规则链和规则表的关系如图 6-2 所示。

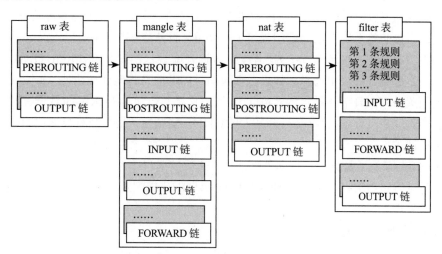

图 6-2　iptables 中规则表和规则链的关系

规则表间的优先顺序依次为：raw、mangle、nat、filter。

规则链间的匹配规律如下。

❑ 入站数据：PREROUTING、INPUT。

❑ 出站数据：OUTPUT、POSTROUTING。

❑ 转发数据：PREROUTING、FORWARD、POSTROUTING。

规则链内的匹配顺序则是依次进行检查，找到相匹配的规则即停止（LOG 策略会有例外），若在该链内找不到相匹配的规则，则按该链的默认策略处理。

数据包通过防火墙时的处理流程如图 6-3 所示。

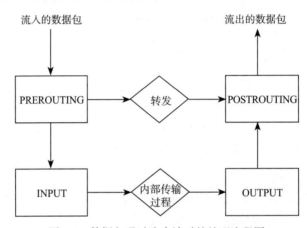

图 6-3　数据包通过防火墙时的处理流程图

❑ 入站数据流向：来自外界的数据包到达防火墙后，首先被 PREROUTING 规则链处理（是否修改数据包地址等），之后会进行路由选择（判断该数据包应该发往何处），如果数据包的目标地址是防火墙本机（如 Internet 用户访问防火墙主机中 Web 服务的数据包），那么内核会将其传递给 INPUT 链进行处理（决定是否允许通过等），通过以后再交给系统上层的应用程序（如 Nginx 服务器）进行响应。

❑ 转发数据流向：来自外界的数据包到达防火墙后，首先被 PREROUTING 规则链处理，之后会进行路由选择，如果数据包的目标地址是其他外部地址（如局域网用户通过网关访问今日头条站点的数据包），则内核将其传递给 FORWARD 链进行处理（是否转发或拦截），然后再交给 POSTROUTING 规则链（是否修改数据包的地址等）进行处理。

❑ 出站数据流向：防火墙本机向外部地址发送的数据包，首先被 OUTPUT 规则链处理，之后进行路由选择，最后传递给 POSTROUTING 规则链（是否修改数据包的地址等）进行处理。

iptables 详细语法如下：

```
iptables [-t 表名 ] <-A|I|D|R> 链名 [ 规则编号 ] [-i|o 网卡名称 ] [-p 协议类型 ] [-s 源 IP 地址
```

| 源子网][--sport 源端口号] [-d 目标 IP 地址 | 目标子网][--dport 目标端口号] <-j 动作 >

下面是关于语法的详细说明。

（1）定义默认策略

作用：当数据包不符合链中任一条规则时，iptables 将根据该链预先定义的默认策略来处理数据包。

默认策略的定义格式为：

```
iptables  [-t 表名]  <-P>  <链名>  <动作>
```

参数说明如下。

1）[-t 表名]：指默认策略将应用于哪个表，可以使用 filter、nat 和 mangle，如果没有指定使用哪个表，iptables 就默认使用 filter 表。

2）<-P>：定义默认策略。

3）< 链名 >：指默认策略将应用于哪个链，可以使用 INPUT、OUTPUT、FORWARD、PREROUTING、OUTPUT 和 POSTROUTING。

4）< 动作 >：处理数据包的动作，可以使用 ACCEPT（接收数据包）和 DROP（丢弃数据包）。

（2）查看 iptables 规则

查看 iptables 规则的命令格式为：

```
iptables  [-t 表名]  <-L>  [链名]
```

参数说明如下。

1）[-t 表名]：指查看哪个表的规则列表，表可以使用 filter、nat 和 mangle 命名，如果没有指定使用哪个表，iptables 就默认查看 filter 表的规则列表。

2）<-L>：查看指定表和指定链的规则列表。

3）[链名]：指查看指定表中哪个链的规则列表，可以使用 INPUT、OUTPUT、FORWARD、PREROUTING、OUTPUT 和 POSTROUTING，如果不指明哪个链，则将查看某个表中所有链的规则列表。

（3）增加、插入、删除、替换 iptables 规则

参数说明如下。

1）[-t 表名]：定义默认策略将应用于哪个表，可以使用 filter、nat 和 mangle 命名，如果没有指定使用哪个表，iptables 就默认使用 filter 表。

2）-A：新增一条规则，该规则将会被增加到规则列表的最后一行，该参数不能使用规则编号。

3）-I：插入一条规则，原本该位置上的规则将会往后顺序移动，如果没有指定规则编号，则在第一条规则前插入。

4）-D：从规则列表中删除一条规则，可以输入完整规则，或直接指定规则编号加以删除。

5）-R：替换某条规则，规则被替换并不会改变顺序，必须要指定替换的规则编号。

6）<链名>：指定查看指定表中哪个链的规则列表，可以使用 INPUT、OUTPUT、FORWARD、PREROUTING、OUTPUT 和 POSTROUTING。

7）[规则编号]：规则编号在插入、删除和替换规则时用，编号是按照规则列表的顺序排列的，规则列表中第一条规则的编号为 1。

8）[-i | o 网卡名称]：i 是指定数据包从哪块网卡进入，o 是指定数据包从哪块网卡输出。网卡名称可以使用 eth0 和 eth1 等。

9）[-p 协议类型]：可以指定规则应用的协议，包含 TCP、UDP 和 ICMP 等。

10）[-s 源 IP 地址 | 源子网]：源主机的 IP 地址或子网地址。

11）[--sport 源端口号]：数据包的 IP 源端口号。

12）[-d 目标 IP 地址 | 目标子网]：目标主机的 IP 地址或子网地址。

13）[--dport 目标端口号]：数据包的 IP 目标端口号。

14）<-j 动作>：处理数据包的动作，以下是各个动作的详细说明。

- ❑ ACCEPT：接收数据包。
- ❑ DROP：丢弃数据包。
- ❑ REDIRECT：将数据包转向到本机或另一台主机的某一个端口，用于实现透明代理或对外开放内网的某些服务。
- ❑ REJECT：拦截该数据封包，并发回封包通知对方。
- ❑ SNAT：源地址转换，即改变数据包的源地址。例如，将局域网的 IP（10.0.0.1/24）转化为广域网的 IP（203.93.236.141/24），在 NAT 表的 POSTROUTING 链上进行该动作。
- ❑ DNAT：目标地址转换，即改变数据包的目的地址。例如：将的广域网 IP（203.93.236.141/24）转化为局域网的 IP（10.0.0.1/24），在 NAT 表的 PREROUTING 链上进行该动作。
- ❑ MASQUERADE：IP 伪装，算是 SNAT 中的一种特例，可以实现自动化的 SNAT，MASQUERADE 只能用于 ADSL 等拨号上网的 IP 伪装，也就是主机的 IP 是由 ISP 动态分配的，如果主机的 IP 地址是静态固定的，就要使用 SNAT。
- ❑ LOG：日志功能，将符合规则的数据包相关信息记录在日志中，以便管理员分析和排错。

（4）清除规则和计数器

在新建规则时，往往需要清除原有的、旧的规则，以免它们影响新设定的规则。如果规则比较多，一条条删除就会十分麻烦，这时可以使用 iptables 提供的清除规则参数达到快速删除所有的规则的目的。

定义参数的格式为：

```
iptables [-t 表名] <-F | Z>
```

参数说明如下。

1）[-t 表名]：指定默认策略将应用于哪个表，可以使用 filter、nat 和 mangle 命名，如果没有指定使用哪个表，iptables 就默认使用 filter 表。

2）-F：删除指定表中的所有规则。

3）-Z：将指定表中的数据包计数器和流量计数器归零。

6.2.2 以 IPVS 作为集群的负载均衡

IPVS 在前面的章节已经反复介绍，相信大家也不陌生了。随着 Kubernetes 使用量的增长，其资源的可扩展性变得越来越重要。特别是对于使用 Kubernetes 运行大型工作负载的开发人员或者公司来说，Service 的可扩展性至关重要。

kube-proxy 是为 Service 构建路由规则的模块，之前依赖 iptables 来实现主要 Service 类型的支持，比如 ClusterIP 和 NodePort。但是 iptables 很难支持上万级的 Service，因为 iptables 纯粹是为防火墙而设计的，并且底层数据结构是内核规则的列表。

Kubernetes 早在 1.6 版本就已经有能力支持 5000 多节点，这样基于 iptables 的 kube-proxy 就成为集群扩容到 5000 节点的瓶颈。举例来说，如果在一个 5000 节点的集群，创建 2000 个 Service，并且每个 Service 有 10 个 Pod，那么在每个节点上就会有至少 20000 条 iptables 规则，这会导致内核非常繁忙。基于 IPVS 的集群内负载均衡可以完美地解决这个问题，IPVS 是专门为负载均衡设计的，其底层使用的是散列表这种非常高效的数据结构，几乎可以允许无限扩容。

IPVS 与 iptables 的不同之处在于：

❑ IPVS 为大型集群提供了更好的可扩展性和性能。

❑ IPVS 支持比 iptables 更复杂的复制均衡算法（比如最小负载、最少连接、加权等）。

❑ IPVS 支持服务器健康检查和连接重试等功能。

❑ IPVS 可比 iptables 更直观地反映后端 Pod 的连接情况。

IPVS 与 iptables 的相同之处：

❑ IPVS 和 iptables 都是基于 NetFilter 的。

❑ 只有请求流量的调度功能由 IPVS 实现，其他功能仍由 iptables 实现。

下面来看看 Kubernetes 集群中 kubectl-proxy 模式是如何支持 IPVS 模式的。

首先，要在所有 Kubernetes Agent 节点上安装 ipvsadm 和 ipset，命令如下：

```
yum install ipvsadm ipset -y
```

如果不安装这两个包，就算开启了 ipvsadm 模式，也会回退到 iptables 模式。

下面的操作可以写成名为 ipvs.sh 的脚本，方便 Ansible 批量执行。

```
cat > /etc/sysconfig/modules/ipvs.modules <<EOF
```

```
#!/bin/bash
modprobe -- ip_vs
modprobe -- ip_vs_rr
modprobe -- ip_vs_wrr
modprobe -- ip_vs_sh
modprobe -- nf_conntrack_ipv4
EOF
chmod 755 /etc/sysconfig/modules/ipvs.modules
bash /etc/sysconfig/modules/ipvs.modules
```

然后用 Ansible 批量执行，命令如下：

```
ansible k8s -m script -a 'ipvs.sh'
```

查看执行情况的命令如下：

```
ansible k8s -m shell -a 'lsmod | grep -e ip_vs -e nf_conntrack_ipv4'
```

因为之前用的是 iptables 模式，在 Master 节点上使用下面的命令可以将其改成 IPVS 模式：

```
kubectl edit configmap kube-proxy -n kube-system
```

命令显示结果如下：

```
    mode: "ipvs"
kubectl get pod -n kube-system | grep kube-proxy |awk '{system("kubectl delete
    pod "$1" -n kube-system")}'
```

kube-proxy 会自动重启，登录到其中一台 Agent 节点上用 ipvsadm -Ln 命令进行验证，命令返回的结果如下：

```
IP Virtual Server version 1.2.1 (size=4096)
Prot LocalAddress:Port Scheduler Flags
  -> RemoteAddress:Port          Forward Weight ActiveConn InActConn
TCP  10.96.0.1:443 rr
  -> 192.168.1.222:6443          Masq    1       0          0
TCP  10.96.0.10:53 rr
  -> 10.244.105.194:53           Masq    1       0          0
  -> 10.244.192.1:53             Masq    1       0          0
TCP  10.96.0.10:9153 rr
  -> 10.244.105.194:9153         Masq    1       0          0
  -> 10.244.192.1:9153           Masq    1       0          0
TCP  10.100.11.185:8080 rr
  -> 10.244.105.196:80           Masq    1       0          0
  -> 10.244.192.4:80             Masq    1       0          0
  -> 10.244.192.5:80             Masq    1       0          0
UDP  10.96.0.10:53 rr
  -> 10.244.105.194:53           Masq    1       0          0
  -> 10.244.192.1:53             Masq    1       0          0
```

注意其中的 10.100.11.185:8080 这行内容，这里采用的是轮询算法，它会将访问

10.100.11.185:8080 的流量转发到后端的 10.244.105.196:80 和 10.244.192.4:80 这两个 Pod 应用中。

事实上，Mesos 集群的高级版本 IPVS 就一直是 Service 的负载均衡实现方式，其具体流程如图 6-4 所示。

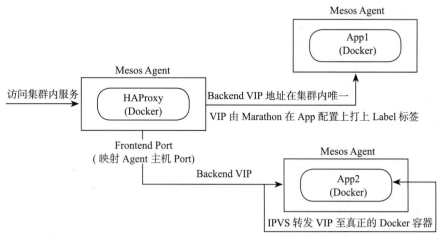

图 6-4　IPVS 作为 Mesos 集群负载均衡的实现流程

从图 6-4 中可以发现，IPVS 在 Mesos 集群的作用与 Kubernetes 集群类似，都是提供 Service 的转发服务，会将流量转至后端真正的 Pod/Docker 或 Instance/Docker 上。

6.2.3　服务发现

在 Kubernetes 集群里，Pod 的生命周期里有销毁和重建等操作，因此无法提供一个固定的访问接口给客户端，并且可能同时存在多个副本，而服务发现就是为 Pod 对象提供一个固定、统一的访问接口和负载均衡能力的，这里的服务发现主要是通过 CoreDNS 来实现的。

CoreDNS 是 Golang 编写的一个插件式 DNS 服务器，是 Kubernetes 1.13 及以上版本内置的默认 DNS 服务器。采用的开源协议为 Apache License Version 2，CoreDNS 也是 CNCF 孵化项目，目前已经从 CNCF 毕业。CoreDNS 的目标是成为云原生环境下的 DNS 服务器和服务发现的解决方案。

下面来看一下系统命名空间 kube-system 中跟 CoreDNS 有关的内容，命令如下：

```
kubectl get pod -n kube-system  | grep dns
```

命令显示结果如下：

```
coredns-74cfcd4c5-hrdjm                        1/1    Running   2        3d
coredns-74cfcd4c5-s7lxg                        1/1    Running   2        3d
```

这里可以通过一个临时的 busybox Pod 来验证一下 CoreDNS 的有效性：

```
kubectl run busybox --rm -ti --image=192.168.1.222:8084/busybox:1.28.3 /bin/sh
```

值得注意的是，busybox 的高版本镜像有 bug，所以这里要注意 busybox 镜像的版本号，命令显示结果如下：

```
kubectl run --generator=deployment/apps.v1 is DEPRECATED and will be removed in
    a future version. Use kubectl run --generator=run-pod/v1 or kubectl create
    instead.
/ #
```

用 nslookup 命令来查看 nginx-svc 的 DNS 信息：

```
nslookup nginx-svc
```

命令显示结果如下：

```
Server:    10.96.0.10
Address 1: 10.96.0.10 kube-dns.kube-system.svc.cluster.local

Name:      nginx-svc
Address 1: 10.105.75.76 nginx-svc.default.svc.cluster.local
```

再看一下系统服务 Kubernetes 的 DNS 信息，命令显示结果如下：

```
Server:    10.96.0.10
Address 1: 10.96.0.10 kube-dns.kube-system.svc.cluster.local

Name:      kubernetes
Address 1: 10.96.0.1 kubernetes.default.svc.cluster.local
```

以上结果表明此 CoerDNS 是生效的。再通过此 Pod 的 DNS 配置信息具体看一下 /etc/resolv.conf 的文件内容：

```
nameserver 10.96.0.10
search default.svc.cluster.local svc.cluster.local cluster.local www.realtek.com
    options ndots:5
```

在 Kubernetes 集群中，Pod 之间互相用服务名字访问的时候，会根据此 resolv.conf 文件的 DNS 配置来解析域名，下面来分析具体文件和流程。

此 resolv.conf 文件主要有三个部分，分别为 nameserver、search 域和 option。下面分别来说明这三个部分的作用。

1. nameserver

resolv.conf 文件的第一行 nameserver 指定的是 DNS 服务的 IP，这里就是 coreDNS 的 ClusterIP。下面通过 kubectl 命令查看此 svc 的 ClusterIP：

```
kubectl -n kube-system get svc |grep dns
```

命令显示结果如下：

```
kube-dns    ClusterIP    10.96.0.10    <none>    53/UDP,53/TCP,9153/TCP    32d
```

也就是说所有域名的解析都要经过 CoreDNS 的虚拟 IP 10.96.0.10 进行，不论是
Kubernetes 内部域名还是外部域名。

2. search 域

resolv.conf 文件的第二行指定的是 DNS search 域。解析域名的时候，将要访问的域名
依次带入 search 域，进行 DNS 查询。

比如在刚才名为 busybox 的 Pod 中访问一个域名为 nginx-svc 的服务，其进行 DNS 域
名查询的顺序是：

```
nginx-svc.default.svc.cluster.local. → nginx-svc.svc.cluster.local. → nginx-
    svc.cluster.local.
```

直到查到为止。

3. option

resolv.conf 文件的第三行指定的是其他项，最常见的是 dnots。dnots 指的是如果查询的
域名包含的点（.）数量小于 5，则先用 search 域，再用绝对域名；如果查询的域名包含的点
（.）数量大于或等于 5，则先用绝对域名，再用 search 域。Kubernetes 中默认的配置是 5。

也就是说，如果访问的是 a.b.c.e.f.g，那么域名查找的顺序如下：

```
a.b.c.e.f.g. → a.b.c.e.f.g.default.svc.cluster.local. → a.b.c.e.f.g.svc.
    cluster.local. → a.b.c.e.f.g.cluster.local.
```

如果访问的是 a.b.c.e，那么域名查找的顺序如下：

```
a.b.c.e.default.svc.cluster.local. → a.b.c.e.svc.cluster.local. →
    a.b.c.e.cluster.local. → a.b.c.e.
```

6.2.4　Ingress-Controller 的介绍

Kubernetes Service 对外提供服务的方式有三种，即 ClusterIP、NodePort 和 LoadBalance，
这几种方式都是以服务的维度向外提供服务的。Service 的作用体现在两个方面，一是对集群
内部，它不断跟踪 Pod 的变化，更新 EndPoint 中对应 Pod 的对象，为 IP 不断变化的 Pod 提
供服务发现机制；二是在集群外部，它类似负载均衡器，可以在集群内外部对 Pod 进行访问。
但是，单独用 Service 暴露服务在实际生产环境中不太合适，原因如下。

❏ ClusterIP 只能在集群内部访问。

❏ 在测试环境使用 NodePort 方式还行，当有几十上百个的服务在集群中运行时，
　　NodePort 的端口管理就是灾难。而且如果节点的 IP 地址发生变化，我们得有处理这
　　种情况的措施。

❏ LoadBalance 方式受限于云平台，且通常在云平台部署 ELB 还需要额外的费用。

Kubernetes 还提供了一种以集群维度暴露服务的方式，也就是 Ingress。可以简单地将 Ingress 理解为一组路由规则的集合，它通过独立的 Ingress 对象来制定请求转发的规则，把请求路由到一个或多个 Service 中。这样就把服务与请求规则解耦了，可以从业务的维度统一考虑业务的暴露，而不用为每个 Service 单独考虑。

Ingress 规则是很灵活的，可以根据不同的域名、不同的 Path 将请求转发到不同的 Service 上，并且支持 HTTP 和 HTTPS。

1. 理解 Ingress 与 Ingress-Controller

要理解 Ingress，需要区分两个概念，Ingress 和 Ingress-Controller。

❏ Ingress 对象：指的是 Kubernetes 中的一个 API 对象，一般用 Yaml 配置。作用是定义请求转发到 Service 的规则，可以理解为配置模板。

❏ Ingress-Controller：具体实现反向代理及负载均衡的程序，可对 Ingress 定义的规则进行解析，根据配置的规则来实现请求转发。

简单来说，Ingress-Controller 才是具体负责转发的组件，它通过各种方式暴露在集群入口，外部对集群的请求流量会先送到 Ingress-Controller 中，而 Ingress 对象是用来告诉 Ingress-Controller 该如何转发请求的，比如哪些域名哪些 Path 要转发到哪些服务等。

2. Ingress-Controller

Ingress-Controller 并不是 Kubernetes 自带的组件，实际上 Ingress-Controller 只是一个统称，用户可以选择不同的 Ingress-Controller 实现，目前，由 Kubernetes 官方维护的 Ingress-Controller 只有 Google 云的 GCE 与 ingress-nginx 这两个，其他还有很多第三方维护的 Ingress-Controller，具体可以参考官方文档。但不管是哪一种 Ingress-Controller，实现的机制都大同小异，只是在具体配置上有差异。一般来说，Ingress-Controller 的形式都是一个 Pod 里面跑着 daemon 程序和反向代理程序。daemon 负责不断监控集群的变化，根据 Ingress 对象生成配置并应用新配置到反向代理，比如 Nginx Ingress-Controller 就是动态生成 Nginx 配置，动态更新 upstream，并在需要的时候重载程序应用新配置。

Ingress-Controller 也是运行于 Kubernetes 集群中的 Pod 资源对象，它应与被代理的运行 Pod 资源的应用在同一网络运行，具体流程图如图 6-5 所示。

从图 6-5 中可以看出，在使用 Ingress 资源进行流量分发时，Ingress-Controller 可基于某 Ingress 资源定义的规则，将客户端的请求流量直接转发到与 Service 对应的后端 Pod 资源之上，这种转发机制会绕过 Service 资源，从而省去了由 kube-proxy 实现的端口代理开销，具体操作流程如下：

1）下载 Ingress-Controller 相关的 YAML 文件，并给 Ingress-Controller 创建独立的名称空间（或者直接采用 ingress-nginx 名称空间）；

2）部署后端的服务，如 tomcat-svc，并通过 Service 进行暴露；

3）部署 Ingress-Controller 的 Service，以实现接入集群外部流量；

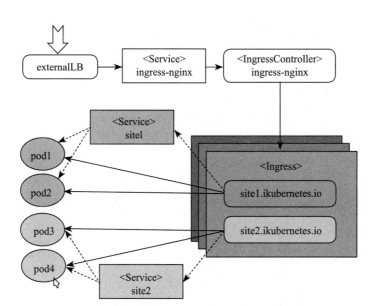

图 6-5　Ingress-Controller 的具体流程图

4）部署 Ingress，定义规则，将 Ingress-Controller 和后端服务的 Pod 组进行关联。

Ingress-Controller 的服务暴露方式会牵涉如下两个问题：

❑ Ingress-Controller 是作为 Pod 来运行的，以什么方式部署比较好？

❑ Ingress-Controller 解决了把请求路由到集群内部的问题，但它自己怎么暴露给外部？

下面列举一些目前常见的部署和暴露方式，具体使用哪种方式还是得根据实际需求来决定。

（1）Deployment+LoadBalancer 模式的 Service

如果要把 Ingress 部署在公有云上，用这种方式比较合适。用 Deployment 部署 Ingress-Controller，创建一个 type 为 LoadBalancer 的 Service 关联这组 pod。大部分公有云都会为 LoadBalancer 的 Service 自动创建一个负载均衡器，通常还绑定了公网地址。只要让域名解析指向该地址，就实现了集群服务的对外暴露。

（2）Deployment+NodePort 模式的 Service

这种方式同样是用 Deployment 模式部署 Ingress-Controller，并创建对应的服务，但是这里的 type 为 NodePort。这样，Ingress 就会暴露在集群节点 IP 的特定端口上。由于 NodePort 暴露的端口是随机端口，因此一般会在前面再搭建一套负载均衡器来转发请求。该方式多用于宿主机是相对固定的、IP 地址不变的场景。NodePort 方式暴露 Ingress 虽然简单方便，但是多了一层 NAT，在请求量级很大时可能对性能会有一定影响。

（3）DaemonSet+HostNetwork+nodeSelector

用 DaemonSet 结合 nodeSelector 来部署 Ingress-Controller 到特定的 Node 上，然后使

用 HostNetwork 直接把该 Pod 与宿主机 Node 间的网络打通，这时使用宿主机的 80/433 端口就直接能访问服务。Ingress-Controller 所在的 Node 机器类似于传统架构的边缘节点，比如机房入口的 Nginx 服务器。以该方式部署整个请求链路最简单，其性能相较于 NodePort 模式更好，比较适合大并发的生产环境。缺点是由于是直接利用宿主机节点的网络和端口，因此一个 Node 只能部署一个 Ingress-Controller pod。

总而言之，Ingress-Controller 的暴露方式有多种，需要根据基础环境及业务类型选择合适的方式。

3. Nginx Ingress-Controller

下面演示如何使用官方的 Nginx Ingress-Controller 来发布 tomcat 应用，这里以 Deployment+NodePort 模式来部署 Nginx Ingress-Controller。

1）从官方 Github 直接下载 ingress-nginx 的 yaml 文件来进行 Ingress-Controller 的部署工作，命令如下：

```
wget https://raw.githubusercontent.com/kubernetes/ingress-nginx/master/deploy/
    static/mandatory.yaml
wget https://raw.githubusercontent.com/kubernetes/ingress-nginx/master/deploy/
    static/provider/baremetal/service-nodeport.yaml
```

由于已经提前下载了镜像并推送至 Nexus 的私有仓库，所以这里稍微改动一下 mandatory.yaml 文件中的 image 选项：

```
image: 192.168.1.225:8084/nginx-ingress-controller:0.28.0
```

service-nodeport 改成固定的 NodePort 提供服务，其具体内容如下：

```
apiVersion: v1
kind: Service
metadata:
    name: ingress-nginx
    namespace: ingress-nginx
    labels:
        app.kubernetes.io/name: ingress-nginx
        app.kubernetes.io/part-of: ingress-nginx
spec:
    type: NodePort
    ports:
        - name: http
            port: 80
            nodePort: 30080
            protocol: TCP
        - name: https
            port: 443
            nodePort: 30443
            protocol: TCP
    selector:
```

```
        app.kubernetes.io/name: ingress-nginx
        app.kubernetes.io/part-of: ingress-nginx
---
```

执行下面的语句并采用 NodePort 的方式来暴露 Ingress-Controller，命令如下：

```
kubectl apply -f mandatory.yaml
kubectl apply -f service-nodeport.yaml
```

我们可用下面的命令来验证：

```
kubectl get svc -n ingress-nginx
```

命令显示结果如下：

```
NAME             TYPE       CLUSTER-IP       EXTERNAL-IP   PORT(S)
    AGE
ingress-nginx    NodePort   10.101.233.245   <none>
    80:30080/TCP,443:30443/TCP    12h
```

可以看到，服务暴露了两个 NodePort 端口，分别为 30080 → 80 及 30443 → 443，而且使用了独立的命令空间，即 ingress-nginx。

2）接下来部署 tomcat-deployment 及 tomcat-svc 服务，tomcat-deployment.yaml 文件的内容如下：

```
apiVersion: apps/v1
kind: Deployment
metadata:
    name: tomcat-deployment
    namespace: ingress-nginx
spec:
    replicas: 2
    selector:
        matchLabels:
            app: tomcat
    template:
        metadata:
            labels:
                app: tomcat
        spec:
            containers:
            - name: tomcat
                image: 192.168.1.225:8084/tomcat
                ports:
                - containerPort: 8080
                    name: httpport
                - containerPort: 8009
                    name: ajpport
```

tomcat-svc.yaml 文件的内容如下：

```
apiVersion: v1
kind: Service
metadata:
    name: tomcat-svc
    namespace: ingress-nginx
    labels:
        app: tomcat-svc
spec:
    selector:
        app: tomcat
    ports:
    - name: http
        port: 80
        targetPort: 8080
        protocol: TCP
```

这里要注意的是，namespace命名空间要与前面的相对应，即为ingress-nginx，可以查看一下此tomcat-svc服务，命令如下：

```
kubectl get svc -n ingress-nginx | grep tomcat-svc
```

命令显示结果如下：

```
tomcat-svc        ClusterIP    10.98.213.134    <none>        80/TCP        50m
```

在Kubernetes集群内的任意一节点用curl 10.98.213.134:80进行访问，命令显示结果如下（结果太长，部分结果略去）：

```
<!DOCTYPE html>
<html lang="en">
    <head>
        <meta charset="UTF-8" />
        <title>Apache Tomcat/8.0.50</title>
        <link href="favicon.ico" rel="icon" type="image/x-icon" />
        <link href="favicon.ico" rel="shortcut icon" type="image/x-icon" />
        <link href="tomcat.css" rel="stylesheet" type="text/css" />
    </head>

    <body>
        <div id="wrapper">
            <div id="navigation" class="curved container">
                <span id="nav-home"><a href="http://tomcat.apache.org/">Home</
                    a></span>
                <span id="nav-hosts"><a href="/docs/">Documentation</a></span>
                <span id="nav-config"><a href="/docs/config/">Configuration</
                    a></span>
                <span id="nav-examples"><a href="/examples/">Examples</a></span>
                <span id="nav-wiki"><a href="http://wiki.apache.org/tomcat/
                    FrontPage">Wiki</a></span>
                        <li><a href="http://tomcat.apache.org/resources.
```

```
                    html">Resources</a></li>
                </ul>
            </div>
        </div>
        <br class="separator" />
    </div>
    <p class="copyright">Copyright &copy;1999-2020 Apache Software
        Foundation.  All Rights Reserved</p>
</div>
</body>

</html>
```

结果显示是正常的，表明 Tomcat 是能正常提供服务的。

3）部署 tomcat-ingress，定义规则，使 ingress-nginx 和后端服务的 tomcat Pod 组进行关联，tomcat-ingress 文件的内容如下：

```
apiVersion: extensions/v1beta1
kind: Ingress
metadata:
    name: tomcat
    namespace: ingress-nginx
    annotations:
        kubernetes.io/ingress.class: nginx
spec:
    rules:
    - host: tomcat.example.com
        http:
            paths:
            - path:
                backend:
                    serviceName: tomcat-svc
                    servicePort: 80
```

如果希望将发往 tomcat.example.com 主机的所有请求转发至 tomcat-svc 资源代理的后端 Pod，执行下面的语句：

```
kubectl apply -f tomcat-svc.yaml
```

可用下面的命令来验证：

```
kubectl get ingress  -n ingress-nginx
```

命令显示结果如下：

```
NAME      HOSTS               ADDRESS          PORTS    AGE
tomcat    tomcat.example.com  10.101.233.245   80       12h
```

最后，在集群外的某一台机器上进行验证，输入以下命令：

```
curl  http://192.168.1.222:30080
```

命令显示结果如下:

```
<html>
<head><title>404 Not Found</title></head>
<body>
<center><h1>404 Not Found</h1></center>
<hr><center>nginx/1.17.7</center>
</body>
</html>
```

接下来带上 Host 头, 命令如下:

```
curl -H 'Host:tomcat.example.com' http://192.168.1.222:30080
```

结果能正常显示。接下来在本地 Mac 笔记上的 /etc/hosts 记录中添加如下内容:

```
192.168.1.222 tomcat.example.com
```

然后访问 http://tomcat.example.com:30080/, 显示结果如图 6-6 所示。

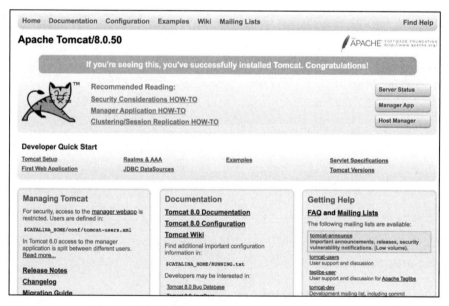

图 6-6 客户端访问 Nginx Ingress-Contoller 的效果图

说明 Nginx Ingress-Controller 的转发生效了。

下面试着利用 Nginx Ingress-Controller 来暴露 TCP 服务, 这里以 Redis 服务为例来做演示, 准备采用 DaemonSet+HostNetwork+nodeSelector 的模式进行部署, 提前删除前面的实现, 命令如下:

```
kubectl delete ns ingress-nginx
```

首先部署 Redis, 下面是部署 redis-svc 服务使用的资源清单文件列表, 分别包括 redis-config.yaml、redis-deploy.yaml 和 redis-svc.yaml。

redis-config 文件的内容如下：

```
apiVersion: v1
kind: ConfigMap
metadata:
    name: redis-conf
data:
    redis.conf: |
            bind 0.0.0.0
            port 6379
            protected-mode no
```

redis-deploy.yaml 文件的内容如下：

```
apiVersion: apps/v1
kind: Deployment
metadata:
    name: redis
spec:
    replicas: 1
    selector:
        matchLabels:
            app: redis
    template:
        metadata:
            labels:
                app: redis
        spec:
            containers:
            - name: redis
                image: 192.168.1.222:8084/redis:5.0.6
                imagePullPolicy: IfNotPresent
                command:
                - sh
                - -c
                - "exec redis-server /etc/redis/redis.conf"
                ports:
                - containerPort: 6379
                    name: redis
                    protocol: TCP
                volumeMounts:
                - name: redis-config
                    mountPath: /etc/redis
                readOnly: true
            volumes:
            - name: redis-config
                configMap:
                    name: redis-conf
```

redis-svc.yaml 文件的内容如下：

```
apiVersion: v1
kind: Service
metadata:
    name: redis
spec:
    ports:
    - port: 6379
        targetPort: 6379
    selector:
        app: redis
```

创建 Redis 资源，命令如下：

```
kubectl apply -f redis-conf.yaml -n ingress-nginx
kubectl apply -f redis-deploy.yaml -n ingress-nginx
kubectl apply -f redis-svc.yaml -n ingress-nginx
```

现在检查下 Redis Pod，确定 ConfigMap 资源有没有被正确挂载，命令如下：

```
kubectl exec -ti redis-6d9d8586d-f877k -n ingress-nginx cat /etc/redis/redis.
    conf
```

结果显示如下：

```
bind 0.0.0.0
port 6379
protected-mode no
```

表明 ConfigMap 资源是被正常挂载了的。

mandatory.yaml 这一个 yaml 中包含了很多资源的创建，包括 namespace、ConfigMap、role、ServiceAccount 等所有部署 Ingress-Controller 需要的资源，配置太多就不一一给出了，这里重点关注 deployment 部分。使用 Daemonset 把 deployment 部署到特定 node，修改部分配置。先给要部署 nginx-ingress 的 node 打上特定标签，测试部署在 vagrant2 这个节点上，打标签的命令如下：

```
kubectl label node vagrant2 isIngress="true"
```

然后修改 mandatory.yaml 中 deployment 的配置：

```
# 修改 API 版本及 kind
# apiVersion: apps/v1
# kind: Deployment
apiVersion: extensions/v1beta1
kind: DaemonSet
metadata:
    name: nginx-ingress-controller
    namespace: ingress-nginx
    labels:
        app.kubernetes.io/name: ingress-nginx
```

```
        app.kubernetes.io/part-of: ingress-nginx
spec:
# 删除 Replicas
# replicas: 1
    selector:
        matchLabels:
            app.kubernetes.io/name: ingress-nginx
            app.kubernetes.io/part-of: ingress-nginx
    template:
        metadata:
            labels:
                app.kubernetes.io/name: ingress-nginx
                app.kubernetes.io/part-of: ingress-nginx
            annotations:
        prometheus.io/port: "10254"
        prometheus.io/scrape: "true"
    spec:
        serviceAccountName: nginx-ingress-serviceaccount
        # 选择对应标签的 node
        nodeSelector:
            isIngress: "true"
        # 使用 hostNetwork 暴露服务
        hostNetwork: true
        containers:
            - name: nginx-ingress-controller
                image: 192.168.1.222:8084/nginx-ingress-controller:0.28.0
                args:
                    - /nginx-ingress-controller
                    - --configmap=$(POD_NAMESPACE)/nginx-configuration
                    - --tcp-services-configmap=$(POD_NAMESPACE)/tcp-services
                    - --udp-services-configmap=$(POD_NAMESPACE)/udp-services
                    - --publish-service=$(POD_NAMESPACE)/ingress-nginx
                    - --annotations-prefix=nginx.ingress.kubernetes.io
```

修改完成以后执行 apply 命令：

```
kubectl apply -f mandatory.yaml
```

查看 Pod 的部署情况，确定是否部署在 vagrant2 机器上，命令如下：

```
kubectl get pod -n ingress-nginx -o wide
```

命令显示结果如下：

```
NAME                                READY   STATUS    RESTARTS   AGE    IP
    NODE         NOMINATED NODE   READINESS GATES
nginx-ingress-controller-hwjgk      1/1     Running   0          45m    192.168.1.224
    vagrant2     <none>           <none>
```

然后到 vagrant2 机器上查看本地端口，由于配置了 hostnetwork 模式，Nginx 已经在 node 主机上本地监听 80/443/8181 端口。其中 8181 是 nginx-controller 默认配置的一个

default backend。这样，只要访问的 node 主机有公网 IP，就可以直接映射域名来对外网暴露服务了。

配置 nginx-controller 中的 ConfigMap 资源之一 tcp-services，提供集群外访问端口，命令如下：

```
kubectl edit configmap/tcp-services -n ingress-nginx
```

上面的命令会打印编辑界面，在里面添加如下内容：

```
data:
  "6379": ingress-nginx/redis-svc:6379
```

然后尝试通过 vagrant2 机器的 6379 端口来访问 redis-svc 服务，看有没有通过 Nginx Ingress-Controller 正常转发，命令如下：

```
redis-cli -h 192.168.1.224 -p 6379
192.168.1.224:6379> ping
PONG
192.168.1.224:6379> set yhc 'hello'
OK
192.168.1.224:6379> get yhc
"hello"
192.168.1.224:6379>
```

结果显示转发是成功的。

参考文档：

https://segmentfault.com/a/1190000019908991

4. Traefik Ingress-Controller

Traefik 作为 Ingress-Controller 之一，可以用作类似 Nginx 的反向代理服务器。它与 Nginx 的最主要区别在于它可以动态地感知后端服务实例的变化，从而动态调整转发配置。Traefik 也是一种负载均衡器，它可以在一种服务的不同实例之间进行负载均衡。通过 Ingress-Controller 不断地跟 Kubernetes API 交互，可实时地获取后端 Service、Pod 等的变化，然后动态更新 Nginx 配置，并刷新使配置生效。它最大的优点是能够与常见的微服务系统直接整合，从而实现自动化动态配置。目前支持 Docker、Swarm、Mesos/Marathon、Kubernetes、Consul、Etcd、ZooKeeper、BoltDB、Rest API 等后端模型。

Traefik 具备如下特点：

❑ 速度快。

❑ 不需要安装其他依赖，使用 Go 语言编译可执行文件。

❑ 支持最小化官方 Docker 镜像。

❑ 支持多种后台，如 Docker、Swarm mode、Kubernetes、Marathon、Consul、Etcd、Rancher、Amazon ECS 等。

❑ 支持 REST API。

❑ 配置文件热重载，不需要重启进程。

❑ 支持自动熔断功能。

❑ 支持轮询、负载均衡。

❑ 提供简洁的 UI 界面。

❑ 支持 WebSocket、HTTP/2、GRPC。

❑ 自动更新 HTTPS 证书。

❑ 支持高可用集群模式。

Traefik 的官网地址为 https://github.com/containous/traefik，官方给出的 Traefik 的工作流程如图 6-7 所示。

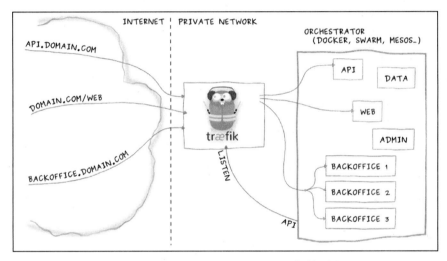

图 6-7　Traefik Ingress-Controller 工作流程图

从图 6-7 可以看出，在日常业务开发中，我们会部署一系列微服务，外部网络要通过 Domain、PATH、负载均衡等转发到后端私有网络中。微服务之所以称为微，是因为它是动态变化的，它会经常被增加、删除或者被更新。而且传统反向代理对服务动态变化的支持不是很好，也就是服务变更后，不容易立马改变配置和热加载。Traefik 的出现就是为了解决这个问题的，它可以时刻监听服务注册或服务编排 API，随时感知后端服务的变化，自动更改配置并重新加载，期间服务不会暂停或停止，用户是无感知的。

下面来部署 Traefik Ingress-Controller，具体步骤可以参考下面的流程，这里以 Deployment+NodePort 模式来部署 Traefikx Ingress-Controller。

具体操作命令如下：

```
wget http://192.168.1.225:8081/repository/raw-group/traefik-rbac.yaml
wget http://192.168.1.225:8081/repository/raw-group/traefik-deployment.yaml
sed -i -e 's@image: @image: 192.168.1.225:8083/@g' traefik-deployment.yaml
```

traefik-rbac.yaml 文件的内容如下：

```
---
kind: ClusterRole
apiVersion: rbac.authorization.k8s.io/v1beta1
metadata:
    name: traefik-ingress-controller
rules:
  - apiGroups:
        - ""
        resources:
        - services
        - endpoints
        - secrets
      verbs:
        - get
        - list
        - watch
  - apiGroups:
        - extensions
      resources:
        - ingresses
      verbs:
        - get
        - list
        - watch
  - apiGroups:
      - extensions
      resources:
      - ingresses/status
      verbs:
      - update
---
kind: ClusterRoleBinding
apiVersion: rbac.authorization.k8s.io/v1beta1
metadata:
    name: traefik-ingress-controller
roleRef:
    apiGroup: rbac.authorization.k8s.io
    kind: ClusterRole
    name: traefik-ingress-controller
subjects:
- kind: ServiceAccount
    name: traefik-ingress-controller
    namespace: kube-system
```

traefik-deployment.yaml 文件的内容如下：

```
---
apiVersion: v1
kind: ServiceAccount
```

```
metadata:
    name: traefik-ingress-controller
    namespace: kube-system
---
kind: Deployment
apiVersion: extensions/v1beta1
metadata:
    name: traefik-ingress-controller
    namespace: kube-system
    labels:
        k8s-app: traefik-ingress-lb
spec:
    replicas: 1
    selector:
        matchLabels:
            k8s-app: traefik-ingress-lb
    template:
        metadata:
            labels:
                k8s-app: traefik-ingress-lb
                name: traefik-ingress-lb
        spec:
            serviceAccountName: traefik-ingress-controller
            terminationGracePeriodSeconds: 60
            containers:
            - image: 192.168.1.225:8083/traefik:v1.7
                name: traefik-ingress-lb
                ports:
                - name: http
                    containerPort: 80
                - name: admin
```

执行下面的命令，配置 traefik-rbac 及 traefik-deployment 资源：

```
kubectl apply -f traefik-rbac.yaml
kubectl apply -f traefik-deployment.yaml
```

注意，这里的命名空间是沿用的 kube-system。

然后查看 Traefik 的服务，命令如下：

```
kubectl get svc -n kube-system
```

命令显示结果如下：

```
NAMESPACE       NAME                          TYPE        CLUSTER-IP      EXTERNAL-IP
    PORT(S)                         AGE
kube-system     traefik-ingress-service       NodePort    10.109.105.6    <none>
    80:31150/TCP,8080:30266/TCP     41h
```

从上面的结果可知，traefik-ingress-service 服务开启了 NodePort，即 80 → 31150 和 8080 → 30266。traefik-ui 对应的是 8080 → 30266 端口。

以上就是 Traefik 及 Traefik-UI 的基本配置步骤，我们可以通过 http://192.168.1.223: 32430/dashboard/ 来访问 Traefik 的 UI 界面，如图 6-8 所示。

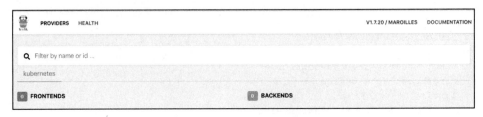

图 6-8　Traefik 的 UI 工作界面

初次访问时，PROVIDERS 下 Kubernetes 什么服务都没有，HEALTH 菜单里也没有任何信息，这是因为还没有指定任何 Ingress 规则。下面用 Traefik 来代理 Traefik-UI，其 traefik-ui.yaml 文件的内容如下：

```
---
apiVersion: v1
kind: Service
metadata:
    name: traefik-web-ui
    namespace: kube-system
spec:
    selector:
        k8s-app: traefik-ingress-lb
    ports:
    - name: web
        port: 80
        targetPort: 8080
---
apiVersion: extensions/v1beta1
kind: Ingress
metadata:
    name: traefik-web-ui
    namespace: kube-system
spec:
    rules:
    - host: traefik-ui.example.com
        http:
            paths:
            - path: /
                backend:
                    serviceName: traefik-web-ui
                    servicePort: web
```

执行 kubectl apply -f traefik-ui.yaml 命令，然后观察 Traefik 的界面，已经有成功的信息显示了，速度非常快，用户基本上无感知，如图 6-9 所示。

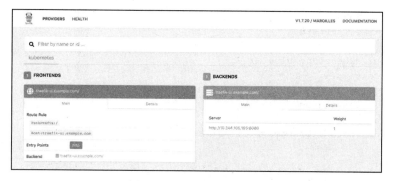

图 6-9　Traefik 的工作图示

如果是代理应用（例如后端的 Pod 是 Nginx 应用），那么需要另起配置文件，完整的 test-nginx-traefik.yaml 配置文件如下：

```
apiVersion: apps/v1beta1
kind: Deployment
metadata:
    name: nginx-pod
spec:
    replicas: 2
    template:
        metadata:
            labels:
                app: nginx-pod
        spec:
            containers:
            - name: nginx
                image: 192.168.1.255:8083/nginx
                ports:
                - containerPort: 80
---
apiVersion: v1
kind: Service
metadata:
    name: nginx-service
    annotations:
        traefik.ingress.kubernetes.io/load-balancer-method: drr
spec:
    template:
        metadata:
            labels:
                name: nginx-service
                namespace: default
spec:
    selector:
        app: nginx-pod
    ports:
```

```
      - port: 8080
          targetPort: 80
---
apiVersion: extensions/v1beta1
kind: Ingress
metadata:
    name: nginx-ingress
    annotations:
        kubernetes.io/ingress.class: traefik
spec:
    rules:
    - host: k8s.nginx.com
      http:
          paths:
          - backend:
                serviceName: nginx-service
                servicePort: 8080
```

执行 kubectl apply -f test-nginx-traefik.yaml 命令，然后观察 Traefik-UI 界面，如图 6-10 所示。

图 6-10　Traefik 添加了服务后的显示图

我们在 Kubernetes 集群外的任意一个节点机器上（例如 vagrant3 机器上）执行以下命令，尝试通过 Traefik Ingress-Controller 来访问后端的 Nginx 应用：

```
curl 192.168.1.222:31150
```

命令显示结果如下：

```
404 page not found
```

访问失败，因为 Ingress 规则里指定了 Host，所以这里得带上 Host 头，修改后的命令如下：

```
curl -H "Host:k8s.nginx.com" 192.168.1.222:31150
```

命令显示结果如下：

```
<!DOCTYPE html>
<html>
<head>
<title>Welcome to nginx!</title>
```

```
<style>
    body {
        width: 35em;
        margin: 0 auto;
        font-family: Tahoma, Verdana, Arial, sans-serif;
    }
</style>
</head>
<body>
<h1>Welcome to nginx!</h1>
<p>If you see this page, the nginx web server is successfully installed and
working. Further configuration is required.</p>

<p>For online documentation and support please refer to
<a href="http://nginx.org/">nginx.org</a>.<br/>
Commercial support is available at
<a href="http://nginx.com/">nginx.com</a>.</p>

<p><em>Thank you for using nginx.</em></p>
</body>
</html>
```

下一步的测试,删除后端的 Nginx Pod 应用,然后再开启新的 Pod,命令如下:

```
kubectl delete  -f test-nginx-traefik.yaml
kubectl apply  -f test-nginx-traefik.yaml
```

观察图 6-11 可以发现,Pod 地址已经发生改变了,但不影响通过 Traefik Ingress-Controller 正常访问后端的服务。

图 6-11　Traefik 更改服务后显示图

现在介绍一下其他相关的 Ingress-Controller——HAProxy Ingress-Controller。HAProxy 组件在 Mesos 中应用得非常广泛,但由于 HAProxy Ingress-Controller 控制器目前在社区活跃度一般,相较于 Nginx 和 Traefik 还有一定的差距,所以在实际环境中若要使用社区版的 HAProxy Ingress-Controller 还是要慎重。

对于 Ingress-Controller 的高可用方案 DaemonSet + nodeSeletor + Pod 互斥,由于 DaemonSet 本身就是 Pod 多副本的,所以 Ingress-Controller 的 Pod 数量并不单一,如果是

私有云物理机（虚拟机）环境，可以利用一个VIP绑在拥有存活的Ingress-Controller的宿主机上，云上则用SLB负载来代替VIP。

6.3 小结

本章主要介绍了云原生环境下负载均衡的具体实现，例如iptables、IPVS及Ingress-Controller等，考虑到iptables在云原生环境的普及程度，所以也花了较大篇幅介绍它的基础语法，之后重点介绍了Nginx/Traefik Ingress-Controller的部署，希望通过对比云原生环境跟传统IT环境下的负载均衡实现，将Linux集群技术做到真正的融会贯通，从而提高自己的技术能力。

第 7 章 *Chapter 7*

MySQL 高可用集群项目案例

随着网站或项目的 UV（独立 IP）和 PV 日渐增多，POST 请求也越来越多了，数据库的压力随之增加。我们究竟应该如何对 MySQL 数据库进行优化呢？下面就从 MySQL 服务器对硬件的选择、MySQL 的安装及优化等角度来进行讲解，本章的最后会分享 MySQL 集群的高可用案例。

7.1　MySQL 数据库的安装

下面以 MySQL 5.7 为例来说明 MySQL 数据库的安装流程。

1）配置 yum 源。我们可以到 MySQL 官网下载 yum 的 RPM 安装包，下载地址为 http://dev.mysql.com/downloads/repo/yum/。然后下载 MySQL 源安装包，软件包存放在 /usr/local/src 下：

```
curl -LO http://dev.mysql.com/get/mysql57-community-release-el7-11.noarch.rpm
```

安装 MySQL yum 源的命令如下：

```
yum localinstall mysql57-community-release-el7-11.noarch.rpm
```

2）安装 MySQL，命令如下：

```
yum install mysql-community-server
```

现在可以用以下命令来启动 MySQL 服务了：

```
systemctl start mysqld
```

可通过以下命令查看 MySQL 的状态：

```
mysqld.service - MySQL Server
        Loaded: loaded (/usr/lib/systemd/system/mysqld.service; enabled; vendor
            preset: disabled)
    Active: active (running) since 五 2020-02-07 03:37:13 UTC; 8h ago
        Docs: man:mysqld(8)
            http://dev.mysql.com/doc/refman/en/using-systemd.html
    Process: 15678 ExecStart=/usr/sbin/mysqld --daemonize --pid-file=/var/run/
        mysqld/mysqld.pid $MYSQLD_OPTS (code=exited, status=0/SUCCESS)
    Process: 15624 ExecStartPre=/usr/bin/mysqld_pre_systemd (code=exited,
        status=0/SUCCESS)
    Main PID: 15682 (mysqld)
        CGroup: /system.slice/mysqld.service
            └─15682 /usr/sbin/mysqld --daemonize --pid-file=/var/run/mysqld/
                mysqld.pid
2 月 07 03:37:05 mysql-pod systemd[1]: Starting MySQL Server...
2 月 07 03:37:13 mysql-pod systemd[1]: Started MySQL Server.
```

3）查看并修改 MySQL root 密码。

MySQL 5.7 启动后，在 /var/log/mysqld.log 文件中给 root 生成了一个默认密码。可通过下面的方式找到 root 的默认密码，然后登录 MySQL 进行修改：

```
grep 'temporary password' /var/log/mysqld.log
```

命令显示结果如下：

```
2020-02-07T03:37:09.902535Z 1 [Note] A temporary password is generated for root@
    localhost: !JhsUp8sieg4
```

4）禁用 MySQL 密码复杂检测机制。

MySQL 5.7 默认安装了密码安全检查插件（validate_password），默认的密码检查策略要求密码必须包含大小写字母、数字和特殊符号，并且长度不能少于 8 位，否则会提示 ERROR 1819 (HY000): Your password does not satisfy the current policy requirements 错误。考虑到后面要做 MySQL 主从复制及部署 MHA 集群，为了避免账号过于复杂，所以要去掉 MySQL 5.7 的密码复杂检测机制，修改 /etc/my.cnf 文件为如下内容：

```
[mysqld]
# 禁用密码校验策略
validate_password = off
```

5）用以下命令来重启 MySQL 服务：

```
systemctl restart mysqld
```

6）然后再登录 MySQL 修改密码，命令如下：

```
mysql -uroot -p\!JhsUp8sieg4
```

这里将密码修改为 123456，如下：

```
mysql> ALTER USER 'root'@'localhost' IDENTIFIED BY '123456';
mysql> flush privileges;
```

7）设置开机启动，命令如下：

```
systemctl enable mysqld
# 重载所有修改过的配置文件
systemctl daemon-reload
```

7.2　服务器物理硬件的选择

在对 MySQL 服务器进行硬件挑选时，我们应该从以下几个方面着重对硬件配置进行优化，也就是说将项目中的资金着重投入到如下几处。

1）磁盘寻道能力（磁盘 I/O）。笔者维护的网站中采用的 MySQL 现在基本上都是 SAS15000 转的硬盘，6 块硬盘做 RAID 10。MySQL 数据库每一秒钟都在进行大量、复杂的查询操作，对磁盘的读写量可想而知，所以，通常认为磁盘 I/O 是制约 MySQL 性能的主要因素之一。对于日均访问量在 500 万 PV 以上的网站，如果磁盘 I/O 性能不好，造成的直接后果就是 MySQL 数据库的性能会非常低下。解决这一制约因素可以考虑使用 RAID 10 磁盘阵列，注意不要使用 RAID 5 磁盘阵列，MySQL 在 RAID 5 磁盘阵列上的效率不及期待中的那么高，如果资金条件允许，可以选择 SSD 硬盘来代替 SAS 硬盘做 RAID 10。

2）主机的选择。如果是云主机，建议选择 CPU 及内存性能都好的主机，例如 AWS 云主机建议用 m4.2xlarge，其 vCPU 为 8，内存为 32GB。

3）磁盘格式对 MySQL 性能的影响。很多资料都介绍说，xfs 比 ext4 的性能要优秀许多，但从实际 sysBench 的压测结果来看，虽然它确实要优于 ext4，但读写性能并没有带来显著提升。如果要安装新的 MySQL 数据库，磁盘类型可以选择为 xfs；如果使用旧的 MySQL 数据库，可以沿用 ext4。

7.3　MySQL 数据库的优化

MySQL 5.7 的配置默认就设置了很多优化选项，不需要过多的优化，但还是建议调整表 7-1 中的值，以使 MySQL 5.7 运行得更好，还有其他的 InnoDB 或者全局的 MySQL 选项可能需要根据特定的负载和硬件做出调整。

表 7-1　MySQL 建议调优的选项配置

选项	值
innodb_buffer_pool_size	设置为 RAM 大小的 50%
innodb_flush_log_at_trx_commit	1（默认值），0/2（性能更好，但稳定性更差）
innodb_log_file_size	128MB ~ 2GB（不需要大于 buffer pool）
innodb_flush_method	O_DIRECT（避免双缓冲技术）

innodb_flush_log_at_trx_commit 参数用于确定日志文件何时写文件（write）、刷新（flush）。而 write、flush 的方式正是由 innodb_flush_method 指定的。

MySQL 的 innodb_flush_method 这个参数控制着 innoDB 数据文件及 redo log 的打开、刷新模式，对于这个参数，官方文档上是这样描述的。

有三个值：fdatasync（默认）、O_DSYNC、O_DIRECT。

默认是 fdatasync，调用 fsync() 去刷新数据文件与 redo log 的 buffer。

为 O_DSYNC 时，innoDB 会使用 O_DSYNC 方式打开和刷新 redo log，使用 fsync() 刷新数据文件。

为 O_DIRECT 时，innoDB 会使用 O_DIRECT 打开数据文件，使用 fsync() 刷新数据文件与 redo log。

这三种模式写数据的方式具体如下。

❏ fdatasync 模式：写数据时，并不是要真正写到磁盘才算完成（可能写到操作系统 buffer 中就会返回完成），真正完成的是 flush 操作，buffer 交给操作系统去刷新，并且文件的元数据信息也都会更新到磁盘。

❏ O_DSYNC 模式：写日志操作是在 write 这步完成的，而数据文件的写入是在 flush 这步通过 fsync 完成的。

❏ O_DIRECT 模式：数据文件的写入是直接从 MySQL innoDB buffer 写到磁盘的，并不用通过操作系统的缓冲，而真正的完成也是在 flush 这步，此外，日志还是要经过 OS 缓冲。

三种模式写数据和写日志的流程如图 7-1 所示。

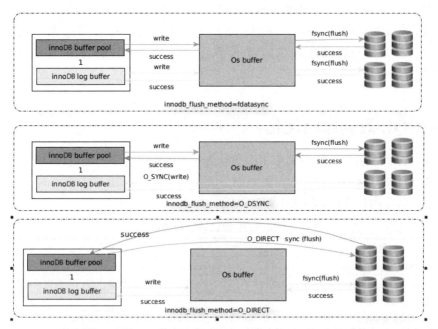

图 7-1　MySQL 在三种模式下写数据和写日志的方式对比

下面来看一下 MySQL 数据库调优建议。

（1）innodb_flush_method 与 O_DIRECT 模式配合使用

很多 MySQL 调优的资料都说，如果硬件没有预读功能，那么使用 O_DIRECT 将极大降低 InnoDB 的性能，因为 O_DIRECT 跳过了操作系统的文件系统 Disk Cache，让 MySQL 直接读写磁盘了。

但是从笔者的实践来看，如果不使用 O_DIRECT，操作系统会被迫开辟大量的 Disk Cache 用于 InnoDB 的读写缓存，这不仅没有提高读写性能，反而造成读写性能急剧下降。而且 buffer pool 的数据缓存和操作系统的 Disk Cache 造成了 double buffer 的浪费。

下面附上某项目的实际 InnoDB buffer pool 命中率。

物理服务器总内存为 8 GB，配置的 Innodb_buffer_pool_size=2048 MB，网站稳定上线后，通过以下命令观察：

```
mysql> show status like 'Innodb_buffer_pool_%';
+-----------------------------------+------------+
| Variable_name                     | Value      |
+-----------------------------------+------------+
| Innodb_buffer_pool_pages_data     | 118505     |
| Innodb_buffer_pool_pages_dirty    | 30         |
| Innodb_buffer_pool_pages_flushed  | 4061659    |
| Innodb_buffer_pool_pages_free     | 0          |
| Innodb_buffer_pool_pages_misc     | 12567      |
| Innodb_buffer_pool_pages_total    | 131072     |
| Innodb_buffer_pool_read_ahead_rnd | 18293      |
| Innodb_buffer_pool_read_ahead_seq | 19019      |
| Innodb_buffer_pool_read_requests  | 3533588224 |
| Innodb_buffer_pool_reads          | 1138442    |
| Innodb_buffer_pool_wait_free      | 0          |
| Innodb_buffer_pool_write_requests | 58802802   |
+-----------------------------------+------------+
12 rows in set (0.00 sec)
```

通过此命令得出的结果可以计算出 InnoDB buffer pool 中 read 的命中率大约为：

```
(3533588224-1138442)/3533588224=99.96%
```

write 的命中率大约为：

```
118505/131072=90.41%
```

从实际经验来看，InnoDB 的 buffer pool 命中率非常高，有 98% 以上，真正的磁盘操作是微乎其微的。为了 1% 的磁盘操作能够得到 Disk Cache，而浪费了 98% 的 double buffer 内存空间，无论是从性能上看，还是从内存资源的消耗来看，都是非常不明智的。

（2）innodb_log_file_size 的大小不应该盲目设置

所有的 MySQL 调优资料都建议 innodb_log_file_size 越大越好，避免无谓的 buffer pool

的 flush 操作。但从实际经验来看，innodb_log_file_size 开得太大，会明显增加 innoDB 的 log 写入操作，而且会造成操作系统需要更多的 Disk Cache 开销，所以其实不宜太大。一般来说，如果 MySQL 数据库物理内存较大，则 innodb_log_file_size 的大小配置成物理内存的二分之一即可。

参考文档：https://www.cnblogs.com/glon/p/6497377.html。

7.4　MySQL 主从复制流程与原理

MySQL 主从复制是我们非常熟悉的 MySQL 集群架构，主从数据完成同步的过程如下：

1）在 Slave 服务器上执行 start slave 命令开启主从复制。

2）Slave 服务器的 I/O 线程通过在 Master 上已经授权的复制用户权限请求连接 Master 服务器，并请求从执行 binlog 日志文件的指定位置（日志的文件名和位置就是在配置主从复制服务时执行 change master 命令指定的）之后开始发送 binlog 日志内容。

3）Master 服务器接收来自 Slave 服务器的 I/O 线程请求后，其上负责复制的 I/O 线程会根据 Slave 服务器发送的请求信息，分批读取指定 binlog 日志文件的相关日志信息，然后返回给 Slave 端的 I/O 线程。返回的信息中除了 binlog 日志内容外，还有在 Master 服务器端记录的 I/O 线程及 binlog 中的下一个指定更新位置。

4）当 Slave 服务器的 I/O 线程获取到 Master 服务器上 I/O 线程发送的日志内容、日志文件及位置点时，会将 binlog 日志内容依次写到 Slave 服务器端自身的 Relay Log（即中继日志）文件（Mysql-relay-bin.xxx）的最末端，并将新的 binlog 文件名和位置记录到 master-info 文件中，以便下一次读取 Master 服务器端新 binlog 日志时能告诉 Master 服务器从新 binlog 日志的指定文件及位置开始读取日志内容。

5）Slave 服务器端的 SQL 线程会实时检测本地 Relay Log 中 I/O 线程新增的日志内容，然后及时把 Relay Log 文件中的内容解析成 SQL 语句，并在自身 Slave 服务器上按解析 SQL 语句的位置顺序执行，之后在 relay-log.info 中记录当前应用中日志的文件名和位置点。

主从复制的条件如下。

❏ 开启 binlog 二进制日志功能。

❏ 主库要建立账号。

❏ 从库要配置 master.info（相当于配置密码文件和 Master 的相关信息）。

❏ 通过 start slave 开启复制功能。

进行主从复制时需要理解以下内容。

❏ 3 个线程（主库 I/O 线程、从库 I/O 线程和 SQL 线程）的作用。

❏ master.info（从库）的作用。

❏ relay-log 的作用。

❏ 异步复制。

❏ binlog 的作用。

进行主从复制时的注意事项如下。

❏ 主从复制是异步逻辑的 SQL 语句级的复制。

❏ 复制时，主库有一个 I/O 线程，从库有两个线程，即 I/O 和 SQL 线程（单线程）。

❏ 实现主从复制的必要条件是主库要开启记录 binlog 的功能。

❏ 复制的所有 MySQL 节点的 server-id 都不能相同。

❏ binlog 文件只记录对数据库有更改的 SQL 语句（来自主库内容的变更），不记录任何查询（select、show）语句。

7.5　MySQL 主从复制的搭建

7.5.1　MySQL 主从复制环境介绍

MySQL 主从复制环境如下。

❏ 腾讯云标准型 S4.LARGE8（4vCPU/8GB/ 主频 2.4GHz）

❏ 系统：CentOS Linux release 7.5.1804 (Core)

❏ 内核：3.10.0-862.el7.x86_64

下面先来介绍腾讯云标准型 S4。

标准型 S4 实例是次新一代的标准型实例，此实例提供了平衡的计算、内存和网络资源，是很多应用程序的最佳选择。

标准型 S4 实例采用至强处理器 ——Skylake 全新处理器，内存采用最新 DDR4，有默认网络优化，最高内网收发能力达 600 万 pps，最高内网带宽可支持 25Gbit/s。

标准型 S4 的实例有如下特点。

❏ 2.4GHz Intel Xeon Skylake 6148 处理器，计算性能稳定。

❏ 配有全新的 Intel Advanced Vector Extension (AVX-512) 指令集。

❏ 使用的是最新一代六通道 DDR4 内存，内存带宽达 2666MT/s。

❏ 具有更大的实例规格（S4.18XLARGE228），提供 72vCPU 和 228GB 内存。

❏ 处理器与内存的配比为 1：2 或 1：4。

❏ 最高可支持 25Gbit/s 的内网带宽，具有超高网络收发包能力，可满足极高的内网传输需求。

❏ 实例网络性能与规格相对应，规格越高网络转发性能越强，内网带宽上限越高。

以下是标准型 S4 实例的使用场景。

❏ 各种类型和规模的企业级应用。

❏ 中小型数据库系统、缓存和搜索集群。

❏ 计算集群、依赖内存的数据处理。

❏ 高网络包收发场景，如视频弹幕、直播、游戏等。

更多腾讯云的主机型号请参考网址：https://cloud.tencent.com/document/product/213/11518。MySQL 主从复制的机器列表如表 7-2 所示。

表 7-2　MySQL 主从复制的机器列表

机器 IP	主机名	机器实际用途
172.16.0.8	node1	MySQL Master
172.16.0.2	node2	MySQL Slave

MySQL 主从复制中比较重要的就是 /etc/my.cnf 配置文件，其中的重要内容如下：

```
server-id=1               # 数据库唯一 ID，主从的标识号不能重复
log-bin=mysql-bin         # 开启 bin-log，并指定文件目录和文件名前缀
binlog-do-db=test         # 需要同步的数据库。如果是多个同步库，就以此格式另写几行即可。如果不
    指明对某个具体库同步，就去掉此行，表示同步所有库（除了 ignore 忽略的库）
binlog-ignore-db=mysql    # 不同步 MySQL 系统数据库。如果是多个不同步库，就以此格式另写几行；
    也可以写在一行，中间逗号隔开
sync_binlog = 1           # 确保 binlog 日志写入后与硬盘同步
binlog_checksum = none    # 跳过现有的采用 checksum 的事件，如此配置主要是针对 MySQL 主从版本
    不一致的情况，不过还是建议 MySQL 的版本保持一致
binlog_format = mixed     #binlog 日志文件的格式，设置为 MIXED 可以防止主键重复
```

7.5.2　影响 MySQL 主从复制的配置选项

在主服务器上最重要的二进制日志设置是 sync_binlog，这使得 MySQL 在每次提交事务的时候都会把二进制日志的内容同步到磁盘上，即使服务器崩溃也会把事件写入日志中。

"sync_binlog" 这个参数对于 MySQL 系统来说非常重要，它不仅影响 binlog 带给 MySQL 的性能损耗，还会影响 MySQL 中数据的完整性。对于 "sync_binlog" 参数的各种设置说明如下：

❑ sync_binlog=0，在事务提交之后，MySQL 不会发出 fsync 之类的磁盘同步指令刷新 binlog_cache 中的信息到磁盘上，而是让 Filesystem 自行决定什么时候来同步，也可以在 cache 满了之后再同步到磁盘。

❑ sync_binlog=n，每进行 n 次事务提交，MySQL 就发出一次 fsync 之类的磁盘同步指令来将 binlog_cache 中的数据强制写入磁盘。

在 MySQL 中系统默认的设置是 sync_binlog=0，也就是不发出任何强制性的磁盘刷新指令，这时候的性能是最好的，但是风险也是最大的。因为一旦系统宕机，在 binlog_cache 中的所有 binlog 信息都会被丢失。而被设置为 "1" 时，是最安全但性能损耗也是最大的。在这种情况下，系统宕机最多丢失 binlog_cache 中未完成的一个事务，对数据没有任何实质性的影响。

对于高并发事务的系统来说，sync_binlog 设置为 0 或设置为 1，系统的写入性能差距可能高达 5 倍甚至更多。另外，如果业务全是支付类项目（采取最严格标准），请将 innodb_flush_log_at_trx_commit 和 sync_binlog 全部设置为 1（双一方案），以此保证数据的一致性。

MySQL 5.7 的默认配置较为严谨，可以通过以下命令来查看 innodb_flush_log_at_trx_ commit 的配置情况，此值默认就是 1。

```
show variables like 'innodb%';
```

建议再加上下面这个配置：

```
innodb_support_xa =1
```

这样可以在主机硬件宕机时，保证数据库的 redo 日志和 binlog 日志的一致性，确保主从复制的数据一致。

7.5.3　MySQL 主从复制的实现过程

对于本书示例来说，使用的是新的 MySQL 机器，所以 MySQL Slave 机器不需要从 Master 机器上面导入数据，其配置过程如下。

1）登录主库，赋予从库权限、账号，允许用户在主库上读取日志，命令如下：

```
grant replication slave on *.* to 'repl'@'172.16.0.%' identified by '123456';
```

2）在 MySQL Master 机器上执行如下操作，记录此时的二进制文件及 pos 位置：

```
mysql> show master status\G;
*************************** 1. row ***************************
             File: mysql-bin.000001
         Position: 150
     Binlog_Do_DB: test
 Binlog_Ignore_DB: mysql
Executed_Gtid_Set:
1 row in set (0.00 sec)

ERROR:
No query specified
```

3）在 MySQL Slave 机器（172.16.0.2）上执行以下操作，完成主从复制工作：

```
mysql> CHANGE MASTER TO MASTER_HOST='172.16.0.8',MASTER_USER='repl', MASTER_
    PASSWORD='123456',MASTER_LOG_FILE='mysql-bin.000001',MASTER_LOG_POS=150;
Query OK, 0 rows affected (0.02 sec)
mysql> start slave;
Query OK, 0 rows affected (0.01 sec)
mysql>
```

注意，如果 Master 机器已经上线运行了一段时间，则这种方式并不适合，我们需要在 Master 机器上用 mysqldump 来备份数据库，命令如下：

```
mysqldump --master-data=2 --single-transaction -R --triggers -A > all.sql
```

其中 --master-data=2 代表备份时刻记录 Master 的 binlog 位置和 position，--single-

transaction 的意思是获取一致性快照，-R 的意思是备份存储过程和函数，--triggers 的意思
是备份触发器，-A 代表备份所有的库。更多信息请自行通过 mysqldump --help 命令查看。

4）将 all.sql 文件 scp 到各 Slave 机器，各 Slave 机器执行 MySQL 的恢复命令，以保证
与 Master 机器的数据一致。

另外，如果 MySQL 数据量大，mysqldump 因为速度及执行效率的原因并不适合做数据
的备份和恢复工作，此时建议用 XtraBackup 工具来完成此工作（后面的章节会介绍）。

5）在 MySQL Slave 机器上执行如下命令，观察 Slave 机器的 I/O 及 SQL 线程状态：

```
show slave status\G;
```

确保两台机器上的如下选项都是为 Yes 状态，这才表明 MySQL 主从复制是成功的：

```
Slave_IO_Running: Yes
Slave_SQL_Running: Yes
```

如果这两个选项的状态都是"Yes"，则表明 MySQL 的主从复制搭建成功了。

7.6 MySQL MHA 集群案例

MHA（Master High Availability）目前在 MySQL 高可用方面是一个相对成熟的解决方
案，它由日本 DeNA 公司的 youshimaton（现就职于 Facebook 公司）开发，是 MySQL 高
可用环境下实现故障切换和主从提升的软件。在 MySQL 故障切换过程中，MHA 能做到在
0～30 秒之内自动完成数据库的故障切换操作，并且在进行故障切换的过程中，MHA 能在
最大程度上保证数据的一致性，以达到真正意义上的高可用，经过 DeNA 大规模的实践证
明它是个靠谱的工具。

其优点如下：

❑ 主从切换非常迅速，通常是 10～30 秒。

❑ 最大程度上解决数据一致性问题。

❑ 不需要修改当前已有的 MySQL 架构和配置。

❑ 不需要多余的服务器。

❑ 没有性能损耗。

❑ 没有存储引擎限制。

其缺点如下：

它是依赖于 MySQL 主从复制的，而 MySQL 主从复制在读写较复杂或网络出问题的情
况下，是很难保证成功性的，维护起来很复杂。

在 MHA 高可用方案中，如果 MySQL 遇到主机人为重启或硬件故障重启，MHA 是需
要保证 MySQL 数据及服务的高可用性和数据一致性的，如果与性能发生了冲突，优先考虑
数据一致性。另外，如果项目是部署在客户的机房内的，强烈建议在三台或四台机器上面

实现此方案，这样即使 Master 重启不了，也不影响 MySQL 主从复制架构，并且所有的读写都得走 VIP，用以避免数据分叉，避免发生直连现象。

那么，什么是 VIP 呢？在私有云（真实物理机）环境下一般将漂移 IP 称为 VIP，但在公有云环境下，我们将其称为 HAVIP。

传统物理设备环境下，所有内网 IP 默认都是可以通过 ARP 协议绑定到网卡上的，都可以在 HA 软件中指定为可漂移的 IP。但在公有云环境下，普通的内网 IP 禁止用 ARP 协议，若在 HA 软件中指定为可漂移 IP，将会导致漂移失败，因此需要用到 HAVIP，HAVIP 的工作流程如图 7-2 所示。

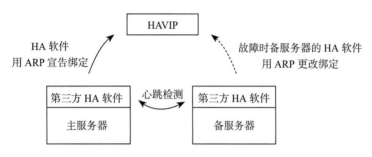

图 7-2　HAVIP 在公有云环境的工作流程图

HAVIP 在云平台上是需要提前通过公单申请的（阿里云目前不支持 HAVIP，腾讯云支持）。初始化环境的 HAVIP 已经通过腾讯云公单申请，并且已经成功在 DRBD 双机上实施，但是 HAVIP 的生成是用 Keepalived 的方式申请的，并且只能单播不能组播，具体的配置文件请参考文档说明：https://cloud.tencent.com/document/product/215/36694。

MySQL MHA 的初始化环境如下。

❏ 腾讯云主机 S4.LARGE8

❏ 系统：CentOS Linux release 7.5.1804 (Core)

❏ 内核：3.10.0-862.el7.x86_64

❏ MySQL 版本：5.7

❏ MHA 版本：0.58

❏ MHA HAVIP：172.16.0.9

在 MHA 环境下，各机器的实际分配情况如表 7-3 所示。

表 7-3　MHA 环境下各机器的实际分配表

机器 IP	主机名	机器实际用途
172.16.0.8	node1	MySQL Master/MHA node-1
172.16.0.2	node2	MySQL Slave-1/MHA node-2
172.16.0.45	node3	MySQL Slave-2/MHA node-3
172.16.0.51	node-manager	MHA manager

7.6.1　MHA 安装前的准备工作

下面是安装 MHA 要提前做好的准备工作。

1）提前配置好主机名并写进各自的 /etc/host 文件，完成自动对时等操作，然后重启。

2）机器与机器之间需要互通，这里用 key-gen 命令来生成 root 公私钥匙，然后用 ssh-copy-id 命令在每台机器上做主机 root 用户信任操作（包括本机），否则 MHA manager 在部署之前的环境检查中是无法通过的。

3）在 MAH 集群内的 3 台 MySQL 业务机器上安装 MySQL 5.7，具体配置步骤参考前面的章节。

4）配置 MySQL 主从复制过程，这里是一主两从，具体请参考前面的步骤。

7.6.2 源码安装 MHA 程序

第一步，在 MHA node 节点机器上安装 MHA node 程序。

先安装 perl 依赖：

```
yum install perl-DBD-MySQL -y
```

再安装 node 软件：

```
cd /usr/local/src && wget https://github.com/yoshinorim/mha4mysql-node/releases/
    download/v0.58/mha4mysql-node-0.58-0.el7.centos.noarch.rpm && rpm -ivh
    mha4mysql-node-0.58-0.el7.centos.noarch.rpm
```

然后在 MHA manager 机器上安装 MHA manager 管理程序。此时，应先安装 perl 依赖，命令如下：

```
yum install perl-DBD-MySQL perl-Config-Tiny perl-Log-Dispatch perl-Parallel-
    ForkManager -y
```

在安装过程中要注意 EPEL 源是否存在，不然有些依赖包不能成功安装，这会导致后面的安装过程失效。

第二步，安装 manager 软件（记得也要提前安装 mha-node 软件），命令如下：

```
cd /usr/local/src/  && wget https://github.com/yoshinorim/mha4mysql-manager/
    releases/download/v0.58/mha4mysql-manager-0.58-0.el7.centos.noarch.rpm &&
    rpm -ivh mha4mysql-manager-0.58-0.el7.centos.noarch.rpm
```

安装完成以后会自动生成 perl 插件工具，具体如下。

1）manager 管理端工具。

❏ masterha_check_ssh SSH：环境检测。

❏ masterha_check_repl MySQL：复制环境检测。

❏ masterha_manager manager：服务主程序。

❏ masterha_check_status mha：运行状态检测。

❏ masterha_master_monitor master：节点可用性监测。

❏ masterha_master_switch master：节点切换工具。

❏ masterha_stop：关闭 MHA 服务。

2）node 端工具。

❏ save_binary_logs：保存和复制 Master binlog。

❑ apply_diff_relay_logs：识别差异的 relay log（当要提升为新的 master 时）并应用于其他 Slave。

❑ purge_relay_logs：清除 relay log，不会阻塞 SQL 线程（主从复制时，会使用 relay log 应用到从库）。

3）扩展工具。

❑ secondary_check_script：通过多条网络路由检测 Master 的可用性，相当于增加仲裁机制，防止误切。

❑ report_script：发送报告。

由于全部都是采用 rpm 包安装的，因此这些工具都可以在主机的 /usr/bin 下面找到。

7.6.3 MHA 的实际安装和部署流程

以下是 MHA 的实际安装和部署流程。

第一步，将 MHA 最主要和重要的配置文件放置在 /data/mha 目录下，具体内容如下：

```
[server default]
manager_log=/var/log/mha/app1/manager.log
manager_workdir=/var/log/mha/app1
master_binlog_dir=/var/lib/mysql
master_ip_failover_script=/usr/bin/master_ip_failover
password=123456
ping_interval=1
remote_workdir=/tmp
repl_password=123456
repl_user=repl
report_script=/usr/bin/send_report
# 增加仲裁机制，防止误切
secondary_check_script=/usr/bin/masterha_secondary_check -s 172.16.0.51
shutdown_script=""
ssh_user=root
user=root

[server1]
hostname=172.16.0.8
port=3306

[server2]
hostname=172.16.0.2
port=3306
#candidate_master=1
#check_repl_delay=0

[server3]
hostname=172.16.0.45
port=3306
```

下面逐行详细解释。

```
manager_workdir=/var/log/mha/app1           // 设置 manager 的工作目录
manager_log=/var/log/mha/app1/manager.log   // 设置 manager 的日志
master_binlog_dir=/var/lib/mysql            // 设置 Master 保存 binlog 的位置，以便
    MHA 可以找到 Master 的日志，这里是 MySQL 的数据目录
master_ip_failover_script= /usr/bin/master_ip_failover        // 设置 failover 时的自动
    切换脚本
master_ip_online_change_script= /usr/bin/master_ip_online_change  // 设置手动切换时
    的切换脚本
password=123456           // 设置 MySQL 中 root 用户的密码，这个密码是前文中创建的监控用户的密
    码
user=root                 // 设置监控用户 root
ping_interval=1           // 设置监控主库发送 ping 包的时间间隔，默认是 3 秒，尝试三次没有回应
    则自动进行 railover
remote_workdir=/tmp       // 设置远端 MySQL 发生切换时 binlog 的保存位置
repl_password=123456      // 设置复制用户的密码
repl_user=repl            // 设置复制环境中的用户名
report_script=/usr/local/send_report        // 设置发生切换后发送的报警脚本
secondary_check_script= /usr/bin/masterha_secondary_check -s 172.16.0.51
shutdown_script=""        // 设置故障发生后关闭故障主机的脚本（该脚本的主要作用是关闭主机防止
    发生脑裂，这里没有使用）
ssh_user=root             // 设置 SSH 的登录用户名
[server1]
hostname=172.16.0.2
port=3306
[server2]
hostname=172.16.0.8
port=3306
candidate_master=1        // 设置为候选 Master，设置该参数以后，如果发生主从切换，会将此从库
    提升为主库，即使这个主库不是集群中事件最新的 Slave
check_repl_delay=0        // 默认情况下如果一个 Slave 落后 Master 100MB 的 relay logs,MHA
    将不会选择该 Slave 作为一个新的 Master，因为对于这个 Slave 的恢复需要花费很长时间，通过设置
    check_repl_delay=0,MHA 触发切换在选择一个新的 Master 时将会忽略复制延时，这个参数对于设
    置了 candidate_master=1 的主机非常有用，因为这个候选主机在切换的过程中一定是新的 Master
[server3]
hostname=172.16.0.45
port=3306
```

第二步，自行编写 /usr/bin/master_ip_failover 脚本，记得加上 x 权限，内容如下：

```perl
#!/usr/bin/env perl
use strict;
use warnings FATAL => 'all';
use Getopt::Long;
my (
    $command,          $ssh_user,         $orig_master_host, $orig_master_ip,
    $orig_master_port, $new_master_host, $new_master_ip,    $new_master_port
);
my $vip = '172.16.0.9/24';
my $key = '1';
my $ssh_start_vip = "/sbin/ifconfig eth0:$key $vip";
my $ssh_stop_vip = "/sbin/ifconfig eth0:$key down";
```

```perl
GetOptions(
    'command=s'           => \$command,
    'ssh_user=s'          => \$ssh_user,
    'orig_master_host=s'  => \$orig_master_host,
    'orig_master_ip=s'    => \$orig_master_ip,
    'orig_master_port=i'  => \$orig_master_port,
    'new_master_host=s'   => \$new_master_host,
    'new_master_ip=s'     => \$new_master_ip,
    'new_master_port=i'   => \$new_master_port,
);

exit &main();

sub main {

    print "\n\nIN SCRIPT TEST====$ssh_stop_vip==$ssh_start_vip===\n\n";

    if ( $command eq "stop" || $command eq "stopssh" ) {

        my $exit_code = 1;
        eval {
            print "Disabling the VIP on old master: $orig_master_host \n";
            &stop_vip();
            $exit_code = 0;
        };
        if ($@) {
            warn "Got Error: $@\n";
            exit $exit_code;
        }
        exit $exit_code;
    }
    elsif ( $command eq "start" ) {

        my $exit_code = 10;
        eval {
            print "Enabling the VIP - $vip on the new master - $new_master_host
\n";
            &start_vip();
            $exit_code = 0;
        };
        if ($@) {
            warn $@;
            exit $exit_code;
        }
        exit $exit_code;
    }
    elsif ( $command eq "status" ) {
        print "Checking the Status of the script.. OK \n";
        exit 0;
    }
    else {
```

```
            &usage();
            exit 1;
        }
    }

sub start_vip() {
    `ssh $ssh_user\@$new_master_host \" $ssh_start_vip \"`;
}
sub stop_vip() {
     return 0  unless  ($ssh_user);
    `ssh $ssh_user\@$orig_master_host \" $ssh_stop_vip \"`;
}

sub usage {
    print
    "Usage: master_ip_failover --command=start|stop|stopssh|status --orig_
        master_host=host --orig_master_ip=ip --orig_master_port=port --new_
        master_host=host --new_master_ip=ip --new_master_port=port\n";
}
```

此脚本可以应用于虚拟机或真实物理机环境。

腾讯云主机不支持这种添加虚拟机网卡的方式，所以只能用 Keepalived，而且这里只能单播不能组播，不然会出现双 VIP 的场景。keepalived.conf 的配置文件内容如下：

```
! Configuration File for keepalived

global_defs {
        notification_email {
        saltstack@163.com
    }
    notification_email_from dba@dbserver.com
    smtp_server 127.0.0.1
    smtp_connect_timeout 30
    router_id MySQL-HA
}

vrrp_instance VI_1 {
    state BACKUP
    interface eth0
    virtual_router_id 51
    priority 150
```

另一台机器的优先级可以配置得低一些：

```
    advert_int 1
    nopreempt

    authentication {
    auth_type PASS
    auth_pass 1111
```

```
    }

    unicast_src_ip 172.16.0.8
    unicast_peer {
        172.16.0.2              # 对端设备的 IP 地址，这里是单播模式
    }
    virtual_ipaddress {
        172.16.0.9
    }
}
```

第三步，自行编写 /usr/bin/send_report 脚本，记得加上 x 权限，内容如下：

```perl
#!/usr/bin/perl

#  Copyright (C) 2011 DeNA Co.,Ltd.
#
#  This program is free software; you can redistribute it and/or modify
#  it under the terms of the GNU General Public License as published by
#  the Free Software Foundation; either version 2 of the License, or
#  (at your option) any later version.
#
#  This program is distributed in the hope that it will be useful,
#  but WITHOUT ANY WARRANTY; without even the implied warranty of
#  MERCHANTABILITY or FITNESS FOR A PARTICULAR PURPOSE.  See the
#  GNU General Public License for more details.
#
#  You should have received a copy of the GNU General Public License
#   along with this program; if not, write to the Free Software
#  Foundation, Inc.,
#  51 Franklin Street, Fifth Floor, Boston, MA  02110-1301  USA

## Note: This is a sample script and is not complete. Modify the script based on
    your environment.

use strict;
use warnings FATAL => 'all';
use Mail::Sender;
use Getopt::Long;

#new_master_host and new_slave_hosts are set only when recovering master
    succeeded
my ( $dead_master_host, $new_master_host, $new_slave_hosts, $subject, $body );
my $smtp='smtp.163.com';
my $mail_from='yuhongchun027@163.com';
my $mail_user='yuhongchun027';
my $mail_pass='yhc@offer99@';
my $mail_to=['andrew@linktime.cloud','jason@linktime.cloud'];
GetOptions(
  'orig_master_host=s' => \$dead_master_host,
  'new_master_host=s'  => \$new_master_host,
```

```perl
    'new_slave_hosts=s'   => \$new_slave_hosts,
    'subject=s'           => \$subject,
    'body=s'              => \$body,
);

mailToContacts($smtp,$mail_from,$mail_user,$mail_pass,$mail_to,$subject,$body);

sub mailToContacts {
    my ( $smtp, $mail_from, $user, $passwd, $mail_to, $subject, $msg ) = @_;
    open my $DEBUG, "> /tmp/monitormail.log"
        or die "Can't open the debug      file:$!\n";
    my $sender = new Mail::Sender {
        ctype       => 'text/plain; charset=utf-8',
        encoding    => 'utf-8',
        smtp        => $smtp,
        from        => $mail_from,
        auth        => 'LOGIN',
        TLS_allowed => '0',
        authid      => $user,
        authpwd     => $passwd,
        to          => $mail_to,
        subject     => $subject,
        debug       => $DEBUG
    };

    $sender->MailMsg(
        {   msg   => $msg,
            debug => $DEBUG
        }
    ) or print $Mail::Sender::Error;
    return 1;
}

# Do whatever you want here
exit 0;
```

第四步，检查 SSH 配置。

下面的检查要全部通过才表示脚本没问题。

检查 MHA manager 到所有 MHA Node 的 SSH 连接状态：

```
masterha_check_ssh --conf=/data/mha/app1.cnf
```

通过 masterha_check_repl 脚本查看整个集群的状态：

```
masterha_check_repl —conf=/data/mha/app1.cnf
```

如果这两个脚本未能正常执行，不建议执行下面的操作！

查看 manager 的状态：

```
masterha_check_status --conf=/data/mha/app1.cnf
```

第五步，启动 MHA manager 程序。如果是第一次启动，记得手动在 Master 机器上添加 VIP 地址（虚拟机或物理机环境）：

```
/sbin/ifconfig eth0:1 172.16.0.9/20
```

或分别在 node1 和 node2 上启动 Keepalived 程序：

```
systemctl start keepalived
```

第六步，在 MHA manager 节点机器上启动 MHA manager 程序，命令如下：

```
nohup masterha_manager --conf=/data/mha/app1.cnf --remove_dead_master_conf
    --ignore_last_failover < /dev/null > /var/log/mha/app1/manager.log  2>&1 &
```

显示以下结果则表明成功运行：

```
Mon Feb 18 05:40:08 2019 - [info]  OK.
Mon Feb 18 05:40:08 2019 - [warning] shutdown_script is not defined.
Mon Feb 18 05:40:08 2019 - [info] Set master ping interval 1 seconds.
Mon Feb 18 05:40:08 2019 - [info] Set secondary check script: /usr/bin/masterha_
    secondary_check -s 192.168.206.191 -s 192.168.206.192
Mon Feb 18 05:40:08 2019 - [info] Starting ping health check on 192.168.206.190(
    192.168.206.190:3306)
Mon Feb 18 05:40:08 2019 - [info] Ping(SELECT) succeeded, waiting until MySQL
    doesn't respond..
```

第七步，部署容易忽略的部分，在每台 Slave 机器上执行如下操作。

为两台 Slave 服务器设置 read_only（从库对外提供读服务，之所以没有写入配置文件，是因为 Slave 随时有可能会提升为 Master），命令如下：

```
mysql -uroot -p123456 -e 'set global read_only=1'
```

在发生切换的过程中，从库的恢复过程中依赖于 relay log 的相关信息，所以这里要将 relay log 的自动清除设置为 OFF，即采用手动清除 relay log 的方式。在默认情况下，从服务器的中继日志会在 SQL 线程执行完毕后被自动删除。但是在 MHA 环境中，这些中继日志在恢复其他从服务器时可能会被用到，因此需要禁用中继日志的自动删除功能。定期清除中继日志需要考虑到复制延时的问题。在 ext3/ext4 的文件系统下，删除大的文件需要一定的时间，会导致严重的复制延时。为了避免复制延时，需要暂时为中继日志创建硬链接，因为在 Linux 系统中通过硬链接删除大文件的速度会很快（在 MySQL 数据库中，删除大表时，通常也采用建立硬链接的方式），命令如下：

```
mysql -uroot -p123456 -e 'set global relay_log_purge=0'
```

在 Slave 机器上定时执行以下脚本，以便定时清理 relay 日志：

```
user=root
passwd=123456
```

```
port=3306
log_dir='/var/log'
work_dir='/var/tmp'
purge='/usr/bin/purge_relay_logs'

if [ ! -d $log_dir ]
then
    mkdir $log_dir -p
fi

$purge --user=$user --password=$passwd --disable_relay_log_purge --port=$port
    --workdir=$work_dir >> $log_dir/purge_relay_logs.log 2>&1
```

如果 Master 机器出现宕机重启, MHA 程序很容易将恢复的 Master 作为 Slave 加入原先的集群中。假设是 172.16.0.8 Master 机器出问题了, 具体操作步骤如下。

1) 补齐 /data/mha/app.cnf 文件:

```
[server1]
hostname=172.16.0.8
port=3306
```

2) 从 manager.log 日志获取 reset Master 的位置和路径:

```
grep -i "All other slaves should start" manager.log
[info]  All other slaves should start replication from here. Statement should
    be: CHANGE MASTER TO MASTER_HOST='172.16.0.2', MASTER_PORT=3306, MASTER_LOG_
    FILE='mysql-bin.000022', MASTER_LOG_POS=506716, MASTER_USER='repl', MASTER_
    PASSWORD='123456';
```

注意更改 /etc/my.cnf 中 server-id 的数字值, 保证跟其他的不一样, 然后重启 mysqld 服务。

3) 通过以下命令重新运行 MHA manager 程序:

```
nohup masterha_manager --conf=/data/mha/app1.cnf --remove_dead_master_conf
    --ignore_last_failover < /dev/null > /var/log/mha/app1/manager.log  2>&1 &
```

7.6.4　MHA manager 的压测

这里的测试是通过 Shell 或 Python 脚本不断循环地往 VIP 地址写数据, 在写数据的时候, 突然重启 Master 机器或停止 mysqld 程序, 此时, MHA manager 将会自动地完成整个 VIP 迁移过程并且自动地完成 MySQL Replication 过程, 客户端的写延迟时间在 9 秒左右。下面是具体的测试流程。

1. 用 SysBench 做基准测试

准备另外的机器做基准压力测试(开启 4 个线程), 命令如下:

```
[root@localhost ~ ]# sysbench /usr/share/sysbench/oltp_read_write.lua --mysql-
```

```
host=172.16.0.9 --mysql-port=3306 --mysql-db=test --mysql-user=root --mysql-
password=123456 --table_size=800000  --tables=1 --threads=4 --time=1200
--report-interval=10 --db-driver=mysql prepare
```

在执行的过程中，突然把 Master 机器 halt 关机（kill all mysqld 进程是一样的效果），然后观察机器的 test.sbtest1 表记录情况，如图 7-3 所示。

384382	399925	73786208265-18145606187-14910527491-64234510047-81694820542-66412953801-75458739581-17764097490-73598074867-71130487763	08321841021-93427895253-96603719870-04598373386-36529856933
384383	403700	89964865660-34637938370-42440673137-68216592741-40124828397-32740498850-71007958159-32997762311-08469498240-08750251075	69059854843-20963792581-97396533785-98332350183-11187288000
384384	401145	33252691450-73772805293-94513280476-13706373431-97630069185-82023355846-06584137486-73874527335-46300114915-42487165382	72723992903-40965215019-49654476614-18386846265-78748502513

图 7-3　MySQL 数据库中 test.sbtest1 的表记录

之后再把那台 halt 机器重新开机，看其最后一条表记录：

```
| 384384 | 401145 | 33252691450-73772805293-94513280476-13706373431-97630069185-
    82023355846-06584137486-73874527335-46300114915-42487165382 | 72723992903-
    40965215019-49654476614-18386846265-78748502513
```

显示的也是 384384，这说明在切换过程没有丢失数据，MHA 也全自动地切换到新的 Master 机器了，主从复制顺利地完成。

2. 以 Python 脚本自动地插入数据

无论是写 Python 程序还是进行 SysBench 压测，如果 MySQL Master 重启或宕机，都会发生如下报错（数据还是可以保持一致的）：

```
Traceback (most recent call last):
    File "insert_mysql.py", line 22, in <module>
        cur.execute(sql)
    File "/usr/lib64/python2.7/site-packages/MySQLdb/cursors.py", line 205, in
        execute
        self.errorhandler(self, exc, value)
    File "/usr/lib64/python2.7/site-packages/MySQLdb/connections.py", line 36,
        in defaulterrorhandler
        raise errorclass, errorvalue
_mysql_exceptions.OperationalError: (2006, 'MySQL server has gone away')
```

所以这里要注意重写 retry 及延时逻辑，脚本如下：

```
# coding: UTF-8
import MySQLdb
import time

host='172.16.0.9'
user='root'
passwd='123456'
db='test'
port = 3306

start_time = time.time()
```

```
#conn = MySQLdb.connect(host, user, passwd, db, port)
#cur = conn.cursor()

    def reConndb():
    _conn_status = True
    _max_retries_count = 30          # 设置最大重试次数
    _conn_retries_count = 0          # 初始重试次数
    _conn_timeout = 3          # 连接超时时间为 3 秒
    while _conn_status and _conn_retries_count <= _max_retries_count:
            try:
                    conn = MySQLdb.connect(host,user, passwd,db,connect_timeout=_
                        conn_timeout)
                    _conn_status = False
# 如果连接成功则 _status 为 False, 退出循环 , 返回 db 连接对象
                    return conn
            except:
                _conn_retries_count += 1
                print _conn_retries_count
                print 'connect db is error!!'
                time.sleep(1)                # 此为测试看效果
                continue


for x in xrange(10000):
# 这时再插入 10000 条数据
    print x
    sql = "INSERT INTO number VALUES(%s,%s)" % (x, x)
    conn = reConndb()
    curl = conn.cursor()
    curl.execute(sql)
    conn.commit()

end_time = time.time()
print '用时: ', end_time - start_time
```

在压测的那台机器上启动脚本,然后重启 Master 机器,发现 MHA 的整个切换过程是 20 秒,10000 条数据是能完整地插入进去的。

3. 尝试测试大的事务处理过程

自己写一个大的事务处理过程(时间要大于 20 秒或更高),然后让 Master 重启或宕机,这时观察 MHA 的情况及 MySQL 主从复制各机器的数据分配情况。

首先还是利用 SysBench 生成有 200 万行记录的表,然后运行下面的程序:

```
#!/usr/bin/python
# -*- coding: UTF-8 -*-
import MySQLdb
import time

host='172.16.0.9'
```

```python
user='root'
passwd='123456'
db='test'
port = 3306

def reConndb():
    _conn_status = True
    _max_retries_count = 30        # 设置最大重试次数
    _conn_retries_count = 0        # 初始重试次数
    _conn_timeout = 3      # 连接超时时间为 3 秒
    while _conn_status and _conn_retries_count <= _max_retries_count:
        try:
            conn = MySQLdb.connect(host,user, passwd,db,connect_timeout=_conn_
                timeout)
            _conn_status = False   # 如果连接成功则 _status 为 False，退出循环，返回 db 连
                接对象
            return conn
        except:
            _conn_retries_count += 1
            print _conn_retries_count
            print 'connect db is error!!'
            time.sleep(1)              # 此为测试看效果
            continue

conn = reConndb()
curl = conn.cursor()
# 如果数据表已经存在，使用 execute() 方法删除表
curl.execute("DROP TABLE IF EXISTS EMPLOYEE")

# 创建数据表 SQL 语句
sql = """CREATE TABLE EMPLOYEE (
        FIRST_NAME  CHAR(20) NOT NULL,
        LAST_NAME  CHAR(20),
        AGE INT,
        SEX CHAR(1),
        INCOME FLOAT )"""
curl.execute(sql)

# SQL 插入语句
sql1 = """INSERT INTO EMPLOYEE(FIRST_NAME,
        LAST_NAME, AGE, SEX, INCOME)
        VALUES ('Mac', 'Mohan', 20, 'M', 2000)"""
sql2 = """DELETE FROM sbtest1"""
# 执行 SQL 语句
curl.execute(sql1)
curl.execute(sql2)
# 提交到数据库执行
conn.commit()
# 关闭数据库连接
conn.close()
```

在测试中我们发现，如果此脚本运行正常，sql1 和 sql2 都是顺利的，EMPLOYEE 表可以正常生成数据。如果发生错误，此次事务会自动回滚，EMPLOYEE 表是不能生成数据的。

4. 用 iptables 模拟网络中断的场景

在 Master 机器上用 iptables 模拟网络中断连接，经过多轮测试发现，MHA 程序会自动将 Slave 机器提升为 Master 机器，并自动完成主从复制过程。

5. 利用 Fabric 进行持续性测试

这里选用 Fabric 自动化配置管理工具（前面的章节已经介绍）做持续性测试，是为了方便在空闲时进行自动测试，脚本内容如下：

```python
#!/usr/bin/python
# -*- coding: utf-8 -*-
from fabric.api import *
from fabric.colors import *
from fabric.context_managers import *
import random
import MySQLdb
import time
# 此脚本主要用于 MHA 做两次 VIP 切换时的持续性测试
list_ip = ['172.16.0.8','172.16.0.2']
list_random=random.choice(list_ip)
env.user = 'root'
env.key_filename = '/root/.ssh/id_rsa'
env.roledefs = {
    'master': ['172.16.0.8'],
    'slave' : [list_random],
}

@roles('master')
def restart_master():
    reboot(wait=5)
@roles('slave')
def restart_slave():
    reboot(wait=3)

num = input("请输入要插入数据的值，请保证一定为整数:")

hostvip='172.16.0.9'
user='root'
passwd='123456'
db='test'
port = 3306

start_time = time.time()

conn = MySQLdb.connect(hostvip, user, passwd, db, port)
cur = conn.cursor()
```

```
cur.execute("DROP TABLE IF EXISTS test.number")

sql = """CREATE TABLE test.number (
                id INT NOT NULL,
                num INT,
                PRIMARY KEY(id))"""
cur.execute(sql)
conn.commit()

def reConndb():
    _conn_status = True
    _max_retries_count = 30          # 设置最大重试次数
    _conn_retries_count = 0          # 初始重试次数
    _conn_timeout = 3         # 连接超时时间为 3 秒
    while _conn_status and _conn_retries_count <= _max_retries_count:
            try:
                    conn = MySQLdb.connect(hostvip,user, passwd,db,connect_
                        timeout=_conn_timeout)
                    _conn_status = False   # 如果连接成功则 _status 为 False, 退出循环,
                        返回 db 连接对象
                    return conn
            except:
                    _conn_retries_count += 1
                    print _conn_retries_count
                    print 'connect db is error!!'
                    time.sleep(1)               # 此为测试看效果
                    continue

randomnum1 = random.randrange(100, 1000, 1)
randomnum2 = random.randrange(5000,10000,1)

for x in xrange(num): # 这时再插入自定义的数据
    print x
    if x == randomnum1:
        try:
            execute(restart_master)
        except:
          pass
    if x == randomnum2:
      try:
          execute(restart_slave)
      except:
          pass
    sql = "INSERT INTO number VALUES(%s,%s)" % (x, x)
    conn = reConndb()
    curl = conn.cursor()
    curl.execute(sql)
    conn.commit()

# 打印最后的插入条数
```

```
sql = "select count(*) from number;"
conn = MySQLdb.connect(hostvip,user, passwd,db,port)
curl = conn.cursor()
curl.execute(sql)
data = curl.fetchone()
print '最后插入的数据条数为 %d:' % data
conn.close()

end_time = time.time()
print '用时: ', end_time - start_time
```

7.6.5　设置 MHA manager 为守护进程

MHA manager 如果遇到切换 VIP 就会自动停止，这不是我们在实际生产环境中想得到的结果，需要进行修改。

既然 MHA_manager 进程运行一次后就会自动退出，那么要在使用 MHA manager 的过程中让该程序一直处于运行状态，可将其配置为以守护进程的方式运行。可通过 Daemontools 软件进行管理进程，步骤如下。

1）安装 Daemontools，命令如下：

```
# cd /usr/local/src
# wget --no-check-certificate http://cr.yp.to/daemontools/daemontools-0.76.tar.gz
# tar zxf daemontools-0.76.tar.gz
# cd admin/daemontools-0.76/
# sed -i 's/extern int errno;/#include <errno.h>/1' ./src/error.h
# ./package/install
# echo $?
```

这时的显示结果为 0 才是正常的。

安装完成之后，会创建 /service 和 /command 这两个目录。

2）配置以 systemd 方式管理 Daemontools，只需要创建 /etc/systemd/system/daemontools. service 文件即可，用 cat 命令查看 /etc/systemd/system/daemontools.service，内容如下：

```
[Unit]
Description=daemontools Start supervise
After=getty.target
[Service]
Type=simple
User=root
Group=root
Restart=always
ExecStart=/command/svscanboot /dev/ttyS0
TimeoutSec=0
[Install]
WantedBy=multi-user.target
```

3）配置启动 MHA。使用 Daemontools 配置一个服务特别简单，先创建一个目录，目录下放一个 run 脚本。然后通过 run 脚本执行启动服务的命令，最后在 /service 下建立一个链接。

创建脚本的命令如下：

```
mkdir /opt/svc/mha/ -pv
vim /opt/svc/mha/run
```

脚本内容如下：

```
#!/bin/bash
masterha_manager --conf=/etc/masterha/app1.cnf --remove_dead_master_conf
    --ignore_last_failover >> /var/log/masterha/app1/manager.log
```

run 需要有可执行权限，可通过如下命令确认：

```
chmod 755 /opt/svc/mha/run
ln -s /opt/svc/mha/ /service/
```

4）启动 Daemontools，命令如下：

```
systemctl start daemontools.service
```

然后通过 systemctl status 命令查看状态：

```
daemontools.service - daemontools Start supervise
   Loaded: loaded (/etc/systemd/system/daemontools.service; disabled)
   Active: active (running) since 六 2019-02-23 14:04:43 CET; 19h ago
 Main PID: 6342 (svscanboot)
   CGroup: /system.slice/daemontools.service
           ├── 6342 /bin/sh /command/svscanboot /dev/ttyS0
           ├── 6344 svscan /service
           ├── 6345 readproctitle service errors: ....cnf.. Sun Feb 24 08:36:10
             2019 - [info] Reading server configuration from /data/mha/app1.
             cnf.. Sun Feb 24 08:36:11 2019 - [warning] Global config...
           ├── 6346 supervise mha
           ├── 21471 /bin/bash ./run
           └── 21472 perl /bin/masterha_manager --conf=/data/mha/app1.cnf
             --remove_dead_master_conf --ignore_last_failover
```

这表示 MHA manager 为守护进程是正常的，在实际生产环境中我们发现，就算出现了主从 MySQL 切换的情况，Daemontools 也能够正常地启动 MHA 进程，实现我们的需求。

7.7　MySQL DRBD 高可用案例

在遇到主机人为重启或硬件故障重启时，数据及服务的高可用性和数据的一致性是需要保证的。下面的方案用于应对客户方对机器有重启要求的情况，即保证客户方在重启了某节点以后，MySQL 服务不会中断（MHA 切换主从复制时，MySQL 服务会中断几秒），数据也可保持一致。这里的 HAVIP 是以 Heartbeat 方式申请的，只能单播不能组播，其具体配置文件可以参考文档说明。

7.7.1 MySQL DRBD 相关组件原理介绍

下面针对 MySQL DRBD 高可用相关的组件原理进行说明，主要是 DRBD 和 Heartbeat。

1. DRBD 原理介绍

一般情况下文件写入磁盘的顺序是：写操作→文件系统→内存缓存→磁盘调度器→磁盘驱动器→写入磁盘。而 DRBD 的工作机制如图 7-4 所示，数据经过 buffer cache 后，内核中的 DRBD 模块将通过 TCP/IP 协议栈经过网卡和对方建立数据同步。

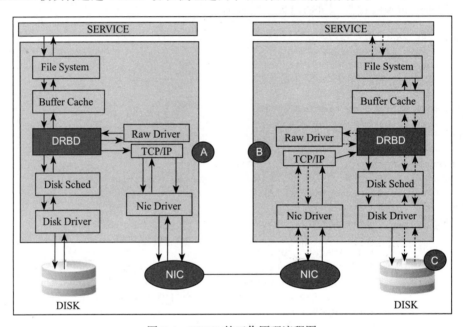

图 7-4　DRBD 的工作原理流程图

2. Heartbeat 的原理介绍

先了解一下 Heartbeat 的主备模式，通过修改 Heartbeat 软件的配置文件，可以指定以哪一台 Heartbeat 服务器作为主服务器，另一台将自动成为热备服务器，在热备服务器上配置 Heartbeat 守护进程，用于监听来自主服务器的心跳信息，如果热备服务器在指定时间内未监听到来自主服务器的心跳，就会启动故障转移程序，并取得主服务器上相关资源的所有权，接替主服务器继续不间断地提供服务，从而实现资源及服务的高可用性。

注
意　Heartbeat 也是可以支持主主模式的，这时服务器之间会相互发送报文给对方，监听程序是否正常。

Heartbeat 进行主备切换是需要时间的，首先要判断主服务器是否宕机，如果宕机，从服务器接替 VIP，启动从服务器上面的程序（备机上面的程序本来是没有开启的）。

7.7.2 MySQL DRBD 的具体搭建过程

1. MySQL DRBD 的初始化环境介绍

❑ 系统：CentOS Linux release 7.5.1804 (Core)

❑ 内核：3.10.0-862.el7.x86_64

❑ MySQL 版本：5.7

❑ DRBD 版本：DRBD 8.4.11

❑ Hearbeat 版本：HearBeat 3.0

DRBD 机器实际分配情况如表 7-4 所示。

表 7-4 DRBD 机器实际分配情况

机器 IP	主机名	实际用途
172.16.0.8	node1	DRBD node-1
172.16.0.2	node2	DRBD node-2
172.16.0.45	test	测试 DRBD 数据是否完整的机器

2. 安装前的准备

1）新增硬盘。这里是在 node1 和 node2 上面分别多申请一块 100GB 的硬盘（如果是真正应用于项目或网站，考虑到后期的业务增长，此处的硬盘可以考虑采用 LVM 格式）。

下面用 fdisk 命令查看磁盘的具体信息：

```
磁盘 /dev/vda: 53.7 GB, 53687091200 字节,104857600 个扇区
Units = 扇区 of 1 * 512 = 512 bytes
扇区大小 ( 逻辑 / 物理 ): 512 字节 / 512 字节
I/O 大小 ( 最小 / 最佳 ): 512 字节 / 512 字节
磁盘标签类型: dos
磁盘标识符: 0x000d64b4

    设备 Boot      Start         End      Blocks   Id  System
/dev/vda1   *      2048    104857599    52427776   83  Linux

磁盘 /dev/vdb: 107.4 GB, 107374182400 字节,209715200 个扇区
Units = 扇区 of 1 * 512 = 512 bytes
扇区大小 ( 逻辑 / 物理 ): 512 字节 / 512 字节
I/O 大小 ( 最小 / 最佳 ): 512 字节 / 512 字节
```

DRBD 实际是部署在内核中的，新版本的 DRBD 8.4 对内核是有要求的，强烈建议用 CentOS 7.5 或更高级版本的系统来部署此方案。

2）提前配置主机名并写入各自的 /etc/host 文件，然后重启，记得同步时间，命令如下：

```
yum install -y rdate
rdate -s time-b.nist.gov
```

3）在两个 MySQL node 节点上安装 MySQL 5.7（参考前面的步骤安装），要注意的是，这里只安装而不启动服务。

3. DRBD 的具体安装过程

1）这里采用 yum 的方式来安装 DRBD，命令如下：

```
rpm --import https://www.elrepo.org/RPM-GPG-KEY-elrepo.org
rpm -Uvh http://www.elrepo.org/elrepo-release-7.0-2.el7.elrepo.noarch.rpm
yum install -y kmod-drbd84 drbd84-utils
systemctl enable drbd
```

事实上，安装到此步时，系统的内核也会被更新，示例如下：

```
drbd84-utils.x86_64 0:9.6.0-1.el7.elrepo          kernel.x86_64 0:3.10.0-
    957.5.1.el7
kmod-drbd84.x86_64 0:8.4.11-1.1.el7_6.elrepo
```

命令执行完成以后，重启机器，注意关注内核的新版本。

2）加载 DRBD 模块，查看 DRBD 模块是否加载到内核中（分别在 node1、node2 机器上执行以下命令，这里以 node1 为例演示），命令如下：

```
[root@node1 ~ ]# modprobe drbd
[root@node1 ~ ]# lsmod | grep drbd
```

结果显示如下：

```
drbd                    397041  0
libcrc32c                12644  4 xfs,drbd,ip_vs,nf_conntrack
[root@node1 ~ ]# systemctl enable drbd
Created symlink from /etc/systemd/system/multi-user.target.wants/drbd.service to
    /usr/lib/systemd/system/drbd.service.
```

node2 的操作与 node1 类似，这里不再重复。

3）查看主要的配置文件（node1 和 node2 上面都需要配置）。

```
/etc/drbd.conf # 主配置文件
/etc/drbd.d/global_common.conf # 全局配置文件
/etc/drbd.d/mysql.res # 自定义的资源配置文件
```

drbd.conf 的配置文件就采用默认的配置，global_common.conf 的配置文件内容如下：

```
global {
    usage-count no;
}
common {
    net {
        protocol C;
```

```
    }
}
```

mysql.res 的配置文件如下：

```
resource mysql{
    device /dev/drbd0;
    disk /dev/vdb;
    meta-disk internal;
    on node1 {
        address 172.16.0.8:7789;
    }
    on node2 {
        address 172.16.0.2:7789;
    }
}
```

node1 和 node2 上面的配置文件是一模一样的。

可以对 DRBD 做些简单的优化工作，比如配置其同步速率是整个项目带宽的 30% 左右，这样避免在业务高峰期间同步数据时把整个项目的入口带宽占满，导致用户的访问缓慢。这可以根据实际情况来部署。

4）配置 DRBD 资源。

在 node1 和 node2 上面创建 DRBD 设备并激活 r0 资源，命令如下：

```
mknod /dev/drbd0 b 147 0
drbdadm create-md mysql
```

如果遇到类似如下的报错信息，可用 dd 命令来破坏数据：

```
open(/dev/vdb) failed: Device or resource busy

Exclusive open failed. Do it anyways?
[need to type 'yes' to confirm] yes

open(/dev/vdb) failed: Device or resource busy

Exclusive open failed. Do it anyways?
[need to type 'yes' to confirm] yes

md_offset 107374178304
al_offset 107374145536
bm_offset 107370868736

Found xfs filesystem
    104857600 kB data area apparently used
    104854364 kB left usable by current configuration

Device size would be truncated, which
would corrupt data and result in
```

```
'access beyond end of device' errors.
You need to either
    * use external meta data (recommended)
    * shrink that filesystem first
    * zero out the device (destroy the filesystem)
Operation refused.

Command 'drbdmeta 0 v08 /dev/vdb internal create-md' terminated with exit code 40
```

这里用 dd 命令来破坏数据：

```
dd if=/dev/zero of=/dev/vdb bs=1M count=100
```

然后再执行上面的命令，如果看到下面的字样则表示已成功：

```
You want me to create a v08 style flexible-size internal meta data block.
There appears to be a v08 flexible-size internal meta data block
already in place on /dev/vdb at byte offset 107374178304

Do you really want to overwrite the existing meta-data?
[need to type 'yes' to confirm] yes

initializing activity log
initializing bitmap (3200 KB) to all zero
Writing meta data...
New drbd meta data block successfully created.
```

5）在 node1 和 node2 上面启动服务，命令如下：

```
systemctl start drbd
```

用如下命令查看其状态：

```
cat /proc/drbd
```

命令结果如下：

```
version: 8.4.11-1 (api:1/proto:86-101)
GIT-hash: 66145a308421e9c124ec391a7848ac20203bb03c build by mockbuild@, 2018-11-
    03 01:26:55
    0: cs:Connected ro:Secondary/Secondary ds:Diskless/Diskless C r-----
        ns:0 nr:0 dw:0 dr:0 al:0 bm:0 lo:0 pe:0 ua:0 ap:0 ep:1 wo:b oos:0
```

这里的 ro:Secondary/Secondary 表示两台主机的状态都是备机状态，ds 是磁盘状态，显示的状态内容为"Diskless/Diskless"，这是因为 DRBD 无法判断哪一方为主机，应以哪一方的磁盘数据作为标准。

DRBD 的磁盘状态如下。

❑ Diskless 无盘：表示本地没有块设备分配给 DRBD 使用，即没有可用的设备，或是使用 drbdadm 命令手动分离了磁盘，或是底层的 I/O 错误导致磁盘自动分离。

❑ Attaching：读取无数据时的瞬间状态。

❑ Failed 失败：本地块设备报告 I/O 错误的下一个状态，其下一个状态为 Diskless 无盘。

❑ Negotiating：在已经连接的 DRBD 设置上进行 Attach，读取无数据前的瞬间状态。

❑ Inconsistent：数据是不一致的，在两个节点上（初始的完全同步前）出现这种状态，会立即创建一个新的资源。此外，同步期间（同步目标）会在一个节点上出现这种状态。

❑ Outdated：数据资源是一致的，但是已经过时。

❑ DUnknown：当对等节点网络连接不可用时出现这种状态。

❑ Consistent：一个没有连接的节点数据一致，建立连接时，它决定数据是 UpToDate 还是 Outdated。

❑ UpToDate：一致的最新数据状态，这个状态为正常状态。

下面将 node1 配置为主节点，这里只配置 node1，node2 不需要执行相关操作：

```
drbdadm -- --force primary mysql
```

观察其状态，显示数据正在同步中：

```
version: 8.4.11-1 (api:1/proto:86-101)
GIT-hash: 66145a308421e9c124ec391a7848ac20203bb03c build by mockbuild@, 2018-11-
    03 01:26:55
    0: cs:SyncSource ro:Primary/Secondary ds:UpToDate/Inconsistent C r-----
        ns:10268436 nr:0 dw:0 dr:10270540 al:8 bm:0 lo:0 pe:0 ua:0 ap:0 ep:1
            wo:f oos:94585928
        [>...................] sync'ed:  4.5% (92368/96664)M
        finish: 0:37:08 speed: 42,424 (31,208) K/sec
```

需要等待一段时间才能完全同步数据，以下是最终效果：

```
version: 8.4.11-1 (api:1/proto:86-101)
GIT-hash: 66145a308421e9c124ec391a7848ac20203bb03c build by mockbuild@, 2018-11-
    03 01:26:55
    0: cs:Connected ro:Primary/Secondary ds:UpToDate/UpToDate C r-----
ns:104854364 nr:0 dw:0 dr:104856468 al:8 bm:0 lo:0 pe:0 ua:0 ap:0 ep:1 wo:f
    oos:0
```

在 node1 上挂载 DRBD（注意，只有 node1 需要进行此操作）。

```
mkfs.xfs /dev/drbd0
mkidr /drbd && mout /devdrbd0 /drbd
```

查看其状态，结果如下：

```
version: 8.4.11-1 (api:1/proto:86-101)
GIT-hash: 66145a308421e9c124ec391a7848ac20203bb03c build by mockbuild@, 2018-11-
    03 01:26:55
```

```
0: cs:Connected ro:Primary/Secondary ds:UpToDate/UpToDate C r-----
    ns:104905910 nr:0 dw:51546 dr:104858573 al:26 bm:0 lo:0 pe:0 ua:0 ap:0 ep:1
        wo:f oos:0
```

 注意 Secondary 节点上不允许对 DRBD 设备进行任何操作，包括挂载；所有的读写操作只能在 Primary 节点上进行，只有当 Primary 节点挂掉时，Secondary 节点才能提升为 Primary 节点，并自动挂载 DRBD 继续工作。

4. 在 node1 和 node2 节点分别安装 MySQL 服务

在 node1 和 node2 这两个节点上安装 MySQL 5.7 的具体步骤与 7.1 节的介绍一致，请参考该节内容。

其中很关键的一步是 mysqld 是不需要自启动的，它可以依靠 Heartbeat 来启动（即只安装，不启动 MySQL），命令如下：

```
systemcto stop mysqld
systemctl disable mysqld
```

这要在 node1 和 node2 上分别进行操作。修改 /etc/my.cnf 文件并修改 data 目录，命令如下：

```
datadir=/drbd/mysql
```

5. Heartbeat 的安装

Heartbeat 的高级版本跟以前的版本不一样，它分成了 3 个子项目，这里建议用源码方式安装。以下是操作方式（node1 和 node2 节点的机器都需要操作）。

安装基础环境的命令如下：

```
yum install -y bzip2 autoconf automake libtool glib2-devel libxml2-devel bzip2-
    devel libtool-ltdl-devel asciidoc libuuid-devel psmisc
```

安装 glue 的命令如下：

```
wget http://hg.linux-ha.org/glue/archive/0a7add1d9996.tar.bz2
tar jxvf 0a7add1d9996.tar.bz2
cd Reusable-Cluster-Components-glue--0a7add1d9996/
groupadd haclient
useradd -g haclient hacluster
./autogen.sh
./configure --prefix=/usr/local/heartbeat/
make
make install
```

安装 Resource Agents 的命令如下：

```
wget https://github.com/ClusterLabs/resource-agents/archive/v3.9.6.tar.gz
```

```
tar zxvf v3.9.6.tar.gz
cd resource-agents-3.9.6/
./autogen.sh
export CFLAGS="$CFLAGS -I/usr/local/heartbeat/include -L/usr/local/heartbeat/
    lib"
./configure --prefix=/usr/local/heartbeat/
cat > /etc/ld.so.conf.d/heartbeat.conf <<EOF
/usr/local/heartbeat/lib
EOF
ldconfig
make
make install
```

安装 Heartbeat 3.0 时，要先下载 Heartbeat 3.0 的源码程序，示例如下：

```
wget http://hg.linux-ha.org/heartbeat-STABLE_3_0/archive/958e11be8686.tar.bz2
tar jxvf 958e11be8686.tar.bz2
cd Heartbeat-3-0-958e11be8686
./bootstrap
export CFLAGS="$CFLAGS -I/usr/local/heartbeat/include -L/usr/local/heartbeat/
    lib"
./configure --prefix=/usr/local/heartbeat/
修改 /usr/local/heartbeat/include/heartbeat/glue_config.h
/*define HA_HBCONF_DIR "/usr/local/heartbeat/etc/ha.d/"*/    （注意这行用 /**/ 注释掉）
make
make install
```

然后复制配置文件：

```
cp /usr/local/heartbeat/share/doc/heartbeat/ha.cf  /usr/local/heartbeat/etc/ha.d
cp /usr/local/heartbeat/share/doc/heartbeat/authkeys /usr/local/heartbeat/etc/
    ha.d
cp /usr/local/heartbeat/share/doc/heartbeat/haresources /usr/local/heartbeat/
    etc/ha.d
```

再修改 Heartbeat 相关配置文件（这里以 node1 为例进行说明，node2 可以参考 node1）。
ha.cf 文件的内容如下：

```
debugfile /var/log/ha-debug
logfile /var/log/ha-log
keepalive 2
warntime 10
deadtime 30
initdead 60
udpport 1112
bcast eth0
# 心跳线配置，实际部署记得用两条或两条以上心跳线，防止脑裂问题发生，这里是单播，填的是对方机器的 IP
ucast eth0 172.16.0.2
#baud 19200
auto_failback off
node node1
```

```
node node2
# 增加仲裁机制，这里是对同网段的机器或网关执行 ping 命令，如果 ping 不通就自己放弃抢 HAVIP，实际
    部署时记得一定要加上
ping 172.16.0.75
respawn hacluster /usr/local/heartbeat/libexec/heartbeat/ipfail
```

authkeys 文件的内容如下：

```
auth 1
1 crc
```

给验证文件 authkeys 分配 600 的权限，命令如下：

```
chmod 600 /usr/local/heartbeat/etc/ha.d/authkeys
```

haresources 的文件内容如下（node2 的配置与 node1 一样）：

```
node1 IPaddr::172.16.0.9/20/eth0 drbddisk::mysql Filesystem::/dev/drbd0::/drbd
    mysqld
```

主机名是自己的，IP 地址是双机热备虚拟 IP 地址。

> 📷**注意** 在该文件内，IPaddr、Filesystem 等脚本存放路径在 /usr/local/heartbeat/etc/ha.d/resource.d/ 下，也可在该目录下存放服务启动脚本（例如：mysqld，内容为启动服务的脚本 systemctl start mysqld），将相同脚本名称添加到 /usr/local/heartbeat/etc/ha.d/haresources 中，跟随 Heartbeat 启动。

下面介绍 haresources 文件的明细内容。

❑ IPaddr::172.16.0.9/20/eth0：用 IPaddr 脚本配置对外服务的浮动虚拟 IP。

❑ drbddisk::r0：用 drbddisk 脚本实现 DRBD 主从节点资源组的挂载和卸载。

❑ Filesystem::/dev/drbd0::/drbd：用 Filesystem 脚本实现磁盘的挂载和卸载。

我们用 cat 命令查看 /usr/local/heartbeat/etc/ha.d/resource.d/drbddisk，文件内容如下：

```
#!/bin/bash
#
# This script is inteded to be used as resource script by heartbeat
#
# Copright 2003-2008 LINBIT Information Technologies
# Philipp Reisner, Lars Ellenberg
#
###

DEFAULTFILE="/etc/default/drbd"
DRBDADM="/sbin/drbdadm"

if [ -f $DEFAULTFILE ]; then
    . $DEFAULTFILE
```

```
fi

if [ "$#" -eq 2 ]; then
    RES="$1"
    CMD="$2"
else
    RES="all"
    CMD="$1"
fi

## EXIT CODES
# since this is a "legacy heartbeat R1 resource agent" script,
# exit codes actually do not matter that much as long as we conform to
#   http://wiki.linux-ha.org/HeartbeatResourceAgent
# but it does not hurt to conform to lsb init-script exit codes,
# where we can.
#   http://refspecs.linux-foundation.org/LSB_3.1.0/
#LSB-Core-generic/LSB-Core-generic/iniscrptact.html
####

drbd_set_role_from_proc_drbd()
{
local out
if ! test -e /proc/drbd; then
ROLE="Unconfigured"
return
fi

dev=$( $DRBDADM sh-dev $RES )
minor=${dev#/dev/drbd}
if [[ $minor = *[!0-9]* ]] ; then
# sh-minor is only supported since drbd 8.3.1
minor=$( $DRBDADM sh-minor $RES )
fi
if [[ -z $minor ]] || [[ $minor = *[!0-9]* ]] ; then
ROLE=Unknown
return
fi

if out=$(sed -ne "/^ *$minor: cs:/ { s/:/ /g; p; q; }" /proc/drbd); then
set -- $out
ROLE=${5%/**}
: ${ROLE:=Unconfigured} # if it does not show up
else
ROLE=Unknown
fi
}

case "$CMD" in
        start)
# try several times, in case heartbeat deadtime
```

```
# was smaller than drbd ping time
try=6
while true; do
$DRBDADM primary $RES && break
let "--try" || exit 1 # LSB generic error
sleep 1
done
;;
    stop)
# heartbeat (haresources mode) will retry failed stop
# for a number of times in addition to this internal retry.
try=3
while true; do
$DRBDADM secondary $RES && break
# We used to lie here, and pretend success for anything != 11,
# to avoid the reboot on failed stop recovery for "simple
# config errors" and such. But that is incorrect.
# Don't lie to your cluster manager.
# And don't do config errors...
let --try || exit 1 # LSB generic error
sleep 1
done
;;
        status)
if [ "$RES" = "all" ]; then
        echo "A resource name is required for status inquiries."
        exit 10
fi
ST=$( $DRBDADM role $RES )
ROLE=${ST%/**}
case $ROLE in
Primary|Secondary|Unconfigured)
# expected
;;
*)
# unexpected. whatever...
# If we are unsure about the state of a resource, we need to
# report it as possibly running, so heartbeat can, after failed
# stop, do a recovery by reboot.
# drbdsetup may fail for obscure reasons, e.g. if /var/lock/ is
# suddenly readonly.  So we retry by parsing /proc/drbd.
drbd_set_role_from_proc_drbd
esac
case $ROLE in
Primary)
echo "running (Primary)"
exit 0 # LSB status "service is OK"
;;
Secondary|Unconfigured)
echo "stopped ($ROLE)"
exit 3 # LSB status "service is not running"
```

```
;;
*)
# NOTE the "running" in below message.
# this is a "heartbeat" resource script,
# the exit code is _ignored_.
echo "cannot determine status, may be running ($ROLE)"
exit 4 #  LSB status "service status is unknown"
;;
esac
;;
        *)
echo "Usage: drbddisk [resource] {start|stop|status}"
exit 1
;;
esac

exit 0
```

顺便也添加一下 mysqld 脚本，命令如下：

```
systemctl start mysqld
```

另外，记得给这些脚本执行权限，即用快捷键 chmod +x 来执行。

记得用 scp 命令将 node1 上的相关脚本及配置传到 node2，这里略过。

试着先启动 node1 的 Heartbeat，再启动 node2 的 Heartbeat，命令如下：

```
systemctl start heartbeat
systemctl enable heartbeat
```

一启动 Heartbeat 就报错了：

```
Mar 12 11:32:26 node1 heartbeat: [5720]: WARN: heartbeat: udp port 1112 reserved
    for service "icp".
Mar 12 11:32:26 node1 heartbeat: [5720]: ERROR: Illegal directive [bcast] in /
    usr/local/heartbeat/etc/ha.d/ha.cf
Mar 12 11:32:26 node1 heartbeat: [5720]: ERROR: Illegal directive [ucast] in /
    usr/local/heartbeat/etc/ha.d/ha.cf
Mar 12 11:32:26 node1 heartbeat: [5720]: ERROR: Illegal directive [ping] in /
    usr/local/heartbeat/etc/ha.d/ha.cf
Mar 12 11:32:26 node1 heartbeat: [5720]: ERROR: Heartbeat not started:
    configuration error.
Mar 12 11:32:26 node1 heartbeat: [5720]: ERROR: Configuration error, heartbeat
    not started.
```

执行下面的命令来修复：

```
ln -svf /usr/local/heartbeat/lib64/heartbeat/plugins/RAExec/* /usr/local/
    heartbeat/lib/heartbeat/plugins/RAExec/
ln -svf /usr/local/heartbeat/lib64/heartbeat/plugins/* /usr/local/heartbeat/lib/
    heartbeat/plugins/
```

其余的工作就是进行简单的测试了，比如，重启 node1 或 halt node1 的时候，看 VIP

能不能自动切换，下面是正常切换时的日志：

```
[root@node1 ha.d]# tail -f /var/log/ha-log
Mar 12 14:46:21 node1 heartbeat: [22243]: info: Starting child client "/usr/
    local/heartbeat/libexec/heartbeat/ipfail" (1000,1000)
Mar 12 14:46:21 node1 heartbeat: [22256]: info: Starting "/usr/local/heartbeat/
    libexec/heartbeat/ipfail" as uid 1000  gid 1000 (pid 22256)
Mar 12 14:46:22 node1 heartbeat: [22243]: info: Status update for node node2:
    status active
Mar 12 14:46:22 node1 heartbeat: [22243]: info: remote resource transition
    completed.
Mar 12 14:46:22 node1 heartbeat: [22243]: info: remote resource transition
    completed.
Mar 12 14:46:22 node1 heartbeat: [22243]: info: Local Resource acquisition
    completed. (none)
Mar 12 14:46:22 node1 heartbeat: [22243]: info: Initial resource acquisition
    complete (T_RESOURCES(them))
harc(default)[22312]:    2019/03/12_14:46:22 info: Running /usr/local/heartbeat/
    etc/ha.d/rc.d/status status
Mar 12 14:46:24 node1 ipfail: [22256]: info: Status update: Node node2 now has
    status active
Mar 12 14:46:25 node1 ipfail: [22256]: info: Ping node count is balanced.
Mar 12 14:54:19 node1 heartbeat: [22243]: info: Received shutdown notice from
    'node2'.
Mar 12 14:54:19 node1 heartbeat: [22243]: info: Resources being acquired from
    node2.
Mar 12 14:54:19 node1 heartbeat: [1754]: info: acquire all HA resources (standby).
ResourceManager(default)[1781]:    2019/03/12_14:54:19 info: Acquiring resource
    group: node1 IPaddr::172.16.0.9/20/eth0 drbddisk::mysql Filesystem::/dev/
    drbd0::/drbd mysqld
/usr/lib/ocf/resource.d//heartbeat/IPaddr(IPaddr_172.16.0.9)[1830]:
    2019/03/12_14:54:19 INFO:  Resource is stopped
/usr/lib/ocf/resource.d//heartbeat/IPaddr(IPaddr_172.16.0.9)[1831]:
    2019/03/12_14:54:19 INFO:  Resource is stopped
Mar 12 14:54:19 node1 heartbeat: [1755]: info: Local Resource acquisition
    completed.
ResourceManager(default)[1781]:    2019/03/12_14:54:19 info: Running /usr/local/
    heartbeat/etc/ha.d/resource.d/IPaddr 172.16.0.9/20/eth0 start
IPaddr(IPaddr_172.16.0.9)[1967]: 2019/03/12_14:54:19 INFO: Using calculated
    netmask for 172.16.0.9: 255.255.240.0
IPaddr(IPaddr_172.16.0.9)[1967]: 2019/03/12_14:54:19 INFO: eval ifconfig eth0:0
    172.16.0.9 netmask 255.255.240.0 broadcast 172.16.15.255
/usr/lib/ocf/resource.d//heartbeat/IPaddr(IPaddr_172.16.0.9)[1941]:
    2019/03/12_14:54:19 INFO:  Success
ResourceManager(default)[1781]:    2019/03/12_14:54:19 info: Running /usr/local/
    heartbeat/etc/ha.d/resource.d/drbddisk mysql start
/usr/lib/ocf/resource.d//heartbeat/Filesystem(Filesystem_/dev/drbd0)[2113]:
    2019/03/12_14:54:19 INFO:  Resource is stopped
ResourceManager(default)[1781]:    2019/03/12_14:54:19 info: Running /usr/local/
    heartbeat/etc/ha.d/resource.d/Filesystem /dev/drbd0 /drbd start
```

```
Filesystem(Filesystem_/dev/drbd0)[2198]: 2019/03/12_14:54:19 INFO: Running start
    for /dev/drbd0 on /drbd
Filesystem(Filesystem_/dev/drbd0)[2198]: 2019/03/12_14:54:19 INFO: Starting
    filesystem check on /dev/drbd0
/usr/lib/ocf/resource.d//heartbeat/Filesystem(Filesystem_/dev/drbd0)[2190]
    2019/03/12_14:54:19 INFO:  Success
ResourceManager(default)[1781]:  2019/03/12_14:54:19 info: Running /usr/local/
    heartbeat/etc/ha.d/resource.d/mysqld  start
Mar 12 14:54:20 node1 heartbeat: [1754]: info: all HA resource acquisition
    completed (standby).
Mar 12 14:54:20 node1 heartbeat: [22243]: info: Standby resource acquisition
    done [all].
harc(default)[2350]:      2019/03/12_14:54:20 info: Running /usr/local/heartbeat/
    etc/ha.d/rc.d/status status
mach_down(default)[2366]: 2019/03/12_14:54:20 info: /usr/local/heartbeat/share/
    heartbeat/mach_down: nice_failback: foreign resources acquired
mach_down(default)[2366]: 2019/03/12_14:54:20 info: mach_down takeover complete
    for node node2.
Mar 12 14:54:20 node1 heartbeat: [22243]: info: mach_down takeover complete.
harc(default)[2400]:      2019/03/12_14:54:20 info: Running /usr/local/heartbeat/
    etc/ha.d/rc.d/ip-request-resp ip-request-resp
ip-request-resp(default)[2400]:  2019/03/12_14:54:20 received ip-request-resp
    IPaddr::172.16.0.9/20/eth0 OK yes
ResourceManager(default)[2421]:  2019/03/12_14:54:20 info: Acquiring resource
    group: node1 IPaddr::172.16.0.9/20/eth0 drbddisk::mysql Filesystem::/dev/
    drbd0::/drbd mysqld
/usr/lib/ocf/resource.d//heartbeat/IPaddr(IPaddr_172.16.0.9)[2449]:
    2019/03/12_14:54:20 INFO:  Running OK
/usr/lib/ocf/resource.d//heartbeat/Filesystem(Filesystem_/dev/drbd0)[2525]:
    2019/03/12_14:54:20 INFO:  Running OK
ResourceManager(default)[2421]:  2019/03/12_14:54:20 info: Running /usr/local/
    heartbeat/etc/ha.d/resource.d/mysqld  start
Mar 12 14:54:50 node1 heartbeat: [22243]: WARN: node node2: is dead
Mar 12 14:54:50 node1 heartbeat: [22243]: info: Dead node node2 gave up
    resources.
Mar 12 14:54:50 node1 heartbeat: [22243]: info: Link node2:eth0 dead.
Mar 12 14:54:50 node1 ipfail: [22256]: info: Status update: Node node2 now has
    status dead
Mar 12 14:54:51 node1 ipfail: [22256]: info: NS: We are still alive!
Mar 12 14:54:51 node1 ipfail: [22256]: info: Link Status update: Link node2/eth0
    now has status dead
Mar 12 14:54:51 node1 ipfail: [22256]: info: Asking other side for ping node
    count.
Mar 12 14:54:51 node1 ipfail: [22256]: info: Checking remote count of ping
    nodes.
```

6. 对 MySQL DRBD 的测试

先将 MySQL 进行简单的处理，方便后面的测试工作（全部操作都在 node1 上进行）。这里要做的是修改 MySQL 的密码，具体步骤在 7.1 节已介绍，这里不再赘述，将密码设置为 123456 的命令如下：

```
mysql> ALTER USER 'root'@'localhost' IDENTIFIED BY '123456';
mysql> GRANT ALL PRIVILEGES ON *.* TO 'root'@'172.16.0.%' IDENTIFIED BY '123456';
mysql> flush privileges;
```

测试的流程就是不停地重启 node1 和 node2，然后观察 HAVIP 的切换情况，看数据是否完整等。

我们在 node1 和 node2 这两台机器上分别执行 Crontab 计划任务，每小时的某一时刻重启机器，记得要将两台机器重启的时间错开：

```
node1:
05 */1 * * * root reboot
node2:
41 */1 * * * root reboot
```

然后在另外的测试机器上执行下面的操作：

```python
import MySQLdb
import time
# -*- coding: UTF-8 -*-
'''
此脚本主要用于查看交叉测试 DRBD 的持续性效果，不重启任何一台机器，只关注最后的插入结果
腾讯云的机器 CPU 较慢，之前测试过 10 万条数据，导致整个测试过程很慢，这里配置成 50000
'''

num = 50000

hostvip='172.16.0.9'
user='root'
passwd='123456'
db='test'
port = 3306


start_time = time.time()

conn = MySQLdb.connect(hostvip, user, passwd, db, port)
cur = conn.cursor()
cur.execute("DROP TABLE IF EXISTS test.number")

sql = """CREATE TABLE test.number (
            id INT NOT NULL,
            num INT,
            PRIMARY KEY(id))"""
cur.execute(sql)
conn.commit()


def reConndb():
```

```
        _conn_status = True
        _max_retries_count = 30          # 设置最大重试次数
        _conn_retries_count = 0          # 初始重试次数
        _conn_timeout = 3          # 连接超时时间为 3 秒
        while _conn_status and _conn_retries_count <= _max_retries_count:
                try:
                        conn = MySQLdb.connect(hostvip,user, passwd,db,connect_
                            timeout=_conn_timeout)
                        _conn_status = False  # 如果连接成功则 _status 为 False, 退出循环,
                            返回 db 连接对象
                        return conn
                except:
                        _conn_retries_count += 1
                        print _conn_retries_count
                        print 'connect db is error!!'
                        time.sleep(1)                # 此为测试看效果
                        continue


for x in xrange(num): # 这时再插入自定义的数据
    print x
    sql = "INSERT INTO number VALUES(%s,%s)" % (x, x)
    conn = reConndb()
    curl = conn.cursor()
    try:
        curl.execute(sql)
        conn.commit()
    except:
        conn = reConndb()
        curl = conn.cursor()
        curl.execute(sql)
        conn.commit()


# 打印最后的插入条数
sql = "select count(*) from number;"
#conn = MySQLdb.connect(hostvip,user, passwd,db,port)
conn = reConndb()
curl = conn.cursor()
curl.execute(sql)
data = curl.fetchone()
f = open("/tmp/mysql_drbd_new.txt","a")
print >> f, '最后插入的数据条数为 %d:' % data
conn.close()

end_time = time.time()
print >> f,'用时: ', end_time - start_time
```

此脚本笔者在虚拟机及腾讯云平台上测试过多次，考虑了延时及 retry 机制，大家可以
用于测试 DRBD 的数据完整性。

7.7.3 MySQL SysBench 的基准测试

这里主要针对 DRBD（xfs 格式）与单磁盘进行基准测试对比，分别开启 16、32、64、128 个线程来进行压测对比，如表 7-5 所示。

表 7-5 DRBD 与单磁盘的基准测试对比

DRBD（xfs）／单块磁盘	16		32		64		128	
QPS	6 384.17	5 773.5	6 168.66	7 142.27	7 519.1	8 856	7 637.51	9 057.24
TPS	319.21	288.67	308.43	357.11	375.95	442.79	381.86	452.82
95th percentile	104.84	134.9	272.27	240.02	411.96	350.33	707.07	612.2

通过表 7-5 分析可知，DRBD 性能损耗大约在 15% 左右，这个值是在接受范围之内的。DRBD 的早期版本性能损耗较严重，新版本在性能方面确实给我们带来了惊喜。如果大家在私有云环境下有部署 MySQL 高可用的需求，DRBD+Heartbeat 高可用方案确实是个不错的选择。

7.8 利用 mysql-utilities 工具自动切换主从复制

MySQL Utilities（mysql-utilities）是官方提供的 MySQL 管理工具，功能很全，主要有五个层面的工具：数据库层面（复制、比较、差异、导出、导入）、审核日志层面、服务器层面（实例克隆、实例信息）、系统层面（磁盘使用情况、冗余索引、搜索元数据、进程）、高可用性层面（主从复制、故障转移、主从同步）。此工具让我们在 MySQL 数据库的管理上如虎添翼。其源码地址为 https://github.com/mysql/mysql-utilities。

7.8.1 基于 GTID 的主从复制

传统的主从复制为：binlog + position，具体可以参考前面的内容。开启基于 GTID 的主从复制后，就不能使用传统的复制方式了。

基于 GTID 主从复制有哪些好处呢？归纳如下：

❏ 根据 GTID 可以知道事务最初是在哪个实例上提交的。

❏ GTID 的存在方便了 Replication 的 Failover。

这里针对第二点进行详细说明，在 GTID 出现以前（MySQL 5.6 以前的版本），Replication failover 的操作过程如图 7-5 所示。

假如 Server A 的服务器宕机，需要将业务切换到 Server B 上。同时，又需要将 Server C 的复制源改成 Server B，那么修改复制源的命令如下，语法很简单：

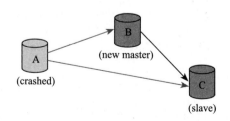

图 7-5 MySQL 主从复制 Failover 的工作流程

```
CHANGE MASTER TO MASTER_HOST="xxx", MASTER_LOG_FILE="xxx", MASTER_LOG_POS=nnnn
```

由于同一个事务在每台机器上的 binlog 名字和位置都不一样，因此怎么找到 Server C 当前的同步停止点，以及 Server B 的 master_log_file 和 master_log_pos 的具体数值就成为了难题。这也就是 M-S 复制集群需要使用 MMM/MHA 这种额外管理工具的一个重要原因。这个问题在 MySQL 5.6 的 GTID 出现后就简单了。由于同一事务的 GTID 在所有节点上的值一致，因此根据 Server C 当前停止点的 GTID 就能唯一定位 Server B 的 GTID。基于 MASTER_AUTO_POSITION 功能的出现，我们甚至都不需要知道 GTID 的具体值，就可以直接使用 CHANGE MASTER TO MASTER_HOST=xxx, MASTER_AUTO_POSITION 命令来完成 Failover 的工作。

从上面的分析可知，GTID 的存在，简化了主从 Replication 流程的复杂程度。

GTID 主从复制的工作原理如下：

1）当一个事务在主库端执行并提交时，产生 GTID 并一同记录到 binlog 日志中。

2）binlog 传输到 Slave 上，并在存储到 Slave 的 relaylog 后，读取这个 GTID 的值，设置 gtid_next 变量，即告诉 Slave 下一个要执行的 GTID 值。

3）SQL 线程从 relaylog 中获取 GTID，然后对比 Slave 端的 binlog 是否有该 GTID。

4）如果有记录，说明该 GTID 的事务已经执行，Slave 会忽略。

5）如果没有记录，Slave 就会执行该 GTID 事务，并记录该 GTID 到自己的 binlog 上，在读取执行事务前会先检查其他 Session 是否持有该 GTID，确保不被重复执行。

6）在解析过程中会判断是否有主键，如果有就用二级索引，如果没有就用全部扫描。

这里主要是测试其高可用性，将三台 MySQL 机器配置成一主两从的关系。

1. mysql-utilities 成功部署前提条件

成功部署的前提条件如下。

❏ MySQL Server 5.6+

❏ 基于 GTID 的复制

❏ Python 2.6+

❏ Connector/Python 2.0+

笔者实际部署时的操作系统及软件版本如下。

❏ OS：CentOS 7.6

❏ MySQL：MySQL 5.7.29

❏ Python：2.7.5

❏ mysql-utilities：1.6.5

环境准备如表 7-6 所示。

表 7-6 mysql-utilities 机器的 IP 及用途分配

主机名	IP	节点作用
master	192.168.1.222	MySQL Master
slave1	192.168.1.223	MySQL Slave 一
slave2	192.168.1.224	MySQL Slave 二

为了简化操作，Master 机器上面也安装了 Ansible，以便批量操作，/etc/ansible/hosts 文件增加的内容如下：

```
192.168.1.222
192.168.1.223
192.168.1.224
[mysql]
192.168.1.223
192.168.1.224
```

如果机器资源充足，建议将 mysql-utilities 工具安装在另外的 Master 机器上，这里全部的 MySQL 节点机器都开启了 GTID（必要条件）。

2. mysql-utilities 的具体安装步骤

首先三台机器都要安装 MySQL 数据库，主要步骤在 7.1 节已经介绍，这里不再重复。可将安装步骤写成一个 Shell 脚本，然后通过 Ansible 批量自动操作，这样就不需要登录到每台机器进行操作了。

之后安装 mysql-utilities 工具。

 注意　尽量不要用 yum 来安装，mysql-utilities 1.6.5 版本的 mysql-utilites 和 mysql-connector-python 有兼容性问题。

这里采取源码方式安装 mysql-utilities，命令如下：

```
cd /usr/local/src
wget https://cdn.mysql.com/archives/mysql-utilities/mysql-utilities-1.6.5.tar.gz
tar xvf mysql-utilities-1.6.5.tar.gz
cd mysql-utilities-1.6.5
python setup.py build
python setup.py install
```

安装成功以后就有很多命令了，如图 7-6 所示。

图 7-6　安装 mysql-utilities 工具的命令

我们最关心的就是 mysql-utilities 高可用工具，具体如下。

❏ High Availability Operations：高可用。

❏ mysqlreplicate：主从复制工具。

❏ mysqlrpladmin：主从复制管理工具。

❏ mysqlrplcheck：主从复制检测工具。

❏ mysqlrplms：主从多元复制工具。

❏ mysqlrplshow：主从复制拓扑图工具。

❏ mysqlrplsync：主从复制同步工具。

❏ mysqlfailover：主从 Failover 工具。

❏ mysqlslavetrx：从库事务跳过工具。

查看 mysql-utilities 的版本号，命令如下：

```
mysqlreplicate --version
```

命令显示结果如下：

```
MySQL Utilities mysqlreplicate version 1.6.5
License type: GPLv2
```

GTID 主从复制中比较重要的部分就是 /etc/my.cnf，my.cnf 的配置内容如下：

```
[mysqld]
validate_password=off
# 每台主机的 server-id 要不同，不然后面会导致主从复制失败
server-id=1
# gtids setting
log-bin = /var/lib/mysql/mysql-bin
binlog-format = ROW
log-slave-updates = true
# 强制开启 GTID 模式
gtid-mode = on
enforce-gtid-consistency = true
# report 信息需要填入，不然 mysqlrplshow/mysqlfailover 等都不能正确识别主机地址
report-host = 192.168.1.222
report-port = 3306
master-info-repository = TABLE
relay-log-info-repository=TABLE
```

三台 MySQL 主机都要根据实际情况更改，保证每台机器的 server-id 不一样，记得要重启 MySQL 进程，命令如下：

```
systemctl restart mysqld
```

登录到各自的 MySQL 界面，重新分配账号权限，记得在每台机器上面都执行以下操作：

```
mysql>grant replication slave on *.* to 'rpl'@'%' identified by 'rpl';
mysql>grant all on *.* to root@'%' identified by '123456' with grant option;
mysql>flush privileges;
```

下面就可以利用 mysqlreplicate 命令来建立主从复制关系了。需要注意的是，mysqlre-plicate 每次只能有一主一从（不支持列表的方式）。

在 Master 机器上面执行如下操作，这里要输入两次：

```
mysqlreplicate --master=root:123456@'192.168.1.222':3306 --slave=ro
    ot:123456@'192.168.1.223':3306  --rpl-user=rpl:rpl
```

命令显示结果如下：

```
WARNING: Using a password on the command line interface can be insecure.
# master on 172.31.22.185: ... connected.
# slave on 172.31.31.229: ... connected.
# Checking for binary logging on master...
# Setting up replication...
# ...done.
```

接着执行第二次主从复制，步骤如下：

```
mysqlreplicate --master=root:123456@'192.168.1.222':3306 --slave=ro
    ot:123456@'192.168.1.224':3306  --rpl-user=rpl:rpl
```

命令显示结果如下：

```
WARNING: Using a password on the command line interface can be insecure.
# master on 172.31.22.185: ... connected.
# slave on 172.31.22.70: ... connected.
# Checking for binary logging on master...
# Setting up replication...
# ...done.
```

两次结果最终都显示 done，这表示主从复制是成功的。

下面用 mysqlrplshow 命令来显示主从拓扑：

```
mysqlrplshow --master=rpl:rpl@'192.168.1.222':3306 --discover-slaves-
    login=root:123456
```

命令显示结果如下：

```
WARNING: Using a password on the command line interface can be insecure.
# master on 192.168.1.222: ... connected.
# Finding slaves for master: 192.168.1.222:3306

# Replication Topology Graph
192.168.1.222:3306 (MASTER)
    |
    +--- 192.168.1.223:3306 - (SLAVE)
    |
    +--- 192.168.1.224:3306 - (SLAVE)
```
```

下面来验证主从复制的数据完整性，这个操作比较方便，在 Master 机器新建一个测试数据库，命令如下：

```
create database testdb;
```

在两台 Slave 机器上分别执行 show databases 命令就可以看到新增的 testdb 数据库了。

3. 测试自动 Failover 的功能

MySQL 一主两从搭建成功以后，再来测试自动 Failover 的功能，命令如下：
```

```
mysqlfailover --master=root:123456@192.168.1.222:3306 --slaves=root:123456@192.
    168.1.223:3306,root:123456@192.168.1.224:3306 --log=/tmp/mysqlfailover-aws.
    txt --rpl-user=rpl:rpl
```

此命令会开启 Failover check 的终端，结果如下：

```
MySQL Replication Failover Utility
Failover Mode = auto      Next Interval = Sat Feb 15 11:13:44 2020

Master Information
------------------
Binary Log File   Position  Binlog_Do_DB  Binlog_Ignore_DB
mysql-bin.000001  1403

GTID Executed Set
47e00ed5-4fe0-11ea-a10d-080027f3fece:1-5

Replication Health Status
```

host	port	role	state	gtid_mode	health
192.168.1.222	3306	MASTER	UP	ON	OK
192.168.1.223	3306	SLAVE	UP	ON	OK
192.168.1.224	3306	SLAVE	UP	ON	OK

```
Q-quit R-refresh H-health G-GTID Lists U-UUIDs L-log entries
```

另外开一个终端，模拟 mysqld 服务关闭，命令如下：

```
mysqladmin  -uroot -p123456 shutdown
```

继续监视此界面，界面显示结果如下：

```
Failover starting in 'auto' mode...
# Candidate slave 192.168.1.223:3306 will become the new master.
# Checking slaves status (before failover).
# Preparing candidate for failover.
# Creating replication user if it does not exist.
# Stopping slaves.
# Performing STOP on all slaves.
# Switching slaves to new master.
# Disconnecting new master as slave.
# Starting slaves.
# Performing START on all slaves.
# Checking slaves for errors.
# Failover complete.
# Discovering slaves for master at
192.168.1.223:3306
Failover console will restart in 5 seconds.

MySQL Replication Failover Utility
```

```
Failover Mode = auto      Next Interval = Sat Feb 15 11:21:17 2020

Master Information
------------------
Binary Log File   Position  Binlog_Do_DB  Binlog_Ignore_DB
mysql-bin.000001  1403

GTID Executed Set
47e00ed5-4fe0-11ea-a10d-080027f3fece:1-5

Replication Health Status
+----------------+-------+---------+--------+------------+---------+
| host           | port  | role    | state  | gtid_mode  | health  |
+----------------+-------+---------+--------+------------+---------+
| 192.168.1.223  | 3306  | MASTER  | UP     | ON         | OK      |
| 192.168.1.224  | 3306  | SLAVE   | UP     | ON         | OK      |
+----------------+-------+---------+--------+------------+---------+


Q-quit R-refresh H-health G-GTID Lists U-UUIDs L-log entries
```

我们关注的是报错日志，部分内容如下：

```
2020-02-15 11:13:30 AM INFO Master status: binlog: mysql-bin.000001,
    position:1403
2020-02-15 11:13:30 AM INFO Getting health for master: 192.168.1.222:3306.
2020-02-15 11:14:00 AM INFO Master status: binlog: mysql-bin.000001,
    position:1403
2020-02-15 11:14:01 AM INFO Getting health for master: 192.168.1.222:3306.
2020-02-15 11:14:21 AM INFO Master status: binlog: mysql-bin.000001,
    position:1403
2020-02-15 11:14:21 AM INFO Getting health for master: 192.168.1.222:3306.
2020-02-15 11:14:41 AM INFO Master status: binlog: mysql-bin.000001,
    position:1403
2020-02-15 11:14:41 AM INFO Getting health for master: 192.168.1.222:3306.
2020-02-15 11:15:07 AM INFO Master status: binlog: mysql-bin.000001,
    position:1403
2020-02-15 11:15:08 AM INFO Getting health for master: 192.168.1.222:3306.
2020-02-15 11:15:27 AM INFO Master status: binlog: mysql-bin.000001,
    position:1403
2020-02-15 11:15:27 AM INFO Getting health for master: 192.168.1.222:3306.
2020-02-15 11:15:45 AM INFO Master status: binlog: mysql-bin.000001,
    position:1403
2020-02-15 11:15:45 AM INFO Getting health for master: 192.168.1.222:3306.
2020-02-15 11:16:03 AM INFO Master status: binlog: mysql-bin.000001,
    position:1403
2020-02-15 11:16:03 AM INFO Getting health for master: 192.168.1.222:3306.
2020-02-15 11:16:21 AM INFO Master status: binlog: mysql-bin.000001,
    position:1403
2020-02-15 11:16:21 AM INFO Getting health for master: 192.168.1.222:3306.
2020-02-15 11:16:40 AM INFO Master status: binlog: mysql-bin.000001,
```

```
       position:1403
2020-02-15 11:16:40 AM INFO Getting health for master: 192.168.1.222:3306.
2020-02-15 11:16:58 AM INFO Master status: binlog: mysql-bin.000001,
       position:1403
2020-02-15 11:16:58 AM INFO Getting health for master: 192.168.1.222:3306.
2020-02-15 11:17:22 AM INFO Master may be down. Waiting for 3 seconds.
2020-02-15 11:17:37 AM INFO Failed to reconnect to the master after 3 attemps.
2020-02-15 11:17:37 AM CRITICAL Master is confirmed to be down or unreachable.
2020-02-15 11:17:37 AM INFO Failover starting in 'auto' mode...
2020-02-15 11:17:37 AM INFO Candidate slave 192.168.1.223:3306 will become the
       new master.
2020-02-15 11:17:37 AM INFO Checking slaves status (before failover).
2020-02-15 11:17:37 AM INFO Preparing candidate for failover.
2020-02-15 11:17:37 AM INFO Creating replication user if it does not exist.
2020-02-15 11:17:37 AM INFO Stopping slaves.
2020-02-15 11:17:37 AM INFO Performing STOP on all slaves.
2020-02-15 11:17:37 AM INFO Switching slaves to new master.
2020-02-15 11:17:37 AM INFO Disconnecting new master as slave.
2020-02-15 11:17:38 AM INFO Starting slaves.
2020-02-15 11:17:38 AM INFO Performing START on all slaves.
2020-02-15 11:17:38 AM INFO Checking slaves for errors.
2020-02-15 11:17:39 AM INFO Failover complete.
2020-02-15 11:17:44 AM INFO Unregistering existing instances from slaves.
2020-02-15 11:17:44 AM INFO Registering instance on master.
2020-02-15 11:17:44 AM INFO Getting health for master: 192.168.1.223:3306.
2020-02-15 11:17:44 AM INFO Master status: binlog: mysql-bin.000001,
       position:1403
2020-02-15 11:17:44 AM INFO Getting health for master: 192.168.1.223:3306.
2020-02-15 11:18:02 AM INFO Master status: binlog: mysql-bin.000001,
       position:1403
2020-02-15 11:18:02 AM INFO Getting health for master: 192.168.1.223:3306.
2020-02-15 11:18:20 AM INFO Master status: binlog: mysql-bin.000001,
       position:1403
2020-02-15 11:18:20 AM INFO Getting health for master: 192.168.1.223:3306.
2020-02-15 11:18:38 AM INFO Master status: binlog: mysql-bin.000001,
       position:1403
2020-02-15 11:18:38 AM INFO Getting health for master: 192.168.1.223:3306.
2020-02-15 11:18:56 AM INFO Master status: binlog: mysql-bin.000001,
       position:1403
2020-02-15 11:18:56 AM INFO Getting health for master: 192.168.1.223:3306.
2020-02-15 11:19:14 AM INFO Master status: binlog: mysql-bin.000001,
       position:1403
2020-02-15 11:19:14 AM INFO Getting health for master: 192.168.1.223:3306.
2020-02-15 11:19:32 AM INFO Master status: binlog: mysql-bin.000001,
       position:1403
2020-02-15 11:19:32 AM INFO Getting health for master: 192.168.1.223:3306.
2020-02-15 11:19:50 AM INFO Master status: binlog: mysql-bin.000001,
       position:1403
2020-02-15 11:19:50 AM INFO Getting health for master: 192.168.1.223:3306.
```

192.168.1.222 机器重新启动以后，可以通过 mysqlreplicate 命令重新加入主从集群，我们通过监控程序发现，重新加入的机器并不能被监控程序识别，但是通过 mysqlrplshow 命令还是能看到正常的拓扑关系，结果如下：

```
WARNING: Using a password on the command line interface can be insecure.
# master on 192.168.1.223: ... connected.
# Finding slaves for master: 192.168.1.223:3306

# Replication Topology Graph
192.168.1.223:3306 (MASTER)
    |
    +--- 192.168.1.222:3306 - (SLAVE)
    |
    +--- 192.168.1.224:3306 - (SLAVE)
```

在新的 Master 机器即 192.168.1.223 上面建立新的测试数据，发现从机上面都有正常的数据生成，说明主从复制是成功的。

工作中有时会有这样的应用场景：Master 机器可能存在硬件不稳定等问题，我们想手动切换 Master，这时就可以用到 mysql-utilities 工具的 mysqlrpladmin 命令。具体操作如下。

先通过 mysqlrpladmin 命令查看当前主从复制关系：

```
mysqlrpladmin --master=root:123456@'192.168.1.223':3306 --slaves=root:123456@'19
    2.168.1.222':3306,root:123456@'192.168.1.224':3306 health
```

命令显示结果如下：

```
WARNING: Using a password on the command line interface can be insecure.
# Checking privileges.
#
# Replication Topology Health:
+-----------------+-------+---------+--------+------------+---------+
| host            | port  | role    | state  | gtid_mode  | health  |
+-----------------+-------+---------+--------+------------+---------+
| 192.168.1.223   | 3306  | MASTER  | UP     | ON         | OK      |
| 192.168.1.222   | 3306  | SLAVE   | UP     | ON         | OK      |
| 192.168.1.224   | 3306  | SLAVE   | UP     | ON         | OK      |
+-----------------+-------+---------+--------+------------+---------+
# ...done.
```

然后把 192.168.1.222 的机器提升为 Master，这里还是可以利用 mysqlrpladmin 命令来操作：

```
mysqlrpladmin --master=root:123456@'192.168.1.223':3306 --slaves=root:12345
    6@'192.168.1.222':3306,root:123456@'192.168.1.224':3306 --new-master=ro
    ot:123456@'192.168.1.222':3306 --demote-master swithover
```

命令结果显示如下：

```
WARNING: Using a password on the command line interface can be insecure.
# Checking privileges.
```

```
# Performing switchover from master at 192.168.1.223:3306 to slave at
    192.168.1.222:3306.
# Checking candidate slave prerequisites.
# Checking slaves configuration to master.
# Waiting for slaves to catch up to old master.
# Stopping slaves.
# Performing STOP on all slaves.
# Demoting old master to be a slave to the new master.
# Switching slaves to new master.
# Starting all slaves.
# Performing START on all slaves.
# Checking slaves for errors.
# Switchover complete.
#
# Replication Topology Health:
+-----------------+--------+---------+--------+------------+---------+
| host            | port   | role    | state  | gtid_mode  | health  |
+-----------------+--------+---------+--------+------------+---------+
| 192.168.1.222   | 3306   | MASTER  | UP     | ON         | OK      |
| 192.168.1.223   | 3306   | SLAVE   | UP     | ON         | OK      |
| 192.168.1.224   | 3306   | SLAVE   | UP     | ON         | OK      |
+-----------------+--------+---------+--------+------------+---------+
# ...done.
```

在新的 Master 机器即 192.168.1.222 上建立新的测试数据，发现从机上面都有正常的数据生成，说明主从复制是成功的。

4. 部署 mysql-utilities 时遇到的问题

1）存在 MySQL 权限问题，报错信息如下：

```
ERROR: Can't connect to MySQL server on '192.168.1.222:3306' (110 Connection
    timed out)
```

可通过以下命令检查：

```
SELECT host,user,password,Grant_priv,Super_priv FROM mysql.user;
```

2）使用 MySQL 主从复制时遇到了 mysql-connect 报错，解决此问题的方法是，不要通过 pip install 来安装 mysql-connect，直接源码安装 mysql-utilities 即可。

3）进行主从切换时如何得知新的 Master IP？可以通过如下办法（任选其一即可）实现：

❑ 通过 mysqlfailover.txt 日志。

❑ 通过 mysqlfailover 的监控输出。

❑ 通过 --candidatesr 指定候选 Master。

❑ 通过 slave_master_info 表查询得到。

4）如果出现了以下报错：

```
# Checking privileges.
Multiple instances of failover console found for master 192.168.1.222:3306.
If this is an error, restart the console with --force.
Failover mode changed to 'FAIL' for this instance.
Console will start in 10 seconds.........starting Console.
```

则说明 Failover 中存在多个进程，先查看 mysql.failover_console 记录，命令如下：

```
mysql> select * from mysql.failover_console;
```

命令结果如下：

```
+---------------+------+
| host          | port |
+---------------+------+
| 192.168.1.222 | 3306 |
+---------------+------+
1 row in set (0.00 sec)
```

这时用 truncate 命令清零即可，命令如下：

```
truncate table mysql.failover_console;
```

继续查看，已经清零：

```
mysql> select * from mysql.failover_console;
Empty set (0.00 sec)
```

7.8.2　mysql-utilities 工具的二次开发

mysql-utilities 工具提供了手动和自动切换主从服务器的命令集，切换非常方便，我们可以在外面封装自己的命令来控制。

很多云平台不提供 HAVIP，但我们可以在外面自己创建一个 HAProxy，然后提供 HAProxy 的地址来对外提供写服务（HAProxy 的配置需要通过读取 mysql-utilities 的命令结果来复写，这也是二次开发的主要工作量）。

mysql-utilities 工具的劣势如下：

mysql-utilities 工具的代码目前比较旧，官方已经没有维护了。受限于 GTID（低版本的 MySQL 是不能用此工具的），与 MHA 相比，其成熟度还是不如 MHA。目前我们也只是将此工具用于云平台产品的开发（暂时没应用于自己的电商网站和业务网站）。

mysql-utilities 工具的优势如下：

mysql-utilities 工具能够解决 MySQL 一主多从的复制，主机挂掉而从机升级为主机的过程是全自动的；我们后期只需要做少量的二次开发工作，就可以完成专业 MySQL DBA 的工作。

大家可以结合自己的实际情况来确定是否选用此工具作为自己网站或产品的高可用方案。

7.9 用 XtraBackup 工具备份和恢复数据库

前面已提到，如果 MySQL 的数据目录过大，用 mysqldump 的效率很低，此时应该采用 XtraBackup 工具。XtraBackup 是 Percona 公司开发的一个开源的 MySQL 热备工具，它有如下优点：

❑ 快速稳定的备份。
❑ 在线备份而不中断业务。
❑ 节省磁盘空间和网络带宽。
❑ 自定义备份验证。
❑ 快速还原。

除了可利用它备份数据库以外，还可以将此工具用于快速恢复 MySQL 主从复制失败的场景。下面就来介绍 XtraBackup 的安装、备份及恢复。

7.9.1 XtraBackup 的安装过程

首先下载其软件包，命令如下：

```
wgt https://www.percona.com/downloads/XtraBackup/Percona-XtraBackup-2.4.8/
    binary/redhat/7/x86_64/percona-xtrabackup-24-2.4.8-1.el7.x86_64.rpm
```

安装过程若遇到 libev.so.4 的库依赖问题，通过下面的方法解决：

```
wget ftp://ftp.pbone.net/mirror/apt.sw.be/redhat/el6/en/x86_64/rpmforge/RPMS/
    libev-4.15-1.el6.rf.x86_64.rpm
rpm -ivh libev-4.15-1.el6.rf.x86_64.rpm
```

然后用 yum 命令安装相关 perl 库：

```
yum -y install perl perl-devel libaio libaio-devel perl-Time-HiRes perl-DBD-
    MySQL perl-Digest-MD5
```

最后安装 XtraBackup，命令如下：

```
rpm -ivh percona-xtrabackup-24-2.4.8-1.el7.x86_64.rpm
```

7.9.2 XtraBackup 的运行原理

流程图 7-7 比较清晰地介绍了 XtraBackup 的工作及运行原理，FTWRL 是 FLUSH TABLES WITH READ LOCK 的简称，该命令主要用于保证一致性备份。为了达到这个目的，它需要关闭所有表对象。

具体流程说明如下：

1）程序在启动 XtraBackup 时会记下 LSN 并将 redo log 复制到备份目录的 xtrabackup_logfile 文件中。由于复制需要一定的时间，如果在复制时间段内有日志写入，将导致复制的日志和 MySQL 的 redo log 不一致，所以 XtraBackup 还有一个后台进程监控着 MySQL

的 redo log，每秒监控一次，若 MySQL 的 redo log 有变化，该监控进程会立即将变化的内容写入 xtrabackup_logfile 文件，这样就能保证复制的 redo log 中记录了一切变化。但是这也是有风险的，因为 redo 是轮询式循环写入的，如果某一时刻有大量的日志写到 redo log 中，使得还没开始复制的日志被新日志覆盖，这样日志会丢失，并报错。

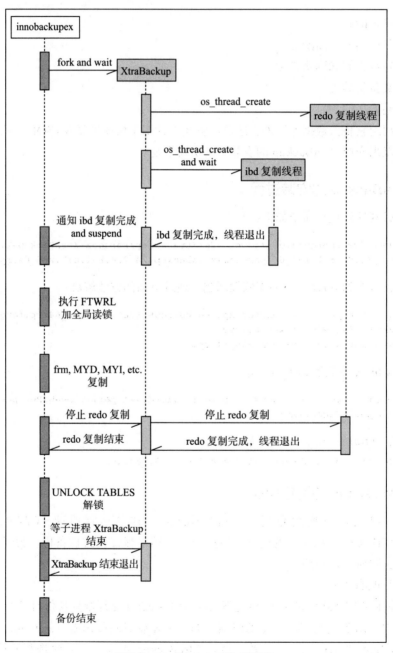

图 7-7　XtraBackup 工作流程图

2）复制完初始版的 redo log 后，XtraBackup 开始复制 innoDB 表的数据文件（即表空间文件 .ibd 文件和 ibdata1）。注意，此时不复制 innoDB 的 frm 文件。

3）在 innoDB 相关表的数据文件复制完成后，XtraBackup 将准备复制非 innoDB 的文件。但在复制它们之前，要先对非 innoDB 表进行加锁，防止复制时有语句修改这些类型的表数据。

对于不支持 backup lock 的版本，只能通过 flush tables with read lock 来获取全局读锁，但这同样也会锁住 innoDB 表，杀伤力太大。所以使用 XtraBackup 备份 MySQL，实质上只能实现 innoDB 表的部分时间热备、部分时间温备。

对于支持 backup lock 的版本，XtraBackup 通过 lock tables for backup 获取轻量级的 backup lock，用以替代 flush tables with read lock，因为它只锁定非 innoDB 表，所以由此实现了 innoDB 表的真正热备。

4）在获取非 innoDB 表的锁以后，开始复制非 innoDB 表的数据和 .frm 文件。在这些复制完成之后，继续复制其他存储引擎类型的文件（实际上，复制非 innoDB 表的数据是在获取 backup lock（如果支持）后自动进行的，它们属于同一个过程）。

5）复制完成后，就到了备份的收尾阶段。包括获取二进制日志中一致性位置的坐标点、结束 redo log 的监控和复制、释放锁等。要说明的是，Oracle 社区版本的 MySQL 是不支持 backup lock 的；对于不支持 backup lock 的版本，收尾阶段是获取二进制日志的一致性坐标点、结束 redo log 的监控、复制并释放锁。

6）如果一切顺利完成，XtraBackup 将以状态码 0 退出。

7.9.3　XtraBackup 备份及恢复过程

先使用以下命令来进行备份，命令如下：

```
innobackupex --defaults-file=/opt/mysql/my.cnf  --user=root --password=123456
    --socket=/opt/mysql/mysql.sock  /opt/mysql/backup/
```

100313 10:17:07 innobackupex: completed OK! 这类提示表示备份成功。

恢复备份的过程如下。

第一步，应用日志，命令如下：

```
innobackupex --defaults-file=/etc/my.cnf --user=root --password=123456 --apply-
    log /opt/mysql/backup/2019-12-25_18-09-55
```

第二步，复制文件。先停止 mysqld 服务，然后清空数据文件目录，恢复完成后再设置权限，示例如下：

```
service mysqld stop
mv /var/lib/mysql /var/lib/mysql_old
mkdir -p /var/lib/mysql
innobackupex --defaults-file=/etc/my.cnf --user=root --password=Mysql@123 --copy-
```

```
    back /opt/mysql/backup/2017-12-25_18-09-55
chown -R mysql.mysql /var/lib/mysql
service mysqld start
```

innobackup 的 --copy-back 选项用于执行恢复操作，它会复制所有数据的相关文件至 MySQL 数据目录，因此，需要清空数据目录。这里是将其重命名，然后重建目录。其中最关键的一步是更改权限，如果不执行此操作，MySQL 进程有可能无法启动。

第三步，如果是 MySQL 主从复制，要在多台 MySQL 节点上执行相同的操作流程，这里略过。

7.10　小结

MySQL 数据库对于平台和网站的重要性不言而喻，所以其高可用性一直是我们研究的重点，此章介绍了各种 MySQL 高可用方案，包括 DRBD+Heartbeat、MySQL MHA，以及基于 GTID 的 MySQL 主从复制的 mysql-utilities 工具，最后还介绍了主 SQL 的 XtraBackup 备份恢复工具。希望大家通过这些案例能够掌握 MySQL 高可用的方法，从而更方便和有效率地维护自己的网站或平台。

第 8 章 *Chapter 8*

高可用高并发系统架构设计

作为一名系统架构师，很多时候需要自己设计公司的电子商务或业务平台的系统架构，这时就需要根据业务需求结合公司自身的实际情况来考虑了。以预算为前提，设计出高可用、高性能、高可扩展的架构预案并评估其实际可实施性，在业务发展中后期，还得进行迭代和优化，保证公司的电子商务或业务平台的稳定运行，这也是系统架构师的职责所在。

8.1　系统性能评估指标

系统（或网站）设计得好不好，性能是否能满足需求，可以以 QPS/RPS、TPS、PV/UV、并发用户数等作为评估指标。下面是相关专业术语的说明。

1）QPS 是 Queries Per Second 的缩写，表示每秒查询数，即每秒能够响应的查询次数。

QPS 是特定查询服务器在规定时间内处理流量的衡量标准，在因特网上，作为域名系统服务器，其性能经常用每秒查询率来衡量。每秒的响应请求数，表示最大吞吐能力。

2）RPS 代表吞吐率，即 Requests Per Second 的缩写。吞吐率是服务器并发处理能力的量化描述，单位是 reqs/s，指的是某并发用户数单位时间内处理的请求数。某并发用户数单位时间内能处理的最大请求数，称为最大吞吐率。

3）TPS 为 Transactions Per Second 的缩写，表示每秒处理的事务数目。

一个事务是指一个客户机向服务器发送请求，然后服务器做出反应的过程，包括客户端请求服务端、服务端内部处理、服务端返回客户端等环节。客户机在发送请求时开始计时，收到服务器的响应后结束计时，以此来计算使用的时间和完成的事务个数，最终利用这些信息给出评估分。

例如，访问一个 Index 页面会请求服务器 3 次，包括一次 HTML、一次 CSS、一次 JS，那么访问这一个页面就会产生一个"TPS"和三个"QPS"。

4）PV 即 Page View，页面浏览量。通常是衡量一个网络新闻频道或网站甚至一条网络新闻的主要指标。用户对网站中的每个页面每访问一次均被记录 1 次。如果用户对同一页面进行多次刷新，那么访问量会累计。

5）UV 访问数（Unique Visitor）指独立访客访问数，用于统计 1 天内访问某站点的用户数（以 cookie 为依据），一台电脑终端为一个访客。如果感觉以 PV 衡量不准，可以再加上 UV 作为参考值。

6）并发用户数是指系统可以同时承载的正常使用系统功能的用户数量。与吞吐量相比，并发用户数是一个更直观但也更笼统的性能指标。实际上，并发用户数是一个非常不准确的指标，因为不同的使用模式会导致不同的用户在单位时间发出不同数量的请求。以网站系统为例，假设用户只有注册后才能使用，但注册用户并不是每时每刻都在使用该网站，也就是说，某一具体时刻只有部分注册用户同时在线，在线用户在浏览网站时会花很多时间阅读网站上的信息，故而具体某一时刻只会有部分在线用户同时向系统发出请求。基于此，对于网站系统会有三个关于用户数的统计数字，分别是注册用户数、在线用户数和同时发请求的用户数。相较而言，由于注册用户可能存在长时间不登录网站的情况，因此使用注册用户数作为性能指标会造成很大的误差。而在线用户数和同时发请求的用户数更适合做性能指标。以在线用户数作为性能指标更直观，以同时发请求的用户数作为性能指标更准确。

7）响应时间是指系统对请求做出响应的时间。直观上看，这个指标与人对软件性能的主观感受非常一致，因为它完整地记录了整个计算机系统处理请求的时间。由于一个系统通常会提供许多功能，不同功能的处理逻辑千差万别，不同功能的响应时间也不尽相同，甚至同一功能在输入数据不同的情况下响应时间也不相同，因此，在讨论一个系统的响应时间时，通常是指该系统所有功能的平均时间或者所有功能的最大响应时间。当然，往往也需要针对每个或每组功能讨论其平均响应时间和最大响应时间。

8.2 网站架构设计规划预案

系统架构师应根据之前的工作经验，设计合理的网站架构方案，编写核心模块的代码，引导技术团队树立正确的系统架构设计思想，指明正确的方向，规避以后网站升级可能会存在的风险。

8.2.1 合理设计与规划

高流量高并发的网站一定要采用分布式的架构思想设计，可以采用 DNS 轮询将最外面的流量进行一级分流。一般来说，会采用如下设计：

- 重要的对外服务应尽量选用成熟的开源技术方案，并以 Linux 集群的方式对外提供服务，例如 HAProxy/Nginx 集群、Codis 集群或 ZooKeeper 集群等。
- 合理地利用 CDN 系统，注意处理 CDN 回源的问题。
- 图片服务器采用独立的域名，而非二级域名。
- 核心系统尽量选用 BGP 机房或线路。
- 成本一定要控制，尽量选用免费开源方案。
- 尽量选用目前成熟稳定的开源技术。

8.2.2 核心系统的开发设计

复杂的系统都不是通过单一代码完成的，其核心系统的开发和设计依赖于系统架构师和团队核心开发人员。系统架构师和团队核心开发人员都应具备核心代码与主要功能代码的编写能力和代码 Review 能力。

系统架构师要具备良好的沟通能力，能在产品、前端 / 后端、测试团队包括业务需求方之间自由穿插，能够将业务需求或产品需求转成技术需求，且有能力将复杂的任务分解。

慎重选用业务核心系统的开发框架，代码或核心系统重构在后期是一件非常复杂和痛苦的事情。

8.2.3 规划好网站未来的发展

在设计网站系统架构之初，要评估当前系统的 PV、UV、QPS/RPS 及并发用户数，做好系统上线以后未来 3 ～ 5 年的数据扩展方案，尽量将网站做成高可扩展性的，这样方便 Scale Out（也就是横向扩展，纵向扩展是通过增添机器硬件的方式来实现的），说直白点就是能够很方便地增添新机器。此外，还需要考虑如下因素：

- 重要的对外服务尽量以 Linux 集群的形式部署，以避免因单机宕机而中断服务。
- 存放数据的磁盘类型可以考虑用 LVM 逻辑卷，方便扩容。
- 机房需要考虑是否异地冗余，以便在核心机房出问题时快速切换。

另外，要考虑在业务的高峰期，PV、UV 及 QPS 迅速增加、增大的时候，Linux 集群能否马上提供应急机器。而在非业务高峰期，因为应急而上线的机器又该如何平稳的下线。当然，要实现这些功能，完全可以利用 Kubernetes/Mesos 集群的副本机制做扩容和缩容，在用户请求高峰期，它能够对资源进行横向扩容，反之，当用户请求回落低谷的时候，能够及时缩减资源，避免资源的浪费。建议在业务非繁忙期尽量做好单 Pod 性能压测，掌握单 Pod 在 resources limit 限制下的并发连接数的极限，这样才能在系统遇到业务激增的情况下，做到有目的的扩容。

思考一个问题，容器云集群可以利用 Kubernetes/Mesos 的副本机制缩容 / 扩容，传统领域又应该如何设计呢？

8.2.4 合理选用开源软件方案

首先是硬件的选择，现在的硬件虽然性能卓越，稳定性也很强，但价格确实比较贵，站在长期运营的角度考虑，使用开源软件应该是我们的首选；另外，如果选用云平台，运营也得控制成本。

对于负载均衡软件，IBM 的服务器确实性能强悍，但价格昂贵。事实上，自前端有了负载均衡设备以后，廉价的服务器甚至 PC 机器都可以以 Linux 集群的方式给我们提供稳定的服务，因此可以考虑使用免费开源的 LVS//HAProxy 集群方案。

对于存储，EMC 的高端存储确实不错，但同样存在价格昂贵的问题，可以考虑以国产龙存作为替代。另外可以考虑分布式文件系统，例如 ClustgerFS 或京东的 ChubaoFS，这两个分布式系统还提供 CSI 插件支持，可以应用于 Kubernetes 或 Mesos 系统。现在 Kubernetes 的比重越来越大，我们考虑分布式文件系统时一个较重要的指标就是看它们能不能提供 CSI 插件支持。

至于数据库，Oracle RAC 商用集群的价格不菲，可以考虑用免费的 MySQL 来设计数据库架构，一主多从。现在有很多优秀的开源方案都可以提供高可用支撑，例如 MySQL MHA 或者 mysql-utilities 工具。

缓存方面，Varnish/Nginx 和 Redis/MongoDB 这些软件虽然是开源免费的，但性能并不亚于商业软件，完全可以考虑在自己的系统中合理利用它们。

消息队列可以考虑 Kafka 或 RabbitMQ 集群，这也是目前比较通用的开源方案。

ZooKeeper 和 Etcd 都是非常优秀的分布式协调系统，ZooKeeper 起源于 Hadoop 生态系统，Etcd 的流行是因为它是 Kubernetes 的后台支撑。

而大数据组件，可以考虑下原生的 Hadoop、Spark 和 ElasticSearch 等。

京东 ChubaoFS 源码及资料介绍：

https://github.com/chubaofs/chubaofs

https://chubaofs.readthedocs.io/zh_CN/latest/user-guide/yum.html

8.2.5 机房及 CDN 选型

机房的选型也比较重要，我们到底是选择机房托管还是采用云计算平台呢？这要根据业务的实际情况来定了。

如果业务系统的小图片过多，为了加快用户的访问速度和提升用户体验，建议租用 CDN，不推荐自建 CDN。因为这样做，成本和性能都不成正比，除非是要提供专业的视频或图片服务的网站。站在用户体验的角度，建议大家采用 BGP 机房，最少要选用双线机房。也可以根据业务选型来选择机房。

如果是提供资讯类服务的网站，建议采用机房托管的方式（即私有云方式），自建机房的成本较高。

如果是专业的电子商务网站，牵涉在线交易系统，建议选用机房托管的方式；如果自己有机房那就最好了，记住，核心业务要放在自己能掌控的范围之内。

如果是 CPA 或 DSP 等广告系统，由于牵涉多地区布点的问题，建议采用公有云的方式，推荐亚马逊云。

如果仅仅是自己的门户网站，从性价比的角度考虑，推荐阿里云、腾讯云或华为云。

8.2.6　CI/CD 及蓝绿部署发布

随着云原生容器技术的流行，CI/CD 流水线（包括蓝绿发布）工作变得越来越简单，我们可以较轻松地完成开发环境、测试环境、预发布环境及线上环境的 CI/CD 流水线部署工作，流水线一般如图 8-1 所示。

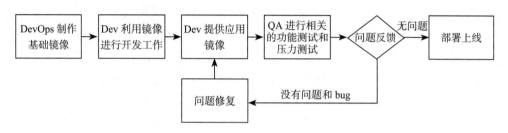

图 8-1　基于 Docker 的 CI/CD 通用工作流

至于应用的蓝绿部署发布，可以考虑 Istio 服务网格或 Nginx Ingress-Controller。作为一个服务网格系统，Istio 为服务间通信提供了稳定性、透明性和安全性的保障。不论是集群内还是集群外的服务，只要访问目标是网格内的服务，就都会被 Istio 拦截并进行处理。

Istio 服务网络有很多功能，例如服务间通信的加密、自动地采集指标记录、确定访问控制策略、限制频率及配额等，这里仅着眼于最常用的流量管理能力。Istio 让 DevOps 团队有能力为内部服务创建智能的路由规则。断路器、超时和重试之类的服务级属性非常容易配置，配置（包含蓝绿部署）的过程也很轻松。

当然，如果大家觉得 Istio 实施复杂，可以考虑使用轻量级的 Nginx Ingress-Controller来实现。

8.2.7　系统安全问题

在安全方面，主要需要考虑以下几个方面：

❏ 需要硬件防火墙吗？有没有应对 DDoS 的措施。

❏ 如果是金融类网站，如何保证支付安全，多域名的 HTTPS 支持呢？

❏ 核心数据有没有考虑异地容灾备份？

❏ 如何保证代码和系统的安全，如何控制项目组成员的访问权限？

❏ 公司系统有没有配置好 VPN，做好黑白名单访问限制？

综上所述，网站系统架构设计需要考虑的地方非常多，要全面规避风险，需要系统架构师有足够的经验，他要根据网站的冗余及可扩展性、异地备份容灾、控制成本等要求，针对自己的公司业务设计一个最优的配置方案。事实上，好的架构不是设计出来的，而是演进出来的。网站系统架构上线以后，会在严酷的生产环境下历经各种考验，其中包括外部流量的自然访问压力、内部人员的误操作和服务自愈等，经过我们的不断完善，它最终会演进成一个较完美的形态。

8.3 千万级 PV、高性能、高并发网站的架构设计

网站背景：这是一个 TO C 的电子订单系统，平时主要针对企业下电子订单，后期改成了个人也能下订单，即同时具备 TO B 和 TO C 功能，并且为了拉人气，还在特定的节假日和公司周年庆中增加了抢红包功能。

想象一下，随着网站知名度的提高，注册用户已超过千万，而且每天都有持续增长的趋势，PV/ 日已经有向千万 / 日靠拢的趋势，原有的 Web 架构已无法满足公司需求。这时候要设计一个高性能、高可用的网站架构。在这套架构里，系统架构师应该做的是提升站点整体的性能、可用性，不仅是前端代理，后端应用服务器、数据库、中间件等都要综合考虑。这个架构里任何一个点存在瓶颈，整个系统的处理能力就大打折扣。

由于会牵涉用户信息及第三方支付等敏感信息，因此采取的是物理服务器 + IDC 机房托管的方式。

机房选择的是 BGP 机房。BGP 机房的优势如下：

服务器只需要设置一个 IP 地址，最佳访问路由是由网络上的骨干路由器根据路由跳数与其他技术指标确定的，不会占用服务器的任何系统资源。服务器的上行路由与下行路由都能选择最优的路径，所以能真正地实现单 IP 的高速访问。

由于 BGP 协议具有冗余备份、消除环路等特点，因此当 IDC 服务商有多条 BGP 互联线路时可以实现路由的相互备份，在一条线路出现故障时路由会自动切换到其他线路。

使用 BGP 协议还可以使网络具有很强的扩展性，可以将 IDC 网络与其他运营商互联，轻松实现单 IP 多线路，做到所有互联运营商的用户访问都很快，这是双 IP 双线无法比拟的。

1. 硬件防火墙（可选）

硬件防火墙有路由和透明两种模式，选哪种要根据具体环境而定。防火墙的型号一般选择华赛或 Juniper，大家可以根据自己业务网站的实际需求来加以选择，硬件防火墙的主要作用是防 DDoS 攻击和端口映射。当然，因为网站基本都会使用 CDN 服务，所以是否增加硬件防火墙是可以选择的。

如果网站是用于电子商务支付系统的，建议前端放置硬件防火墙，国内的 DDoS 攻击非常流行，对付 DDoS 攻击是一个比较复杂而庞大的系统工程，想仅仅依靠某种系统或产

品防住是不现实的。可以肯定的是，虽然完全杜绝 DDoS 攻击目前不可能，但通过适当的措施抵御 90% 的 DDoS 攻击还是可以做到的。攻击和防御都有开销成本，若通过适当的办法增强了抵御 DDoS 攻击的能力，也就意味着加大了攻击者的攻击成本，那么绝大多数攻击者将因无法继续下去而选择放弃，也就相当于成功地抵御了 DDoS 攻击。

2. 前端 CDN 缓存

对于图片量较多的电子商务网站和新闻资讯类网站来说，前端 CDN 缓存的意义重大：可加快全国用户访问本地网站的速度，从而提升用户体验；还可以在网站遇到 DDoS 攻击的时候，分流流量，保护核心网站。但使用哪种 CDN 系统更好呢？这里也面临着两种选择：自己搭建 CDN 系统或租赁别人的 CDN。个人觉得自己搭建 CDN 系统是件非常消耗财力和人力的事情，而且达不到预期目标，如果需要进行前端缓存，建议以租赁 CDN 为主，把更多的资金流投入后端的文件存储和 NoSQL 缓存服务及数据库上去。

3. 负载均衡器

对于负载均衡器，根据它们的特点来挑选即可，LVS 的性能最好，特别是后端的节点超过 10 个以上时，但它对网络的要求高，而且不支持动静分离，所以建议暂时不考虑。HAProxy 的性能优异，稳定性强，自带强大的监控页面，并且支持动静分离，笔者公司已用 HAProxy+Keepalived 实现了亿级 / 日的网站（双万 M 网卡 + bond 绑定）。在高并发的业务时间段，单 HAProxy 也是非常稳定的，没有发生过宕机的情况。

在大公司的网站架构里，多级负载均衡也是很好的设计方案。最外面流量的负载均衡用硬件负载均衡器（例如 F5/ NetScaler，用于对流量进行转发）实现，以 HAProxy 或 Nginx 作为两层负载均衡，根据频道或业务来分流。有读者参考淘宝的架构，说网站最前端一定要放四层负载均衡，这个架构其实是针对淘宝这种巨量级别（几十亿 PV/ 日）的，如果是千万级 PV/ 日的网站，甚至是亿级 PV/ 日的网站，用 HAProxy+Keepalived 基本就可以满足需求。另外，通过观察高流量网站的 HAProxy 负载情况，我们发现 HAProxy 在高并发的情况下还是比较耗 CPU 和内存资源（尤其是 CPU 资源）的，建议大家在此架构中采用高性能的服务器，比如 PowerEdge R940 或更高型号的机器。

HAProxy 相对于 LVS 的优势如下：

❏ 配置简单，语法通俗易懂。
❏ HAProxy 对网络的依赖性小，理论上只要是能 ping 得通的网络就可以部署实施七层负载均衡。
❏ 可实现完美的四层 TCP 代理转发功能。
❏ 根据 URI 路由规则来进行动静分离。
❏ 根据应用配置 URI 路由规则并集中热点来提高缓存的命中率。

4. Web 缓存层

Web 缓存层的搭建可以使用 Squid 或 Varnish。笔者在不少项目中应用过 Squid 服务器，它作为老牌的反向代理服务器，在生产环境下的稳定性是有保证的。但 Squid 对多核 CPU 支持得不好，大家可以尝试使用新兴的 Varnish，它的稳定性和性能上不亚于 Squid，而且支持多核 CPU，性能也优于 Squid。

为什么前端已经有 CDN 缓存，还需要自己架设 Web 缓存层呢？如果你有高并发高流量的项目经验，应该会发现，后端文件服务器的 I/O 压力是巨大的（尤其是那种提供海量小图片的网站），有时甚至会发生拒绝提供服务的现象，有了这层 Web 缓存，可以加速后端 Web 服务及减少（或本地存储）文件服务器磁盘的 I/O 压力。

5. Web 服务器及 Servlet 容器

关于 Web 服务器的选择，Apache 作为 Web 传统服务器，用于电子商务、电子广告、页游等网站是非常稳定的，在 8GB 内存的标准配置下，其抗并发能力也是非常不错的。许多公司的网站架构其实都是由一台 Apache Web 服务器发展起来的（公司高层要求平滑不中断业务升级）。如果是访问量比较大的网站，建议用 Nginx 作为 Web 服务器。

如果是每天的访问量为千万 PV 级别的网站，在业务高峰期 PV 有可能过亿，推荐用 Java 语言作为网站的核心开发语言。关于 Servlet 容器，可以考虑 Tomcat 和 Jetty，尤其是 Jetty，在我们的微信营销网站中，它的表现优异。利用 Nginx 配合 Jetty，单机能够承受两万左右的并发连接。一些 Web 聊天应用非常适合用 Jetty 做服务器，像淘宝的 Web 旺旺就是用 Jetty 作为 Servlet 容器的。而站在技术团队选型的角度，现在 Java 开发比较成熟，Dubbo、Spring Cloud 都已经是很成熟的服务框架，并且很容易嵌入 Jetty 服务器。

6. 文件服务器层

经过后期的宣传策划，网站的客户越来越多，原先的 DRBD+Heartbeat+NFS 高可用文件服务器和图片存储的磁盘 I/O 压力越来越大，这时就应该考虑采用分布式文件存储方案了，GlusterFS 或 ChubaoFS 在国内现在也很流行。

虽然分布式文件存储对于减轻文件服务器压力有所帮助，但它们占用机器的数量还是比较多的，维护起来比较复杂；而单 NFS 维护起来非常容易，事实上在有前端 CDN 和缓存层的前提下，还可以针对文件服务器进行 NFS 分组，这样在业务层面就可以更进一步减小 NFS 的压力了。

对于图片服务器，建议采用独立域名而非二级域名方式，原因如下：

避免传输不必要的 cookie，从而提升速度，减少不必要的攻击，因为跨域是不会传输 cookie 的。

此外，多个域名可以增加浏览器并行下载条数，因为浏览器对同一个域的域名下载条数是有限制的。

7. 数据库缓存及 Session

数据库缓存的开源软件比较多，Redis、Memcached 等 NoSQL 数据库作为数据库缓存都非常成熟，它们在减轻数据库读写压力方面效果显著，事实上，很多业务数据放在 Redis

的效果要远比放在 MySQL 里好得多，比如 IP 数组业务数据，一次导入量动辄十几亿条，放在 Redis 里面的读取速度远远要优于 MySQL，同时也会大大减轻 MySQL 数据库的压力。这里要注意一个情况，虽然我们可以用 Redis 来提升网站性能，但也有一个弊端，如果需要 Cache 的数据对象非常多，应用程序要增加的代码量也就会很多，同时网站的复杂度及维护成本也会直线上升，这时就需要开发部门和系统部门的同事协同工作了。

Session 数据默认是在各个服务器上分别存放的，客户端发送一个请求，该请求很有可能会被发送到集群中的另外一台机器上，这就会导致 Session 丢失。所以这里采用一台独立的 Memcached 或 Redis 服务器来存储整个网站的 Session 数据，用以解决各个服务器中 Session 不同步的问题。

不推荐将 Session 放进 MySQL 的做法，在高流量的网站中，数据库的压力是非常大的，不应该再让 Session 增加数据库的压力了。另外，也不推荐采用 Session 复制的方式，Session 复制的原理是通过组播的方式进行集群间的 Session 共享，比如我们常用的 Tomcat 目前就具备这样的功能。优点是 Web 容器支持，配置简单，这种处理 Session 的方式适合中小型网站。缺点是当一台机器上的 Session 变更后，会将变更的数据以组播的形式分发给集群间的所有节点，对网络和所有的 Web 容器都存在开销，集群越大浪费越严重。系统架构师可以根据网站的实际情况来选择是否采用这种做法。

秒抢红包或红包定时领取是我们需要考虑和设计的场景，像这种用户在瞬间涌入产生高并发的请求，就需要引入消息中间件了，如 RabbitMQ 或 Kafka，集群规模视业务数据而定。

场景中的红包定时领取或秒抢红包都是高并发的业务，活动用户会在到点的时间涌入，MySQL 数据层瞬间接受这一记暴击，若支撑不住就会宕机，影响整个业务。

像这种在某时间点高并发地插入或者更新数据的业务（不仅仅有查询的操作），前面提到的通用方案就无法支撑了，并发的时候都是直接命中 MySQL 数据层；设计这块业务的时候可使用消息队列，将参与用户的信息添加到消息队列中，然后再写个多线程程序去消耗队列，给队列中的用户发放红包。具体流程可以参考图 8-2。

对于图 8-2，可以理解为使用 Redis 的 List 类型→当用户参与活动时，将用户参与信息 Push 到队列中→写个多线程程序去 POP 数据，实现发放红包的业务→支持高并发的用户可以正常参与活动，避免出现数据库服务器宕机的危险。

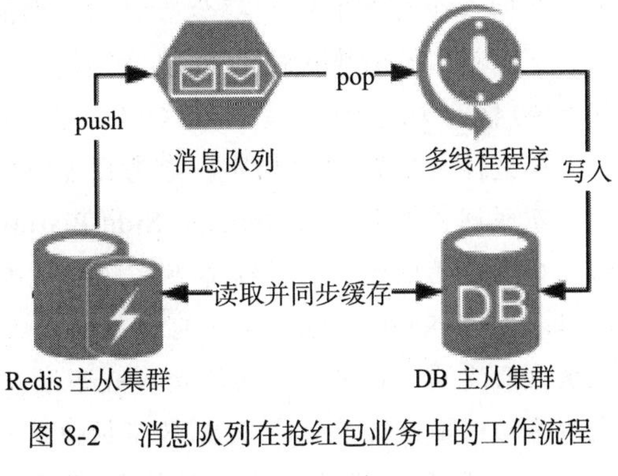

图 8-2　消息队列在抢红包业务中的工作流程

8. 数据库的压力

数据库经常是整个网站的性能瓶颈所在，所以我们要投入足够多的精力在这上面。网站上线以后，如果数据库读写压力巨大，磁盘 I/O 负载越来越高，这时应该怎么办呢？

1）数据库架构可以采用一主多从、读写分离的方案，用 HAProxy 作为从数据库的负载均衡器，读写通过程序实现分离，前后台业务逻辑分离，针对后台的查询我们全部转到 slave 机器上，这样就算查询的业务量大也不会影响主要的业务逻辑。

2）对网站的业务数据库进行分库，后面的业务都是一组数据库，如 Web、BBS、Blog 等，对主要的业务数据库进行数据的水平切分或垂直切分也是非常有必要的。

3）数据层的读写分离开源组件我们测试过很多，包括现在较流行的 MyCat，感觉都不能百分之百满足需求，建议在程序设计之初就确定好，尽可能地在程序级别来实现。

综上所述，设计这种高流量高并发的网站系统架构，应该尽量做到以下几点：

❑ 尽量把用户往外面推，保证源站的压力小；
❑ 网站测试阶段尽量做好压力测试工作；
❑ 保证网站的高可用性；
❑ 保证网站的高可扩展性；
❑ 多利用缓存技术来减轻后端数据库的压力；
❑ 适当引入消息队列来进行流量削峰；
❑ 合理优化数据库。

做到了以上几点，我们的网站应该就能承受更大流量和并发的冲击了。

8.4 亿级 PV、高性能、高并发网站的架构设计

事实上，如果网站每天达到亿级 PV 甚至 10 亿级 PV 的访问量，那么这是一个相当惊人的数字，这么大的进出量，对系统整体水平的要求是很高的，不仅仅是服务器层面有压力，对代码、数据库、缓存乃至文件系统都是有要求的。对于一个高并发高流量的网站来说，任何一个环节的瓶颈都会造成网站性能下降，影响用户体验，从而造成无法弥补的损失。下面就以笔者维护过的 DSP 大型电子广告系统为例来说明，7 个数据中心，每天日 PV 接近 50 亿，平均 10 万至 15 万 QPS，业务机器单机并发连接数在 2.2 万至 2.8 万左右。

那么什么是 DSP 平台呢？参考百度百科的介绍：

互联网广告 DSP（Demand-Side Platform），就是需求方平台。DSP 这一概念起源于网络广告发达的欧美，是伴随着互联网和广告业的飞速发展新兴起的网络广告领域。它与 Ad Exchange 和 RTB 一起迅速崛起于美国，已在全球快速发展，2011 年已经覆盖欧美、亚太地区以及澳洲。在世界网络展示广告领域，DSP 方兴未艾。DSP 传入中国，迅速成为热潮，成为推动中国网络展示广告 RTB 市场快速发展的主要动力之一。

一个真正意义的 DSP，必须拥有两个核心特征，一是拥有强大的 RTB（Real-Time Bidding）的基础设施和能力，二是拥有先进的用户定向（AudienceTargeting）技术。

DSP 对其数据运算技术和速度要求非常之高。从普通用户在浏览器中地址栏输入网站的网址，到用户看到页面上的内容和广告这短短几百毫秒之内，就需要发生好几个网络往返（Round Trip）的信息交换。Ad Exchange 首先要向 DSP 发竞价（bidding）请求，告知DSP 这次曝光的属性，如物料的尺寸、广告位出现的 URL 和类别，以及用户的 Cookie ID等；DSP 接到竞价请求后，也必须在几十毫秒之内决定是否竞价这次曝光，如果决定竞价，出什么样的价格，然后把竞价的响应发回到 Ad Exchange。如果 Ad Exchange 判定该 DSP赢得了该次竞价，那么要在极短时间内把 DSP 所代表的广告主的广告迅速送到用户的浏览器上。整个过程如果速度稍慢，Ad Exchange 就会认为 DSP 超时而不接受 DSP 的竞价响应，广告主的广告投放就无法实现。

基于数据的用户定向（Audience Targeting）技术，则是 DSP 另一个重要的核心特征。从网络广告的实质上来说，广告主最终不是为了购买媒体，而是希望通过媒体与他们的潜在客户即目标人群进行广告沟通和投放。服务于广告主或者广告主代理的 DSP，则需要对Ad Exchange 每一次传过来的曝光机会，根据关于这次曝光的相关数据来决定竞价策略。这些数据包括本次曝光所在网站、页面的信息，更为关键的是本次曝光的受众人群属性，人群定向的分析直接决定 DSP 的竞价策略。DSP 在整个过程中，通过运用自己人群定向技术来分析，所得出的分析结果将直接影响广告主的广告投放效果。

考虑到业务涉及世界各地，7 个数据中心需要在全球化部署，业务高峰期能够快速地增添机器以应付暴增流量，并且业务需要通过 Hadoop/Spark 分析数据，还要考虑稳定的存储文件系统及业务高峰期的机器扩容等问题，而这些 AWS 都有相应的产品，可以极大地降低运维成本。因此最终考虑采用 AWS 云计算平台。

系统架构如图 8-3 所示。

下面将 DSP 系统架构图按照层级的方式逐一说明。

1. 负载均衡层

实际上，网站面对这么大的流量冲击，我们的第一反应就是采用一级分流的方式。一般来说，DNS 轮询是种常用的做法，我们可以利用 DNS 轮询将流量第一时间分散到几个数据中心，这里其实用到了分布式的思想，为了不至于让其中的一个数据中心因为顶不住流量而出现宕机的情况，因此选用的是 PowerDNS。

在 DSP 这种流量规模的系统中，还应该关注另一个参数 QPS，即 Queries Per Second，意思是"每秒查询率"，即系统每秒能够完成的查询次数，是对一个特定的查询服务器在规定时间内所处理流量的衡量标准。之所以应该关心这个数值，是因为它是系统整体性能的重要参考标准。

中间层的负载均衡器采取的是常见架构，用的是 Nginx。因为是 AWS EC2 中的每台机器能够分配的带宽有限，机器很容易被流量打满。所以我们除了使用常规的开源软件监控流量以外，还自己开发了监控工具来进行监控。

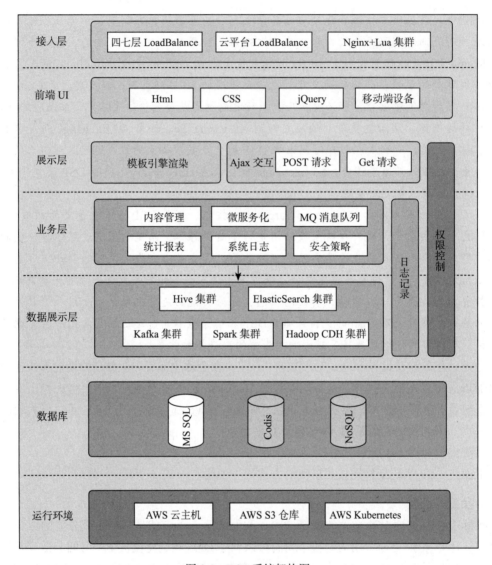

图 8-3　DSP 系统架构图

我们选用 Nginx 作为其中间层的负载均衡，作用有以下几点。

❑ 七层负载均衡，实现各种规则转发。

❑ 管理业务接口。

❑ 灰度发布。我们可以利用 Nginx 的权重算法，将流量分散到线上某台测试机器，如果代码不能顺利通过，也只会影响到这台测试机器。

❑ 反向代理静态页面缓存，加快用户访问速度。

进来的流量经过这样处理以后，基本上可以分流到各数据中心上面，但有一点要注意，Nginx 作为二级负载均衡的压力很大，平时要注意监控以下三种数据。

❑ 监控 Nginx 的系统负载及 CPU 利用率。

❑ 监控其带宽总体使用情况。

❑ 后端 bidder 机器的响应时间（响应时间很重要，这个是 DSP 系统的性能评估参数之一）。

2．Web 应用服务器

主要的业务机器是 bidder 机器，用于竞标价格。bidder 机器选用的是 Nginx+Lua（Ngx_lua 模块），那么什么是 Ngx_lua 模块呢？

Ngx_lua 是 Nginx 的一个模块，可将 Lua 嵌入 Nginx 中编写脚本，把 Lua 编写的应用脚本部署到 Nginx 中运行，Nginx 就变成了一个 Web 容器；这样开发人员就可以使用 Lua 语言来开发高性能 Web 应用了。

Ngx_lua 提供了很多与 Nginx 交互的 API，对于开发人员来说只需要学习这些 API 就可以进行功能开发。接触过 Servlet 的都知道，Ngx_lua 的开发和 Servlet 类似，无外乎就是实现接收请求、参数解析、功能处理、返回响应等功能。

理论上可以使用 Ngx_lua 开发各种复杂的 Web 应用，不过 Lua 是一种脚本 / 动态语言，不适合业务逻辑比较重的场景，它适合小巧的应用场景（代码行数保持在几十行到几千行）。目前见到的一些应用场景如下。

❑ Web 应用：会进行一些业务逻辑处理，甚至进行耗 CPU 的模板渲染，一般流程是 MySQL/Redis/HTTP 获取数据→进行业务处理→产生 JSON/XML/ 模板渲染内容。

❑ 接入网关：实现如数据校验前置、缓存前置、数据过滤、API 请求聚合、AB 测试、灰度发布、降级、监控等功能。

❑ Web 防火墙：可以实现 IP/URL/UserAgent/Referer 黑名单、限流等功能。

❑ 缓存服务器：可以对响应内容进行缓存，减少到后端的请求，从而提升性能。

❑ 其他：如静态资源服务器、消息推送服务、缩略图裁剪等。

如何在接入层处理高峰期流量呢？

线上系统主要用 AWS 的 c3.xlarge（4vCPU，14GB）来运行 Nginx+Lua，在线上运行时，若并发连接数超过 2.4 万，则基本带宽就会被打满（虽然 AWS 没有带宽限制，但由于是多虚拟机共享了物理机的网络性能和 I/O 性能，因此导致 c3.xlarge 的带宽限制大约在 40～50MB），CPU 的利用率在 90% 左右，系统负载不到 4。

机器带宽被打满的现象也很好识别：CPU 利用率没有达到 100%，而且机器的 Nginx + Lua 应用也没死掉，但新的连接已经进不去了（Prometheus 的网卡监控此时会频繁报警）。

为了处理业务高峰期的流量，一般会同时增添 20 台左右的 bidder 机器，AWS 的 AMI（映像复制）功能使用起来非常方便，而且 Instance 可以按照小时收费，这极大地降低了运营成本。这块我们是直接利用 Python 的 Boto3 模块调用 AWS 的控制台接口，来实现自动加机器功能的。

网站前台主要是针对客户的，跟常见的 CMS 系统类似，开发语言主要是 PHP。Hadoop/Spark 数据分析这块则主要是 Java 和 Python。由于整个系统（包知子系统）涉及的开发语言比较多，因此以 Python 作为胶水语言，把系统的各个子模块都衔接了起来。后续考虑引入消息中间件，这样各子系统能更好地耦合。

3. 数据缓存层

DSP 系统会产生大量 ip list、domain、关键词等数据，为了实现对这些数据进行快速且有效读取的目的，之前考虑将其放在 MySQL 数据库上，后面发现存在着速度问题，而且 ip list 的数据量太大，每次导入都是十几亿条，可见需要一个数据缓存的解决方案。在比对测试了 Memcached 和 Redis 的速度后，最终选择了 Redis。在将 Redis 应用到线上环境时，我们也在软硬件及数据结构方面对 Redis 进行了如下优化：

❑ 选用 EC2 内存型实例（r3.xlarge 或 r3.2xlarge）来运行 Redis 机器。

❑ 针对 Redis 数据结构进行了重组优化。

❑ 将运行 Redis 集群机器的数量提高到 10 ～ 15 台（每个数据中心的机器数量视具体情况而定）。

由于 DSP 广告系统提供的是服务（bidder 机器发送的是竞价请求），即无状态的 HTTP 访问请求，并非传统型的网站，所以此系统并不需要关心这 Session 共享的问题，而大型网站肯定要关注，建议利用 Redis 缓存服务器来解决，其优势就是快，大量 Session 数据的存放和读取完全没有问题。而 Redis 的主从方案，则可以避免 Redis 的单点问题。

对于 Redis 集群机器，我们是通过自己开发的一致性 Hash 算法程序来统一进行管理的，方便控制，但也有不少问题，比如支持失败节点自动删除、存在程序的单点故障等。目前在尝试用 Codis 集群来管理。

Codis 集群采用一层无状态的 Proxy 层，将分布式逻辑写在 Proxy 上，底层的存储引擎还是 Redis 主从（这种设计很聪明），数据的分布状态存储于 ZooKeeper 集群（一般是 3 台，以集群方式提供服务）中，底层的数据存储变成了可插拔的部件。这样做的好处是各个部件可以动态水平扩展，尤其无状态的 Proxy，对于动态的负载均衡来说意义还是很大的，而且还可以做一些有意思的事情，比如发现一些 slot 的数据比较冷，可以专门用一个支持持久化存储的 Server Group 来负责这部分，以节省内存，当这部分数据变热时，再动态地迁移到内存的 Server Group 上，一切对业务透明。

4. 数据库层面的高可用方案

由于数据读取的压力全部在 Codis 集群上面，分散到后端的 MySQL 压力不大，因此要考虑它的高可用性。对此，这里也设计了两套方案。

（1）MySQL MHA 方案

这是较成熟的 MySQL 高可用方案，经过了非常严苛的基准测试和混乱测试，数据的一致性还是得到了确认的（这点很重要）。

（2）MySQL utilities 工具的二次开发

这里主要选取了两个 HAProxy 提供对外服务（主要是考虑冗余）。MySQ utilities 用于 MySQL Failover，其中还会涉及一定的开发工作，即 MySQL 主从发生变化的时候，需要程序将真正的 Master 机器 IP 刷新到 HAProxy 的配置中，并且进行重载。程序的实现其实较简单，使用 Python 及 Java 均可，但这里消耗的机器数量较多。

MySQL utilities 和 MySQL MHA 最大的区别在于是否用了 GTID 复制，这可以视具体业务来选择。

5. 大数据分析

实现大数据分析时，主要是采用的是开源组件，参考了美图、魅族及马蜂窝的大数据设计架构。我们最终选择的是偏传统型的大数据架构，例如 Hadoop/Spark、Kafka、Hive、HBase 及 ElasticSearch 等分布式集群，其实主要考虑的是以下功能。

- ❏ 分布式计算：即让多个节点并行计算，强调数据的本地性，尽可能地减少数据的传输，例如 Spark 通过 RDD 的形式来表现数据的计算逻辑，可以在 RDD 上做一系列的优化，从而减少数据的传输。
- ❏ 分布式存储：所谓的分布式存储，指的是将一个大文件拆成 N 份，并将每一份独立地放到一台机器上，这里就涉及文件的副本、分片及管理等操作，分布式存储的主要优化动作都在这一块（主要用的是 HDFS）。
- ❏ 检索和存储的结合：在早期的大数据组件中，存储和计算相对单一，但是目前更多的方向是在存储上做更多的手脚，让查询和计算更高效。对于计算来说，高效不外乎就是查找、读取数据块，所以目前的存储不单单是存储数据内容，同时还会添加很多元信息，例如索引信息。我们在 ElasticSearch 做了很多的优化工作，来保证搜索效率。

6. Amazon S3 文件系统

我们是利用 Amazon EMR 来运行 Hadoop/Spark 数据的，业务高峰期间还需要开启大量 Spot Instance 机器来并行处理数据，数据分析及访问的海量日志均存放在 Amazon S3 文件系统上分析汇总，再交由下端的业务系统处理。Amazon S3 具有高度持久性、可扩展性、安全性、快速且物美价廉的存储服务。借助 EMR 文件系统，Amazon EMR 可以将 Amazon S3 安全高效地用作 Hadoop 的对象存储。Amazon EMR 对 Hadoop 进行了大量的改进，因此我们可以无缝地处理 Amazon S3 中存储的大量数据。

除此之外，Amazon S3 在这里还承担了重要的业务数据及数据库文件的备份任务，并且还是 Jenkins 系统的 artifact 文件存储。

7. DevOps 运维开发工作

目前经过自动化运维工具和开发组同事的努力，已经完成如下工作：

- ❏ bidder 业务机器的自动增加或删减。

❏ 分布式爬虫程序的 Spot Instance 自动增加或删减。

❏ Redis 的一致性 Hash 算法程序的逐步完善。

❏ 线上机器的公私钥批量更换或增加（前期是 Fabric，后期改用 Ansible）。

❏ 自动化配置管理主要采用 Ansible 工具，少量运维自行开发。

❏ CI/CD 的具体实现。CI 主要采取的 Jenkins 集群，CD 前期主要是用 Fabric，后期改用 Ansible。

❏ 灰度上线。应用先在流量较小的数据中心发布，然后观察和监控，等稳定一定时间以后，再逐步在其他数据中心发布，最后才在最核心的数据中心发布上线。

❏ 图片服务做成了 CDN 模式提供对外服务（主要是美国数据中心）。

Fabric/Ansible 在 DevOps 工作中的比重很大，熟悉 Fabric 的读者应该了解得比较多，Fabric 是轻量的，很容易跟业务 Python 代码结合，完成自动化配置管理，但它也存在着很多不足，比如说不支持模板渲染、不支持 YAML 编排，运维模块没有 Ansible 丰富等。

而后期我们改用 Ansible 的原因在于，Ansible 拥有丰富的相关支持，包括很多现有的组件和模块，以及开源的部署脚本等。笔者也尝试使用了市面上所有的自动化运维和自动化配置工具，发现 Ansible 是对 AWS 支持得最好的一个。Ansible 的开发过程是写大量的 Playbook（跟 Kubernetes 容器编排类似），现在 Ansible 支持的有 251 个模块，特别是对于云原生的支持，像 AWS、Docker、OpenStack 和部署脚本都放在一个子目录下，这就意味着把别人写的脚本拿过来，或者把别人写定义的 Playbook 拿过来非常容易。现在关于 Ansible 的开源脚本数量庞大，大约有 3000 多个项目，相信这个数字只会越来越多，这意味着以后很多的 DevOps 工作都会越来越简单容易。

8. Docker 技术的选择

经过严格的性能测试比对，我们发现 Docker 对网络性能还是有一定损耗的，所以这里采用的是 Nginx+Lua 源码安装部署方式，而没有采取 Docker 的方式，只有 Prometheus+Grafana 等监控组件和部分应用采取了 Docker 的方式。

为了方便迁移和水平扩容，Jenkins 集群采取的是 Docker 化的部署方式。

Docker 云平台采取的是 Mesos/Marathon 管理，它具有稳定、功能单一等特点，运维成本较低。

9. 压力测试及其他

系统上线前，测试组的同事会用 Load Runner 对主要业务机器 bidder 进行大量的压力测试。系统上线前及上线后，我们也会密切关注以下方面：

❏ Nginx 负载均衡机器的带宽使用情况。

❏ 系统的整体 QPS/TPS 情况，尤其在业务的高峰时期。

❏ 系统整体的响应时间。

❏ bidder 机器的并发连接总数和带宽使用情况。

❏ bidder 机器的负载、CPU 利用率、内存使用情况。

❏ Redis 分布式集群机器的内存使用情况。

❏ Scrapy 分布式爬虫中 Spot Instance 的运行情况。

❏ ElasticSearch 集群的全文搜索效率。

经过大家的共同努力，我们的业务平台已经能抵受很大流量的冲击，很多新技术也在慢慢融入进来，功能也在日趋完善。随着业务的调整，系统的整体架构也在做相应的优化调整，一切以稳定为最高原则。

参考文档：

http://aws.amazon.com/cn/redshift/

http://www.tuicool.com/articles/VjMZF3j

http://jinnianshilongnian.iteye.com/blog/2258111

8.5　秒杀系统的架构设计

如果在业务中遇到了秒杀这种极端场景，我们应该如何来处理呢？

比如说京东秒杀，就是一种定时定量的秒杀，在规定的时间内，无论商品是否秒杀完毕，该场次的秒杀活动都会结束。这种秒杀，对时间要求不是特别严格，只要下手快点，秒中的概率还是比较大的。

1. 业务特点

❏ 瞬时并发量大：秒杀时会有大量用户在同一时间进行抢购，瞬时并发访问量突增 10 倍，甚至 100 倍以上的都有。

❏ 库存量少：一般参与秒杀活动的商品量很少，这就导致了只有极少量用户能成功购买。

❏ 业务简单：流程比较简单，一般都是下订单、扣库存、支付订单。

2. 技术难点

❏ 现有业务的冲击：秒杀是营销活动中的一种，如果和其他营销活动部署在同一服务器上，肯定会对现有的其他活动造成冲击，极端情况下可能导致整个电商系统服务宕机。

❏ 直接下订单：下单页面是一个正常的 URL 地址，需要控制在秒杀开始前不能下订单，只能浏览对应活动商品的信息。简单来说，需要 Disable 订单按钮。

❏ 页面流量突增：秒杀活动开始前后，会有很多用户请求对应的商品页面，这会造成后台服务器的流量突增，同时对应的网络带宽增加，需要控制商品页面的流量不会对后台服务器、DB、Redis 等组件造成过大的压力。

3. 系统设计

秒杀系统的架构设计思想可以参考图 8-4。

限流	只有少部分用户能够秒杀成功， 所以要限制大部分流量，只允许少部分流量进入服务后端。
削峰	对于秒杀系统瞬时会有大量用户涌入，所以在抢购一开始会有很高的瞬间峰值。高峰值流量是压垮系统很重要的原因，所以如何把瞬间的高流量变成一段时间平稳的流量也是设计秒杀系统很重要的思路。实现削峰常用的方法是利用缓存和消息中间件等技术
异步处理	秒杀系统是一个高并发系统，采用异步处理模式可以极大地提高系统并发量，其实异步处理就是削峰的一种实现方式
内存缓存	秒杀系统最大的瓶颈一般都是数据库读写，由于数据库读写属于磁盘 I/O，性能很低。因此如果能够把部分数据或业务逻辑转移到内存缓存，效率会有极大的提升

图 8-4　秒杀活动中的架构设计思想

（1）限流

由于活动库存量一般都很少，只有少部分用户能秒杀成功。所以我们需要限制大部分用户流量，只准少量用户流量进入后端服务器。

（2）削峰

秒杀开始的那一瞬间，会有大量用户冲进来，所以在开始时会有一个瞬间流量峰值。如何把瞬间的流量峰值变得更平缓，是能否成功设计秒杀系统的关键因素。实现流量削峰填谷，一般使用的是缓存和 MQ 中间件。

（3）异步

其实可以把秒杀当作高并发系统来处理，可以考虑从业务上做兼容，将同步的业务设计成异步处理的任务，提高网站的整体可用性。

（4）缓存

秒杀系统的瓶颈主要体现在下订单、扣减库存等流程中。在这些流程中主要用到 OLTP 的数据库，类似 MySQL、Oracle。由于数据库底层采用的是 B+ 树的储存结构，对应我们随机写入与读取的效率，相对较低。如果把部分业务逻辑迁移到 Redis 中，会极大地提高并发效率。

秒杀活动的整体架构如图 8-5 所示。

4. 客户端优化

客户端优化主要有如下两个问题。

（1）秒杀页面

秒杀活动开始前，其实就有很多用户访问该页面了。如果这个页面的一些资源，比如 CSS、JS、图片、商品详情等，都访问后端服务器甚至 DB，服务肯定会出现不可用的情况。所以我们一般会把这个页面整体进行静态化，并将静态化之后的页面分发到 CDN 边缘节点上，起到压力分散的作用。

（2）防止提前下单

防止提前下单主要是在静态化页面中加入一个 JS 文件引用，该 JS 文件包含活动是否开始的标记以及开始时的动态下单页面的 URL 参数。这个 JS 文件是不会被 CDN 系统缓存的，它会一直请求后端服务，所以这个 JS 文件一定要很小。当活动快开始的时候（比如提前 0.5 ～ 2 小时），通过后台接口修改这个 JS 文件使之生效。

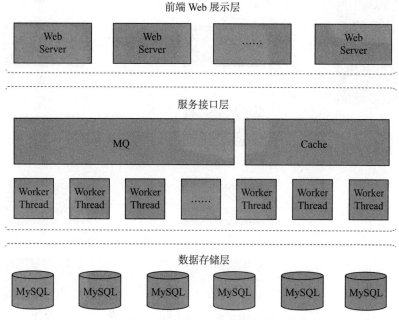

图 8-5　秒杀活动的整体架构

5. API 接入层优化

如果用户有一定的网络基础，简单的客户端优化可能起不到防御作用，因此服务端的 API 接入层也需要加些对应控制，不能信任客户端的任何操作。一般控制分为如下两类：

（1）限制用户维度访问频率

针对同一个用户（Userid 维度）做页面级别缓存，单元时间内的请求统一走缓存，返回同一个页面。其实就这一个工作而言，如果深化，还有很多工作需要做。

（2）限制商品维度访问频率

大量请求同时间段查询同一个商品时，可以做页面级别缓存，不管下回是谁来访问，只要是这个页面就直接返回。

6. SOA 服务层优化

上面两层只能限制异常用户访问，如果秒杀活动运营得比较好，很多用户都参加了，就会造成系统压力过大甚至宕机，因此需要进行后端流量控制。

对于后端系统的控制可以通过消息队列、异步处理、提高并发等方式解决。对于超过系统水位线的请求，直接采取"Fail-Fast（快速失败）"原则拒绝。

秒杀的整体流程如图 8-6 所示。

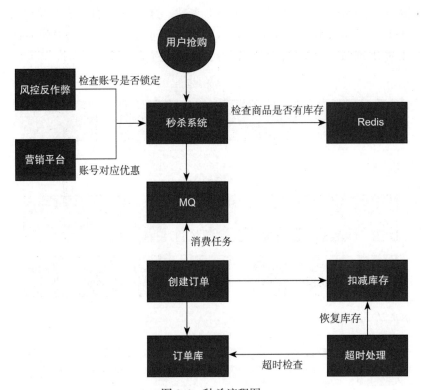

图 8-6　秒杀流程图

秒杀系统核心在于层层过滤，逐渐递减瞬时访问压力，减少最终对数据库的冲击。通过图 8-6 会发现压力最大的地方在哪里。

压力最大的地方是 MQ 排队服务，只要 MQ 排队服务能顶住，后面下订单与扣减库存的压力都是自己能控制的，根据数据库的压力，可以定制化创建订单消费者的数量，避免因为消费者数据量过多，导致数据库压力过大或者直接宕机。

库存服务专门为秒杀的商品提供库存管理，实现提前锁定库存功能，避免出现超卖的现象。同时，通过超时处理任务发现已抢到商品但未付款的订单，并在规定付款时间后，处理这些订单，同时恢复订单商品对应的库存量。

总结秒杀系统的核心思想，即：层层过滤！

1）尽量将请求拦截在上游，降低下游的压力；

2）充分利用缓存与消息队列，提高请求处理速度及削峰填谷的作用。

参考文档：

http://blog.51cto.com/13527416/2085258

http://blog.csdn.net/fayeyiwang/article/details/51234457

https://blog.thankbabe.com/2016/09/14/high-concurrency-scheme/

8.6　小结

本章以笔者维护过的千万级／亿级 PV、高可用、高流量网站的架构为例来说明网站的系统架构设计，并且分享了秒杀系统的架构设计思想。在实际的工作中，系统架构设计绝对不是一件轻松的事情，最后的架构实现也是经过各种严酷的生产环境磨砺演化而来。如果大家能从这些案例中学习到对自己有帮助的技能点，提升自己的专业水平，优化自己的网站，提升用户体验，这也是让笔者甚感欣慰的事情。

Linux 集群的总结和思考

曾几何时,我们用很廉价的 PC 机器(或者虚拟机)就可以组成强大的 Linux 集群机器,负载均衡、高可用和 Failover 这些技术名词大家也都熟悉了。笔者从事 Linux 集群运维及 DevOps 工作已经十五年了,工作中打交道最多的也就是 Linux 集群和其组成的系统架构,随着容器微服务的流行,出现了更多新的技术,比如分布式系统技术等,传统的 Linux 集群与容器微服务及分布式系统所采用的技术还是有区别的。

9.1 集群与分布式系统的区别

集群就是提供相同服务的机器或容器的组合,但从客户端看来就只有一个服务器。

分布式系统就是将一个完整的系统,按照业务功能拆分成一个个独立的子系统,在分布式结构中,每个子系统都会被称为"服务",例如 Mesos 分布式系统(见图 9-1)或 Hadoop/HDFS 分布式系统等。

这些子系统能够独立地运行于容器(或物理机)中,它们之间通过 RPC 方式通信。举个例子,假设我们需要开发一个在线商城。按照微服务的思想,我们需要根据功能模块将其拆分成多个独立的服务,如:用户服务、产品服务、订单服务、后台管理服务、数据分析服务等。这些服务都是一个个独立的项目,可以独立运行。如果服务之间有依赖关系,那么通过 RPC 方式调用。

这样安排的好处有很多:

❑ 系统之间的耦合度大大降低,可以独立开发、独立部署、独立测试,系统与系统之间的边界非常明确,排错也变得相当容易,开发效率大大提升。

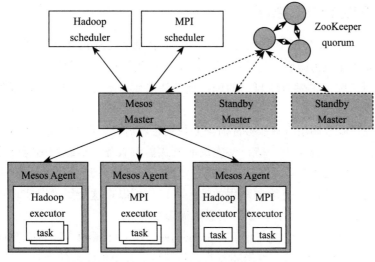

图 9-1　Mesos 分布式系统组件架构图

❑ 系统之间的耦合度降低，从而系统更易于扩展。我们可以有针对性地扩展某些服务。
假设这个商城要搞一次大促，下单量可能会大大提升，那么我们可以有针对性地提
升订单系统、产品系统的节点数量。对于后台管理系统、数据分析系统而言，节点
数量维持原有水平即可。

❑ 服务的复用性更高。比如，以用户系统作为单独的服务后，该公司所有的产品都可
以使用该系统作为用户系统，无须重复开发。

在分布式系统环境下，由于存在硬件、网络的隔离等情况，一些事务操作不像在单机
环境那样简单，于是出现了 CAP 理论，它的定义如下。

❑ Consistency（一致性）：分布式环境存在多个节点，这些节点上的数据在同一时间所
存储的数据必须是一致的，这就是一致性协议的原理实现。在并发环境下一个客户
端从任意一个节点获取的数据都要保证是最新的。对于服务端来说，也就是需要保
证在整个分布式环境下的数据复制。

❑ Availability（高可用性）：可用性很好理解，任何时刻都需要保证服务的可用和稳
定性。

❑ Partition Tolerance（分区容错）：所谓分区容错是指某个时刻出现网络或者硬件不可
用，甚至宕机等情况，其他的机器还能正常使用。

大部分情况下我们能够很好地保证可用性和分区容错，但是对于一致性问题是个比较
难的课题，所以需要引入 Paxos 算法或 Raft 算法来保证。

集群在分布式系统中出现的概率很大，事实上，现在的很多系统或产品都采用分布式
系统＋集群的方式提供对外服务。例如 ZooKeeper 集群及 Mesos Master 集群，在实际生产
环境中都是以 N（N 为奇数，并且大于或等于 3）个服务器来提供对外服务的。

9.2　了解微服务及其组件

微服务已经在各大公司有过实践，以 Java 为代表的 SpringBoot 成为微服务的代表，Kubernetes + Docker 成为微服务运行的最佳环境。下面来了解一下微服务中的组件。

❑ 服务注册：服务提供方将自己的调用地址注册到服务注册中心，让服务调用方能够方便地找到自己。

❑ 服务发现：服务调用方从服务注册中心找到自己需要调用的服务的地址。

❑ 负载均衡：服务提供方一般以多实例的形式提供服务，负载均衡能够让服务调用方连接到合适的服务节点。并且，节点选择的工作对服务调用方来说是透明的。

❑ 服务网关：服务网关是服务调用的唯一入口，可以在这个组件是实现用户鉴权、动态路由、灰度发布、A/B 测试、负载限流等功能。

❑ 配置中心：将本地化的配置信息（properties、xml 和 yaml 等）注册到配置中心，实现程序包在开发、测试、生产环境的无差别性，方便程序包的迁移。

❑ API 管理：以方便的形式编写及更新 API 文档，并以方便的形式供调用者查看和测试。

❑ 集成框架：微服务组件都以职责单一的程序包对外提供服务，集成框架则以配置的形式将所有微服务组件（特别是管理端组件）集成到统一的界面框架下，让用户能够在统一的界面中使用系统。

❑ 分布式事务：对于重要的业务，需要通过分布式事务技术（TCC、高可用消息服务、最大努力通知）保证数据的一致性。

❑ 调用链：记录完成一个业务逻辑所调用的微服务，并将这种串行或并行的调用关系展示出来。在系统出错时，可以方便地找到出错点。

❑ 支撑平台：系统微服务化后，变得更加碎片化，系统的部署、运维、监控等都比单体架构更加复杂，那么，就需要将大部分的工作自动化。现在，可以通过 Docker 等工具来中和这些微服务架构的弊端。例如持续集成、蓝绿发布、健康检查、性能健康等。以我们的实践经验来看，如果没有合适的支撑平台或工具，就不要使用微服务架构。

下面来看一下微服务架构的优点。

❑ 降低系统复杂度：每个服务都比较简单，只关注于一个业务功能。

❑ 松耦合：微服务架构方式是松耦合的，每个微服务可由不同的团队独立开发，互不影响。

❑ 跨语言：只要符合服务 API 契约，开发人员可以自由选择开发技术。这就意味着开发人员可以采用新技术编写或重构服务，由于服务相对较小，所以这并不会对整体应用造成太大影响。

❑ 独立部署：微服务架构可以使每个微服务独立部署。开发人员无须协调对服务升级

或更改的部署。这些更改可以在测试通过后立即部署。所以微服务架构也使得 CI/
CD 更加方便。

有优点，自然也会有缺点，以下是微服务架构的缺点。

❏ 服务的大小：微服务强调了服务的大小，但实际上大小并没有统一的标准，业务逻
辑应该按照什么规则划分，这本身就是一个经验工程。有些开发者主张 10 ～ 100 行
代码就应该建立一个微服务。虽然建立小型服务是微服务架构崇尚的，但要记住，
微服务是达到目的的手段，而不是目标。微服务的目标是充分分解应用程序，以促
进敏捷开发和持续集成部署。

❏ 微服务的分布式特点带来的复杂性：开发人员需要基于 RPC 或者消息实现微服务之
间的调用和通信，而这就使得服务之间的发现、服务调用链的跟踪和质量问题变得
相当棘手。

❏ 分区的数据库体系和分布式事务：更新多个业务实体的业务交易相当普遍，不同的
服务可能拥有不同的数据库。CAP 原理的约束，使得我们不得不放弃传统的强一致
性，转而追求最终一致性，这对开发人员来说是一个挑战。

❏ 测试挑战：传统的单体 Web 应用只需测试单一的 REST API 即可，而对微服务进行
测试，需要启动它依赖的所有其他服务。这种复杂性不可低估。

❏ 跨多个服务的更改：在传统单体应用中，若有 A、B、C 三个服务需要更改，A 依赖
B，B 依赖 C。我们只需更改相应的模块，然后一次性部署即可。但是在微服务架构
中，我们需要仔细规划和协调每个服务的变更部署，比如需要先更新 C，然后更新
B，最后更新 A。

❏ 部署复杂：微服务由大量不同的服务构成，每种服务可能都拥有自己的配置、应用
实例以及基础服务地址。这就需要用到不同的配置、部署、扩展和监控组件。此外，
我们还需要使用服务发现机制，以便服务发现与其通信的其他服务的地址。可见，
成功部署微服务应用需要开发人员有更好的部署策略和高度自动化的水平。

总的来说，API Gateway、负载均衡、服务间调用、服务发现、服务容错、服务部署、
数据调用以及测试是目前微服务的重难点。

上文提到，我们在实现微服务应用时还需要用到 API Gateway，那什么是 API Gateway 呢？

当使用单体应用程序架构时，客户端（Web 或移动端）通过向后端应用程序发起一次
REST 调用来获取数据。负载均衡器将请求路由给 N 个相同的应用程序实例中的一个。然后
应用程序会查询各种数据库表，并将响应返回给客户端。在微服务架构下，单体应用会被切
割成多个微服务，如果将所有的微服务直接对外暴露，势必会出现安全方面的各种问题。

客户端可以直接向每个微服务发送请求，但也会带来如下问题：

❏ 客户端需求与每个微服务暴露的细粒度 API 不匹配。

❏ 部分服务使用的协议不是 Web 友好协议。可能使用的是 Thrift 二进制 RPC，也可能
使用的是 AMQP 消息传递协议。

❑ 微服务难以重构。如果合并两个服务，或者将一个服务拆分成两个或更多服务，就非常困难了。

服务端的各个服务直接暴露给客户端调用势必会引起各种问题。同时，服务端的各个服务可扩展和伸缩性很差。API Gateway 是微服务架构中的基础组件，位于接入层之下、业务服务层之上，如前所述的这些功能适合在 API Gateway 实现。

这里举个简单的例子说明。一个简单的购物操作，中间可能会涉及购物车、下单、评论、快递服务等操作。在一个非微服务的架构里面，客户端想要完成整个购物流程，就需要通过常见的 REST 请求来获取数据，我们可能在服务层用了一些负载均衡，那么这些请求就会分发到多个应用实例中并做出响应。

但是在一个微服务的体系中，购物车、下单、评论等都可以独立成一个服务，也就是我们所说的微服务。客户端想要完成整个购物流程，可以去单独地请求某个服务来获取数据。听起来可能有点怪怪的，为了完成一个购物操作，从之前的一次请求变成了 N 次请求，毕竟我们知道，客户端频繁请求的成本是不低的。所以，直接由客户端发起 N 次请求，一般来说是没人会干的，那怎么办呢？就由 API Gateway 来处理了。API Gateway 其实也是一个服务器，所有的请求首先会经过这个网关，它会进行权限控制、安全、负载均衡、请求分发、监控等操作。

（1）什么是 Kong

当我们决定对应用进行微服务改造时，应用客户端如何与微服务交互的问题也随之而来，毕竟服务数量的增加会直接导致部署授权、负载均衡、通信管理、分析和改变的难度增加。

面对以上问题，API Gateway 是一个不错的解决方案，其所提供的访问限制、安全、流量控制、分析监控、日志、请求转发、合成和协议转换功能都可以解放开发者，他们可以把精力集中在具体逻辑的代码上，而不是把时间花费在考虑如何解决应用和其他微服务链接的问题上。

（2）为什么使用 Kong

在众多 API Gateway 框架中，Mashape 开源的高性能高可用 API 网关和 API 服务管理层——Kong（基于 Nginx）的特点尤为突出，它可以通过插件扩展已有的功能，这些插件（使用 Lua 语言编写）在 API 请求响应循环的生命周期中被执行。与此同时，Kong 本身提供包括 HTTP 基本认证、密钥认证、CORS、TCP、UDP、文件日志、API 请求限流、请求转发及 Nginx 监控等基本功能。

随着规模和复杂性的增长，服务网格越来越难以理解和管理。它的需求包括服务发现、负载均衡、故障恢复、指标收集和监控，以及更加复杂的运维需求，例如 A/B 测试、金丝雀发布、限流、访问控制和端到端认证等。

针对这些运维需求，Istio 提供了一个完整的解决方案，它通过为整个服务网格提供行为洞察和操作控制来满足微服务应用程序的多样化需求，Service Mesh 这个术语通常用于描述构成这些应用程序的微服务网络以及应用之间的交互。

通过负载均衡、服务间的身份验证、监控等方法，Istio 可以轻松地创建一个已经部署了服务的网络，而服务的代码只需少量更改甚至无须更改。它通过在整个环境中部署一个特殊的 sidecar 代理来为服务添加 Istio 的支持，而代理会拦截微服务之间的所有网络通信，然后使用其控制平面的功能来配置和管理 Istio，这包括：

❑ 为 HTTP、gRPC、WebSocket 和 TCP 流量自动实现负载均衡。

❑ 通过丰富的路由规则、重试、故障转移和故障注入对流量行为进行细粒度控制。

❑ 可插拔的策略层和配置 API 支持访问控制、速率限制和配额。

❑ 集群内（包括集群的入口和出口）所有流量的自动化度量、日志记录和追踪。

❑ 在具有强大的基于身份验证和授权的集群中实现安全的服务间通信。

Istio 为可扩展性而设计，可以满足不同的部署需求。

事实上，通过上面对微服务组件及 Istio/Kong 的介绍，我们发现传统的负载均衡在容器云领域的作用较为有限，更多的需求点集中在服务自动发现、蓝绿发布、熔断 / 限速、链路监控及安全授权等方面，这也是后期我们的研发重点。

参考文档：

https://preliminary.istio.io/zh/docs/concepts/what-is-istio/

https://my.oschina.net/wenzhenxi/blog/2873131

9.3　现阶段如何保证高可用

如果我们的产品是内部使用，很多问题都比较好解决，但很多时候，产品都是以项目的形式来对外实施的，即要考虑到客户的实际基础环境——有可能是传统的物质理机环境或公有云环境，也有可能是混合云环境（建议用云原生的方式部署，即重要组件都采取容器化的方式部署）。

1. 实施对外项目时要了解的现状

基础设施方面客户能提供的其实很少，很多客户并不能提供基于私有云的物理机给我们使用，主要是阿里云 / 华为云或虚拟机，虚拟机的健壮性由客户方来保证，但不能保证机器不重启或不被人为重启，所以这对于我们来说其实也是个不小的挑战，针对这种情况，我们主要是利用分布式系统 + 集群来完成这一目标。

2. 放弃传统的 Heartbeat/Keepalived，改用 ZooKeeper

现在有很多云平台（比较有代表性的是阿里云），都不支持 HAVIP 了。传统的 Heartbeat 及 Keepalived 高可用方案已不通用；所以这里选用 ZooKeeper 来保证整个集群重要组件的高可用性，这样做的好处是，我们并不需要 HAVIP，只需要提供 N 台机器即可（N 为奇数，N 大于或等于 3），然后就可以利用 ZooKeeper 的选举机制推举出 Leader 机器。

3. HDFS 采取新的架构方案

传统的 Hadoop 部署方案存在着 Namenode 单点故障,很容易导致 HDFS 文件系统出现问题。新的架构方案可以保证 Namenode 的高可用,而且我们在生产环境中发现,即使出现了脑裂的极端情况,手动恢复以后,数据的一致性问题也可以得到保障,系统架构如图9-2 所示(方案较为通用流行,这里不再重复)。

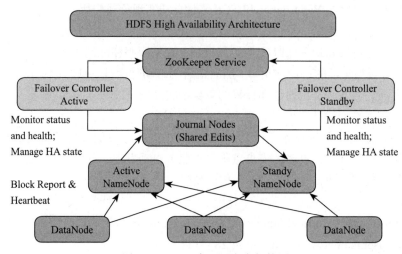

图 9-2　HDFS 高可用方案架构图

4. 利用 GlusterFS 分布式文件系统

经过多方对比和测试,我们最终用 GlusterFS 分布式文件系统作为主要的云平台(包括 Mesos 和 Kubernetes)的文件系统,并以其为依据作为容器的状态存储方案。GlusterFS 小文件的性能并不是特别好,但 GlusterFS 有一个比较好的特性:它是无元数据设计的,而且我们做过大量的项目部署,GlusterFS 高可性方面是有保障的。

5. 重要应用组件需采取节点互斥

应用本身的组件扩容可以利用 Kubernetes 或 Mesos 的多副本机制使用重要组件的节点互斥。

这个功能在 Mesos 或 Kubernetes 集群里都有支持,例如 Mesos/Marathon 里面就有 UNIQUE 约束,UNIQUE 告诉 marathon 强制所有应用程序的任务的唯一性。在下面的约束中,每个 HOST 只能运行一个应用任务。

```
{
"id": "example-app",
"cmd": "sleep 60",
"instances": 3,
"constraints": [["hostname", "UNIQUE"]]
}
```

而 Kubernetes 就可以利用 DeamonSet 控制器 + Nodeselect 的部署来保证重要组件并不会在同一台 node 物理节点上重复部署运行。

6. MySQL 的高可用方案

在传统的 IT 环境下（私有云环境），MySQL 高可用方案的选型很多，比如 MySQL MHA/DRBD 以及 MySQL Utilities。

如果是容器云环境呢？考虑到 HAVIP 在很多公有云平台上不可用及 MySQL 容器化维护的复杂度，MySQL MHA 和 DRBD + Heartbeat 方案只能放弃；所以最后还是采取了 HAProxy + MySQL Utilities 二次开发 + GTID 主从复制的方案，前面也提到了这种方案，所以这里不再赘述。

MySQL MHA 在生产环境下的稳定性和流行，证明了它是成熟的开源方案。如果我们要在云原生环境下使用 MySQL MHA，可以用 Consul 来代替 HAVIP，即采取 MySQL MHA + Consul 的方式。

7. Prometheus/Grafana/AlertManager 监控

目前针对容器云平台的监控较为成熟了，我们可以利用 Prometheus/Grafana/AlertManager 来监控并进行报警；部署也可以考虑用 Prometheus Operator 的方式。

8. 严格的混乱测试

设计完成以后，我们会在自己公司的机房或云环境部署一套类似的方案，首先会进行集成测试和基准测试；然后再在此基础上进行混乱测试，具体做法是：写 Python 的自动化运维程序，每天定时重启或直接关机某一台机器，然后观察整个系统的可用性，查看数据的完整性及哪些组件没有正常服务。

9.4　小结

这一章主要是针对传统 Linux 集群与分布式系统进行了比较，并介绍了微服务环境（主要是 Kubernetes）下的各组件，主要是 Kong 和 Istio，最后介绍了现阶段在复杂的项目环境中如何保证服务的高可用。希望大家通过阅读此章内容，能够理解目前传统 Linux 集群的局限性，并结合自己的实际业务，确定云原生环境下的容器微服务需要关注和研究的方向。

Docker 进阶操作总结

其实无论是 Mesos/Marathon 还是 Kubernetes 容器云平台，或者是基于 Docker 的 CI/CD 工作流，底层都是基于 Docker 的操作。可见，我们跟 Docker 打交道还是很多的，这里针对常见的 Docker 的进阶操作进行总结。

1）运行 docker exec 命令返回容器执行命令状态码。

```
docker exec -ti nginx-test bash -c 'cd /home/yhc && sh test.sh'
echo $?
127
```

在 CI/CD 工作流中，通过此状态码 Jenkins 就可以发送钉钉通知，要么成功，要么失败。

2）如何实现 Docker in Docker？

Docker in Docker，即在 Docker 容器里面运行 Docker 相关命令，这个需求现在应该是比较常见的，那么具体怎么实现呢？

Docker daemon 是一个非常松耦合的架构（见图 A-1），客户端和服务器端都可以运行在一个机器上，也可以通过 Socket 或 REST API 来进行通信。

运行过 Docker Hub 的 Docker 镜像，就会发现其中的一些容器需要挂载 /var/run/docker.sock 文件。这个文件是什么呢？为什么有些容器需要使用它？简单地说，它是 Docker 守护进

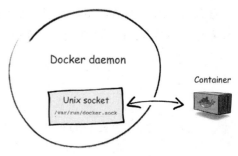

图 A-1　Docker daemon 简单架构图示

程（Docker daemon）默认监听的 Unix 域套接字（Unix Domain Socket），容器中的进程可以通过它与 Docker 守护进程进行通信。

下面以 Jenkins 容器为例说明如何运行 Docker 命令。

参考 Jenkins 容器的应用，基于 Dockerfile 的内容如下：

```
cp docker /usr/local/bin/docker
docker run -d -v /var/run/docker.sock:/var/run/docker.sock --name nginx nginx
```

另外，要注意权限问题，这里的 Nginx 容器是以 root 用户身份运行的，如果是非 root 用户或非 Docker 组用户，要将其加入 Docker 组（或直接以 Docker root 用户执行），不然就会报下面的错误：

```
Got permission denied while trying to connect to the Docker daemon socket at
    unix:///var/run/docker.sock: Get http://%2Fvar%2Frun%2Fdocker.sock/v1.38/
    images/json: dial unix /var/run/docker.sock: connect: permission denied
```

然后我们进入 Jenkins 容器，就可以以 root 用户来执行 Docker 相关操作了。

3）如何正确地清理 Docker 容器日志？

容器日志一般存放在 /var/lib/docker 下，可使用如下命令查看各个日志的文件大小：

```
ls -lh $(find /var/lib/docker/containers/ -name *-json.log)
```

那么，如何正确地清理容器日志呢？

如果 Docker 容器正在运行，使用 rm -rf 方式删除日志后，通过 df -h 会发现磁盘空间并没有释放。

原因在于，在 Linux 系统中，通过 rm 或者文件管理器删除文件将会从文件系统的目录结构上解除链接。然而如果文件是被打开的（有一个进程正在使用），那么进程将仍然可以读取该文件，磁盘空间也一直在被占用。

正确的操作应该是：

```
cat /dev/null > *-json.log
```

或者使用如下 truncate 命令，将 Nginx 容器的日志文件"清零"。一般来说，可以保留最近的 100MB 左右的日志数据。

```
truncate -s 100M /var/lib/docker/containers/a376aa694b22ee497f6fc9f7d15d943de91c
    853284f8f105ff5ad6c7ddae7a53/*-json.log
```

这应该是 Linux 操作系统的问题，不能让 Docker 来背锅。

在 Linux 中，如果使用 rm 命令在 Linux 上删除了大文件，但是有进程打开了这个大文件，却没有关闭这个文件的句柄，那么 Linux 内核还是不会释放这个文件的磁盘空间，最后造成磁盘空间占用 100%，整个系统无法正常运行。在这种情况下，通过 df 和 du 命令查找的磁盘空间是无法匹配的，可能 df 显示磁盘的使用是 100%，而 du 查找目录的磁盘容量占用却很小。

遇到这种情况，基本可以断定是某些大文件被某些程序占用了，并且这些大文件已经被删除了，但是对应的文件句柄没有被某些程序关闭，造成内核无法收回这些文件占用的空间。

我们可以执行如下操作：

```
lsof -n | grep deleted
```

打印出所有针对已删除文件的读写操作，这类操作是无效的，也正是磁盘空间莫名消失的根本原因。

解决办法是使用如下命令：

```
kill -9 pid
```

只需把进程删掉就能释放空间了。

4）使用 privileged 开启特权模式。

使用 privileged 参数，容器内的 root 拥有真正的 root 权限；否则，container 内的 root 只是外部的一个普通用户权限。

使用特权模式启动容器，可以获取大量设备文件访问权限。因为当管理员执行 docker run -- privileged 命令时，Docker 容器将被允许访问主机上的所有设备，并可以执行 mount 命令进行挂载。

当控制使用特权模式启动容器时，Docker 管理员可通过 mount 命令将外部宿主机磁盘设备挂载到容器内部，获取对整个宿主机的文件读写权限，此外还可以通过写入计划任务等方式在宿主机执行命令。

工作中我们一般会谨慎使用此操作，如果业务有需求，例如需要通过 mount 命令将宿主机磁盘设备挂载至容器内部，并且需要读写，这时才会使用此特权模式。

5）为什么本地 Docker 有大量的 <none>:<none> 镜像文件？

Dockerfile 代码更新频繁，自然 docker build 构建同名镜像也频繁得很，因此就会产生众多名为 none 的无用镜像。

另外，Docker 是分层构建的，<none><none> 是中间层的意思，Nginx 容器的相关 Dockerfile 文件内容如下：

```
FROM centos
# MAINTAINER
MAINTAINER yuhongchun027@gmail.com
# wget  nginx-1.16.0.tar.gz into /usr/local/src and unpack nginx
RUN yum -y install wget
RUN cd /usr/local/src && wget http://nginx.org/download/nginx-1.16.0.tar.gz &&
    tar xvf nginx-1.16.0.tar.gz
# running required command
RUN yum install -y gcc gcc-c++ glibc make autoconf openssl openssl-devel
```

```
RUN yum install -y libxslt-devel -y gd gd-devel GeoIP GeoIP-devel pcre pcre-
    devel
RUN useradd -M -s /sbin/nologin nginx
# mount a dir to container
VOLUME ["/data"]
# change dir to /usr/local/src/nginx-1.16.0
WORKDIR /usr/local/src/nginx-1.16.0
# execute command to compile nginx
RUN ./configure --user=nginx --group=nginx --prefix=/usr/local/nginx --with-file-
    aio --with-http_ssl_module --with-http_realip_module --with-http_addition_
    module --with-http_xslt_module --with-http_image_filter_module --with-http_
    geoip_module --with-http_sub_module --with-http_dav_module --with-http_flv_
    module --with-http_mp4_module --with-http_gunzip_module --with-http_gzip_
    static_module --with-http_auth_request_module --with-http_random_index_
    module --with-http_secure_link_module --with-http_degradation_module --with-
    http_stub_status_module && make && make install
# setup PATH
ENV PATH /usr/local/nginx/sbin:$PATH
# EXPOSE
EXPOSE 80 443
# the command of entrypoint
ENTRYPOINT ["nginx"]
CMD ["-g","daemon off;"]
```

我们可以执行以下命令来构建 Nginx 容器（此命令可能会反复操作）：

```
docker build -t nginx .
```

图 A-2 中标识了每次构建都是基于上次构建的层进行的，如果构建相同就复用；如果不相同，则 docker tag 会被给到新的镜像，但 docker id 则是不同的。

图 A-2　构建 Nginx 容器

6）Nginx Docker 容器为什么无法启动？

为什么 Dockerfile 文件的最后一行要加上 daemon off 后，Nginx 容器才能运行正常呢？

这是因为 Docker 容器默认会把容器内部的第一个进程，也就是 pid 为 1 的程序作为 Docker 容器是否正在运行的依据，如果 Docker 容器 pid 为 1 的进程挂了，那么 Docker 容器便会直接退出，这是 Docker 的机制问题。通俗地说，Docker 容器在后台运行，就必须有一个前台进程。比如，用 nginx -g 命令以后台进程模式运行，就会导致 Docker 前台没有运行的应用，那么后台启动后就会立即自杀，因为它觉得前台没事可做了。所以，最佳的解决方法是将我们要运行的程序以前台进程的形式运行，即 nginx -g "daemon off;"。

除了这个办法以外，还可以在最后再加一条命令，即 tail -f /var/log/messages。

7）正确地清理 Docker 磁盘空间等。

删除所有关闭的容器：

```
docker ps -a | grep Exit | cut -d ' ' -f 1 | xargs docker rm
```

删除所有 dangling 镜像（即无 tag 的镜像）：

```
docker rmi $(docker images | grep "^<none>" | awk "{print $3}")
```

删除所有 dangling 数据卷（即无用的 Volume）：

```
docker volume rm $(docker volume ls -qf dangling=true)
```

事实上，我们可以用 docker system prune 命令进行安全的 Docker 磁盘清理动作，但要注意谨慎地使用 -a 选项，它会清理整个系统，包括镜像、容器、数据卷及网络。

8）Docker pull 如何加速？

Docker 默认采取的是国内 DockerHub 源，执行 pull 操作时速度会非常慢，所以这里建议使用阿里云加速器加速 pull image。

配置镜像加速器时，针对 Docker 客户端版本大于 1.10.0 的用户，可以通过修改 daemon 配置文件 /etc/docker/daemon.json 来使用加速器，具体命令如下：

```
mkdir -p /etc/docker
tee /etc/docker/daemon.json <<-'EOF'
{
    "registry-mirrors": ["https://x35h31ad.mirror.aliyuncs.com"]
}
EOF
sudo systemctl daemon-reload
sudo systemctl restart docker
```

9）理解 ADD 和 COPY 命令的区别。

Dockerfile 中的 COPY 指令和 ADD 指令都可以将主机上的资源复制或加入容器镜像中，且都是在构建镜像的过程中完成的，那么它们的区别点在哪里呢？

COPY 指令和 ADD 指令较大的区别点在于是否支持从远程 URL 获取资源。COPY 指令只能从执行 Docker build 命令的主机上读取资源并复制到镜像中，而 ADD 指令还支持通过 URL 从远程服务器读取资源并复制到镜像中。

在满足同等功能的情况下，推荐使用 COPY 指令；ADD 指令更擅长读取本地 tar 文件并解压缩。

10）Docker 构建能否为特定命令禁用缓存？

为了强制 Docker 构建镜像时不用缓存，我们在执行 docker build 命令时可以带上 --no-cache 参数。但这往往达不到我们的要求，比如，在实现 docker build 时，只有在执行 wget 命令时才不走缓存，其余的时候还是需要走缓存的，以节约 docker build 的时间。dockerfile

的部分内容如下：

```
ARG CACHEBUST=1
RUN wget ${AUTH} -O ./master.jar ${ARTIFACT_HOST}/master-1.0.jar
```

我们可以通过将 --build-arg CACHEBUST=$(date +%s) 添加为 docker build 参数来修改其每次运行的值（值也可以是任意的，这里是当前日期和时间，以确保它在运行中的唯一性）。

事实上，在工作中我们遇到的 Docker 问题远远不止这些，特别是网络及磁盘相关的操作，比如，将业务从 Mesos/Marathon 迁移到 Kubernetes 集群时遇到的问题更多。我们需要熟练掌握底层 Docker 的操作方法及原理，多看官方文档和资料，这样才能提升自己对容器技术的了解，有利于自己的工作开展。

利用 Nexus3 配置 CI/CD 的私有仓库

图 B-1 是 CI/CD 工作流程图，读者应该能发现，此时的私有仓库在整个 CI/CD 中的比重还是很大的，它主要是用于 Artifact File Server 存放在 CI 过程中产生的 Artifact 文件，例如 jar/tar 或 Docker 文件等。除此之外，我们还有如下需求：

- ❑ 要有 raw 仓库，可以存放 tar 和 rpm 等任何对象的文件，Nexus 可以像管理文件一样管理它们；
- ❑ 需要有 pypi 及 apt 的 proxy 代理需求；
- ❑ 性能要好，不能受多并发的 CI 任务影响；
- ❑ 要有强大的授权 / 安全功能，可以做到特定用户对资源的可读或可写控制。

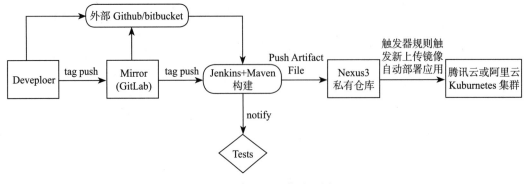

图 B-1 CI/CD 工作流程图

综合以上需求考虑，我们最终选用 Nexus3 作为 CI/CD 私有仓库。

Nexus3 的仓库类型主要分为 hosted、proxy、group 三种，其具体含义见表 B-1。

表 B-1　Nexus3 的仓库作用

仓库类型	具体作用
hosted	本地存储。像官方仓库一样提供本地私库功能
proxy	提供代理其他仓库的类型，作用类似于镜像功能
group	组类型，能够组合多个仓库为一个地址提供服务，可以理解为 group = hosted + proxy

8082 为 group 端口，8084 则为 hosted 端口（proxy 端口中为 8083）；这里如果是执行 docker pull 的动作，那么使用的是 group 仓库；如果执行的是 docker push，则是 hosted 仓库。宿主机 IP 地址为 192.168.1.222。

下面来看看 Nexus3 的安装方式。

为了方便安装及后面 Nexus3 的数据迁移，这里选用 Docker 的安装方式，命令如下：

```
docker pull sonatype/nexus3
```

命令显示结果如下：

```
Using default tag: latest
latest: Pulling from sonatype/nexus3
865dc90c13b3: Pull complete
886bc343b9fd: Pull complete
37044071693a: Pull complete
3fd6bb466e42: Pull complete
Digest: sha256:8926032ab7eb9389351df78e68f21d1452dd57200152f424a57bcb26094e50c4
Status: Downloaded newer image for sonatype/nexus3:latest
```

接下来以 Docker 的方式运行 Nexus3，命令如下：

```
mkdir -p /data/nexus/
chown -R 200 /data/nexus

docker run -d -p 8081:8081 -p 8082:8082 -p 8083:8083 -p 8084:8084--name nexus -v
    /data/nexus:/nexus-data sonatype/nexus3:latest
```

安装成功以后，以 admin 的身份登录 Nexus3 的工作界面，其地址为 http://192.168.1.222:8081/，密码置于 /data/nexus/admin.password 文件中，首次登录以后会强制更新密码，这里改为 yhc@65432。

下面以 Docker 为例来做说明，配置 docker hosted/proxy 及 group 仓库，如图 B-2 至图 B-4 所示。

这里以建立 hosted 仓库来做说明。依次点击 Repository 下面的 Repositories → Create Repository：docker(hosted)，该界面的重要参数说明如下。

❑ Name：输入一个简洁直观的名字，例如：docker-nexus3-hosted。

❑ Online：勾选。这个开关可以设置 Docker repo 是在线还是离线。

❑ Repository Connectors：下面包含 HTTP 和 HTTPS 这两种类型的 port。

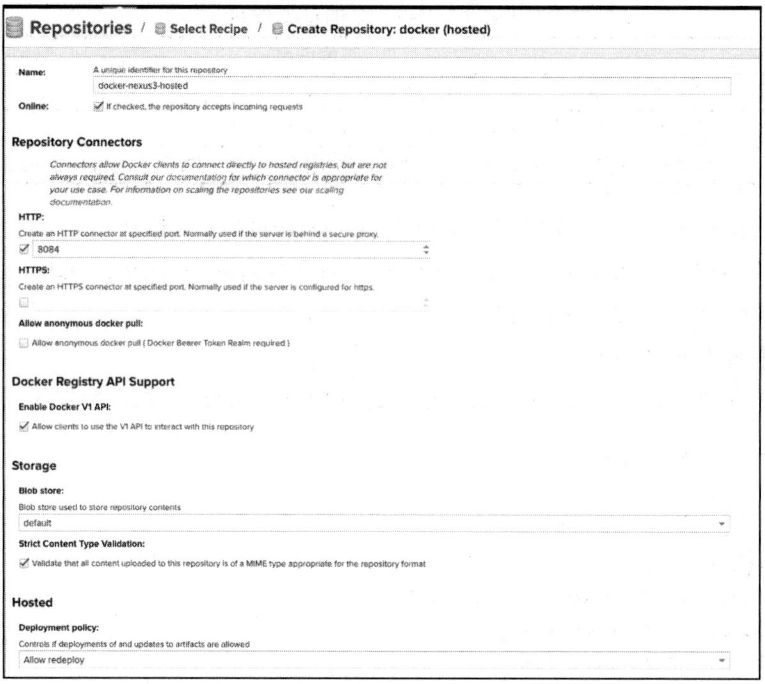

图 B-2　Nexus3 建立 hosted 仓库

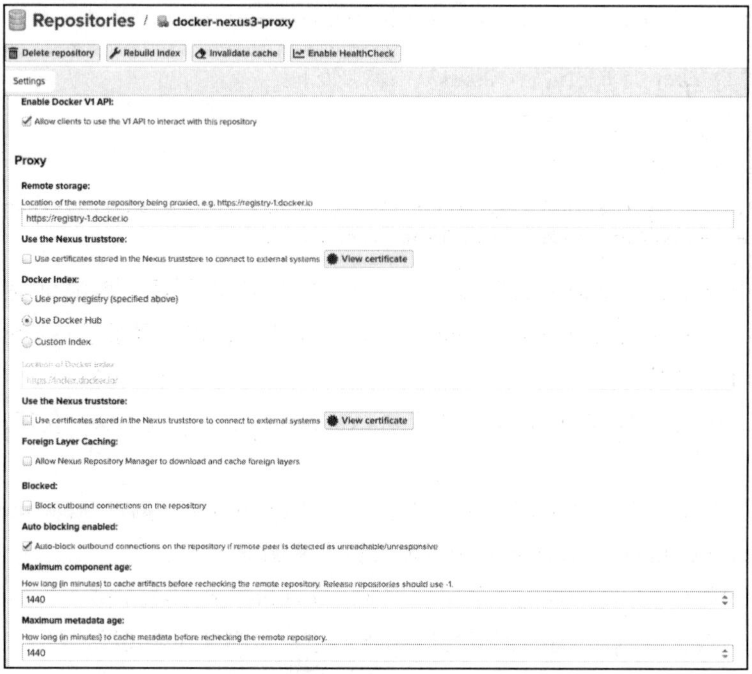

图 B-3　Nexus3 建立 proxy 仓库

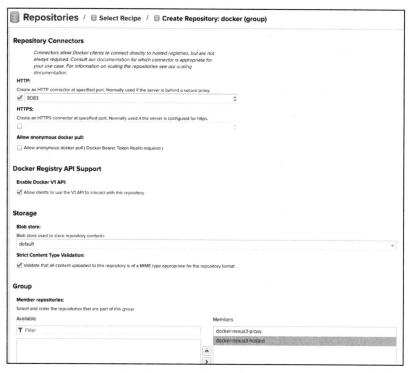

图 B-4　Nexus3 建立 group 仓库

上述操作的作用是连接器允许 Docker 客户端直接连接 Docker 仓库，并实现一些请求操作，如 docker pull、docker push、API 查询等。

我们的 CI/CD 工作流主要是公司内部使用，为了简化流程，这里选择的是 HTTP 协议，端口为 8084。

❏ Force basic authentication：如果勾选，表示不允许匿名访问，执行 docker pull 或 docker push 动作之前，都要先登录 docker login，并且要保证其成功登录。

❏ Docker Registry API Support：Docker Registry 默认使用的是 API v2，但是为了兼容性，可以启用 API v1。

❏ Storage：Blob store，下拉选择前面创建好的默认的 blob：default，当然，Blob store 也可以根据实际需求来细分。

❏ Hosted：开发环境，由于要运行重复发布，因此对于 Deployment policy 我们选择 Allow redeploy。

另外，如果是容器化运行，记得宿主机一定要开放 8083 端口，不然客户端是不能进行 docker pull/login 等操作的。

笔者用本地的 Mac 笔记本进行测试，Docker Desktop 程序需要在 Insecure registries 地址里增加 192.168.1.222 的相关端口，其内容如图 B-5 所示。

图 B-5　Docker Desktop 增加 Insecure 相关的内容

然后用 admin:yhc@6754321 进行 docker login 动作，这一步提前做好。

```
docker login 192.168.1.222:8082
docker login 192.168.1.222:8084
```

正确登录的话，则有下面的显示：

```
Login Succeeded
```

如果没出现相关的结果，则需要检查相应的端口设置和密码了。

接下来测试下 Docker group，看能否通过此端口 docker pull 镜像，命令如下：

```
docker pull 192.168.1.222:8082/busybox
```

命令显示结果如下：

```
Using default tag: latest
latest: Pulling from busybox
91f30d776fb2: Pull complete
Digest: sha256:9ddee63a712cea977267342e8750ecbc60d3aab25f04ceacfa795e6fce341793
Status: Downloaded newer image for 192.168.1.222:8082/busybox:latest
```

然后再测试 Docker hosted 仓库，命令如下：

```
docker push 192.168.1.222:8084/dnsutils
```

命令显示结果如下：

```
The push refers to repository [192.168.1.222:8084/dnsutils]
47995420132c: Pushed
5f70bf18a086: Pushed
f5c259e37fdd: Pushed
b83a6cb01503: Pushed
3c9ca2b4b72a: Pushed
latest: digest: sha256:059885f79864b58c19eee3749ff259f62d8dad4b625fb455c4df553d2
    6403b00 size: 1568
```

接下来可以测试 Nexus3 的 raw 私库功能，利用 Nexus3 建立一个高性能的文件器是一件非常简单的事情，事实上，这种需求在工作中还是很常见的，我们有很多 CI/CD 过程中产生的 Artifact 组件，例如 tar/jar/war 包或者安装 Kubernetes 集群需要的一些 YAML 配置，都可以放在 raw-hosted 私库里面。

这里选择 Repositories → raw-hosted，其他选项如图 B-6 所示。

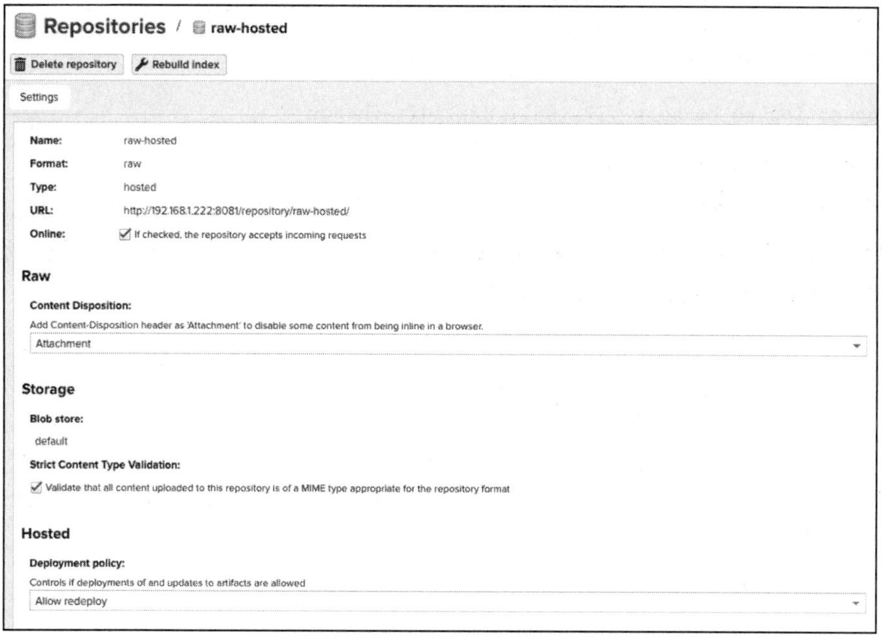

图 B-6　Nexus3 建立 raw-hosted 仓库图示

建成以后，可以用 curl 命令来上传文件：

```
curl -v --user 'admin:yhc@654321' --upload-file ./original-ks.cfg
http://192.168.1.222:8081/repository/raw-hosted/original-ks.cfg
```

命令显示结果如下：

```
* About to connect() to 192.168.1.222 port 8081 (#0)
*   Trying 192.168.1.222...
* Connected to 192.168.1.222 (192.168.1.222) port 8081 (#0)
* Server auth using Basic with user 'admin'
> PUT /repository/raw-hosted/original-ks.cfg HTTP/1.1
> Authorization: Basic YWRtaW46eWhjQDY1NDMyMQ==
> User-Agent: curl/7.29.0
> Host: 192.168.1.222:8081
> Accept: */*
> Content-Length: 2736
> Expect: 100-continue
>
```

```
< HTTP/1.1 100 Continue
* We are completely uploaded and fine
< HTTP/1.1 201 Created
< Date: Sat, 18 Jul 2020 02:37:06 GMT
< Server: Nexus/3.25.0-03 (OSS)
< X-Content-Type-Options: nosniff
< Content-Security-Policy: sandbox allow-forms allow-modals allow-popups allow-
    presentation allow-scripts allow-top-navigation
< X-XSS-Protection: 1; mode=block
< Content-Length: 0
<
* Connection #0 to host 192.168.1.222 left intact
```

证明文件是已经上传成功的。

要说明的是，我们在工作中使用 Nexus3 时发现，如果 Nexus3 的磁盘空间低于 4GB，数据库会变成只读模式，所有任务都不能执行。所以大家在使用 Nexus3 时尽量不要把磁盘占满，平时做好清理 Nexus3 磁盘的 task 策略。

XtraBackup 备份工具的详细测试

系统版本：Cent OS x86_64 7.6.1810

内核版本：3.10.0-957.el7.x86_64

MySQL 版本：5.7.31

XtraBackup 版本：2.4.8

测试数据库接近 100GB，比较接近生产环境。我们主要是测试 XtraBackup 的备份效率和全量 / 增量备份及恢复数据的可行性。另外，安装 2.3 版本之前的 XtraBackup，会得到两个主要的备份工具：XtraBackup 与 Innobackupex。XtraBackup 是一个 C 程序，Innobackupex 是一个 perl 脚本，它对 XtraBackup 这个 C 程序进行了封装，在备份 innoDB 表时，此脚本会调用 XtraBackup 这个 C 程序。如果使用 XtraBackup 这个 C 程序进行备份，则只能备份 innoDB 和 xtraDB 的表，不能备份 MyISAM 表。如果使用 Innobackupex 进行备份，则既可以备份 innoDB 或 xtraDB 的表，也能够备份 MyISAM 表。所以，一般在使用 XtraBackup 备份工具进行数据备份时，通常会选择使用 innobackupex 命令。

1. 测试利用 XtraBackup 全量备份数据库的时间

1）了解数据库的大小。MySQL 测试数据库是采取的 InnoDB + MyISAM 引擎，可以通过如下命令查看 /data/mysql 的数据大小：

```
du -sh /data/mysql/
```

命令显示结果如下：

```
97G     /data/mysql
```

然后确定 MySQL 数据库的数量：

```
mysql> show databases;
```

命令显示结果如下：

```
mysql> show databases;
+--------------------+
| Database           |
+--------------------+
| information_schema |
| bigdata            |
| db_test1           |
| db_test10          |
| db_test100         |
| db_test101         |
| db_test102         |
| db_test103         |
| db_test104         |
| db_test105         |
| db_test106         |
| db_test107         |
| db_test108         |
| db_test109         |
| db_test11          |
| db_test110         |
| db_test111         |
| db_test112         |
| db_test113         |
| db_test114         |
| db_test115         |
| db_test116         |
| db_test117         |
| db_test118         |
| db_test119         |
| db_test12          |
| db_test120         |
| db_test121         |
| db_test122         |
| db_test123         |
| db_test124         |
| db_test125         |
| db_test126         |
| db_test127         |
| db_test128         |
| db_test129         |
| db_test13          |
| db_test130         |
| db_test131         |
| db_test132         |
| db_test133         |
| db_test134         |
| db_test135         |
| db_test136         |
| db_test137         |
```

```
| db_test138          |
| db_test139          |
| db_test14           |
| db_test140          |
| db_test141          |
| db_test142          |
| db_test143          |
| db_test144          |
| db_test145          |
| db_test146          |
| db_test147          |
| db_test148          |
| db_test149          |
| db_test15           |
| db_test150          |
| db_test151          |
| db_test152          |
| db_test153          |
| db_test154          |
| db_test155          |
| db_test156          |
| db_test157          |
| db_test158          |
| db_test159          |
| db_test16           |
| db_test17           |
| db_test18           |
| db_test19           |
| db_test2            |
| db_test20           |
| db_test21           |
| db_test22           |
| db_test23           |
| db_test24           |
| db_test25           |
| db_test26           |
| db_test27           |
| db_test28           |
| db_test29           |
| db_test3            |
| db_test30           |
| db_test31           |
| db_test32           |
| db_test33           |
| db_test34           |
| db_test35           |
| db_test36           |
| db_test37           |
| db_test38           |
| db_test39           |
| db_test4            |
| db_test40           |
| db_test41           |
```

```
| db_test42        |
| db_test43        |
| db_test44        |
| db_test45        |
| db_test46        |
| db_test47        |
| db_test48        |
| db_test49        |
| db_test5         |
| db_test50        |
| db_test51        |
| db_test52        |
| db_test53        |
| db_test54        |
| db_test55        |
| db_test56        |
| db_test57        |
| db_test58        |
| db_test59        |
| db_test6         |
| db_test61        |
| db_test62        |
| db_test63        |
| db_test64        |
| db_test65        |
| db_test66        |
| db_test67        |
| db_test68        |
| db_test69        |
| db_test7         |
| db_test70        |
| db_test71        |
| db_test72        |
| db_test73        |
| db_test74        |
| db_test75        |
| db_test76        |
| db_test77        |
| db_test78        |
| db_test79        |
| db_test8         |
| db_test80        |
| db_test81        |
| db_test82        |
| db_test83        |
| db_test84        |
| db_test85        |
| db_test86        |
| db_test87        |
| db_test88        |
| db_test89        |
| db_test9         |
| db_test90        |
```

```
| db_test91          |
| db_test92          |
| db_test93          |
| db_test94          |
| db_test95          |
| db_test96          |
| db_test97          |
| db_test98          |
| db_test99          |
| find_test1         |
| fine_test1         |
| innodbbigdata      |
| myisambigdata      |
| mysql              |
| performance_schema |
| sys                |
| test               |
| test1              |
| yhc_test1          |
| yhc_test2          |
| yhc_test3          |
+--------------------+
172 rows in set (0.00 sec)
```

一共是172个数据库，接近100GB的数据量，在实际生产环境，也算是中型数据库。

2）测试备份时间，命令如下：

```
time innobackupex --defaults-file=/etc/my.cnf  --user=root --password=123456@yhc
    --socket=/var/lib/mysql/mysql.sock   /data/backup/
```

命令显示结果如下：

```
200731 21:30:16 Finished backing up non-InnoDB tables and files
200731 21:30:16 Executing FLUSH NO_WRITE_TO_BINLOG ENGINE LOGS...
xtrabackup: The latest check point (for incremental): '1039413723430'
xtrabackup: Stopping log copying thread.
.200731 21:30:16 >> log scanned up to (1039413723439)

200731 21:30:16 Executing UNLOCK TABLES
200731 21:30:16 All tables unlocked
200731 21:30:16 [00] Copying ib_buffer_pool to /data/mysql/2020-07-31_21-24-06/
    ib_buffer_pool
200731 21:30:16 [00]           ...done
200731 21:30:16 Backup created in directory '/data/mysql/2020-07-31_21-24-06/'
200731 21:30:16 [00] Writing /data/mysql/2020-07-31_21-24-06/backup-my.cnf
200731 21:30:16 [00]           ...done
200731 21:30:16 [00] Writing /data/mysql/2020-07-31_21-24-06/xtrabackup_info
200731 21:30:16 [00]           ...done
xtrabackup: Transaction log of lsn (1039413723430) to (1039413723439) was copied.
200731 21:30:17 completed OK!

real    6m10.285s
```

```
user     0m39.225s
sys      2m23.299s
```

接近 100GB 的数据量，执行花了 6 分多钟，速度远远优于 mysqldump，效率挺高的，这个时间开销可以接受。

3）检查全量备份文件夹下的 xtrabackup_checkpoints 文件，文件内容如下：

```
backup_type = full-prepared
from_lsn = 0
to_lsn = 1039413723430
last_lsn = 1039413723439
compact = 0
recover_binlog_info = 0
```
```

注意备份类型及 LSN 号，全备起始为 0。

### 2. 测试删除数据库后的恢复

### （1）进行破坏性测试工作

1）模拟误删数据库 Innodbbigdata 中的表 employees，我们可以看到它是基于 MyISAM 引擎的，命令如下：

```
show table status from innodbbigdata  where name='employees'\G;
```

命令显示结果如下：

```
*************************** 1. row ***************************
           Name: employees
         Engine: MyISAM
        Version: 10
     Row_format: Dynamic
           Rows: 1700000
 Avg_row_length: 55
    Data_length: 94920144
Max_data_length: 0
   Index_length: 5120
      Data_free: 0
 Auto_increment: NULL
    Create_time: 2020-07-31 18:31:11
    Update_time: 2020-07-31 18:31:15
     Check_time: NULL
      Collation: latin1_swedish_ci
       Checksum: NULL
 Create_options: partitioned
        Comment:
1 row in set, 1 warning (0.00 sec)

ERROR:
No query specified
```
```

查看表记录的命令如下：

```
mysql> select count(*) from employees;
```

显示结果如下：

```
+----------+
| count(*) |
+----------+
|  1700000 |
+----------+
1 row in set (0.00 sec)
```

2）进行破示性操作，删除 Innodbbigdata 数据库，命令如下：

```
drop database innodbbigdata
```

（2）利用备份，进行恢复备份工作

1）恢复应用日志，其操作命令为：

```
innobackupex --defaults-file=/etc/my.cnf --user=root --password=123456@yhc
    --apply-log /data/backup/2020-08-05_10-47-07/
```

注意观察最后一行内容，以正常状态退出的日志截取如下：

```
InnoDB: PUNCH HOLE support available
InnoDB: Mutexes and rw_locks use GCC atomic builtins
InnoDB: Uses event mutexes
InnoDB: GCC builtin __atomic_thread_fence() is used for memory barrier
InnoDB: Compressed tables use zlib 1.2.7
InnoDB: Number of pools: 1
InnoDB: Using CPU crc32 instructions
InnoDB: Initializing buffer pool, total size = 100M, instances = 1, chunk size =
    100M
InnoDB: Completed initialization of buffer pool
InnoDB: page_cleaner coordinator priority: -20
InnoDB: Setting log file ./ib_logfile101 size to 48 MB
InnoDB: Setting log file ./ib_logfile1 size to 48 MB
InnoDB: Renaming log file ./ib_logfile101 to ./ib_logfile0
InnoDB: New log files created, LSN=1039413723458
InnoDB: Highest supported file format is Barracuda.
InnoDB: Log scan progressed past the checkpoint lsn 1039413723660
InnoDB: Doing recovery: scanned up to log sequence number 1039413723669 (0%)
InnoDB: Doing recovery: scanned up to log sequence number 1039413723669 (0%)
InnoDB: Database was not shutdown normally!
InnoDB: Starting crash recovery.
InnoDB: xtrabackup: Last MySQL binlog file position 834517109, file name mysql-
    bin.000310
InnoDB: Removed temporary tablespace data file: "ibtmp1"
InnoDB: Creating shared tablespace for temporary tables
InnoDB: Setting file './ibtmp1' size to 12 MB. Physically writing the file full;
    Please wait ...
```

```
InnoDB: File './ibtmp1' size is now 12 MB.
InnoDB: 96 redo rollback segment(s) found. 1 redo rollback segment(s) are active.
InnoDB: 32 non-redo rollback segment(s) are active.
InnoDB: Waiting for purge to start
InnoDB: 5.7.13 started; log sequence number 1039413723669
xtrabackup: starting shutdown with innodb_fast_shutdown = 1
InnoDB: FTS optimize thread exiting.
InnoDB: Starting shutdown...
InnoDB: Shutdown completed; log sequence number 1039413723688
200731 21:52:15 completed OK!
```

这时查看 xtrabackup_checkpoints 文件的内容：

```
backup_type = full-prepared
from_lsn = 0
to_lsn = 1039414028655
last_lsn = 1039414028664
compact = 0
recover_binlog_info = 0
```

我们发现 backup_type 由 full-backed 变成了 full-prepared。

具体的操作过程如下：

```
systemctl stop mysqld
mv /data/mysql /data/mysql_bak
mkdir -p /data/mysql
innobackupex --defaults-file=/etc/my.cnf --user=root --password=123456@yhc
    --copy-back /data/backup/2020-08-05_10-47-07
chown -R mysql.mysql /data/mysql
systemctl start mysqld
```

2）检查 Innodbbigdata 中 employees 表的情况，一切正常。

```
mysql> use innodbbigdata;
Reading table information for completion of table and column names
You can turn off this feature to get a quicker startup with -A

Database changed
mysql> show tables;
+------------------------+
| Tables_in_innodbbigdata |
+------------------------+
| employees              |
+------------------------+
1 row in set (0.00 sec)

mysql> select count(*) from employees;
+----------+
| count(*) |
+----------+
|  1700000 |
+----------+
```

```
1 row in set (0.00 sec)
```

注意，这里只是测试，正常情况下是利用冷备数据库来完整恢复数据的，然后利用mysqldump 导出数据库及表的 SQL 语句，最后再用 mysqldump 导入正在运行的数据库。

3. XtraBackup 持续写入插入测试

此持续测试的目的是想在 XtraBackup 备份的同时插入数据，观察备份结果，看最终的备份数据是否是我们想要的。

这次备份开启了两个终端，一边进行 Innobackupex 备份，一边使用 test.py 来插入数据，然后观察结果。

测试时，Python 程序会持续往 test.number 表中插入 5000 条记录，这个时间可以自行控制，尽量在 innobackupex 命令全量完成之前完成。

备份命令如下：

```
time innobackupex --defaults-file=/etc/my.cnf  --user=root --password=123456@yhc
    --socket=/var/lib/mysql/mysql.sock  /data/backup/
```

命令显示结果如下：

```
200806 16:37:55 Executing UNLOCK TABLES
200806 16:37:55 All tables unlocked
200806 16:37:55 [00] Copying ib_buffer_pool to /data/backup/2020-08-06_16-33-59/
    ib_buffer_pool
200806 16:37:55 [00]        ...done
200806 16:37:55 Backup created in directory '/data/backup/2020-08-06_16-33-59/'
200806 16:37:55 [00] Writing /data/backup/2020-08-06_16-33-59/backup-my.cnf
200806 16:37:55 [00]        ...done
200806 16:37:55 [00] Writing /data/backup/2020-08-06_16-33-59/xtrabackup_info
200806 16:37:55 [00]        ...done
xtrabackup: Transaction log of lsn (1039417110239) to (1039418004011) was copied.
200806 16:37:55 completed OK!


real    3m56.508s
user    0m30.231s
sys     1m55.309s
```

我们尝试前面的操作，看能不能恢复数据，命令如下：

```
innobackupex --defaults-file=/etc/my.cnf --user=root --password=Mysql@123
    --apply-log /data/backup/2020-08-06_16-33-59/
systemctl  stop mysqld
mv /data/mysql /data/mysql_old
mkdir -p /data/mysql
innobackupex --defaults-file=/etc/my.cnf --user=root --password=Mysql@123 --copy-
    back /data/backup/2020-08-06_16-33-59/
# 这个操作不要忘了，不然后面 MySQL 启动不了
chown -R mysql.mysql /var/lib/mysql
systemctl start mysqld
```

此结果显示如下：

```
mysql> show tables;
+----------------+
| Tables_in_test |
+----------------+
| number         |
+----------------+
1 row in set (0.00 sec)
```

显示 number 的数量为：

```
mysql> select count(*) from number;
+----------+
| count(*) |
+----------+
|     5000 |
+----------+
1 row in set (0.01 sec)
```

此结果表明备份的时候，即使有数据持续写入，也不影响 XtraBackup 备份。

建议使用 XtraBackup 全量备份，可以在业务不繁忙的时间段操作，比如凌晨 3 点至 5 点的时间段（尽量避开业务高峰期，即持续写数据的时候）。

4. XtraBackup 增量备份的测试工作

1）提前做一次全量备份的工作，此时 /data/backup 的目录显示如下：

```
2020-08-16_10-47-04
```

2）先插入些数据，比如再建立一个 incremental_flag 的数据库，操作命令如下：

```
create database incremental_flag;
use incremental_flag;
CREATE TABLE employees (
    id INT NOT NULL,
    fname VARCHAR(30),
    lname VARCHAR(30),
    birth TIMESTAMP,
    hired DATE NOT NULL DEFAULT '1970-01-01',
    separated DATE NOT NULL DEFAULT '9999-12-31',
    job_code INT NOT NULL,
    store_id INT NOT NULL
    );
```

3）进行增量备份操作，命令如下：

```
innobackupex  --user=root --password=123456@yhc --incremental-basedir=/data/
    backup/ 2020-08-16_10-47-04/  --incremental /data/backup/
```

正常结果显示如下，注意最后几行的日志显示：

```
200805 11:21:14 Executing UNLOCK TABLES
200805 11:21:14 All tables unlocked
200805 11:21:14 [00] Copying ib_buffer_pool to /data/backup/2020-08-05_11-13-28/
    ib_buffer_pool
200805 11:21:14 [00]          ...done
200805 11:21:14 Backup created in directory '/data/backup/2020-08-05_11-13-28/'
200805 11:21:14 [00] Writing /data/backup/2020-08-05_11-13-28/backup-my.cnf
200805 11:21:14 [00]          ...done
200805 11:21:14 [00] Writing /data/backup/2020-08-05_11-13-28/xtrabackup_info
200805 11:21:14 [00]          ...done
xtrabackup: Transaction log of lsn (1039414043858) to (1039414043867) was copied.
200805 11:21:14 completed OK!
```

这时，/data/backup 的备份目录为：

```
2020-08-16_10-47-04   2020-08-16_10-53-15
```

结果显示比上一次结果多了一个增量备份相关的目录。

查看 2020-08-16_10-53-15/xtrabackup_checkpoints 文件，文件内容如下：

```
backup_type = incremental
from_lsn = 1039552700131
to_lsn = 1039552707628
last_lsn = 1039552707637
compact = 0
recover_binlog_info = 0
```

4）恢复增量备份的数据。在另一台冷备的数据库机器上执行如下命令恢复数据：

```
systemctl stop mysqld
rm -rf /data/mysql
innobackupex --apply-log --redo-only /data/backup/2020-08-16_10-47-04/
innobackupex --apply-log --redo-only --incremental /data/backup/ 2020-08-16_10-
    47-04/ --incremental-dir=/data/backup/ 2020-08-16_10-53-15/
mkdir -p /data/mysql
innobackupex --defaults-file=/etc/my.cnf --user=root --password=123456@yhc
    --copy-back /data/backup/2020-08-16_10-47-04/
chown -R mysql.mysql /data/mysql
systemctl start mysqld
```

注意日志最后几行有没有成功的字样：

```
200816 11:06:15 [00] Copying /data/backup/2020-08-16_10-53-15//xtrabackup_info
    to ./xtrabackup_info
200816 11:06:15 [00]          ...done
200816 11:06:15 completed OK!
```

 --redo-only，强制备份日志时只 redo，跳过 rollback。这在做增量备份时非常必要。

最后检查增量数据，即 incremental_flag 数据库有没有正常恢复：

```
mysql> use incremental_flag;
Database changed
mysql> show tables;
+---------------------------+
| Tables_in_incremental_flag |
+---------------------------+
| employees                 |
+---------------------------+
1 row in set (0.00 sec)

mysql> desc employees;
+-----------+-------------+------+-----+-------------------+-------------------+
| Field     | Type        | Null | Key | Default           | Extra             |
+-----------+-------------+------+-----+-------------------+-------------------+
| id        | int(11)     | NO   |     | NULL              |                   |
| fname     | varchar(30) | YES  |     | NULL              |                   |
| lname     | varchar(30) | YES  |     | NULL              |                   |
| birth     | timestamp   | NO   |     | CURRENT_TIMESTAMP | on update CURRENT_ |
  TIMESTAMP |
| hired     | date        | NO   |     | 1970-01-01        |                   |
| separated | date        | NO   |     | 9999-12-31        |                   |
| job_code  | int(11)     | NO   |     | NULL              |                   |
| store_id  | int(11)     | NO   |     | NULL              |                   |
+-----------+-------------+------+-----+-------------------+-------------------+
8 rows in set (0.01 sec)
```

此结果显示数据已经恢复了。

如果是线上发生了这种误删除表的操作，应该怎么恢复数据呢？

个人建议：

❑ 可以通过最近一次全量备份在另外的机器执行全量恢复动作，然后通过 mysqldump 导出库或备份，再导入现在的生产数据库中（会存在丢部分数据的风险）。

❑ 生产环境下最好还是控制权限，尽量不要让开发人员在生产库上操作，可以提供 select 权限的账号给他们。

最后给出 XtraBackup 备份经验。

❑ 如果采取 XtraBackup 备份，尽量采取异地双备的方式（即本地备份 + 复制到远程机器 /S3/OSS）。

❑ 备份的数据要定时做恢复性测试，避免备份出错但还是沿袭了当前的备份策略。

❑ 如果是没有 S3/OSS 的场景，需要在内网部署 rsync 或 FTP 服务，然后写脚本进行异地传输备份（即异地双备）。